"十二五"普通高等教育本科国家级规划教材

教育部普通高等教育精品教材

中国大学出版社图书奖优秀教材一等奖

思政元素教材

U0659398

新时代 高等学校计算机类专业教材

数据结构 第4版

——从概念到C++实现

王红梅 王贵参 编著

清华大学出版社
北京

内 容 简 介

　　本书按照《全国硕士研究生招生考试计算机学科专业基础综合考试大纲》（以下简称《考试大纲》）组织教材结构，涵盖《考试大纲》全部考查内容。本书主要介绍数据结构、算法以及抽象数据类型的概念，线性表、栈和队列、多维数组、树和二叉树、图等基本数据结构及实现方法，讨论常用查找技术和排序技术。本书兼顾概念层和实现层，既强调数据结构的基本概念和原理方法，又注重数据结构的程序实现和实际运用，在提炼基础知识的同时，进行了适当的扩展和提高。

　　本书内容丰富，层次清晰，深入浅出，结合实例，可作为计算机及相关专业数据结构课程的教材，也可供从事计算机软件开发和应用的工程技术人员参考和阅读。

图书在版编目（CIP）数据

　　数据结构：从概念到 C++实现 / 王红梅，王贵参编著. -- 4 版. -- 北京：清华大学出版社，2025.6.（新时代高等学校计算机类专业教材）. -- ISBN 978-7-302-69489-2

　　Ⅰ. TP311.12；TP312.8

　　中国国家版本馆 CIP 数据核字第 2025KF1253 号

责任编辑：袁勤勇　杨　枫
封面设计：常雪影
责任校对：胡伟民
责任印制：宋　林

出版发行：清华大学出版社
　　　　网　　　址：https：//www.tup.com.cn，https：//www.wqxuetang.com
　　　　地　　　址：北京清华大学学研大厦 A 座　　　　　邮　　编：100084
　　　　社　总　机：010-83470000　　　　　　　　　　　邮　　购：010-62786544
　　　　投稿与读者服务：010-62776969，c-service@tup.tsinghua.edu.cn
　　　　质量反馈：010-62772015，zhiliang@tup.tsinghua.edu.cn
　　　　课件下载：https：//www.tup.com.cn，010-83470236
印 装 者：三河市龙大印装有限公司
经　　销：全国新华书店
开　　本：185mm×260mm　　　印　　张：19.25　　　字　　数：480 千字
版　　次：2005 年 7 月第 1 版　　2025 年 6 月第 4 版　　印　　次：2025 年 6 月第 1 次印刷
定　　价：59.00 元

产品编号：111017-01

前　　言

本书是系列教材《数据结构——从概念到 C 实现》《数据结构——从概念到 C++ 实现》《数据结构——从概念到 Java 实现》中的一部,配套的教辅用书是《数据结构习题解析与实验指导——从概念到实现》《数据结构教师用书——从概念到 C++ 实现》。本书第 1 版于 2005 年 7 月出版,20 年来,《数据结构——从概念到实现》系列教材坚持正确方向、守正创新,是经得起时代考验和实践检验的高质量教材,多次被评为教育部精品教材、国家级规划教材,多次获得清华大学出版社最受欢迎计算机类图书奖,同时搭建了"老竹园①虚拟教研微信群",以选用教材的授课教师为服务对象,以教研互助提高为目标,实现"名师陪教、精确引领",为选用系列教材的任课教师赋能。

《数据结构——从概念到实现》系列教材自出版以来,被国内超 200 所院校选作授课教材,在使用过程中得到许多高校教师和学生的肯定,也提出了一些很好的建议。本书(第 4 版)在保留系列教材原有特色的基础上,进行了如下修订。

(1) 按照《全国硕士研究生招生考试计算机学科专业基础综合考试大纲》(以下简称《考试大纲》)重新组织教材结构,梳理知识模块之间的拓扑结构,如图 1 所示,增加红黑树、外部排序等相关内容。

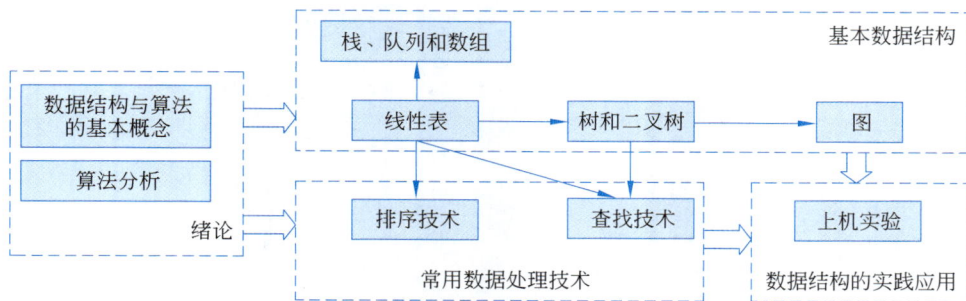

图 1　知识模块之间的拓扑结构

(2) 基于工程认证理念,按照布鲁姆教学目标分类,重写了每章的教学目标,使得数据结构课程的教学目标可落实、可衡量。

(3) 增加了"考研真题",每章给出了研究生入学考试(科目代码 408)部分历年考研真题,附录给出了考研真题答案。

(4) 增加了"上机实验",要求学生针对实际问题,运用本章知识设计相应的数据结构和算法,并上机实现,附录给出了实验报告的一般格式。虽然所有实验均给出了实验提示和范例程序,但是学生不应拘泥于这些分析和设计。本书给出的设计方案,只是希望把学生的思路引入正轨,并不希望限制学生的思维,应鼓励学生自己设计解决方案。

---

① 　"老竹园"取自清代画家、文学家郑板桥《新竹》中的诗句"新竹高于旧竹枝,全凭老干为扶持"。

（5）二维码教学资源包括教学大纲、教学课件、程序源码、算法动画视频等,更多教学资源和教学案例等请向作者索要。

（6）提供了课程思政参考案例,随着教学内容的展开融入思政元素,讲好中国文化与中国故事,增强育人效果。

需要强调的是,本书名称"从概念到实现"体现了兼顾概念层和实现层的体例安排。概念层指的是数据结构的逻辑概念和存储原理、算法的逻辑方法和技术原理,实现层指的是数据结构的程序实现和实际运用。通过讲思路讲过程讲方法,按照"问题→想法→算法→程序"的模式进行问题求解,采用"阐述基本思想→伪代码描述算法→C++语言实现算法"的模式进行算法设计与实现,这个过程正是计算思维的运用过程。

参加本书编写的还有姚庆安、王涛、刘冰、张丽杰、肖巍、党源源等老师,由于作者的知识和写作水平有限,书稿虽再三斟酌几经修改,仍难免有缺点和错误,欢迎专家和读者批评指正。

作者的电子邮箱是 wanghongmei@ccut.edu.cn,作者的微信及课程思政参考案例的二维码如下:

作者微信　　　　　　　　课程思政
参考案例

作　者

2025 年 3 月

目　　录

第1章　绪论 ……………………………………………………………………………… 1

1.1　引言 ………………………………………………………………………………… 2

1.2　问题求解与程序设计 ……………………………………………………………… 3

　　1.2.1　程序设计的一般过程 ………………………………………………………… 3

　　1.2.2　数据结构在程序设计中的作用 ……………………………………………… 6

　　1.2.3　算法在程序设计中的作用 …………………………………………………… 7

　　1.2.4　本书讨论的主要内容 ………………………………………………………… 8

1.3　数据结构的基本概念 ……………………………………………………………… 10

　　1.3.1　数据结构 ……………………………………………………………………… 10

　　1.3.2　抽象数据类型 ………………………………………………………………… 12

1.4　算法的基本概念 …………………………………………………………………… 14

　　1.4.1　算法及算法的特性 …………………………………………………………… 14

　　1.4.2　算法的描述方法 ……………………………………………………………… 15

1.5　算法分析 …………………………………………………………………………… 16

　　1.5.1　算法的时间复杂度 …………………………………………………………… 16

　　1.5.2　算法的空间复杂度 …………………………………………………………… 17

　　1.5.3　算法分析实例 ………………………………………………………………… 18

1.6　扩展与提高 ………………………………………………………………………… 20

　　1.6.1　概率算法 ……………………………………………………………………… 20

　　1.6.2　算法分析的其他渐进符号 …………………………………………………… 21

思想火花——好算法是反复努力和重新修正的结果 …………………………………… 21

习题1 ……………………………………………………………………………………… 22

考研真题1 ………………………………………………………………………………… 25

第2章　线性表 …………………………………………………………………………… 27

2.1　引言 ………………………………………………………………………………… 28

2.2　线性表的逻辑结构 ………………………………………………………………… 29

　　2.2.1　线性表的定义 ………………………………………………………………… 29

　　2.2.2　线性表的抽象数据类型定义 ………………………………………………… 29

2.3　线性表的顺序存储结构及实现 …………………………………………………… 31

　　2.3.1　顺序表的存储结构 …………………………………………………………… 31

　　2.3.2　顺序表的实现 ………………………………………………………………… 31

2.4　线性表的链式存储结构及实现 …………………………………………………… 36

2.4.1 单链表的存储结构 ……………………………………………… 36

2.4.2 单链表的实现 …………………………………………………… 38

2.4.3 双链表 …………………………………………………………… 46

2.4.4 循环链表 ………………………………………………………… 47

2.5 扩展与提高 …………………………………………………………… 48

2.5.1 线性表的静态链表存储 ………………………………………… 48

2.5.2 顺序表的动态分配方式 ………………………………………… 50

2.5.3 顺序表和链表的比较 …………………………………………… 52

2.6 上机实验 ……………………………………………………………… 53

2.6.1 顺序表的上机实现 ……………………………………………… 53

2.6.2 单链表的上机实现 ……………………………………………… 53

2.6.3 提纯线性表 ……………………………………………………… 54

2.6.4 约瑟夫环问题 …………………………………………………… 55

思想火花——好程序要能识别和处理各种输入 ………………………… 57

习题 2 …………………………………………………………………… 57

考研真题 2 ……………………………………………………………… 61

第 3 章 栈、队列和数组 ……………………………………………… 63

3.1 引言 …………………………………………………………………… 64

3.2 栈 ……………………………………………………………………… 65

3.2.1 栈的逻辑结构 …………………………………………………… 65

3.2.2 栈的顺序存储结构及实现 ……………………………………… 66

3.2.3 栈的链式存储结构及实现 ……………………………………… 68

3.2.4 顺序栈和链栈的比较 …………………………………………… 70

3.2.5 栈的应用 ………………………………………………………… 70

3.3 队列 …………………………………………………………………… 72

3.3.1 队列的逻辑结构 ………………………………………………… 72

3.3.2 队列的顺序存储结构及实现 …………………………………… 73

3.3.3 队列的链式存储结构及实现 …………………………………… 76

3.3.4 循环队列和链队列的比较 ……………………………………… 79

3.3.5 队列的应用 ……………………………………………………… 79

3.4 多维数组 ……………………………………………………………… 79

3.4.1 数组的逻辑结构 ………………………………………………… 79

3.4.2 数组的存储结构与寻址 ………………………………………… 80

3.5 矩阵的压缩存储 ……………………………………………………… 81

3.5.1 特殊矩阵的压缩存储 …………………………………………… 82

3.5.2 稀疏矩阵的压缩存储 …………………………………………… 84

3.6 扩展与提高 …………………………………………………………… 86

3.6.1 两栈共享空间 …………………………………………………… 86

3.6.2 双端队列 ··· 87

3.6.3 广义表 ··· 88

3.7 上机实验 ·· 92

3.7.1 顺序栈的上机实现 ····································· 92

3.7.2 链队列的上机实现 ····································· 92

3.7.3 括号匹配问题 ·· 93

3.7.4 机器翻译 ··· 94

思想火花——用常识性的思维去思考问题 ····················· 96

习题 3 ··· 96

考研真题 3 ··· 99

第 4 章 树和二叉树 ··· 102

4.1 引言 ·· 103

4.2 树的逻辑结构 ··· 104

4.2.1 树的定义和基本术语 ·································· 104

4.2.2 树的抽象数据类型定义 ······························ 105

4.2.3 树的遍历操作 ·· 106

4.3 树的存储结构 ··· 107

4.3.1 双亲表示法 ·· 107

4.3.2 孩子表示法 ·· 107

4.3.3 孩子兄弟表示法 ······································· 108

4.4 二叉树的逻辑结构 ·· 109

4.4.1 二叉树的定义 ·· 109

4.4.2 二叉树的基本性质 ····································· 110

4.4.3 二叉树的抽象数据类型定义 ·························· 112

4.4.4 二叉树的遍历操作 ····································· 113

4.4.5 二叉树的构造 ·· 114

4.5 二叉树的存储结构 ·· 115

4.5.1 顺序存储结构 ·· 116

4.5.2 二叉链表 ··· 116

4.5.3 三叉链表 ··· 121

4.6 森林 ·· 122

4.6.1 森林的逻辑结构 ······································· 122

4.6.2 树、森林与二叉树的转换 ···························· 122

4.7 最优二叉树 ·· 124

4.7.1 哈夫曼算法 ·· 124

4.7.2 哈夫曼编码 ·· 127

4.8 扩展与提高 ·· 128

4.8.1 二叉树遍历的非递归算法 ····························· 128

4.8.2 线索链表 ……………………………………………… 131

4.8.3 堆与优先队列 ……………………………………… 135

4.8.4 并查集 ………………………………………………… 138

4.9 上机实验 ……………………………………………………… 140

4.9.1 二叉链表的上机实现 …………………………… 140

4.9.2 孩子兄弟链表的上机实现 ……………………… 140

4.9.3 最近共同祖先 ……………………………………… 141

4.9.4 镜像对称二叉树 …………………………………… 142

思想火花——调试程序与魔术表演 ……………………………… 144

习题 4 ………………………………………………………………… 145

考研真题 4 …………………………………………………………… 148

第 5 章 图 …………………………………………………………… 151

5.1 引言 …………………………………………………………… 152

5.2 图的逻辑结构 ………………………………………………… 153

5.2.1 图的定义和基本术语 …………………………… 153

5.2.2 图的抽象数据类型定义 ………………………… 155

5.2.3 图的遍历操作 ……………………………………… 156

5.3 图的存储结构及实现 ………………………………………… 158

5.3.1 邻接矩阵 ……………………………………………… 158

5.3.2 邻接表 ………………………………………………… 161

5.3.3 邻接矩阵和邻接表的比较 ……………………… 165

5.4 最小生成树 …………………………………………………… 166

5.4.1 Prim 算法 …………………………………………… 167

5.4.2 Kruskal 算法 ……………………………………… 169

5.5 最短路径 ……………………………………………………… 173

5.5.1 Dijkstra 算法 ……………………………………… 174

5.5.2 Floyd 算法 …………………………………………… 176

5.6 有向无环图及其应用 ………………………………………… 178

5.6.1 AOV 网与拓扑排序 ……………………………… 178

5.6.2 AOE 网与关键路径 ……………………………… 181

5.7 扩展与提高 …………………………………………………… 183

5.7.1 图的其他存储方法 ………………………………… 183

5.7.2 图的连通性 ………………………………………… 185

5.8 上机实验 ……………………………………………………… 186

5.8.1 邻接矩阵的上机实现 …………………………… 186

5.8.2 邻接表的上机实现 ………………………………… 187

　　　5.8.3　农夫抓牛 ································ 187

　　　5.8.4　研发卡车 ································ 189

思想火花——直觉可能是错误的 ············ 190

习题 5 ·· 191

考研真题 5 ··· 195

第 6 章　查找技术 ······························ 198

　6.1　概述 ··· 199

　　　6.1.1　查找的基本概念 ················ 199

　　　6.1.2　查找算法的性能 ················ 199

　6.2　线性表的查找技术 ···················· 200

　　　6.2.1　线性表查找结构的类定义 ····· 200

　　　6.2.2　顺序查找 ························ 201

　　　6.2.3　折半查找 ························ 201

　6.3　树表的查找技术 ······················ 204

　　　6.3.1　二叉搜索树 ····················· 204

　　　6.3.2　平衡二叉树 ····················· 209

　　　6.3.3　B 树 ······························ 213

　6.4　散列表的查找技术 ···················· 217

　　　6.4.1　散列查找的基本思想 ··········· 217

　　　6.4.2　散列函数的设计 ················ 218

　　　6.4.3　处理冲突的方法 ················ 220

　　　6.4.4　散列查找的性能分析 ··········· 224

　　　6.4.5　开散列表与闭散列表的比较 ··· 225

　6.5　模式匹配 ··································· 225

　　　6.5.1　BF 算法 ························· 225

　　　6.5.2　KMP 算法 ····················· 227

　6.6　扩展与提高 ······························ 229

　　　6.6.1　顺序查找的改进——分块查找 ··· 229

　　　6.6.2　折半查找的改进——插值查找 ··· 229

　　　6.6.3　平衡二叉树的改进——红黑树 ··· 230

　　　6.6.4　B 树的改进——B$^+$树 ······· 235

　　　6.6.5　各种查找方法的比较 ··········· 236

　6.7　上机实验 ································· 237

　　　6.7.1　折半查找算法的上机实现 ····· 237

　　　6.7.2　散列查找算法的上机实现 ····· 237

　　　6.7.3　团队合照 ························ 238

6.7.4　独一无二的雪花 ·· 239

思想火花——把注意力集中于主要因素 ································ 241

习题 6 ··· 242

考研真题 6 ··· 245

第 7 章　排序技术 ··· 248

7.1　概述 ··· 249
　7.1.1　排序的基本概念 ····································· 249
　7.1.2　排序算法的性能 ····································· 250
　7.1.3　排序类的定义 ······································· 250

7.2　插入排序 ··· 251
　7.2.1　直接插入排序 ······································· 251
　7.2.2　希尔排序 ··· 253

7.3　交换排序 ··· 255
　7.3.1　起泡排序 ··· 255
　7.3.2　快速排序 ··· 256

7.4　选择排序 ··· 259
　7.4.1　简单选择排序 ······································· 259
　7.4.2　堆排序 ··· 261

7.5　归并排序 ··· 266
　7.5.1　二路归并排序的递归实现 ··························· 266
　7.5.2　二路归并排序的非递归实现 ························· 267

7.6　外部排序 ··· 269
　7.6.1　外部排序的基本思想 ······························· 269
　7.6.2　置换-选择排序 ····································· 270
　7.6.3　败者树 ··· 272

7.7　各种排序算法的比较 ··· 273
　7.7.1　各种排序算法的使用范例 ··························· 273
　7.7.2　各种排序算法的综合比较 ··························· 273

7.8　扩展与提高 ··· 275
　7.8.1　排序问题的时间下界 ······························· 275
　7.8.2　基数排序 ··· 277

7.9　上机实验 ··· 279
　7.9.1　插入排序的上机实现 ······························· 279
　7.9.2　交换排序的上机实现 ······························· 279
　7.9.3　车厢重排 ··· 280
　7.9.4　topK 问题 ··· 281

思想火花——学会"盒子以外的思考" ································· 282

习题 7 ··· 283

考研真题 7 ··· 286

附录 A　考研真题参考答案 ··· 288

附录 B　实验报告的一般格式 ······································· 293

参考文献 ··· 294

第1章 绪 论

本章概述	用计算机求解任何问题都离不开程序设计,程序设计的关键是数据表示和数据处理。数据要能被计算机处理,首先必须能够存储在计算机的内存中,这项任务称为数据表示,其核心是数据结构;一个实际问题的求解必须满足各项处理要求,这项任务称为数据处理,其核心是算法。数据结构课程讨论数据表示和数据处理的基本思想和方法。 本章通过一个实例的求解过程给出程序设计的一般过程,说明数据结构和算法在程序设计中的作用,介绍数据结构和算法的基本概念,说明用大 O 记号进行算法分析的基本方法
教学重点	数据结构的基本概念;数据的逻辑结构、存储结构以及二者之间的关系;算法及算法的特性;大 O 记号
教学难点	抽象数据类型;算法的时间复杂度分析
教学目标	(1) 解释程序设计的一般过程,描述程序设计的关键,比较不同数据模型和存储方法、不同算法对程序效率的影响; (2) 分析实际问题并抽象出数据元素和数据模型,辨析数据的逻辑结构和存储结构之间的关系; (3) 陈述抽象数据类型的含义,能够对实际问题定义抽象数据类型; (4) 根据算法特性判断一个算法在形式上是否正确,解释好算法的特性; (5) 评价算法的 4 种描述方法,采用伪代码描述算法; (6) 描述算法分析的基本思想,辨别算法中的问题规模和基本语句; (7) 从定义、函数曲线、极限 3 个角度说明大 O 记号的含义,采用大 O 记号分析算法的时间复杂度和空间复杂度; (8) 归纳算法时间性能分析的一般方法,并进行时间复杂度分析

1.1 引言

算法在中国古代文献中称为"术",最早出现在《周髀算经》中。随着计算工具的不断进化,当算法与计算机结合在一起,算法在人类的生产生活中日益发挥着巨大作用。用计算机求解问题的最重要环节就是将人的想法抽象为算法,而好算法依赖于良好的数据组织,这就是数据结构课程的主要内容。请看下面两个例子。

【例 1-1】 美妙的节奏。给定 m 个强音节 DUM 和 n 个弱音节 da,如何将强弱音节均匀分布,得到美妙的节奏?

【想法】 设三角符△表示强音节 DUM,圆点符●表示弱音节 da,假设有 5 个三角符和 7 个圆点符,把三角符均匀散落到圆点符中的操作步骤如下(见图 1-1)。

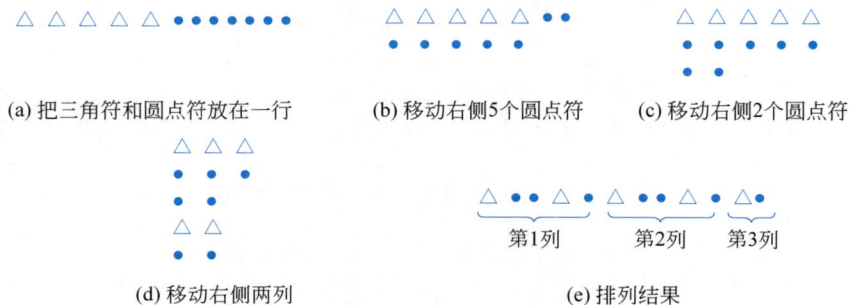

(a) 把三角符和圆点符放在一行   (b) 移动右侧5个圆点符   (c) 移动右侧2个圆点符

(d) 移动右侧两列   (e) 排列结果

图 1-1   强弱音节均匀排列的操作过程

第 1 步   把三角符和圆点符放在一行,如图 1-1(a)所示;

第 2 步   把右侧 5 个圆点符放在三角符的下面,如图 1-1(b)所示,得到余数是两列;

第 3 步   把右侧 2 个圆点符放在最左侧两列的下面,如图 1-1(c)所示,得到余数是三列;

第 4 步   把最右侧两列放在最左侧两列的下面,如图 1-1(d)所示,得到余数是一列。

至此,只有一列余数,停止操作,从左至右将符号连接起来,得到如图 1-1(e)所示的排列模式 △-●-●-△-●-△-●-●-△-●-△-●。用 DUM 代替三角符,用 da 代替圆点符,该模式变为 DUM-da-da-DUM-da-DUM-da-da-DUM-da-DUM-da,这个节奏是南非歌曲的拍手声。如果将该模式循环左移,从第二个强音节开始,即 DUM-da-DUM-da-da-DUM-da-DUM-da-DUM-da-da,这个节奏是肯尼亚的鼓点模式。如果再进行旋转,从第三、第四个强音节开始,则形成了其他节奏。

上述操作步骤就是辗转相除法的应用(参见 1.4.2 节)。美妙的节奏通常依赖于强弱音节的有规律重复,用不同的节拍数和强弱音节数,可以得到大约 40 种节奏模式,这些节奏存在于世界各地的音乐之中。这是一个简单的算法,却能生成如此多样的有趣结果!

【例 1-2】 还原 DNA 序列。近几十年最重要的科学成就之一就是人类基因组的解码。基因组被编码在 DNA 序列中,DNA 是一种双螺旋结构,由 4 种碱基组成:胞嘧啶(Cytosine)、鸟嘌呤(Guanine)、腺嘌呤(Adenine)和胸腺嘧啶(Thymine)。为确定未知 DNA 序列的组成,可以先将 DNA 序列分割成若干含有 3 个碱基的小片段(利用特制仪器可以标识这些小片段),如何将这些小片段拼接成 DNA 序列呢?

【想法】　假设有以下 DNA 小片段：GTG、TGG、ATG、GGC、GCG、CGT、GCA、TGC、CAA 和 AAT，将所有小片段构建一个有向图，如图 1-2 所示。其中，边是长度为 3 的碱基小片段，取该小片段中前两个和后两个高分子，得到边依附的两个顶点。例如，从 GTG 可以得到一条有向边 GTG 和两个顶点 GT 和 TG。

图 1-2　由 DNA 小片段构建有向图

在图 1-2 中，找出经过所有边一次且仅一次的回路 AT-TG-GC-CG-GT-TG-GG-GC-CA-AA-AT，即欧拉回路（参见 1.2.1 节），就得到了 DNA 序列 ATGCGTGGCAAT。

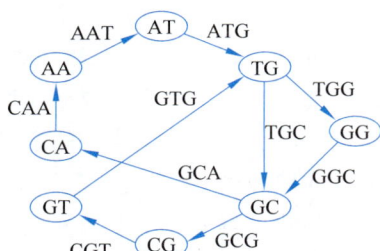

1.2　问题求解与程序设计

计算机科学致力于研究用计算机求解人类生产生活中的各种实际问题，只有最终在计算机上能够运行良好的程序才能解决特定的实际问题，因此，程序设计的过程就是利用计算机求解问题的过程。

课件 1-2

1.2.1　程序设计的一般过程

用计算机求解任何问题都离不开程序设计，但是计算机不能分析问题并产生问题的解决方案，必须由人（即程序设计者）分析问题，确定问题的解决方案，采用计算机能够理解的指令描述这个问题的求解步骤（即编写程序），然后让计算机执行程序最终获得问题的解。用计算机求解问题（即程序设计）的一般过程如图 1-3 所示。

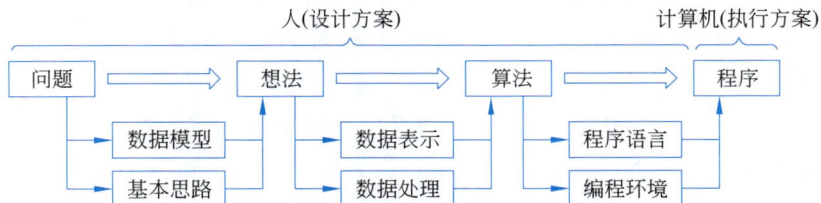

图 1-3　程序设计的一般过程

由问题到想法需要分析待处理的数据以及数据之间的关系，抽象出具体的数据模型并形成问题求解的基本思路。对于数值问题抽象出的数据模型通常是数学方程，对于非数值问题抽象出的数据模型通常是表、树、图等数据结构。

算法用来描述问题的解决方案，是具体的、机械的操作步骤。利用计算机解决问题的最重要一步是将人的想法描述成算法，也就是从计算机的角度设想计算机是如何一步一步完成这个任务的。由想法到算法需要完成数据表示和数据处理，即描述问题的数据模型，将数据模型从机外表示转换为机内表示；描述问题求解的基本思路，将问题的解决方案形成算法。

由算法到程序需要将算法的操作步骤转换为某种程序设计语言对应的语句，转换所依据的规则就是某种程序设计语言的语法。换言之，就是在某种编程环境下用程序设计语言描述要处理的数据以及数据处理的过程。

著名的计算机学者尼古拉斯·沃思①给出了一个公式:算法+数据结构=程序。从这个公式可以看到,数据结构和算法是构成程序的两个重要的组成部分,一个"好"程序首先是将问题抽象出一个适当的数据模型并转换为机内表示,然后基于该数据结构设计一个"好"算法,或者说,学习数据结构的意义在于编写高质量、高效率的程序。下面以著名的哥尼斯堡七桥问题为例,说明程序设计的一般过程。

【问题】 哥尼斯堡七桥问题(以下简称"七桥问题")。17 世纪的东普鲁士有一座哥尼斯堡城(现在叫加里宁格勒,在波罗的海南岸)。城中有一座岛,普雷格尔河的两条支流环绕其旁,并将整个城市分成北区、东区、南区和岛区 4 个区域,全城共有七座桥将 4 个城区连接起来,如图 1-4(a)所示。于是,产生了一个有趣的问题:一个人是否能在一次步行中经过全部的七座桥后回到出发点,且每座桥只经过一次。

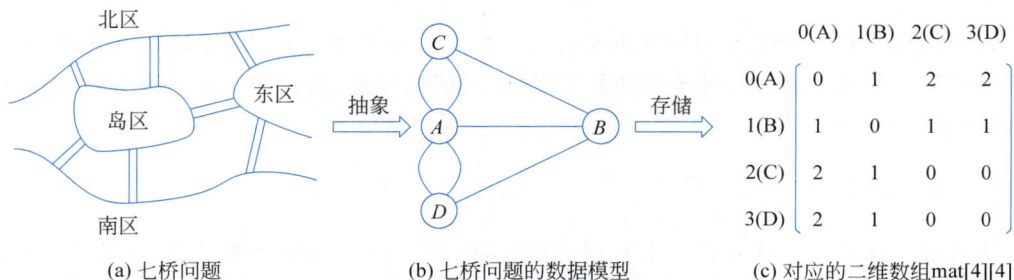

(a) 七桥问题   (b) 七桥问题的数据模型   (c) 对应的二维数组 mat[4][4]

图 1-4 七桥问题的数据抽象过程

【想法】 将城区抽象为顶点,用 A、B、C、D 表示 4 个城区。将桥抽象为边,用 7 条边表示七座桥。抽象出七桥问题的数据模型如图 1-4(b)所示,从而将七桥问题抽象为一个数学问题:求经过图中每条边一次且仅一次的回路,也称为欧拉回路②。对于起始城区,离开该城区后一定要回来;对于任意一个非起始城区,进入该城区后都要离开,因此,欧拉回路的判定规则是:如果没有一个城区通奇数桥,则无论从哪里出发都能找到欧拉回路。如果不要求回到出发点,则称为欧拉路径(Euler path)。如果只有两个城区通奇数桥,可以从这两个城区之一出发找到欧拉路径。

由上述判定规则得到求解七桥问题的基本思路:依次计算与每个顶点相关联的边数,根据边数为奇数的顶点个数判定是否存在欧拉回路。

【算法】 将顶点 A、B、C、D 编号为 0、1、2、3,用二维数组 mat[4][4]存储七桥问题的数据模型,如果顶点 i(0≤i≤3)和顶点 j(0≤j≤3)之间有 k 条边,则元素 mat[i][j]的值为 k,如图 1-4(c)所示。求解七桥问题的关键是求与每个顶点相关联的边数,即在二维数组 mat[4][4]中求每一行元素之和,算法描述如下:

---

① 尼古拉斯·沃思(Niklaus Wirth)1934 年生于瑞士。1968 年设计并实现了 Pascal 语言,1971 年提出了结构化程序设计,1976 年设计并实现了 Modula 2 语言。除了程序设计语言之外,沃思在其他方面也有许多创造,如扩充了著名的巴科斯范式,发明了语法图等。1984 年获图灵奖。

② 1736 年,瑞士数学家欧拉在论文 *The seven bridges of Königsberg* 中对七桥问题给出了详细阐释,标志着图论的诞生,同时也对拓扑学的思想起到了启蒙作用。

```
算法：oddVertexNum
输入：二维数组 mat[][]，顶点个数 n
输出：通奇数桥的顶点个数 count
    1. count 初始化为 0；
    2. 下标 i 从 0~n-1 重复执行下述操作：
        2.1  计算第 i 行元素之和 degree；
        2.2  如果 degree 为奇数，则 count++；
    3. 返回 count；
```

【程序】 将函数 oddVertexNum 定义为类 EulerCircuit 的成员函数，类 EulerCircuit 的成员变量表示七桥问题对应的数据模型。主函数首先定义对象变量 G，然后调用函数 oddVertexNum 计算图模型中通奇数桥的顶点个数，再根据欧拉规则判定是否存在欧拉回路。程序如下：

```cpp
#include <iostream>
using namespace std;

const int MaxSize = 4;
class EulerCircuit {
public:
    EulerCircuit(int **a, int n);            //构造函数
    ~EulerCircuit();                         //析构函数
    int oddVertexNum();                      //求图中度为奇数的顶点个数
private:
    int mat[MaxSize][MaxSize];               //二维数组存储图
    int vertexNum;                           //顶点个数
};

EulerCircuit :: EulerCircuit(int **a, int n)
{
    for(int i = 0; i < n; i++)
      for (int j = 0; j < n; j++)
        mat[i][j]= * ((int *)a + n * i + j); //取元素 a[i][j]
    vertexNum = n;
}
EulerCircuit :: ~EulerCircuit()
{
}
int EulerCircuit :: oddVertexNum()
{
    int count = 0, i, j, degree;
    for (i = 0; i < vertexNum; i++)          //依次累加每一行元素
    {
```

```
        degree = 0;                              //记录通过顶点 i 的边数
        for (j = 0; j < vertexNum; j++)
            degree = degree + mat[i][j];
        if (degree % 2 != 0) count++;
    }
    return count;
}


int main()
{
    int a[4][4] = {{0, 1, 2, 2},{1, 0, 1, 1},{2, 1, 0, 0},{2, 1, 0, 0}};
    EulerCircuit G{a, 4};
    int num = G.oddVertexNum();                  //得到通奇数桥的顶点个数
    if (num > 0)                                  //有顶点通奇数桥
        cout <<num <<"个地方通奇数桥,不存在欧拉回路" <<endl;
    else                                         //没有顶点通奇数桥
        cout <<"存在欧拉回路" <<endl;
    return 0;
}
```

1.2.2　数据结构在程序设计中的作用

在冯·诺依曼①体系结构下,程序的原始输入、中间结果和最终输出都以数据的形式存储在计算机的内存中,因此,数据的组织(求解问题的第一步就是将实际问题抽象为合适的数据模型)和存储(将数据模型从机外表示转换为机内表示)将直接影响和决定程序的效率。请看下面两个例子。

【例 1-3】　握手问题。Smith 先生和太太邀请 4 对夫妻参加晚宴。每个人来的时候,房间里的一些人都要和其他人握手。当然,每个人都不会和自己的配偶握手,也不会和同一个人握手两次。之后,Smith 先生问每个人和别人握了几次手,他们的答案都不一样。问题是,Smith 太太和别人握了几次手?

【想法——数据模型】　这个问题具有挑战性的原因是没有一个明显的思考点,如果将此问题抽象出一个合适的数据模型,则问题会变得豁然开朗。

首先将每个人抽象为一个结点,如图 1-5(a)所示。其次考虑每个结点的权值,Smith 先生问了房间的 9 个人,每个人的答案都不相同,因此,每个答案都在 0 到 8 之间,相应地修改模型如图 1-5(b)所示。最后根据握手信息建立结点之间的边,8 号除了他(她)自己和配偶,与房间里的其他人总共握了 8 次手,基于这个观察,可以画出 8 号的握手信息并且知道 8 号的配偶是 0 号,如图 1-5(c)所示;7 号除了 0 号和 1 号,与房间里的其他人总共握了 7 次手,

---

① 冯·诺依曼(Von Neumann)1903 年出生于匈牙利布达佩斯。19 岁就发表了有影响的数学论文,曾游学柏林大学,成为德国大数学家希尔伯特的得意门生。1933 年受聘于美国普林斯顿大学高等研究院,成为爱因斯坦最年轻的同事。冯·诺依曼在数学、应用数学、物理学、博弈论和数值分析等领域都有不凡建树,为计算机的逻辑设计奠定了坚实的基础。

因此 7 号的配偶是 1 号……问题是不是变得豁然开朗了？

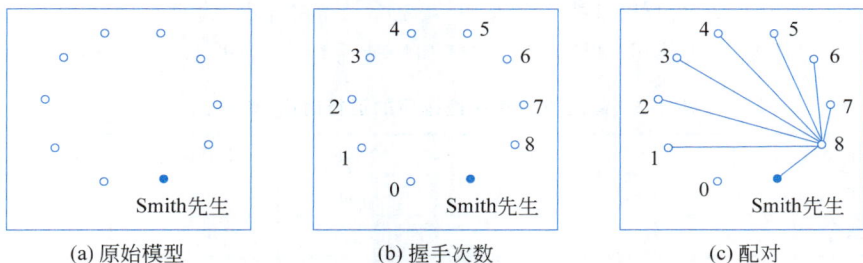

| (a) 原始模型 | (b) 握手次数 | (c) 配对 |

图 1-5 握手问题的数据模型

【例 1-4】 电话号码查询问题。假设某手机中存储了若干电话号码,如何查找某个人的电话号码？

【想法 1——数据模型】 将电话号码集合线性排列（即组织成线性结构）,如表 1-1 所示,则查找某个人的电话号码只能进行顺序查找。

表 1-1 某手机中的电话号码

姓名	王靓靓	赵 刚	韩春颖	李琦勇	…	张 强
电话	13833278900	13944178123	15594434552	13833212779	…	13331688900

【想法 2——数据模型】 将电话号码集合进行分组（即组织成树结构）,如图 1-6 所示,则查找某个人的电话号码可以只在某个分组中进行。显然,后者的查找效率更高,当数据量较大时差别就更大。可见,一个"好"程序首先是将问题抽象出一个适当的数据模型,基于不同数据模型的算法,其运行效率可能会有很大差别。

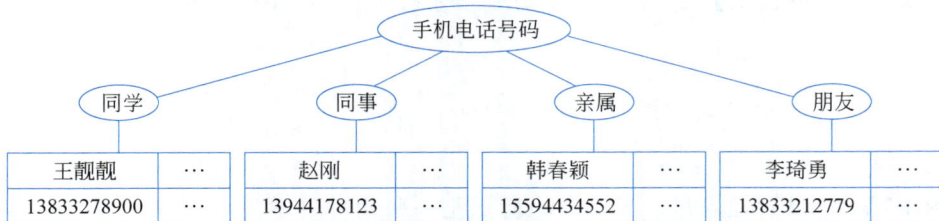

图 1-6 分组——将电话号码集合组织为树结构

1.2.3 算法在程序设计中的作用

算法是问题的解决方案,这个解决方案本身并不是问题的答案,而是能获得答案的指令序列。对于许多实际的问题,写出一个正确的算法还不够,如果这个算法在规模较大的数据集上运行,那么运行效率就成为一个重要的问题。在选择和设计算法时要有效率的观念,这一点比提高计算机本身的速度更为重要①。例如下面的排序问题。

【例 1-5】 排序问题。对整型数组 r[n] 进行非降序排列。

---

① 算法领域有一个启发式规则:不要拘泥于头脑中出现的第一个算法。一个好的算法是反复努力和重新修正的结果,即使足够幸运地得到了一个貌似完美的算法思想,也应该尝试着改进它。

【算法】 有很多排序算法可以解决这个问题,不同排序算法的运行时间有很大差别,起泡排序(参见 7.3.1 节)和快速排序(参见 7.3.2 节)在不同数据规模的运行时间[①]如表 1-2 所示。随着数据规模的增长,起泡排序和快速排序运行时间的差别越来越大。

表 1-2 起泡排序和快速排序的运行时间(单位:s)

数据规模	1000	10 000	100 000	1000 000	10 000 000
起泡排序	0.003	0.395	40.276	4 158.44	>100 小时
快速排序	0	0.001	0.018	0.234	5.187

计算机技术的每一个重要进步都与算法研究的突破密切相关。现代计算机在计算能力和存储容量上的革命仅仅提供了计算更复杂问题的有效工具。计算机的应用范围不断扩大,应用问题本身也越来越复杂,我们不仅需要算法,而且需要"好"算法。例如,多媒体技术的发展与数据压缩算法的研究密切相关,电子商务、网上银行的发展离不开数据加密算法,阿尔法狗(AlphaGo)的获胜更是应用了深度学习算法。可以肯定的是,发明(或发现)算法是一个非常有创造性和值得付出的过程。

1.2.4 本书讨论的主要内容

从数据模型的角度,可以将计算机能够求解的问题分为数值问题和非数值问题。数值问题抽象出的数据模型通常是数学方程,非数值问题抽象出的数据模型通常是表、树、图等数据结构。下面请看几个例子。

【例 1-6】 百元买百鸡问题。已知公鸡 5 元一只,母鸡 3 元一只,小鸡 1 元三只,花 100元钱买 100 只鸡,问公鸡、母鸡、小鸡各多少只?

【想法——数据模型】 设 x、y 和 z 分别表示公鸡、母鸡和小鸡的个数,则有如下方程组成立:

$$\begin{cases} x + y + z = 100 \\ 5 \times x + 3 \times y + z/3 = 100 \end{cases} \quad 且 \quad \begin{cases} 0 \leq x \leq 20 \\ 0 \leq y \leq 33 \\ 0 \leq z \leq 100 \end{cases}$$

【例 1-7】 学籍管理问题。图 1-7(a)所示是一张简单的学生学籍登记表,用计算机来完成学籍管理,实现增、删、改、查等功能。

学号	姓名	性别	出生日期	政治面貌
0001	陆宇	男	2007/09/02	团员
0002	李明	男	2007/12/25	党员
0003	汤晓影	女	2007/03/26	团员
⋮	⋮	⋮	⋮	⋮

抽象 ⟹

(a) 学生学籍登记表　　　　　　　　　　　　　(b) 线性结构

图 1-7 学籍登记表及其数据模型

① 实验环境为主频 2.20GHz、内存 16GB、操作系统 Windows 10、编程环境 Dev C++ 5.11。其实实验环境并不重要,重要的是运行时间之间的差别。当然,CPU 的速度越快,差别越明显。

【想法——数据模型】　在学籍管理问题中,计算机的操作对象是每个学生的学籍信息——称为表项,各表项之间的关系可以用线性结构来描述,如图 1-7(b)所示。线性结构也称为表结构或线性表结构。

【例 1-8】　人机对弈问题。井字棋又称三子连珠,棋盘为 3×3 的方格,假设游戏者和计算机对弈,当一方的 3 个棋子占同一行,或同一列,或同一对角线时便为胜方。

【想法——数据模型】　在对弈问题中,计算机的操作对象是对弈过程中可能出现的棋盘状态——称为格局,而格局之间的关系是由对弈规则决定的。因为从一个格局可以派生出多个格局,所以,这种关系通常不是线性的。例如,从三子连珠游戏的某格局出发可以派生出 5 个新的格局,从新的格局出发,还可以再派生出新的格局,如图 1-8(a)所示。格局之间的关系可以用树结构来描述,如图 1-8(b)所示。

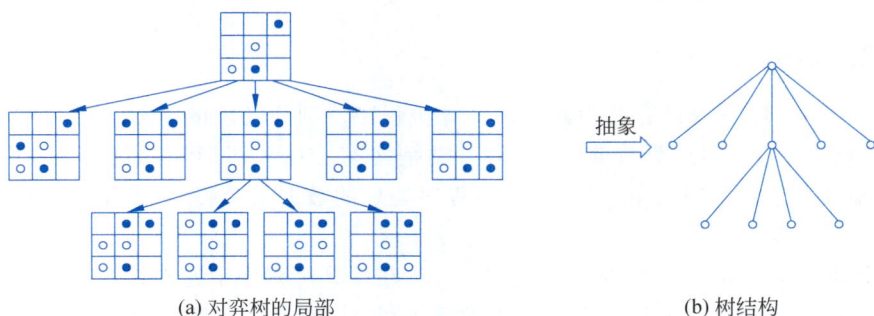

(a) 对弈树的局部　　　　　　　　　　　(b) 树结构

图 1-8　对弈树及其数据模型

【例 1-9】　七巧板涂色问题。假设有如图 1-9(a)所示七巧板,使用至多 4 种不同颜色对七巧板涂色,要求每个区域涂一种颜色,相邻区域的颜色互不相同。

(a) 七巧板　　　　　　　　　　　　(b) 图结构

图 1-9　七巧板及其数据模型

【想法——数据模型】　为了识别不同区域的相邻关系,可以将七巧板的每个区域看成一个顶点,如果两个区域相邻,则这两个顶点之间有边相连,则将七巧板抽象为图结构,如图 1-9(b)所示。

1968 年,克努思教授[①]开创了数据结构的最初体系,他所著的《计算机程序设计艺术》第一卷《基本算法》较系统地阐述了数据的逻辑结构和存储结构及其基本操作。20 世纪 70 年代初,数据结构作为一门独立的课程开始进入大学课堂,并且一直是计算机及相关专业重要

---

①　克努思(Donald E.Knuth,1938 年生)1963 年担任加利福尼亚理工学院的教师,1968 年担任斯坦福大学教授,1992 年为集中精力写作而荣誉退休,保留教授头衔。他编著的《计算机程序设计艺术》丛书对计算机科学的发展产生了深远的影响。从某种意义上说,克努思就意味着计算机程序设计艺术,也就意味着数据结构和算法这一类问题的答案。

的专业基础课。本书讨论非数值问题的数据组织和处理,主要内容如下。

① 数据的逻辑结构:包括表、树、图等数据结构,其核心是如何组织待处理的数据以及数据之间的逻辑关系。

② 数据的存储结构:如何将表、树、图等数据结构存储到计算机的存储器中,其核心是如何有效地存储数据以及数据之间的逻辑关系。

③ 算法:如何基于数据的某种存储结构实现插入、删除、查找等基本操作,其核心是如何有效地处理数据。

④ 常用的数据处理技术:包括查找技术和排序技术等。

1.3 数据结构的基本概念

课件 1-3

1.3.1 数据结构

数据(data)是能输入计算机中并能被计算机程序识别和处理的符号。可以将数据分为两大类:一类是整数、实数等数值数据;另一类是文字、声音、图形和图像①等非数值数据。数据是计算机程序的处理对象。例如,编译程序处理的数据是源程序;学籍管理程序处理的数据是学籍登记表。

数据元素(data element)是数据的基本单位,在计算机程序中通常作为一个整体进行考虑和处理。构成数据元素的最小单位称为**数据项**(data item),并且数据元素通常具有相同个数和类型的数据项。例如,对于学生学籍登记表,每个学生的档案就是一个数据元素,而档案中的学号、姓名、出生日期等是数据项,如图 1-10 所示。

学号	姓名	性别	出生日期	政治面貌
0001	陆宇	男	2007/09/02	团员
0002	李明	男	2007/12/25	党员
0003	汤晓影	女	2007/03/26	团员

数据项   数据元素

图 1-10　数据元素和数据项

数据元素具有广泛的含义,一般来说,能独立、完整地描述问题世界的一切实体都是数据元素。例如,对弈中的棋盘格局、教学计划中的某门课程、一年中的四个季节,甚至一次学术报告、一场足球比赛都可以作为数据元素。在不同的应用场合,数据元素又称为结点、顶点、记录等。

数据结构(data structure)是指相互之间存在一定关系的数据元素的集合。需要强调的是,数据元素是讨论数据结构时涉及的最小数据单位,其中的数据项一般不予考虑。按照视点的不同,数据结构分为逻辑结构和存储结构。

数据的**逻辑结构**(logical structure)是指数据元素以及数据元素之间的逻辑关系,是从实际问题抽象出的数据模型,在形式上可定义为一个二元组:

---

① 在计算机中,图形和图像是两个不同的概念。图形一般是指通过绘图软件绘制的,由直线、圆、弧等基本曲线组成的画面,即图形是由计算机产生的;图像是由扫描仪、数码相机等输入设备捕捉的画面,即图像是真实的场景或是图片输入计算机的。

$$Data\_Structure = (D, R)$$

其中,D 是数据元素的有限集合,R 是 D 上关系的集合[①]。实质上,这个形式定义是对数据模型的一种数学描述,请看下面的例子。

【例 1-10】 请用二元组方式表示图 1-9 所示七巧板涂色问题的数据模型。

解:七巧板涂色问题的数据模型可表示为 DS_puzzle = (D, R),其中,D = {A, B, C, D, E, F, G},R = {<A, B>, <A, E>, <A, F>, <B, C>, <B, D>, <C, D>, <D, E>, <D, G>, <E, F>, <E, G>}。

通常用**逻辑关系图**(logical relation diagram)来描述数据的逻辑结构,其描述方法是:将每一个数据元素看作一个结点,用圆圈表示;元素之间的逻辑关系用结点之间的连线表示,如果强调关系的方向性,则用带箭头的连线表示关系。根据数据元素之间逻辑关系的不同,数据结构分为 4 类,如图 1-11 所示。

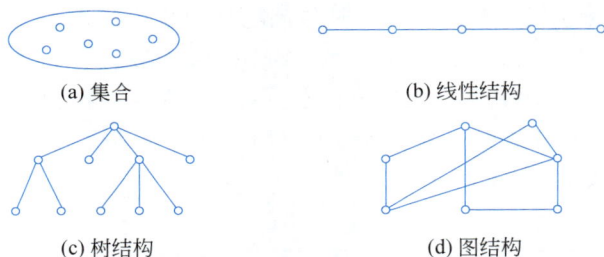

(a) 集合　　　　　　　　　(b) 线性结构

(c) 树结构　　　　　　　　(d) 图结构

图 1-11　数据结构的逻辑关系图

(1) 集合结构:数据元素之间就是"属于同一个集合",除此之外,没有任何关系。

(2) 线性结构:数据元素之间存在一对一的线性关系。

(3) 树结构:数据元素之间存在一对多的层次关系。

(4) 图结构:数据元素之间存在多对多的任意关系。

树结构和图结构也称为非线性结构[②]。

数据的**存储结构**(storage structure)又称为物理结构[③],是数据及其逻辑结构在计算机中的表示(也称映像)。需要强调的是,存储结构除了存储数据元素之外,必须隐式或显式地存储数据元素之间的逻辑关系。通常有两种存储结构[④]:顺序存储结构和链式存储结构。顺序存储结构的基本思想是用一组连续的存储单元依次存储数据元素,数据元素之间的逻辑关系由元素的存储位置来表示。链式存储结构的基本思想是:用一组任意的存储单元存储数据元素,数据元素之间的逻辑关系用指针来表示。

【例 1-11】 对于 DS_color = (D, R),其中 D = {red, green, blue},R = {<red, green>, <green, blue>},请给出 DS_color 的顺序存储和链式存储示意图。

解:DS_color 的顺序存储如图 1-12 所示,DS_color 的链式存储如图 1-13 所示。

[①]　数据元素之间可以具有多元关系,不同关系可能具有不同的数据结构,例如,(D, R1)是一种数据结构,(D, R2)可能是另一种数据结构。本书仅讨论数据元素之间的一元关系。

[②]　有些教材将树结构称为半线性结构,将图结构称为非线性结构。

[③]　除特殊说明,数据的存储结构都针对内存,而文件结构常指外存(如磁盘、磁带)中数据的组织。

[④]　有些教材认为数据的存储结构还包括散列存储和索引存储。实质上,散列存储和索引存储是面向查找的存储结构,并没有存储元素之间的逻辑关系,因此,严格来说,不是基本的存储结构。

图 1-12　顺序存储示意图　　　　图 1-13　链式存储示意图

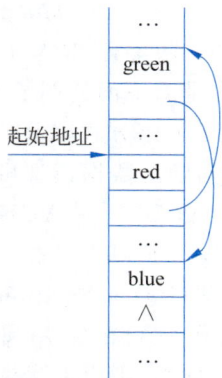

　　如图 1-14 所示,数据的逻辑结构是从具体问题抽象出来的数据模型[①],是面向问题的,反映了数据元素之间的关联方式或邻接关系;数据的存储结构是面向计算机的,其基本目标是将数据及其逻辑关系存储到计算机的内存中。数据的逻辑结构和存储结构是密切相关的两个方面。一般来说,一种数据的逻辑结构可以用多种存储结构来存储,而采用不同的存储结构,其数据处理的效率往往是不同的。

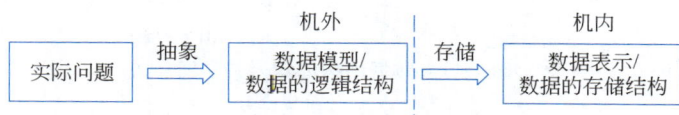

图 1-14　数据的逻辑结构和存储结构之间的关系

1.3.2　抽象数据类型

1. 数据类型

　　数据类型(data type)是一组值的集合以及定义于这个值集上的一组操作的总称。在用高级语言编写的程序中,每个变量都有一个确定的数据类型,用以规定在程序执行期间,该变量的取值范围以及允许进行的操作。例如,C++ 语言中 int 型变量(假设占 4 字节)的取值范围是 4 字节能够表示的最小负整数和最大正整数之间的任何一个整数,允许执行的操作有算术运算($+$、$-$、$*$、$/$、$\%$)、关系运算($<$、$<=$、$>$、$>=$、$==$、$!=$)和逻辑运算($\&\&$、$||$、$!$)等。

2. 抽象

　　所谓**抽象**(abstract),就是抽出问题本质的特征而忽略非本质的细节,是对具体事物的一个概括。例如,水果是对苹果、香蕉、橘子等植物果实的一种抽象,地图是对它所描述地域的一种抽象,中国人是对所有具有中国国籍的中国公民的一种抽象。

　　无论在数学领域还是程序设计领域,抽象的作用都源于这样一个事实:一旦一个抽象的问题得到解决,则很多同类的具体问题便可迎刃而解。抽象还可以实现封装和信息隐藏,抽象的程度越高,对信息及其处理细节的隐藏就越深。例如,C++ 语言将能够完成某种功

————————

　　[①]　在不致混淆的情况下,常常将数据的逻辑结构称为数据结构。

能并可重复执行的一段程序抽象为函数,在需要执行这种功能时调用这个函数,从而将"做什么"和"怎么做"分离开来,实现了算法细节和数据内部结构的隐藏。

3. 抽象数据类型

抽象数据类型(abstract data type,ADT)是一个数据模型以及定义在该模型上的一组操作的总称。ADT 可理解为对数据类型的进一步抽象,数据类型和 ADT 的区别仅在于:数据类型指的是高级程序设计语言支持的基本数据类型,而 ADT 指的是用户自定义的数据类型。事实上,抽象数据类型理论催生了面向对象程序设计语言的诞生和发展,此类语言的最大特点就是能够实现封装。

如图 1-15 所示,从抽象数据类型的角度,可以把数据结构的实现过程分为抽象层、设计层和实现层。其中抽象层是 ADT 的定义,定义数据及其逻辑结构和允许的基本操作集合。一方面,ADT 的使用者依据这些定义来使用 ADT,即通过操作集合对该 ADT 进行操作;另一方面,ADT 的实现者依据这些定义来完成该 ADT 各种操作的具体实现。设计层是 ADT 的设计,是数据模型的存储表示和算法设计。实现层是 ADT 的具体实现,是用某种程序设计语言来实现数据结构。目前,有两种实现方式:过程化程序设计语言(如 C 语言)和面向对象程序设计语言(如 C++、Java)。C 语言没有可以实现抽象数据类型的相应机制,只能用 typedef 定义数据类型,再分别定义函数来实现基本操作。C++ 和 Java 语言提供了**类**(class)定义机制,可以按照抽象数据类型来定义类,即用成员变量描述存储结构,用成员函数实现基本操作。

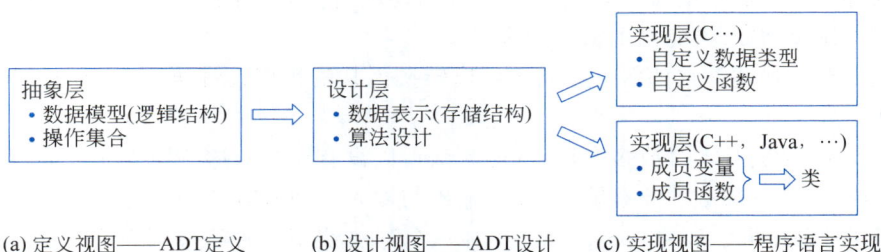

(a) 定义视图——ADT定义　　(b) 设计视图——ADT设计　　(c) 实现视图——程序语言实现

图 1-15　数据结构的实现过程

一个 ADT 的定义不涉及具体的实现细节,在形式上可繁可简,本书对 ADT 的定义包括抽象数据类型名,数据元素之间逻辑关系的定义,每种基本操作的接口(操作的名称、输入、功能、输出),形式如下:

```
ADT   抽象数据类型名
DataModel
    数据元素之间逻辑关系的定义
Operation
    操作 1
        输入:执行此操作所需要的输入
        功能:该操作将完成的功能
        输出:执行此操作后产生的输出
    操作 2
    ⋮
    操作 n
```

```
        ⋮
endADT
```

1.4 算法的基本概念

1.4.1 算法及算法的特性

1. 什么是算法

通俗地讲,算法是解决问题的方法。现实生活中关于算法的实例不胜枚举,如一道菜谱、一个安装转椅的操作指南等,再如四则运算法则、算盘的计算口诀等。严格地说,算法[①](algorithm)是对特定问题求解步骤的一种描述,是指令的有限序列,如图 1-16 所示。此外,算法还必须满足以下基本特性:

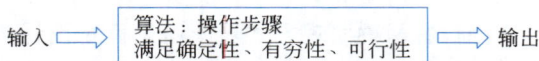

输入 $\Longrightarrow$ 算法:操作步骤 满足确定性、有穷性、可行性 $\Longrightarrow$ 输出

图 1-16 算法的概念

① 有穷性[②]:一个算法必须总是(对任何合法的输入)在执行有穷步之后结束,且每一步都在有穷时间内完成。

② 确定性:算法中的每一条指令必须有确切的含义,不存在二义性。并且,在任何条件下,对于相同的输入只能得到相同的输出。

③ 可行性:描述算法的每一条指令可以转换为某种程序设计语言对应的语句,并在计算机上可以执行。

通常来说,算法有零个或多个输入(即算法可以没有输入),这些输入通常取自某个特定的对象集合,但是算法必须要有输出,而且输出与输入之间有着某种特定的关系。

算法和程序不同。程序(program)是对一个算法使用某种程序设计语言的具体实现,原则上,算法可以用任何一种程序设计语言实现。算法的有穷性意味着不是所有的计算机程序都是算法。例如,操作系统是一个在无限循环中执行的程序而不是一个算法,但是可以把操作系统的各个任务看成一个单独的问题,每个问题由操作系统中的一个子程序通过特定的算法来实现,得到输出结果后便终止。

2. 什么是"好"算法

一个"好"算法首先要满足算法的基本特性,此外还要具备下列特性。

① 正确性[③]。算法能满足具体问题的需求,即对于任何合法的输入,算法都会得出正确的结果。

---

① 算法的中文名称出自《周髀算经》,英文名称来自于波斯数学家阿勒·霍瓦里松(Al Khowarizmi)在公元 825 年写的经典著作《代数对话录》。算法之所以被拼写成 algorithm,也是由于和算术(arithmetic)有着密切的联系。

② 算法中有穷的概念不是纯数学的,而是指在实际应用中是合理的、可接受的。

③ 有些学者主张将算法的正确性纳入算法的定义中,因为这是对算法最基本,也是最重要的要求。有些学者反对这个主张,由于测试无法穷尽所有可能的输入,因此大多数算法无法保证所有合法输入都是正确的。

② 健壮性①。算法对非法输入的抵抗能力，即对于错误的输入，算法应能识别并做出处理，而不是产生错误动作或陷入瘫痪。

③ 可理解性。算法容易理解和实现。算法首先是为了人的阅读和交流，其次是为了程序实现，因此，算法要易于被人理解、易于转换为程序。晦涩难懂的算法可能隐藏一些不易发现的逻辑错误。

④ 抽象分级。算法是由人来阅读、理解、使用和修改，研究发现，对大多数人来说，认识限度是 $7\pm2$②。如果算法涉及的步骤太多，人就会糊涂，因此，必须用抽象分级来组织算法表达的思想。理解起来，算法中的每个操作步骤可以是一条简单指令，如果算法的步骤太多（例如，超过 9 步），可以将算法中的相关操作步骤构成一个模块，通过模块调用完成相应功能。

⑤ 高效性。算法的效率包括时间效率和空间效率，时间效率显示了算法运行得有多快，空间效率显示了算法需要多少额外的存储空间。不言而喻，一个"好"算法应该具有较短的执行时间并占用较少的辅助空间。

1.4.2　算法的描述方法

算法设计者在构思和设计了一个算法之后，必须清楚、准确地将设计的求解步骤记录下来，即描述算法。常用的描述算法的方法有自然语言、流程图、程序设计语言和伪代码等。用自然语言描述算法，最大的优点是容易理解，缺点是容易出现二义性，并且算法通常都很冗长。用流程图描述算法，优点是直观易懂，缺点是严密性不如程序设计语言，灵活性不如自然语言。在计算机应用早期，很多人使用流程图描述算法，但实践证明，除了描述程序设计语言的语法规则和一些非常简单的算法，这种描述方法使用起来非常不方便。用程序设计语言描述的算法能由计算机直接执行，缺点是抽象性差，使算法设计者拘泥于描述算法的具体细节，忽略了"好"算法和正确逻辑的重要性，此外，还要求算法设计者掌握程序设计语言及其编程技巧。

伪代码（pseudo-code）是介于自然语言和程序设计语言之间的方法，它采用某一程序设计语言的基本语法，操作指令可以结合自然语言来设计。至于算法中自然语言的成分有多少，取决于算法的抽象级别。如果算法的抽象级别较高，伪代码中自然语言的成分就多一些；如果算法的抽象级别较低，伪代码中程序设计语言的语句就多一些。

【例 1-12】　采用辗转相除法求两个自然数的最大公约数（即欧几里得算法③），请用伪代码描述算法。

解：设变量 m 和 n 表示两个自然数，欧几里得算法用伪代码描述如下：

---

① 设计算法时可以不考虑健壮性，这些细致的要求应该是软件工程的范畴，但却是好算法的重要标志，如测试各种可能的极端输入。

② 著名心理学家米勒提出的米勒原则：人类的短期记忆能力一般限于一次记忆 5～9 个对象，如几乎所有计算机软件系统的顶层菜单都不超过 9 个。

③ 欧几里得算法产生于古希腊（公元前 300 年左右），被公认是第一个算法。设两个自然数 m 和 n 的最大公约数记为 $\gcd(m,n)$，欧几里得算法的基本思想是将 m 和 n 辗转相除直到余数为 0，例如，$\gcd(35,25)=\gcd(25,10)=\gcd(10,5)=\gcd(5,0)=5$。

```
算法：ComFactor
输入：两个自然数 m 和 n
输出：m 和 n 的最大公约数
    1. r = m % n;
    2. 循环直到 r 等于 0
      2.1 m = n;
      2.2 n = r;
      2.3 r = m % n;
    3. 输出 n;
```

伪代码不是一种实际的编程语言,但在表达能力上类似于编程语言,同时极小化了描述算法的不必要的技术细节,是比较合适的描述算法的方法,被称为"算法语言"或"第一语言"。原则上,伪代码不依赖于具体的程序设计语言,换言之,可以用任何一种程序设计语言来实现伪代码。本书采用 C++ 语言实现伪代码。

1.5 算法分析

如何度量一个算法的效率呢？一种方法是事后统计,将算法实现,然后输入适当的数据运行,测算其时间和空间开销。事后统计的方法至少有以下缺点：①编写程序实现算法将花费较多的时间和精力；②所得实验结果依赖于计算机的软硬件等环境因素,有时容易掩盖算法本身的优劣。通常采用事前分析估算的方法[①]——**渐进复杂度**（asymptotic complexity）,它是对算法消耗资源的一种估算方法。

1.5.1 算法的时间复杂度

同一个算法用不同的程序设计语言实现,或者用不同的编译程序进行编译,或者在不同的计算机上运行,效率均不相同。撇开与计算机软硬件有关的因素,影响算法时间代价的最主要因素是问题规模。**输入规模**（problem scope）是指输入量的多少,一般来说,可以从问题描述中得到。例如,找出 100 以内的所有素数,输入规模是 100；对一个具有 n 个整数的数组进行排序,输入规模是 n。一个显而易见的事实是：几乎所有的算法,对于规模更大的输入需要运行更长的时间。例如,找出 10000 以内的所有素数比找出 100 以内的所有素数需要更多的时间；待排序的数据量 n 越大就需要越多的时间。所以,运行算法所需要的时间 T 是输入规模 n 的函数,记作 $T(n)$。

要精确地表示算法的运行时间函数常常是很困难的,即使能够给出,也可能是个相当复杂的函数,函数的求解本身也是相当复杂的。为了客观地反映一个算法的执行时间,可以用算法中基本语句的执行次数来度量算法的工作量。**基本语句**（basic statement）是执行次数与整个算法的执行次数成正比的语句,基本语句对算法运行时间的贡献最大,是算法中最重要的

[①] 估算方法是工程学课程的基本内容之一,它不能代替对一个问题的严格细节分析,但是,如果估算表明一个方法不可行,那么进一步的分析就没有必要了。

操作。这种衡量效率的方法得出的不是时间量,而是一种增长趋势的度量[①]。换言之,只考察当输入规模充分大时,算法中基本语句的执行次数在渐进意义下的阶,称作算法的渐进时间复杂度,简称为时间复杂度(time complexity),通常用大 O 记号表示[②]。

定义 1-1 若存在两个正的常数 c 和 n_0,对于任意 $n \geq n_0$,都有 $T(n) \leq c \times f(n)$,则称 $T(n) = O(f(n))$(读作"T n 是 O f n 的")。

该定义说明了函数 $T(n)$ 和 $f(n)$ 具有相同的增长趋势,并且 $T(n)$ 的增长至多趋同于函数 $f(n)$ 的增长。大 O 记号用来描述增长率的上限,也就是说,当输入规模为 n 时,算法耗费时间的最大值,其含义如图 1-17 所示。

定理 1-1 若 $A(n) = a_m n^m + a_{m-1} n^{m-1} + \cdots + a_1 n + a_0$ 是一个 m 次多项式,则 $A(n) = O(n^m)$。

证明略。定理 1-1 说明,在计算任何算法的时

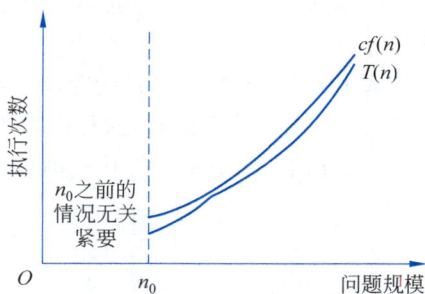

图 1-17 大 O 记号的含义

间复杂度时,可以忽略所有低次幂和最高次幂的系数,这样能够简化算法分析,并且使注意力集中在最重要的一点——增长率。

算法的时间复杂度分析是一种估算技术,若两个算法中一个总是比另一个"稍快一点"时,它并不能判断那个"稍快一点"的算法的相对优越性。但是在实际应用中,它被证明是很有效的,尤其是确定算法是否值得实现的时候。算法的时间复杂度是衡量一个算法优劣的重要标准,常见的时间复杂度如下:

$$O(\log_2 n) < O(n) < O(n\log_2 n) < O(n^2) < O(n^3) < \cdots < O(2^n) < O(n!)$$

以多项式时间复杂度为分界线,将可以在多项式时间内求解的问题看作**易解问题(easy problem)**,这类问题在可以接受的时间内实现问题求解;将需要指数时间求解的问题看作**难解问题(hard problem)**,这类问题的计算时间随着输入规模的增长而快速增长,只有当输入规模足够小的时候才是可使用的算法。

1.5.2 算法的空间复杂度

算法在运行过程中所需的存储空间包括:①输入输出数据占用的空间;②算法本身占用的空间;③执行算法需要的辅助空间。其中,输入输出数据占用的空间取决于问题,与算法无关;算法本身占用的空间虽然与算法相关,但一般其大小是固定的。所以,算法的**空间复杂度**(space complexity)是指算法在执行过程中需要的辅助空间数量,也就是除算法本身和输入输出数据占用的空间外,算法临时开辟的存储空间。

如果算法所需的辅助空间相对于输入规模来说是一个常数,称此算法为**原地(或就地)**工作,否则,这个辅助空间数量也应该是问题规模的函数,通常记作:

$$S(n) = O(f(n))$$

---

① 算法时间复杂度的思维抽象过程如下:算法的运行时间=每条语句的执行时间之和→每条语句的执行次数之和→基本语句的执行次数→基本语句执行次数的数量级→大 O 记号表示。

② 算法的时间复杂度分析最初因 Knuth 在其经典著作 *The Art of Computer Programming* 中使用而流行,大 O 记号(读作"大欧")也是 Knuth 在这本书中提倡的。

其中,n 为输入规模,分析方法与算法的时间复杂度类似。

1.5.3 算法分析实例

1. 非递归算法的时间性能分析

对非递归算法时间复杂度的分析,关键是建立一个代表算法运行时间的求和表达式,然后用渐进符号表示这个求和表达式。

【例 1-13】 求"++x;"的时间复杂度。

解:++x 是基本语句,执行次数为 1,时间复杂度为 $O(1)$,称为常量阶[①]。

【例 1-14】 求下面程序段的时间复杂度。

```
for (i = 1; i <= n;++i)
  ++x;
```

解:++x 是基本语句,执行次数为 n,时间复杂度为 $O(n)$,称为线性阶。

【例 1-15】 求下面程序段的时间复杂度。

```
for (i = 1; i <= n;++i)
  for (j = 1; j <= n;++j)
    ++x;
```

解:++x 是基本语句,执行次数为 n^2,时间复杂度为 $O(n^2)$,称为平方阶。

【例 1-16】 求下面程序段的时间复杂度。

```
for (i = 1; i <= n;++i)
  for (j = 1; j <= n;++j)
  {
    c[i][j] = 0;
    for (k = 1; k <= n;++k)
        c[i][j] += a[i][k] * b[k][j];
  }
```

解:c[i][j]+=a[i][k] * b[k][j]是基本语句,由于是一个三重循环,每个循环从 1 到 n,所以总的执行次数为 n^3,时间复杂度为 $O(n^3)$,称为立方阶。

【例 1-17】 求下面程序段的时间复杂度。

```
for (i = 1; i <= n;++i)
  for (j = 1; j <= i-1;++j)
    ++x;
```

解:++x 是基本语句,执行次数为 $\sum_{i=1}^{n}\sum_{j=1}^{i-1}1=\sum_{i=1}^{n}(i-1)=\dfrac{n(n-1)}{2}$,所以时间复杂度为 $O(n^2)$。分析的策略是从内部(或最深层部分)向外展开。

[①] 只要 $T(n)$ 不是输入规模 n 的函数,而是一个常数,其时间复杂度均为 $O(1)$。

【例 1-18】 求下面程序段的时间复杂度。

```
for (i = 1; i <= n; i = 2 * i)
    ++x;
```

解：++x 是基本语句，设其执行次数为 $T(n)$，则有 $2^{T(n)} \leqslant n$，即 $T(n) \leqslant \log_2 n$，所以时间复杂度为 $O(\log_2 n)$，称为对数阶。

2. 递归算法的时间性能分析

对递归算法时间复杂度的分析，关键是根据递归过程建立递推关系式，然后求解这个递推关系式。通常用扩展递归技术将递推关系式中等式右边的项根据递推式进行替换，这称为扩展，扩展后的项被再次扩展，依此下去，就会得到一个求和表达式。

【例 1-19】 使用扩展递归技术分析递推式 $T(n) = \begin{cases} 7, & n = 1 \\ 2T(n/2) + 5n^2, & n > 1 \end{cases}$ 的时间复杂度。

解：简单起见，假定 $n = 2^k$。将递推式进行扩展：

$$T(n) = 2T(n/2) + 5n^2$$

$$= 2(2T(n/4) + 5(n/2)^2) + 5n^2$$

$$= 2(2(2T(n/8) + 5(n/4)^2) + 5(n/2)^2) + 5n^2$$

$$= 2^k T(1) + 2^{k-1} 5\left(\frac{n}{2^{k-1}}\right)^2 + \cdots + 2 \times 5\left(\frac{n}{2}\right)^2 + 5n^2$$

最后这个表达式可以使用如下的求和表示：

$$T(n) = 7n + 5\sum_{i=0}^{k-1}\left(\frac{n}{2^i}\right)^2 = 7n + 5n^2\left(2 - \frac{1}{2^{k-1}}\right)$$

$$= 7n + 5n^2\left(2 - \frac{2}{n}\right) = 10n^2 - 3n \leqslant 10n^2$$

$$= O(n^2)$$

3. 最好、最坏和平均情况

对于某些算法，即使输入规模相同，如果输入数据不同，其时间开销也不同。此时，就需要分析最好、最坏以及平均情况的时间性能。

【例 1-20】 在一维整型数组 A[n] 中顺序查找与给定值 k 相等的元素，算法如下，请分析该算法的时间复杂度。

```
int Find(int A[], int n, int k)
{
  for (int i = 0; i < n; i++)
    if (A[i] == k) break;
  return i;                    //返回元素 k 的下标,返回 n 时表示查找失败
}
```

解：顺序查找从第一个元素开始，依次比较每一个元素，直至找到 k 为止。如果数组的第一个元素恰好就是 k，只需比较 1 次，这是最好情况；如果数组的最后一个元素是 k，就要

比较 n 次,这是最坏情况;如果在数组中查找不同的元素 k,假设数据是等概率分布,则平均要比较 $n/2$ 次,这是平均情况[①]。

一般来说,最好情况不能代表算法性能,因为它发生的概率较小。但是,当最好情况出现概率较大的时候,应该分析最好情况;分析最差情况有一个好处,即可以知道算法的运行时间最坏能坏到什么程度,这一点在实时系统中尤其重要;通常需要分析平均情况的时间代价,特别是算法要处理不同的输入时,但它要求已知输入数据是如何分布的。通常假设等概率分布,例如,顺序查找算法在平均情况下的时间性能,如果数据不是等概率分布,那么算法的平均情况就不一定是查找一半的元素了。

1.6 扩展与提高

1.6.1 概率算法

假设你意外地得到了一张藏宝图,但是,可能的藏宝地点有两个,要到达其中一个地点,或者从一个地点到达另一个地点都需要 5 天的时间。你需要 4 天的时间解读藏宝图,得出确切的藏宝位置,但是一旦出发后就不允许再解读藏宝图。更麻烦的是,有另外一个人知道这个藏宝地点,每天都会拿走一部分宝藏。不过,有一个小精灵可以告诉你如何解读藏宝图,它的条件是,需要支付给它相当于知道藏宝地点的那个人 3 天拿走的宝藏。如何做才能得到更多的宝藏呢?

假设你得到藏宝图时剩余宝藏的总价值是 x,知道藏宝地点的那个人每天拿走宝藏的价值是 y,并且 $x>9y$,可行的方案有:

① 用 4 天的时间解读藏宝图,用 5 天的时间到达藏宝地点,可获宝藏价值 $x-9y$;

② 接受小精灵的条件,用 5 天的时间到达藏宝地点,可获宝藏价值 $x-5y$,但需付给小精灵宝藏价值 $3y$,最终可获宝藏价值 $x-8y$;

③ 投掷硬币决定首先前往哪个地点,如果发现地点是错的,就前往另一个地点。这样,你就有一半的机会获得宝藏价值 $x-5y$,另一半的机会获得宝藏价值 $x-10y$,所以,最终可获宝藏价值 $x-7.5y$。

当面临一个选择时,如果计算正确选择的时间大于随机确定一个选择的时间,那么,就应该随机选择一个。同样,当算法在执行过程中面临一个选择时,有时候随机地选择算法的执行动作可能比花费时间计算哪个是最优选择要好。随机从某种角度来说就是运气,在算法中增加这种随机性的因素,通常可以引导算法快速地求解问题。

例如,判断表达式 $f(x_1, x_2, \cdots, x_n)$ 是否恒等于 0。概率算法首先生成一个随机 n 元向量 $(r_1, r_2, \cdots, r_n)$,并计算 $f(r_1, r_2, \cdots, r_n)$ 的值,如果 $f(r_1, r_2, \cdots, r_n) \neq 0$,则 $f(x_1, x_2, \cdots, x_n) \neq 0$;如果 $f(r_1, r_2, \cdots, r_n) = 0$,则或者 $f(x_1, x_2, \cdots, x_n)$ 恒等于 0,或者是向量 $(r_1, r_2, \cdots, r_n)$ 比较特殊,如果这样重复几次,继续得到 $f(r_1, r_2, \cdots, r_n) = 0$ 的结果,那么就可以得出 $f(x_1, x_2, \cdots, x_n)$ 恒等于 0 的结论,并且测试的随机向量越多,这个结果出错的可能性就越小。

---

① 通常用 $T_B(n)$ 表示最好情况(best),用 $T_W(n)$ 表示最坏情况(worst),用 $T_E(n)$ 表示平均情况,平均情况通常指的是期望情况(expected)。

概率算法(probabilistic algorithm)把"对于所有合理的输入都必须给出正确的输出"这一求解问题的条件放宽,允许算法在执行过程中随机选择下一步该如何进行,同时允许结果以较小的概率出现错误,并以此为代价,获得算法运行时间的大幅度减少。如果一个问题没有有效的确定性算法可以在一个合理的时间内给出解答,但是,该问题能接受小概率的错误,那么,概率算法也许可以快速找到这个问题的解。

1.6.2 算法分析的其他渐进符号

定义 1-2 若存在两个正的常数 c 和 n_0,对于任意 $n \geq n_0$,都有 $T(n) \geq c \times g(n)$,则称 $T(n) = \Omega(g(n))$(或称算法在 $\Omega(g(n))$ 中)。

定义 1-2 说明了函数 $T(n)$ 和 $g(n)$ 具有相同的增长趋势,并且 $T(n)$ 的增长至少趋同于函数 $g(n)$ 的增长。大 Ω 符号用来描述增长率的下限,也就是说,当输入规模为 n 时,算法消耗时间的最小值。大 Ω 符号的含义如图 1-18 所示。与大 O 符号对称,这个下限的阶越高,结果就越有价值。

大 Ω 符号通常用来分析某个问题或某类算法的时间下界。例如,矩阵乘法问题的时间下界为 $\Omega(n^2)$,是指任何两个 $n \times n$ 矩阵相乘的算法,其时间复杂度不会小于 n^2,基于比较的排序算法的时间下界为 $\Omega(n\log_2 n)$,是指任何基于比较的排序算法,其时间复杂度不会小于 $n\log_2 n$。

定义 1-3 若存在 3 个正的常数 c_1、c_2 和 n_0,对于任意 $n \geq n_0$,都有 $c_1 \times f(n) \geq T(n) \geq c_2 \times f(n)$,则称 $T(n) = \Theta(f(n))$。

Θ 符号意味着 $T(n)$ 与 $f(n)$ 同阶,通常用来表示算法的精确阶,其含义如图 1-19 所示。

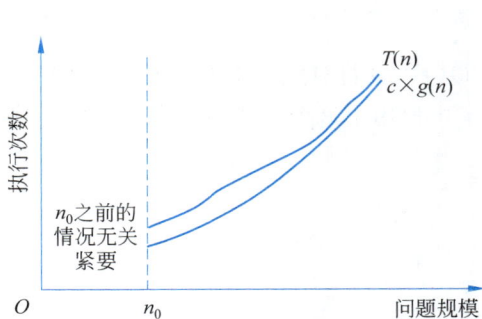

图 1-18 大 Ω 符号的含义   图 1-19 Θ 符号的含义

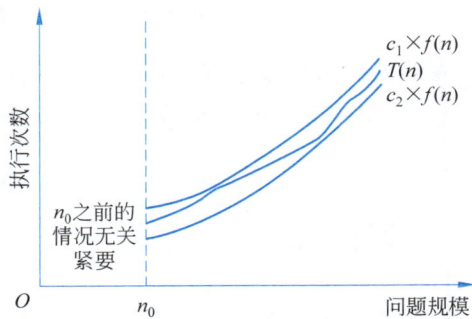

思想火花——好算法是反复努力和重新修正的结果

考虑一个问题:将一个具有 n 个元素的数组向左循环移动 i 个位置。有许多应用程序会调用这个问题的算法,例如在文本编辑器中移动行的操作,磁盘整理时交换两个不同大小的相邻内存块等。所以,这个问题的算法要求有较高的时间和空间性能。

解法 1:先将数组中的前 i 个元素存放在一个临时数组中,再将余下的 $n-i$ 个元素左移 i 个位置,最后将前 i 个元素从临时数组复制回原数组中后面的 i 个位置。但是这个算法使用了 i 个额外的存储单元,其空间复杂度是 $O(i)$。

解法 2：先设计一个函数将数组向左循环移动 1 个位置，然后再调用该算法 i 次。显然，这个算法的时间性能不好，其时间复杂度是 $O(n \times i)$。

解法 3：将这个问题看作把数组 ab 转换成数组 ba(a 代表数组的前 i 个元素，b 代表数组中余下的 $n-i$ 个元素)，先将 a 置逆得到 $a^r b$，再将 b 置逆得到 $a^r b^r$，最后将整个 $a^r b^r$ 置逆得到 $(a^r b^r)^r = ba$。设 Reverse 函数执行将数组元素置逆的操作，对 abcdefg 向左循环移动 3 个位置的过程如下：

```
Reverse(0, i-1);          //得到 cbadefg
Reverse(i, n-1);          //得到 cbagfed
Reverse(0, n-1);          //得到 defgabc
```

其原理可以用一个简单的游戏来理解：将两手的掌心对着自己，左手在右手上面，可以实现将一个具有 10 个元素的数组向左循环移动 5 位，如图 1-20 所示。

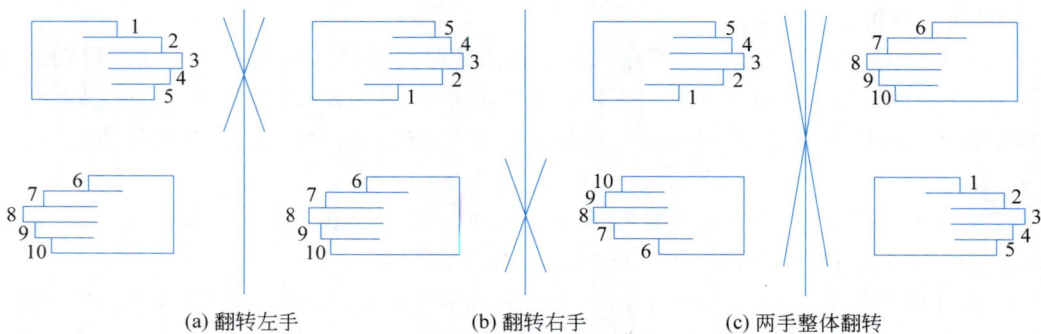

(a) 翻转左手   (b) 翻转右手   (c) 两手整体翻转

图 1-20　利用数组置逆进行循环移位的示意图

该算法的时间复杂度是 $O(n)$，空间复杂度是 $O(1)$，并且算法简短和简单，想出错都很难。Brian Kernighan 在 *Software Tools in Pascal* 中使用了这个算法在文本编辑器中移动各行。

习题 1

一、单项选择题

1. 计算机处理的数据一般具有某种内在联系，这是指(　　　)。
　　A. 数据和数据之间存在某种关系　　　　B. 元素和元素之间存在某种关系
　　C. 元素内部具有某种结构　　　　　　　D. 数据项和数据项之间存在某种关系

2. 在数据结构中，与使用的计算机无关的是数据的(　　　)。
　　A. 逻辑结构　　　　　　　　　　　　　B. 存储结构
　　C. 逻辑结构和存储结构　　　　　　　　D. 物理结构

3. 在存储数据时，通常不仅要存储各数据元素的值，还要存储(　　　)。
　　A. 数据的处理方法　　　　　　　　　　B. 数据元素的类型
　　C. 数据元素之间的关系　　　　　　　　D. 数据的存储方法

4. 设有数据结构(D,R)，其中 D = {1, 2, 3, 4, 5}，R = {(1, 2), (2, 3), (2, 4), (2, 5),

$(3, 5), (4, 5)\}$。该数据结构属于( )结构。

    A. 集合   B. 线性表   C. 树   D. 图

5. 顺序存储结构中数据元素之间的逻辑关系由( )表示,链式存储结构中数据元素之间的逻辑关系由( )表示。

    A. 线性结构   B. 非线性结构   C. 存储位置   D. 指针

6. 假设有如下遗产继承规则:丈夫和妻子可以相互继承遗产;子女可以继承父亲或母亲的遗产;子女间不能相互继承。表示该遗产继承关系的数据结构应该是( )。

    A. 集合   B. 线性表   C. 树   D. 图

7. 对于数据结构的描述,下列说法中不正确的是( )。

    A. 相同的逻辑结构对应的存储结构也必相同

    B. 数据结构由逻辑结构、存储结构和基本操作 3 方面组成

    C. 数据结构基本操作的实现与存储结构有关

    D. 数据的存储结构是逻辑结构的机内实现

8. 下列特性中,不是算法必须具备的特性是( )。

    A. 有穷性   B. 确定性   C. 高效性   D. 可行性

9. 算法应该具有确定性、可行性和有穷性,其中有穷性是指( )。

    A. 算法在有穷的时间内终止   B. 描述步骤是有穷的

    C. 输入输出是有穷的   D. 以上都正确

10. 算法分析是对已设计的算法进行评价,其主要目的是( )。

    A. 找出数据结构的合理性   B. 研究算法中输入和输出的关系

    C. 分析算法的效率以求改进   D. 分析算法的易读性和文档性

11. 算法分析的两个主要方面是( )。

    A. 空间性能和时间性能   B. 正确性和简明性

    C. 可读性和文档性   D. 数据复杂性和程序复杂性

12. 某算法的时间复杂度是 $O(n^2)$,表明该算法( )。

    A. 输入规模是 n^2 B. 执行时间等于 n^2

    C. 执行时间与 n^2 成正比   D. 输入规模与 n^2 成正比

13. 设某算法对 n 个元素进行处理,所需时间是 $T(n) = 100n\log_2 n + 200n + 500$,则该算法的时间复杂度是( )。

    A. $O(1)$ B. $O(n)$ C. $O(n\log_2 n)$ D. $O(n\log_2 n + n)$

14. 假设时间复杂度为 $O(n^2)$ 的算法在有 200 个元素的数组上运行需要 3.1 毫秒,则在有 400 个元素的数组上运行需要( )毫秒。

    A. 3.1   B. 6.2   C. 12.4   D. 9.61

15. 下列说法中错误的是( )。

    (1) 算法原地工作的含义是指不需要任何额外的辅助空间

    (2) 复杂度 $O(n)$ 的算法在时间上总是优于复杂度 $O(2^n)$ 的算法

    (3) 时间复杂度是估算算法执行时间的一个上界

    (4) 同一个算法,实现语言的级别越高,执行效率就越低

    A. (1)   B. (1),(2)   C. (1),(4)   D. (3)

二、指出如下程序段的基本语句,并分析时间复杂度。

```
1. for ( m = 0, i = 1; i <= n; i++)
       for (j = 1; j <= 2 * i; j++)
           m = m + 1;
```

```
2. for (i = n-1; i >= 1; i--)
       for (j = 1; j <= i; j++)
           x++;
```

```
3. for (i = 0; i < n; i++)
       for (j = 0; j < m; j++)
           a[i][j] = 0;
```

```
4. y = 0;
   while ((y + 1) * (y + 1) <= n)
       y = y + 1;
```

```
5. for (i = 1; i <= n; i++)
       for (j = 1; j <= i; j++)
           for (k = 1; k <= j; k++)
               x++;
```

```
6. for (i = 1; i <= n; i++)
       if (2 * i <= n)
           for (j = 2 * i; j <= n; j++)
               y = y + i * j;
```

三、解答下列问题

1. 对下列二元组表示的数据结构,请分别画出逻辑结构图并指出属于何种结构。

(1) $A = (D, R)$,其中 $D = \{a_1, a_2, a_3, a_4\}$,$R = \{\ \}$。

(2) $B = (D, R)$,其中 $D = \{a, b, c, d, e, f\}$,$R = \{<a, b>, <b, c>, <c, d>, <d, e>, <e, f>\}$。

(3) $C = (D, R)$,其中 $D = \{a, b, c, d, e, f, g, h\}$,$R = \{<d, b>, <d, g>, <d, h>, <b, a>, <b, c>, <g, e>, <g, f>\}$。

(4) $D = (D, R)$,其中 $D = \{1, 2, 3, 4, 5, 6\}$,$R = \{(1, 2), (1, 4), (2, 3), (2, 4), (3, 4), (3, 5), (3, 6), (4, 6)\}$。

2. 为复数定义一个抽象数据类型,包含复数的常用运算,每个运算对应一个基本操作,每个基本操作的接口需定义输入、功能和输出。

3. 求多项式 $A(x)$ 的算法可根据下列两个公式之一来设计:

(1) $A(x) = a_n x^n + a_{n-1} x^{n-1} + \cdots + a_1 x + a_0$

(2) $A(x) = (\cdots (a_n x + a_{n-1}) x + \cdots + a_1) x + a_0$

根据算法的时间复杂度分析比较这两种算法的优劣。

四、算法设计题,要求分别用伪代码和程序语言描述算法,并分析时间复杂度。

1. 分式化简。将给定的真分数化简为最简分数形式。例如,将 6/8 化简为 3/4。

2. 判断给定字符串是否是回文。所谓回文是正读和反读均相同的字符串,例如 "abcba" 和 "abba" 都是回文,而 "abcda" 不是回文。

3. 已知数组 A[n] 的元素为整型,请将其调整为左右两部分,左边所有元素为奇数,右边所有元素为偶数,并要求算法的时间复杂度为 $O(n)$。

4. 在整型数组 r[n] 中删除所有值为 x 的元素,要求算法的时间复杂度为 $O(n)$,空间复杂度为 $O(1)$。

5. 颜色排序。要求重新排列一个由字符 R、G 和 B(R 代表红色,G 代表绿色,B 代表蓝色)构成的数组,使得所有的 R 都排在最前面,G 排在其次,B 排在最后。要求时间性能是 $O(n)$。

五、算法设计题（要求用 C/C++ 程序语言描述算法，并分析最好、最坏和平均情况下的时间复杂度）。

1. 在整型数组 r[n]中找出最大值和最小值。
2. 在整型数组 r[n]中找出最大值和次最大值。

考研真题 1

一、单项选择题

（2011 年）1. 设 n 是描述输入规模的非负整数，下面程序段的时间复杂度是_____。

```
x =2;
while (x <n/2)
    x =2 * x;
```

A. $O(\log_2 n)$ B. $O(n)$ C. $O(n\log_2 n)$ D. $O(n^2)$

（2012 年）2. 求整数 $n(n \geqslant 0)$阶乘的算法如下，其时间复杂度是_____。

```
int fact(int n)
{
    if (n <=1) return 1;
    else return n * fact(n-1);
}
```

A. $O(\log_2 n)$ B. $O(n)$ C. $O(n\log_2 n)$ D. $O(n^2)$

（2014 年）3. 下列程序段的时间复杂度是_____。

```
count=0;
for(k =1; k <=n; k *=2)
    for(j =1; j <=n; j++)
        count++;
```

A. $O(\log_2 n)$ B. $O(n)$ C. $O(n\log_2 n)$ D. $O(n^2)$

（2017 年）4. 下列函数的时间复杂度是_____。

```
int func(int n) {
    int i =0, sum =0;
    while(sum < n) sum += ++i;
    return i;
}
```

A. $O(\log_{10} n)$ B. $O(n^{1/2})$ C. $O(n)$ D. $O(n\log_{10} n)$

（2019 年）5. 设 n 是描述输入规模的非负整数，下列程序段的时间复杂度是_____。

```
x =0;
```

```
while(n >= (x+1) * (x+1))
    x = x+1;
```

A. $O(\log_{10}n)$ B. $O(n^{1/2})$ C. $O(n)$ D. $O(n^2)$

(2022 年)6. 下列程序段的时间复杂度是_____。

```
int sum = 0;
for (int i = 1; i < n; i *= 2)
    for (int j = 0; j < i; j++)
        sum++;
```

A. $O(\log n)$ B. $O(n)$ C. $O(n\log n)$ D. $O(n^2)$

第 2 章 线 性 表

本章概述	线性表是线性结构的典型代表。线性表是一种最基本、最简单的数据结构,数据元素之间仅具有单一的前驱和后继关系。线性表不仅有着广泛的应用,而且也是其他数据结构的基础,同时,单链表也是贯穿数据结构课程的基本技术。本章虽然讨论的是线性表,但涉及的许多问题都具有一定的普遍性,因此,本章是本课程的重点与核心,也是其他后续章节的重要基础。 本章由实际问题引出线性表,介绍线性表的逻辑结构并定义线性表抽象数据类型,给出线性表的两种基本存储结构——顺序存储和链式存储,讨论线性表基本操作的实现并分析时间性能
教学重点	顺序存储结构和链式存储结构的基本思想;顺序表和单链表的基本算法;顺序表和单链表基本操作的时间性能;顺序表和链表之间的比较
教学难点	线性表的抽象数据类型定义;基于单链表的算法设计,尤其是要求算法满足一定的时间性能和空间性能;双链表的算法设计
教学目标	(1) 解释线性表的定义和逻辑特征,说明线性表的抽象数据类型定义; (2) 辨析顺序表的存储要点及存取特性,画出存储示意图; (3) 实现顺序表求长度、判空、查找、插入、删除等基本操作,以及基于顺序表的算法设计,并分析时空效率; (4) 辨析单链表的存储要点及存取特性,画出存储示意图; (5) 实现单链表遍历、判空、查找、插入、删除等基本操作,运用单链表的算法设计模式进行算法设计,并分析时空效率; (6) 论证双链表和循环链表的存储方法,实现插入、删除等基本操作,并与单链表的算法进行比较; (7) 辨析顺序表和单链表两种存储结构的优缺点,并给出相应结论,对于实际问题比较、选用、设计合适的存储方法

2.1 引言

线性表是一种最基本、最简单的数据结构,用来描述数据元素之间单一的前驱和后继关系。现实生活中,许多问题抽象出的数据模型是线性表,下面举两个例子。

【例 2-1】 学籍管理问题和工资管理问题。用计算机进行学籍管理和工资管理,实现增、删、改、查、统计等功能。

【想法——数据模型】 在学籍管理问题中,计算机的操作对象是每个学生的学籍信息,即数据元素,各元素之间的逻辑关系可以用线性结构来描述,如图 2-1 所示。在工资管理问题中,计算机的操作对象是每个职工的工资信息——即数据元素,各元素之间的逻辑关系也可以用线性结构来描述,如图 2-2 所示。

学号	姓名	性别	出生日期	政治面貌
0001	陆宇	男	2007/09/02	团员
0002	李明	男	2007/12/25	党员
0003	汤晓影	女	2007/03/26	团员
⋮	⋮	⋮	⋮	⋮

(a) 学籍登记表　　　　　　　　　　　(b) 线性结构

图 2-1　学籍登记表及其数据模型

职工号	姓名	性别	基本工资	岗位津贴	业绩津贴
000826	王一梅	女	3200	1900	600
000235	李明	男	3800	2200	900
000973	郑浩	男	2800	1500	500
⋮	⋮	⋮	⋮	⋮	⋮

(a) 职工工资表　　　　　　　　　　　(b) 线性结构

图 2-2　职工工资表及其数据模型

学籍登记表与职工工资表具有不同的数据项,内容也完全不同,但数据元素之间的逻辑关系都是线性的。推而广之,所有二维表的逻辑结构都是线性的。如何存储这种二维表并实现增、删、改、查等基本操作呢?

【例 2-2】 约瑟夫环问题。约瑟夫环问题由古罗马史学家约瑟夫(Josephus)提出,他参加并记录了公元 66—70 年犹太人反抗罗马的起义。在城市沦陷之后,和 40 名死硬的将士在附近的一个洞穴中避难,这些起义者表决说"要投降毋宁死"。每个人轮流杀死他旁边的人,而这个顺序是由抽签决定的。约瑟夫有预谋地抓到了最后一签,并且,作为洞穴中的两个幸存者之一,他说服了他原先的牺牲品一起投降了罗马。

【想法——数据模型】 约瑟夫环问题的操作对象是抽签的人——即数据元素,将数据元素从 1 至 n 进行编号并构成一个环,从而将约瑟夫环问题抽象为如图 2-3 所示数据模型。从第 1 个人开始报数,报到 m 时停止报数,报 m 的人出环。再从他的下一个人起重新报数,报到 m 时停止报数,报 m 的人出环。如此下去,直到所有人全部出环为止。当任意给

定 n 和 m 后,求 n 个人出环的次序。约瑟夫环问题的数据模型是一种典型的环状线性结构,如何存储这种环形结构并求解约瑟夫环的出环次序呢?

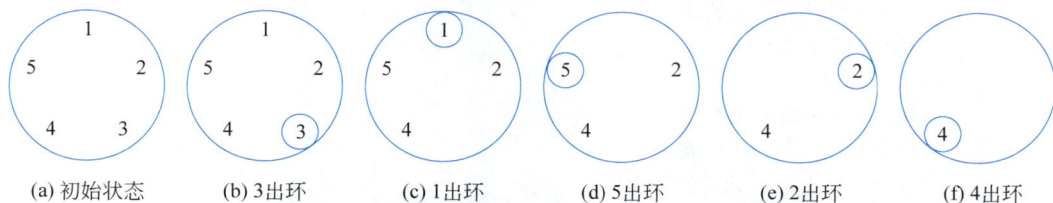

图 2-3　约瑟夫环问题的数据模型($n=5$,$m=3$ 时的出环次序:3,1,5,2,4)

(a) 初始状态　　(b) 3出环　　(c) 1出环　　(d) 5出环　　(e) 2出环　　(f) 4出环

2.2　线性表的逻辑结构

课件 2-2

2.2.1　线性表的定义

线性表(linear list)简称表,是 $n(n \geq 0)$ 个数据元素的有限序列,线性表中数据元素的个数称为线性表的长度。长度等于零的线性表称为空表,一个非空表通常记为

$$L=(a_1,a_2,\cdots,a_n)$$

其中,$a_i(1 \leq i \leq n)$ 称为数据元素,下角标 i 表示该元素在线性表中的位置或序号[①],称元素 a_i 位于表的第 i 个位置,或称 a_i 是表中的第 i 个元素。a_1 称为表头元素,a_n 称为表尾元素,任意一对相邻的数据元素 a_{i-1} 和 $a_i(1 < i \leq n)$ 之间存在序偶关系 $< a_{i-1},a_i >$,且 a_{i-1} 称为 a_i 的前驱,a_i 称为 a_{i-1} 的后继。在这个序列中,元素 a_1 无前驱,元素 a_n 无后继,其他每个元素有且仅有一个前驱和一个后继。线性表的逻辑结构图如图 2-4 所示。

图 2-4　线性表的逻辑结构图

线性表的数据元素具有抽象(即不确定)的数据类型,在实际问题中,数据元素的抽象类型将被具体的数据类型所取代。例如,约瑟夫环问题中 n 个人的编号 $(1,2,\cdots,n)$ 是一个线性表,表中数据元素的类型是整型;学籍管理问题中 n 个人的学籍信息 $(a_1,a_2,\cdots,a_n)$ 是一个线性表,表中数据元素的类型是相应的结构体类型。

2.2.2　线性表的抽象数据类型定义

线性表是一个相当灵活的数据结构,对线性表的数据元素不仅可以进行存取访问,还可以进行插入和删除等基本操作。其抽象数据类型定义为

```
ADT  List
DataModel
   数据元素具有相同类型,相邻元素具有前驱和后继关系
Operation
```

[①]　在非空表中,每个数据元素都有且仅有一个确定的位置。在本书中,数据元素的逻辑序号从 1 开始。

```
        InitList
            输入:无
            功能:线性表的初始化
            输出:空的线性表
        CreateList
            输入:n 个数据元素
            功能:建立一个线性表
            输出:具有 n 个元素的线性表
        DestroyList
            输入:无
            功能:销毁线性表
            输出:释放线性表的存储空间
        PrintList
            输入:无
            功能:遍历操作,按序号依次输出线性表中的元素
            输出:线性表的各个数据元素
        Length
            输入:无
            功能:求线性表的长度
            输出:线性表中数据元素的个数
        Locate
            输入:数据元素 x
            功能:按值查找,在线性表中查找值等于 x 的元素
            输出:如果查找成功,返回元素 x 在线性表中的序号,否则返回 0
        Get
            输入:元素的序号 i
            功能:按位查找,在线性表中查找序号为 i 的数据元素
            输出:如果查找成功,返回序号为 i 的元素值,否则返回查找失败信息
        Insert
            输入:插入位置 i;待插元素 x
            功能:插入操作,在线性表的第 i 个位置处插入一个新元素 x
            输出:如果插入成功,返回新的线性表,否则返回插入失败信息
        Delete
            输入:删除位置 i
            功能:删除操作,删除线性表中的第 i 个元素
            输出:如果删除成功,返回被删元素,否则返回删除失败信息
        Empty
            输入:无
            功能:判空操作,判断线性表是否为空表
            输出:如果是空表,返回 1,否则返回 0
    endADT
```

需要强调的是,①对于不同的应用,线性表的基本操作不同;②对于实际问题中更复杂的操作,可以用这些基本操作的组合(即调用基本操作)来实现;③对于不同的应用,上述操

作的接口可能不同,例如删除操作,若要求删除表中值为 x 的元素,则 Delete 操作的输入参数不是位置而应该是元素值。

2.3　线性表的顺序存储结构及实现

课件 2-3

2.3.1　顺序表的存储结构

线性表的顺序存储结构称为顺序表(sequential list),其基本思想是用一段地址连续的存储单元依次存储线性表的数据元素,如图 2-5 所示。设顺序表的每个元素占用 c 个存储单元[①],则第 i 个元素的存储地址为

$$\text{Loc}(a_i) = \text{Loc}(a_1) + (i-1) \times c \tag{2-1}$$

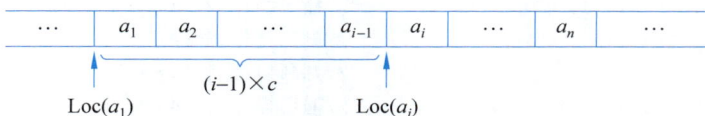

图 2-5　顺序表中元素 a_i 的存储地址

容易看出,顺序表中数据元素的存储地址是其序号的线性函数,只要确定了存储顺序表的起始地址(即基地址),计算任意一个元素的存储地址的时间是相等的,具有这一特点的存储结构称为随机存取(random access)结构。

通常用一维数组实现顺序表,也就是把线性表中相邻的元素存储在数组中相邻的位置,从而导致了数据元素的序号和存放它的数组下标之间具有一一对应关系,如图 2-6 所示。需要强调的是,C++ 语言中数组下标是从 0 开始的,而线性表中元素序号是从 1 开始的,也就是说,线性表中第 i 个元素存储在数组中下标为 $i-1$ 的位置[②]。

数组需要分配固定长度的数组空间,因此,必须确定存放线性表的数组空间的长度。因为在线性表中可以进行插入操作,则数组的长度就要大于当前线性表的长度。用 MaxSize 表示数组的长度,用 length 表示线性表的长度,如图 2-6 所示。

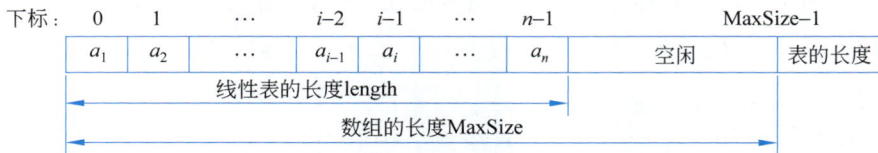

图 2-6　数组的长度和线性表的长度具有不同含义

2.3.2　顺序表的实现

将线性表的抽象数据类型定义在顺序表存储结构下用 C++ 的类实现,顺序表类定义如下,其中成员变量实现顺序表存储结构,成员函数实现线性表的基本操作。由于线性表的数

---

① 线性表中的数据元素具有相同的数据类型,假设数据类型为 DataType,则 $c =$ sizeof(DataType)。

② 关于线性表中数据元素的序号和存放它的数组下标之间的关系还有以下处理方法:①将线性表的序号定义为从 0 开始,这样元素的序号和存储它的数组下标是相等的,但这需要改动有关线性表的其他定义;②将数组的 0 号单元浪费,这需要多开辟一个数组单元,但其他地方无须改动,也能保证元素的序号和存储它的数组下标是相等的。

据元素类型不确定,所以采用C++的模板机制。

```
const int MaxSize = 100;                    //根据实际问题具体定义
template <typename DataType>                //定义模板类 SeqList
class SeqList
{
public:
    SeqList();                              //建立空的顺序表
    SeqList(DataType a[], int n);           //建立长度为 n 的顺序表
    ~SeqList();                             //析构函数
    int Length();                          //求线性表的长度
    DataType Get(int i);                    //按位查找,查找第 i 个元素的值
    int Locate(DataType x);                //按值查找,查找值为 x 的元素序号
    void Insert(int i, DataType x);         //插入操作,在第 i 个位置插入值为 x 的元素
    DataType Delete(int i);                 //删除操作,删除第 i 个元素
    int Empty();                           //判断线性表是否为空
    void PrintList();                       //遍历操作,按序号依次输出各元素
private:
    DataType data[MaxSize];                 //存放数据元素的数组
    int length;                            //线性表的长度
};
```

在顺序表中,由于元素的序号与数组中存储该元素的下标之间具有一一对应关系,所以,容易实现顺序表的基本操作,下面讨论基本操作的算法及实现。

1. 无参构造函数——初始化顺序表

无参构造函数建立一个空的顺序表,只需将顺序表的长度 length 初始化为 0。

2. 有参构造函数——建立顺序表

建立一个长度为 n 的顺序表需要将给定的数据元素传入顺序表中,并将传入的元素个数作为顺序表的长度。设给定的数据元素存放在数组 a[n] 中,建立顺序表的操作示意图如图 2-7 所示。如果顺序表的存储空间小于给定的元素个数,则无法建立顺序表,有参构造函数定义如下:

```
template <typename DataType>
SeqList<DataType>:: SeqList(DataType a[], int n)
{
    if (n > MaxSize) throw "参数非法";
    for (int i = 0; i < n; i++)
        data[i] = a[i];
    length = n;
}
```

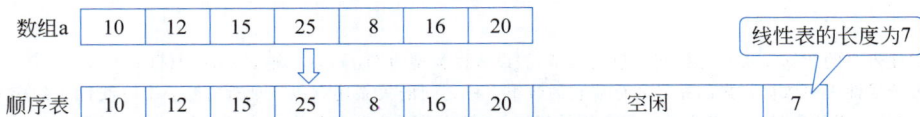

图 2-7　建立顺序表的操作示意图

3. 析构函数——销毁顺序表

顺序表是静态存储分配,在顺序表变量退出作用域时自动释放该变量所占内存单元,因此,顺序表无须销毁,析构函数为空。

4. 判空操作

顺序表的判空操作只需判断长度 length 是否为 0。

5. 求顺序表的长度

在顺序表的类定义中用成员变量 length 保存线性表的长度,因此,求线性表的长度只需返回成员 length 的值。

6. 遍历操作

在顺序表中,遍历操作即按下标依次输出各元素,遍历操作的成员函数定义如下:

```cpp
template <typename DataType>
void SeqList<DataType>:: PrintList()
{
    for (int i = 0; i < length; i++)
      cout <<data[i] <<"\t";          //依次输出线性表的元素值
    cout <<endl;
}
```

7. 按位查找

顺序表中第 i 个元素存储在数组中下标为 $i-1$ 的位置,所以,容易实现按位查找。显然,按位查找算法的时间复杂度为 $O(1)$。按位查找的成员函数定义如下:

```cpp
template <typename DataType>
DataType SeqList<DataType>:: Get(int i)
{
    if (i < 1 || i > length) throw "查找位置非法";
    else return data[i -1];
}
```

8. 按值查找

在顺序表中实现按值查找操作,需要对顺序表中的元素依次进行比较[1],如果查找成功,返回元素的序号(注意不是下标),否则返回查找失败的标志 0。按值查找的成员函数定义如下:

```cpp
template <typename DataType>
int SeqList<DataType>:: Locate(DataType x)
{
    for (int i = 0; i < length; i++)
```

---

[1]　此处比较操作是"L->data[i]==x",在实际应用中,比较操作需要根据数据元素的类型重新设计。

```
        if (data[i] == x) return i+1;          //返回其序号 i+1
    return 0;                                   //退出循环,说明查找失败
}
```

按值查找从第一个元素开始,依次比较每一个元素,直至找到 x 为止。如果顺序表的第一个元素恰好就是 x,算法只要比较一次就行了,这是最好情况;如果顺序表的最后一个元素是 x,算法就要比较 n 个元素,这是最坏情况;平均情况下,假设数据是等概率分布,则平均比较次数为表长的一半。因此,按值查找算法的平均时间性能是 $O(n)$。

9. 插入操作

插入操作是在表的第 $i(1{\leqslant}i{\leqslant}n+1)$ 个位置插入一个新元素 x,使长度为 n 的线性表 $(a_1,\cdots,a_{i-1},a_i,\cdots,a_n)$ 变成长度为 $n+1$ 的线性表 $(a_1,\cdots,a_{i-1},x,a_i,\cdots,a_n)$,且插入后,元素 a_{i-1} 和 a_i 之间的逻辑关系发生了变化并且存储位置要反映这个变化。图 2-8 给出了顺序表在进行插入操作的前后,数据元素在存储空间中位置的变化。

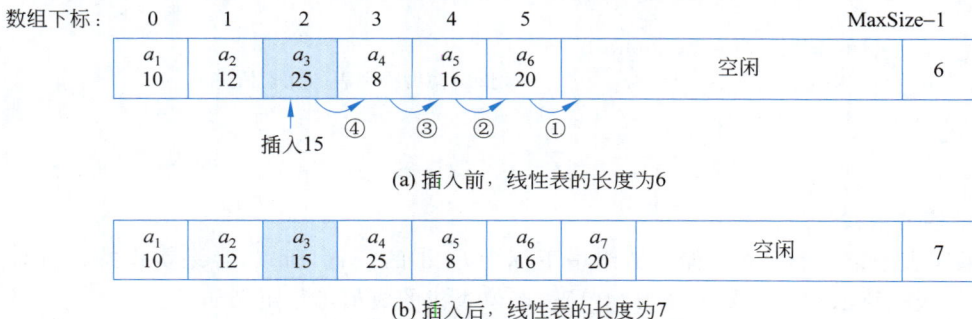

(a) 插入前,线性表的长度为6

(b) 插入后,线性表的长度为7

图 2-8 将元素 15 插入位置 3,顺序表前后状态的对比

注意元素移动的方向,必须从最后一个元素开始,直至将第 i 个元素后移为止,然后将新元素插入位置 i 处。算法用伪代码描述如下:

算法：Insert

输入：插入位置 i,待插入的元素值 x

输出：如果插入成功,返回新的顺序表,否则返回插入失败信息

    1. 如果表满了,则输出上溢错误信息,插入失败;

    2. 如果元素的插入位置不合理,则输出位置错误信息,插入失败;

    3. 将最后一个元素直至第 i 个元素分别向后移动一个位置;

    4. 将元素 x 填入位置 i 处;

    5. 表长加 1;

如果表满,则引发上溢错误;如果元素的插入位置不合理,则引发位置错误。插入操作的成员函数定义如下:

```
template <typename DataType>
void SeqList<DataType>:: Insert(int i, DataType x)
{
    if (length == MaxSize) throw "上溢";
```

```
    if (i < 1 || i > length+1) throw "插入位置错误";
    for (int j = length; j >= i; j--)
      data[j] = data[j-1];          //第 j 个元素存在于数组下标为 j-1 处
    data[i-1] = x;
    length++;
}
```

该算法的问题规模是表的长度 n，基本语句是 for 循环中的元素后移语句。当 $i=n+1$ 时（即在表尾插入），元素后移语句将不执行，这是最好情况，时间复杂度为 $O(1)$；当 $i=1$ 时（即在表头插入），元素后移语句将执行 n 次，需移动表中所有元素，这是最坏情况，时间复杂度为 $O(n)$；由于插入可能在表中任意位置上进行，因此需分析算法的平均时间复杂度。令 $E_{in}(n)$ 表示元素移动次数的平均值，p_i 表示在表中第 i 个位置上插入元素的概率，假设 $p_1=p_2=\cdots=p_{n+1}=1/(n+1)$，由于在第 i 个 $(1\leqslant i\leqslant n+1)$ 位置上插入一个元素后移语句的执行次数为 $n-i+1$，故

$$E_{in}(n)=\sum_{i=1}^{n+1}p_i(n-i+1)=\frac{1}{n+1}\sum_{i=1}^{n+1}(n-i+1)=\frac{n}{2}=O(n)$$

也就是说，在等概率情况下，平均要移动表中一半的元素，算法的平均时间复杂度为 $O(n)$。

10. 删除操作

删除操作是将表的第 i $(1\leqslant i\leqslant n)$ 个元素删除，使长度为 n 的线性表 $(a_1,\cdots,a_{i-1},a_i,a_{i+1},\cdots,a_n)$ 变成长度为 $n-1$ 的线性表 $(a_1,\cdots,a_{i-1},a_{i+1},\cdots,a_n)$，且删除后元素 a_{i-1} 和 a_{i+1} 之间的逻辑关系发生了变化并且存储位置要反映这个变化。图 2-9 给出了顺序表在删除操作的前后，数据元素在存储空间中位置的变化。

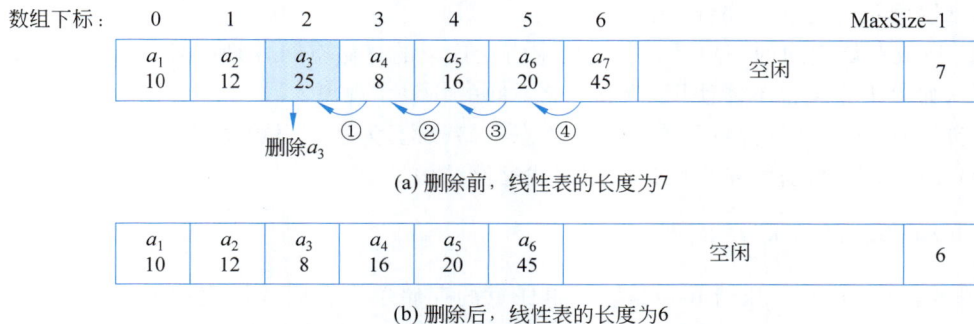

(a) 删除前，线性表的长度为7

(b) 删除后，线性表的长度为6

图 2-9 将位置 3 处的元素删除，顺序表前后状态的对比

注意元素移动的方向，必须从第 $i+1$ 个元素（下标为 i）开始，直至将最后一个元素前移为止，并且在移动元素之前要取出被删元素。如果表空，则发生下溢[①]异常；如果元素的删除位置不合理，则引发删除位置异常。删除操作的成员函数定义如下：

```
template <typename DataType>
DataType SeqList<DataType>:: Delete(int i)
```

[①] 下溢和上溢不同。上溢通常是程序中的错误，程序应当捕获并处理；而下溢通常作为条件用来控制程序的走向。

```
{
    DataType x;
    if (length == 0) throw "下溢";
    if (i < 1 || i > length) throw "删除位置错误";
    x = data[i -1];                    //取出位置 i 的元素
    for (int j = i; j < length; j++)
        data[j -1] = data[j];          //此处 j 已经是元素所在的数组下标
    length--;
    return x;
}
```

设顺序表的表长是 n,显然,删除第 i 个($1{\leqslant}i{\leqslant}n$)元素需要移动 $n-i$ 个元素,令 $E_{de}(n)$ 表示元素移动次数的平均值,p_i 表示删除第 i 个元素的概率,等概率情况下,$p_i=1/n$,则

$$E_{de}(n)=\sum_{i=1}^{n}p_i(n-i)=\frac{1}{n}\sum_{i=1}^{n}(n-i)=\frac{n-1}{2}=O(n)$$

2.4　线性表的链式存储结构及实现

课件 2-4

顺序表利用数组元素在物理位置(即数组下标)上的邻接关系来表示线性表中数据元素之间的逻辑关系,这使得顺序表具有以下缺点:

① 插入和删除操作需移动大量元素。在顺序表上做插入和删除操作,等概率情况下,平均要移动表中一半的元素。

② 表的容量难以确定。由于数组的长度必须事先确定,因此,当线性表的长度变化较大时,难以确定合适的存储规模。

③ 造成存储空间的“碎片”。数组要求占用连续的存储空间,即使存储单元数超过所需的数目,如果不连续也不能使用,造成存储空间的“碎片”现象。

造成顺序表上述缺点的根本原因是静态存储分配,为了克服顺序表的缺点,可以采用动态存储分配来存储线性表,也就是采用链式存储结构。

2.4.1　单链表的存储结构

单链表[1](singly linked list)是用一组任意的存储单元存放线性表的元素,这组存储单元可以连续也可以不连续,甚至可以零散分布在内存中的任意位置。为了能正确表示元素之间的逻辑关系,每个存储单元在存储数据元素的同时,还必须存储其后继元素所在的地址信息,如图 2-10 所示,这个地址信息称为指针。这两部分组成了数据元素的存储映象,称为结点(node),结点结构如图 2-11 所示。其中,data 为数据域,存放数据元素;next 为指针域,存放该结点的后继结点的地址。下面给出单链表的结点结构[2]定义:

---

[1]　艾伦·纽厄尔(Allen Newell,1927 年生)1949 年毕业于斯坦福大学,提出了“中间结分析法”作为求解人工智能问题的一种技术,利用这种技术,开发了最早的启发式程序“逻辑理论家”和“通用问题求解器”。在开发逻辑理论家的过程中,首次提出并应用了单链表作为基本的数据结构。

[2]　在单链表存储结构中,Node 处于最底层,可以通过头指针 first 保证其封装性。也可以将单链表的结点定义为结点类,结点的数据和指针作为私有成员隐藏在结点类的内部,通过成员函数访问结点的数据域和指针域。

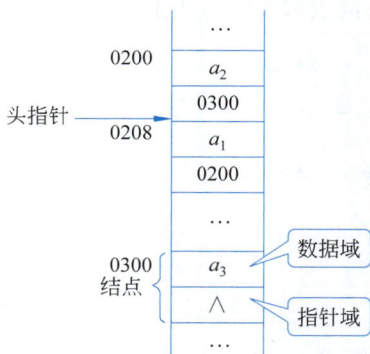

图 2-10　线性表(a_1,a_2,a_3)的单链表存储

图 2-11　单链表的结点结构

```
template <typename DataType>
struct Node
{
    DataType data;                   //数据域
    Node<DataType> * next;           //指针域
};
```

单链表通过每个结点的指针域将线性表的数据元素按其逻辑次序链接在一起,由于每个结点只有一个指针域,故称为单链表。用图 2-10 的方法表示一个单链表非常不方便,而且在使用单链表时,关心的只是数据元素以及数据元素之间的逻辑关系,而不是每个数据元素在存储器中的实际位置。通常将图 2-10 所示的单链表画成图 2-12 所示的形式。

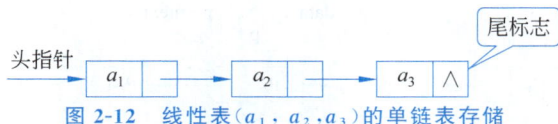

图 2-12　线性表(a_1,a_2,a_3)的单链表存储

如图 2-12 所示,单链表中每个结点的存储地址存放在其前驱结点的 next 域中,而第一个元素无前驱,所以设**头指针**(head pointer)指向第一个元素所在结点(称为开始结点),整个单链表的存取必须从头指针开始进行,因而头指针具有标识一个单链表的作用。为了简化叙述,有时将头指针为 first 的单链表简称为单链表 first。由于最后一个元素无后继,故最后一个元素所在结点(称为终端结点)的指针域为空,图示中用 ∧ 表示,这个空指针称为**尾标志**(tail mark)。

从单链表的存储示意图可以看到,除了开始结点外,其他每个结点的存储地址都存放在其前驱结点的 next 域中,而开始结点是由头指针指示的。这个特例需要在单链表实现时特殊处理,增加了程序的复杂性和出现 bug[①] 的机会。因此,通常在单链表的开始结点之前附设一个类型相同的结点,称为**头结点**(head node),如图 2-13 所示。加上头结点之后,无论

①　bug 是指程序中的小错误。第二次世界大战期间,美国海军使用计算机来计算导弹的运行轨迹。某一时刻,系统出现了故障,突然不工作了。经过艰难的查找,人们发现是因为一只小虫(bug)粘了计算机的电路上。从那以后,凡是计算机程序中难以发现的错误就称为 bug,排除程序中的错误称为 debug。

单链表是否为空,头指针始终指向头结点,因此空链表和非空链表的处理也统一了。

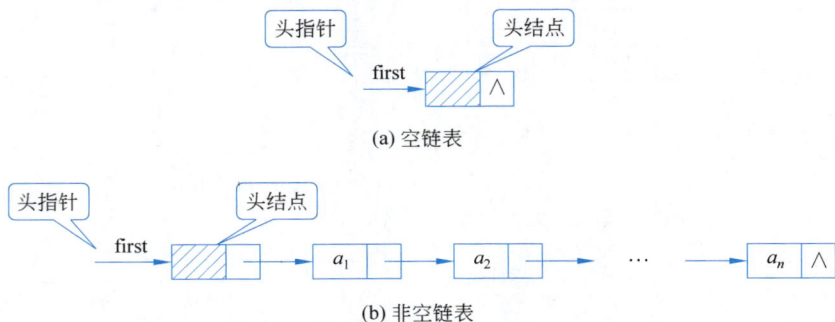

(a) 空链表

(b) 非空链表

图 2-13　带头结点的单链表

单链表的存储思想是用指针表示结点之间的逻辑关系,首先要正确区分指针变量、指针、指针所指结点和结点的值这 4 个密切相关的不同概念。

设 p 是一个指针变量,则 p 的值是一个指针。有时为了叙述方便,将"指针变量"简称为"指针"。如将"头指针变量"简称为"头指针"。

设指针 p 指向某个 Node 类型的结点,则该结点用 * p 来表示, * p 为结点变量。有时为了叙述方便,将"指针 p 所指结点"简称为"结点 p"。

在单链表中,结点 p 由两个域组成:存放数据元素的数据域和存放后继结点地址的指针域,分别用(*p).data 和(*p).next 来标识,为了使用方便,C ++ 语言为指向结构体的指针提供了运算符"->",即用 p->data 和 p->next 分别表示结点 p 的数据域和指针域,如图 2-14 所示,设指针 p 指向结点 a_i,则 p->next 指向结点 a_{i+1}。

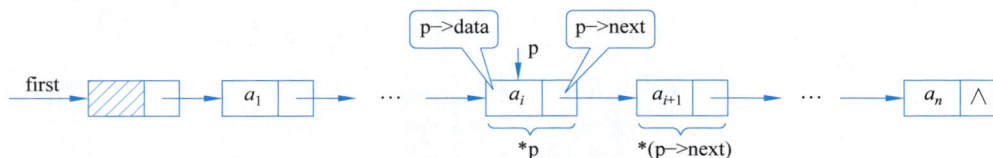

图 2-14　指针和结点之间的关系

2.4.2　单链表的实现

将线性表的抽象数据类型定义在单链表存储结构下用 C ++ 中的类实现。单链表类定义如下,其中成员变量 first 表示单链表的头指针,成员函数实现线性表的基本操作。由于线性表的数据元素类型不确定,所以采用 C ++ 的模板机制。

```
template <typename DataType>
class LinkedList
{
public:
    LinkedList();                        //无参数构造函数,建立只有头结点的空链表
    LinkedList(DataType a[], int n);     //有参数构造函数,建立有 n 个元素的单链表
    ~LinkedList();                       //析构函数
```

```
        int Length();                        //求单链表的长度
        DataType Get(int i);                 //按位查找。查找第 i 个结点的元素值
        int Locate(DataType x);              //按值查找。查找值为 x 的元素序号
        void Insert(int i, DataType x);      //插入操作,第 i 个位置插入值为 x 的结点
        DataType Delete(int i);              //删除操作,删除第 i 个结点
        int Empty();                         //判断线性表是否为空
        void PrintList();                    //遍历操作,按序号依次输出各元素
private:
        Node<DataType> * first;              //单链表的头指针
};
```

单链表由头指针唯一指定,整个单链表的操作必须从头指针开始进行。下面讨论单链表基本操作的实现。

1. 无参构造函数——单链表的初始化

初始化单链表就是生成只有头结点的空单链表,成员函数定义如下:

```
template <typename DataType>
LinkedList<DataType>:: LinkedList( )
{
    first =new Node< DataType>;     //生成头结点
    first->next = nullptr;          //头结点的指针域置空
}
```

2. 判空操作

单链表的判空操作只需判断单链表是否只有头结点,即判断first->next 是否为空。

3. 遍历操作

遍历单链表是指按序号依次访问单链表中的所有结点[①]。可以设置一个工作指针 p 依次指向各结点,当指针 p 指向某结点时输出该结点的数据域。遍历单链表的操作示意图如图 2-15 所示,算法用伪代码描述如下。

图 2-15　遍历单链表的操作示意图

动画视频

```
算法:PrintList
输入:单链表的头指针 first
输出:单链表所有结点的元素值
    1.工作指针 p 初始化为指向开始结点;
    2.重复执行下述操作,直到 p 为空;
      2.1 输出结点 p 的数据域;
      2.2 工作指针 p 后移;
```

①　单链表算法的基本处理技术是遍历(也称扫描)。从头指针出发,通过工作指针的反复后移而将整个单链表"审视"一遍的方法称为遍历。遍历是蛮力法的一种常用技术,在很多算法中都要用到。

需要强调的是,工作指针 p 后移不能写作 p++,因为单链表的存储单元可能不连续,因此 p++不能保证工作指针 p 指向下一个结点,如图 2-16 所示。遍历单链表需要将单链表扫描一遍,因此时间复杂度为 $O(n)$。遍历操作的成员函数定义如下。

图 2-16　p++与 p->next 的执行结果

```cpp
template <typename DataType>
void LinkedList<DataType>:: PrintList( )
{
    Node<DataType> * p = first->next;    //工作指针 p 初始化
    while (p != nullptr)
    {
        cout <<p->data <<"\t";
        p = p->next;                     //工作指针 p 后移,注意不能写作 p++
    }
    cout <<endl;
}
```

4. 求单链表的长度

由于单链表类定义中没有存储线性表的长度,因此,不能直接获得线性表的长度。可以采用遍历的方法求其长度,设置工作指针 p 依次指向各结点,当指针 p 指向某结点时求出其序号,然后将 p 修改为指向其后继结点并且将序号加 1,则最后一个结点的序号即表中结点个数。求单链表长度的成员函数定义如下:

```cpp
template <typename DataType>
int LinkedList<DataType>:: Length( )
{
    Node<DataType> * p = first->next;    //工作指针初始化
    int count = 0;                       //累加器初始化
    while (p != nullptr)
    {
        p = p->next;
        count++;
    }
    return count;                        //注意 count 的初始化和返回值之间的关系
}
```

5. 按位查找

在单链表中,即使知道被访问结点的序号 i,也不能像顺序表那样直接按序号访问,只能从头指针出发沿着 next 域逐个结点往下搜索。当工作指针 p 指向某结点时判断是否为第 i 个结点,若是,则查找成功;否则,将工作指针 p 后移。对每个结点依次执行上述操作,直到 p 为 nullptr 时查找失败。按位查找的成员函数定义如下：

```
template <typename DataType>
DataType LinkedList<DataType>:: Get(int i)
{
    Node<DataType> * p = first->next;    //工作指针 p 初始化
    int count = 1;                       //累加器 count 初始化
    while (p != nullptr && count < i)
    {
        p = p->next;                     //工作指针 p 后移
        count++;
    }
    if (p == nullptr) throw "查找位置错误";
    else return p->data;
}
```

算法的基本语句是工作指针 p 后移，该语句执行的次数与被查结点在表中的位置有关。在查找成功的情况下，若查找位置为 $i(1 \leqslant i \leqslant n)$，则需要执行 $i-1$ 次，等概率情况下，平均时间性能为 $O(n)$。因此，单链表是顺序存取（sequential access）结构。

6. 按值查找

在单链表中实现按值查找操作，需要对单链表中的元素依次进行比较。如果查找成功，返回元素的序号，否则返回 0 表示查找失败。按值查找的成员函数定义如下：

```
template <typename DataType>
int LinkedList<DataType>:: Locate(DataType x)
{
    Node<DataType> * p = first->next;    //工作指针 p 初始化
    int count = 1;                       //累加器 count 初始化
    while (p != nullptr)
    {
        if (p->data == x) return count;  //查找成功,返回序号
        p = p->next;
        count++;
    }
    return 0;                            //退出循环,表明查找失败
}
```

按值查找的基本语句是将结点 p 的数据域与待查值进行比较，具体的比较次数与待查值结点在单链表中的位置有关。在等概率情况下，平均时间性能为 $O(n)$。

7. 插入操作

单链表的插入操作是将值为 x 的新结点插入单链表的第 i 个位置，即插入 a_{i-1} 与 a_i 之间。因此，必须先扫描单链表，找到 a_{i-1} 的存储地址 p，然后生成一个数据域为 x 的新结点 s，将结点 s 的 next 域指向结点 a_i，将结点 p 的 next 域指向新结点 s（注意指针的链接顺序），从而实现 3 个结点 a_{i-1}、x 和 a_i 之间逻辑关系的变化，插入过程如图 2-17 所示。注意分析在表头、

表中间、表尾插入 3 种情况。由于单链表带头结点，这 3 种情况的操作语句一致，不用特殊处理。算法用伪代码描述如下：

算法：Insert
输入：单链表的头指针 first，插入位置 i，待插值 x
输出：如果插入成功，返回新的单链表，否则返回插入失败信息
    1．工作指针 p 初始化为指向头结点；
    2．查找第 i-1 个结点并使工作指针 p 指向该结点；
    3．若查找不成功，说明插入位置不合理，返回插入失败信息；
        否则，生成一个元素值为 x 的新结点 s，将结点 s 插入结点 p 之后。

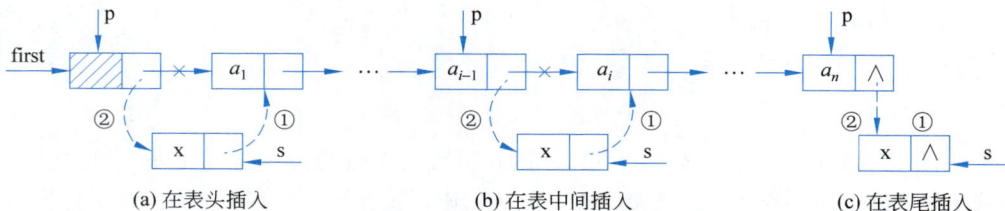

(a) 在表头插入　　　　(b) 在表中间插入　　　　(c) 在表尾插入

图 2-17　在单链表中插入结点时指针的变化情况

（①s->next＝p->next；②p->next＝s；）

插入算法的时间主要耗费在查找正确的插入位置上，故时间复杂度为 $O(n)$。插入操作的成员函数定义如下：

```cpp
template <typename DataType>
void LinkedList<DataType>:: Insert(int i, DataType x)
{
    Node<DataType> * p = first, * s = nullptr;
    int count = 0;
    while (p != nullptr && count < i-1)      //查找第 i-1 个结点
    {
        p = p->next;                          //工作指针 p 后移
        count++;
    }
    if (p == nullptr) throw "插入位置错误";   //没有找到第 i-1 个结点
    else {
        s = new Node<DataType>; s->data = x;  //申请结点 s,数据域为 x
        s->next = p->next; p->next = s;       //将结点 s 插入结点 p 之后
    }
}
```

在不带头结点的单链表中插入一个结点，在表头的操作和在表中间以及表尾的操作语句不同，在表头的插入情况需要单独处理（如图 2-18 所示），算法不仅冗长，而且容易出错。因此，在单链表中，除非特别说明，否则，为了运算方便，都要加上头结点。

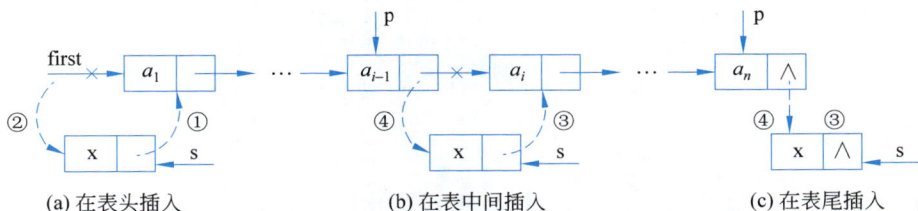

(a) 在表头插入　　　　　　　(b) 在表中间插入　　　　　　　(c) 在表尾插入

图 2-18　在不带头结点的单链表中插入结点时指针的变化情况

（①s->next＝first；②first＝s；③s->next＝p->next；④p->next＝s；）

8. 构造函数——建立单链表

设给定的数据元素存放在数组 a[n] 中,建立单链表就是生成存储这 n 个数据元素的单链表。有两种建立方法：头插法和尾插法。

头插法的基本思想是每次将新申请的结点插在头结点的后面,执行过程如图 2-19 所示,成员函数定义如下：

```
template <typename DataType>
LinkedList<DataType>:: LinkedList(DataType a[], int n)
{
    first = new Node<DataType>;
    first->next = nullptr;                    //初始化一个空链表
    for (int i = 0; i < n; i++)
    {
        Node<DataType> * s = nullptr;
        s = new Node<DataType>; s->data = a[i];
        s->next = first->next; first->next = s;   //将结点 s 插入头结点后
    }
}
```

尾插法的基本思想是每次将新申请的结点插在终端结点的后面,为此,需要设尾指针指向当前的终端结点,执行过程如图 2-20 所示,成员函数定义如下：

```
template <typename DataType>
LinkedList<DataType>:: LinkedList(DataType a[], int n)
{
    first = new Node<DataType>;                   //生成头结点
    Node<DataType> * r = first, * s = nullptr;    //尾指针初始化
    for (int i = 0; i < n; i++)
    {
        s=new Node<DataType>; s->data = a[i];
        r->next = s; r = s;                       //将结点 s 插入终端结点之后
    }
    r->next = nullptr;                            //单链表建立完毕,将终端结点的指针域置空
}
```

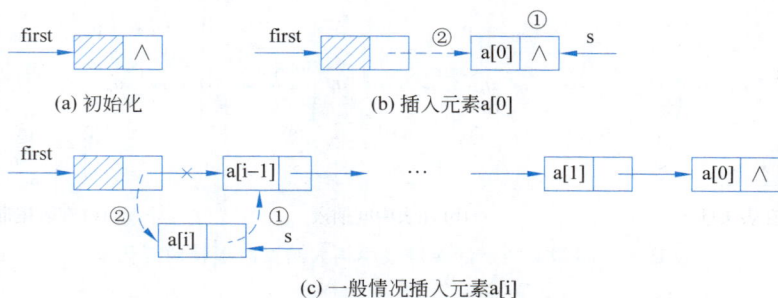

(a) 初始化　　　　　　　　(b) 插入元素a[0]

(c) 一般情况插入元素a[i]

图 2-19　头插法建立单链表的操作示意图

（①s->next＝first->next；②first->next＝s；）

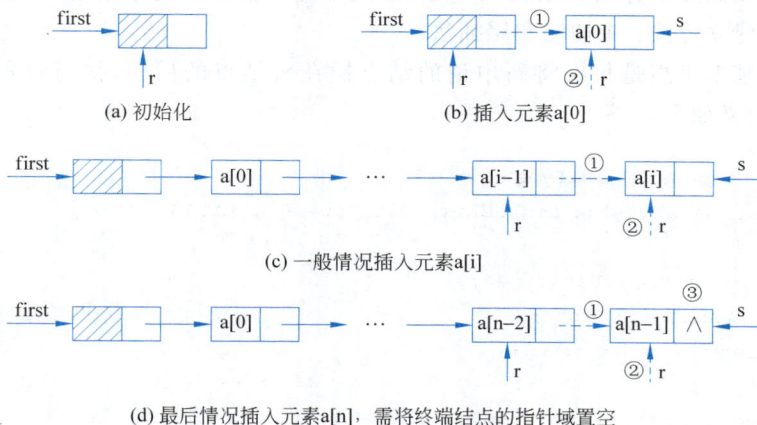

(a) 初始化　　　　　　　　(b) 插入元素a[0]

(c) 一般情况插入元素a[i]

(d) 最后情况插入元素a[n]，需将终端结点的指针域置空

图 2-20　尾插法建立单链表的操作示意图

（①r->next＝s；②r＝s；③r->next＝nullptr；）

9. 删除操作

删除操作是将单链表的第 i 个结点删去。因为在单链表中结点 a_i 的存储地址在其前驱结点 a_{i-1} 的指针域中，所以必须首先找到 a_{i-1} 的存储地址 p，然后令 p 的 next 域指向 a_i 的后继结点，即把结点 a_i 从链上摘下，最后释放结点 a_i 的存储空间。需要注意表尾的特殊情况，此时虽然被删结点不存在，但其前驱结点却存在。因此，仅当被删结点的前驱结点 p 存在且 p 不是终端结点时，才能确定被删结点存在，如图 2-21 所示。算法用伪代码描述如下：

算法：Delete
输入：单链表的头指针 first,删除位置 i
输出：如果删除成功,返回被删除的元素值,否则返回删除失败信息
　　1．工作指针 p 初始化;累加器 count 初始化;
　　2．查找第 i-1 个结点并使工作指针 p 指向该结点;
　　3．若 p 不存在或 p 的后继结点不存在,则出现删除位置错误,删除失败;否则,
　　　　3.1 存储被删结点和被删元素值;
　　　　3.2 摘链,将结点 p 的后继结点从链上摘下;
　　　　3.3 释放被删结点;

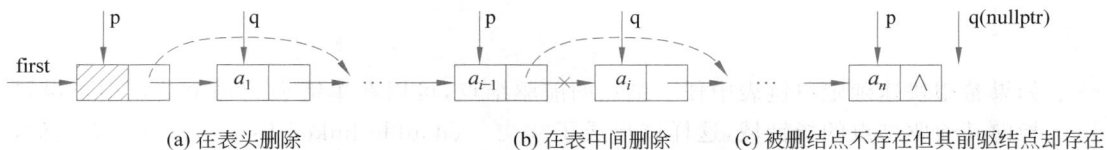

图 2-21　在单链表中删除结点时指针的变化情况

删除算法的时间主要耗费在查找正确的删除位置上，因此时间复杂度为 $O(n)$。删除操作的成员函数定义如下：

```cpp
template <typename DataType>
DataType LinkedList<DataType>:: Delete(int i)
{
    DataType x;
    Node<DataType> * p = first, * q = nullptr;
    int count = 0;
    while (p != nullptr && count < i-1)        //查找第 i-1 个结点
    {
        p = p->next;
        count++;
    }
    if (p == nullptr || p->next == nullptr)        //结点 p 不存在或 p 的后继结点不存在
    throw "删除位置错误";
    else {
        q = p->next; x = q->data;                //暂存被删结点
        p->next = q->next;                       //摘链
        delete q;
        return x;
    }
}
```

10. 析构函数——销毁单链表

单链表是动态存储分配，单链表的结点是在程序运行中动态申请的，因此，在单链表变量退出作用域之前，要释放单链表的存储空间。析构函数定义如下：

```cpp
template <typename DataType>
LinkedList<DataType>:: ~LinkedList( )
{
    Node<DataType> * p = first;
    while (first != nullptr)    //释放每一个结点的存储空间
    {
        first = first->next;   // first 指向被释放结点的下一个结点
        delete p;
        p = first;             //工作指针 p 后移
    }
}
```

2.4.3 双链表

如果希望快速确定单链表中任一结点的前驱结点,可以在单链表的每个结点中再设置一个指向其前驱结点的指针域,这样就形成了双链表(double linked list)。和单链表类似,双链表一般也是由头指针唯一确定,增加头结点也能使双链表的某些操作变得方便,双链表的存储示意图如图 2-22 所示。

图 2-22　双链表存储示意图

在双链表中,每个结点在存储数据元素的同时,还存储了其前驱元素和后继元素所在结点的地址信息。这 3 部分组成了数据元素的存储映象,双链表的结点结构如图 2-23 所示。其中,data 为数据域,存放数据元素;prior 为前驱指针域,存放该结点的前驱结点的地址;next 为后继指针域,存放该结点的后继结点的地址。下面给出双链表的结点结构定义:

prior	data	next

图 2-23　双链表的结点结构

```
template <typename DataType>
struct DLNode
{
    DataType data;
    DLNode<DataType> * prior, * next;
};
```

在双链表中求表长、按位查找、按值查找、遍历等操作的实现与单链表基本相同,下面讨论插入和删除操作。

1. 插入操作

在结点 p 的后面插入一个新结点 s,需要修改 4 个指针:

① s->prior=p;

② s->next=p->next;

③ p->next->prior=s;

④ p->next=s。

注意指针修改的相对顺序,如图 2-24 所示,在修改第②和③步的指针时,要用到 p->next 以找到结点 p 的后继结点,所以第④步指针的修改要在第②和③步的指针修改完成后才能进行。

2. 删除操作

设指针 p 指向待删除结点,如图 2-25 所示,删除操作可通过下述两条语句完成:

① (p->prior)->next=p->next;

② (p->next)->prior=p->prior。

这两个语句的顺序可以颠倒。另外,虽然执行上述语句后结点 p 的两个指针域仍指向其前驱结点和后继结点,但在双链表中已经找不到结点 p。而且,执行删除操作后,还要将结点 p 所占的存储空间释放。

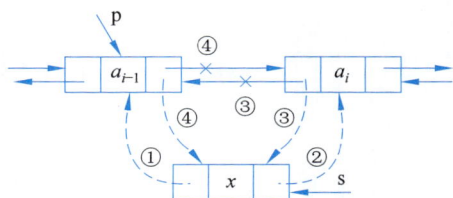

图 2-24 双链表插入操作示意图

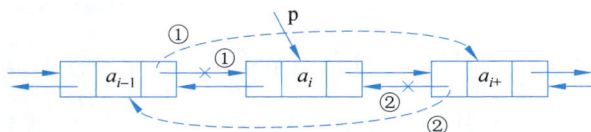

图 2-25 双链表删除操作示意图

2.4.4 循环链表

在单链表中,如果将终端结点的指针由空指针改为指向头结点,就使整个单链表形成一个环,这种头尾相接的单链表称为循环单链表(circular singly linked list),如图 2-26 所示。

图 2-26 循环单链表存储示意图

在用头指针指示的循环单链表中,找到开始结点的时间是 $O(1)$,然而要找到终端结点,则需从头指针开始遍历整个链表,其时间是 $O(n)$。在很多实际问题中,操作是在表的首端或尾端进行,此时头指针指示的循环单链表就显得不够方便。如果改用指向终端结点的尾指针(rear pointer)来指示循环单链表,如图 2-27 所示,则查找开始结点和终端结点都很方便,它们的存储地址分别是(rear->next)->next 和 rear,显然,时间都是 $O(1)$。因此,实际应用中多采用尾指针指示的循环单链表。

图 2-27 带尾指针的循环单链表

在双链表中,如果将终端结点的后继指针由空指针改为指向头结点,将头结点的前驱指针由空指针改为指向终端结点,就使整个双链表形成一个头尾相接的循环双链表(circular double linked list),如图 2-28 所示。在由头指针指示的循环双链表中,查找开始结点和终端结点都很方便,它们的存储地址分别是 first->next 和 first->prior,显然,时间开销都是 $O(1)$。

图 2-28 循环双链表存储示意图

循环链表没有增加任何存储量,仅对链表的链接方式稍作改变,因此,基本操作的实现与链表类似。从循环链表中任一结点出发,可扫描到其他结点,从而提高了链表操作的灵活性。但这种方法的危险在于循环链表中没有明显的尾端,可能会使循环链表的处理操作进入死循环,所以,需要格外注意循环条件。通常判断用作循环变量的工作指针是否等于某一指定指针(如头指针或尾指针),以判定工作指针是否扫描了整个循环链表。例如,在循环链表的遍历算法中,用循环条件 p != first 判断工作指针 p 是否扫描了整个链表。

2.5 扩展与提高

2.5.1 线性表的静态链表存储

1. 静态链表的存储结构

静态链表(static linked list)用数组来表示链表,用数组元素的下标来模拟链表的指针。由于是利用数组定义的链表,属于静态存储分配,因此叫作静态链表。最常用的是静态单链表,在不致混淆的情况下,将静态单链表简称为静态链表,存储示意图如图 2-29 所示,其中,avail 是空闲链表(全部由空闲数组单元组成的单链表)头指针,first 是静态链表头指针。为了运算方便,通常静态链表也带头结点。

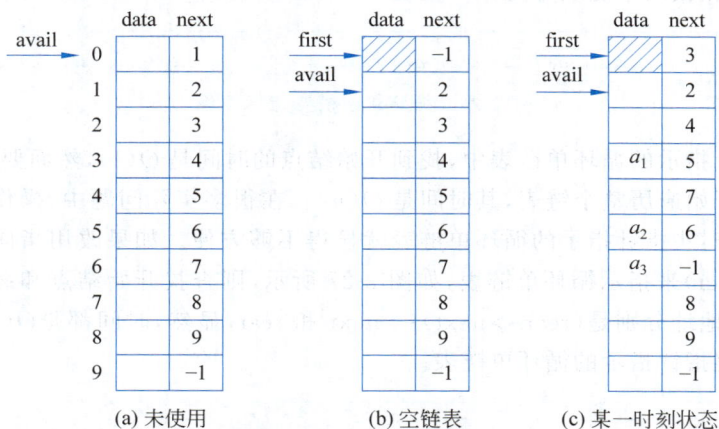

图 2-29 静态链表的存储示意图

静态链表的每个数组元素由两个域构成:data 域存放数据元素,next 域存放该元素的后继元素所在的数组下标。静态链表的数组元素定义如下:

```cpp
template <typename DataType>
struct SLNode
{
    DataType data;          //DataType 表示不确定的数据类型
    int next;               //指针域(也称游标),注意不是指针类型
};
```

2. 静态链表的实现

将线性表的抽象数据类型定义在静态链表存储结构下用 C++ 的类实现。静态链表类定义如下,其中成员变量 first 和 avail 分别表示静态链表的头指针和空闲链表的头指针,成员函数实现线性表的基本操作。由于线性表的数据元素类型不确定,所以采用C++的模板机制。

```cpp
const int MaxSize = 100;          //100 是示例数据,根据实际问题具体定义
template <typename DataType>
```

```
class SLinkedList
{
public:
    SLinkedList();                      //构造函数,初始化空的静态链表和空闲链表
    SLinkedList(DataType a[], int n);   //构造函数,建立长度为 n 的静态链表
    ~SLinkedList();                     //析构函数
    //与单链表成员函数相同
private:
    SLNode StaticList[MaxSize];         //静态链表数组
    int first, avail;                   //游标,链表头指针和空闲头指针
};
```

静态链表采用静态存储分配,因此析构函数为空。求表长、按位查找、按值查找、遍历等操作的实现与单链表基本相同,下面讨论插入和删除操作。

(1) 插入操作。在静态链表中进行插入操作,首先从空闲链的最前端摘下一个结点,将该结点插入静态链表中,如图 2-30 所示。假设新结点插在结点 p 的后面,则修改指针的操作如下。

```
s = avail;                              //不用申请新结点,利用空闲链的第一个结点
avail = SList[avail].next;              //空闲链的头指针后移
StaticList[s].data = x;                 //将 x 填入下标为 s 的结点
StaticList[s].next = StaticList[p].next; //将下标为 s 的结点插入下标为 p 的结点后面
StaticList[p].next = s;
```

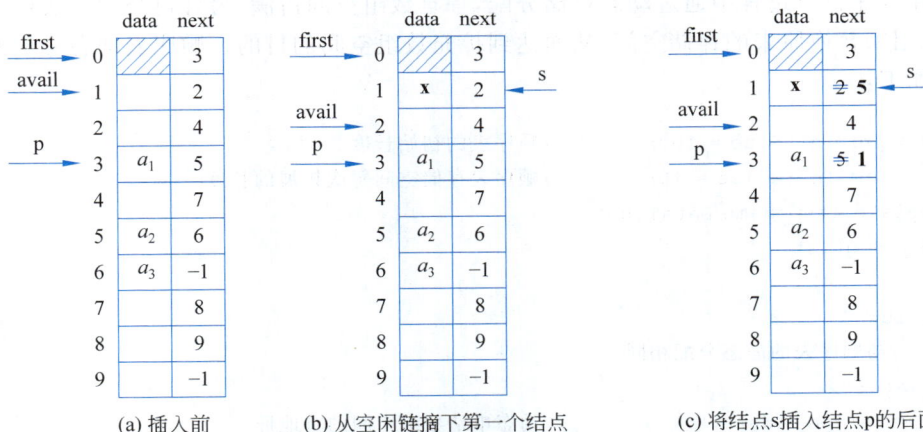

(a) 插入前　　　　(b) 从空闲链摘下第一个结点　　　(c) 将结点 s 插入结点 p 的后面

图 2-30　静态链表插入操作示意图

(2) 删除操作。在静态链表中进行删除操作,首先将被删除结点从静态链表中摘下,再插入空闲链的最前端,如图 2-31 所示。假设要删除结点 p 的后继结点,则修改指针的操作如下。

```
q = StaticList[p].next;                 //暂存被删结点的下标
StaticList[p].next = StaticList[q].next; //摘链
```

```
StaticList[q].next = avail;              //将结点 q 插在空闲链 avail 的最前端
avail = q;                               //空闲链头指针 avail 指向结点 q
```

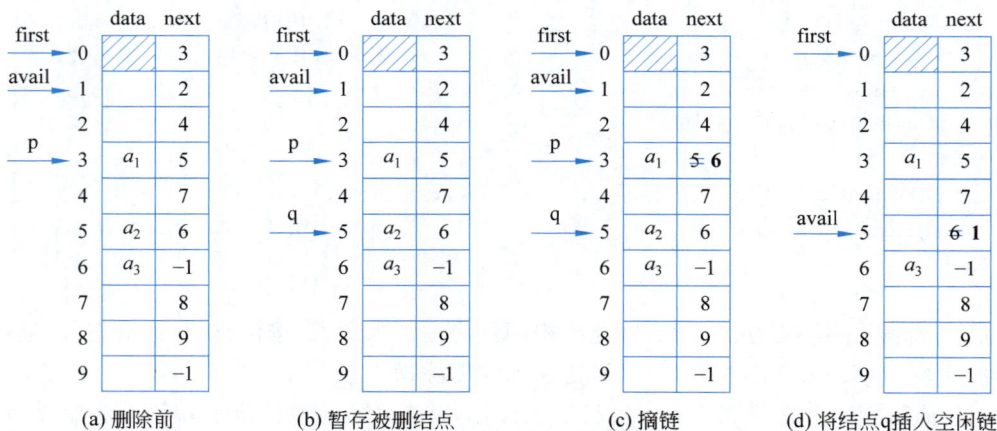

(a) 删除前　　　　(b) 暂存被删结点　　　　(c) 摘链　　　　(d) 将结点q插入空闲链

图 2-31　静态链表删除操作示意图

静态链表虽然用数组来存储线性表,但在执行插入和删除操作时,只需修改游标,无须移动表中的元素,从而改进了在顺序表中插入和删除操作需要移动大量元素的缺点。

2.5.2　顺序表的动态分配方式

2.3 节介绍的顺序表采用静态存储方式,在程序编译时分配固定长度的存储空间,由于存储空间不能扩充,一旦数组空间占满,再执行插入操作就会发生上溢。顺序表的动态分配方式是在程序执行过程中通过动态存储分配,一旦数组空间占满,另外再分配一块更大的存储空间,用来替换原来的存储空间,从而达到扩充数组空间的目的。顺序表动态分配方式的类定义如下:

```
const int InitSize = 100;        //顺序表的初始长度
const int IncreSize = 10;        //顺序表存储空间每次扩展的长度
template <typename DataType>
class SeqList
{
public:
    //与顺序表的静态分配相同
private:
    DataType * data;             //动态申请数组空间的首地址
    int maxSize;                 //当前数组空间的最大长度
    int length;                  //线性表的长度
};
```

在顺序表的动态分配方式下,求线性表的长度、按位查找、按值查找、删除、判空和遍历等基本操作的算法,与顺序表的静态分配方式相同。下面讨论其他基本操作的实现。

1. 无参构造函数——初始化顺序表

初始化顺序表需要创建顺序表的存储空间,将顺序表的当前最大长度初始化为初始长

度 InitSize,将顺序表的长度初始化为 0,成员函数定义如下:

```
template <typename DataType>
SeqList<DataType>:: SeqList()
{
    data = new DataType[InitSize];
    maxSize = InitSize;
    length = 0;
}
```

2. 有参构造函数——建立顺序表

建立一个长度为 n 的顺序表需要申请长度大于 n 的存储空间,一般是当前线性表长度两倍的存储空间,成员函数定义如下:

```
template <typename DataType>
SeqList<DataType>:: SeqList(DataType a[], int n)
{
    data = new DataType[2 * n];          //申请2n的存储空间
    maxSize = 2 * n;
    for (int i = 0; i < n; i++)
        data[i] = a[i];
    length = n;
}
```

3. 析构函数——销毁顺序表

在顺序表的动态分配方式下,由于顺序表的存储空间是在程序执行过程中动态申请的,因此,需要释放其存储单元,析构函数定义如下:

```
template <typename DataType>
SeqList<DataType>::~SeqList()
{
    delete[] data;
}
```

4. 插入操作

在顺序表的动态分配方式下执行插入操作,当数组空间都占满时,需要扩充数组空间,再执行插入操作。成员函数定义如下:

```
template <typename DataType>
void SeqList<DataType>:: Insert(int i, DataType x)
{
    if (i < 1 || i > length+1) throw "插入位置错误!";
    if (length == maxSize) {              //发生上溢,扩充存储空间
        DataType * oldData = data;
```

```
        maxSize += IncreSize;
        data = new DataType[maxSize];
        for (int j = 0; j < length; j++)
            data[j] = oldData[j];
        delete[] oldData;
    }
    for (int j = length; j >= i; j--)                //j 表示元素序号
        data[j] = data[j -1];
    data[i -1] = x;
    length++;
}
```

2.5.3 顺序表和链表的比较

前面给出了线性表的两种截然不同的存储结构——顺序存储结构和链式存储结构,哪一种更好呢？ 如果实际问题需要采用线性表来解决,应该选择哪一种存储结构呢？ 通常情况下,需要比较不同存储结构的时间性能和空间性能,根据实际问题的需要,对各方面的优缺点加以综合平衡,选定比较合适的存储结构。

1. 时间性能比较

所谓时间性能是指基于某种存储结构的基本操作(即算法)的时间复杂度。

像取出线性表中第 i 个元素这样的按位置随机访问的操作,使用顺序表更快一些,时间性能为 $O(1)$；相比之下,链表中按位置访问只能从表头开始依次向后扫描,直至找到那个特定的位置,所需的平均时间为 $O(n)$。

在链表中进行插入和删除操作不需要移动元素,在给出指向链表中某个合适位置的指针后,插入和删除操作所需的时间仅为 $O(1)$；在顺序表中进行插入和删除操作需移动元素,平均时间为 $O(n)$,当线性表中元素个数较多时,特别是当元素占用的存储空间较多时,移动元素的时间开销很大。

作为一般规律,若线性表需频繁查找却很少进行插入和删除操作,或者操作和“数据元素在线性表中的位置”密切相关时,宜采用顺序表作为存储结构；若线性表需频繁进行插入和删除操作,则宜采用链表作为存储结构。

2. 空间性能比较

所谓空间性能是指某种存储结构所占用的存储空间的大小。

顺序表中每个结点(即数组元素)只存储数据元素,链表的每个结点除了存储数据元素,还要存储指示元素之间逻辑关系的指针。如果数据域占据的空间较小,则指针的结构性开销就占据了整个结点的大部分,因而从结点的存储密度上讲,顺序表的存储空间利用率较高。

由于顺序表需要分配一定长度的存储空间,如果事先不知道线性表的大致长度,则有可能对存储空间分配得过大,致使存储空间得不到充分利用,造成浪费；若估计得过小,则会发生上溢。链表不需要固定长度的存储空间,只要有内存空间可以分配,链表中的元素个数就没有限制。

作为一般规律,当线性表中元素个数变化较大或者未知时,最好使用链表实现；如果事先知道线性表的大致长度,使用顺序表的空间效率会更高。

2.6　上机实验

2.6.1　顺序表的上机实现

【问题描述】　对于线性表 $L=(1，2，3，4，5)$，完成以下操作：(1)构建相应的顺序表；(2)在线性表 L 的第 2 个位置插入值为 8 的元素；(3)查找值为 4 的元素在线性表 L 中的位置；(4)在线性表 L 中删除第 1 个元素；(5)输出线性表，验证上述操作的结果；(6)随机生成 $n(n=10$ 或 $n=15)$ 个整数，进一步验证顺序表的基本操作。

【实验提示】　新建一个工程"顺序表验证实验"，在该工程中新建一个头文件"SeqList.h"，加入顺序表 SeqList 的类定义。在工程"顺序表验证实验"中新建一个源程序文件"SeqList.cpp"，加入类 SeqList 中所有成员函数的定义。在工程"顺序表验证实验"中新建一个源程序文件"SeqList_main.cpp"，在主函数中使用 SeqList 类型定义顺序表变量 L，然后调用成员函数完成相应的功能。

【实验程序】　下面给出源程序文件 SeqList_main.cpp 的范例程序，请修改程序进一步验证顺序表的基本操作。

```
int main()
{
    int r[5] ={1, 2, 3, 4, 5}, i, x;
    SeqList<int> L{r, 5};                   //建立具有 5 个元素的顺序表
    try
    {
        L.Insert(2, 8);                     //在第 2 个位置插入值为 8 的元素
        cout <<"执行插入操作后线性表是:";
        L.PrintList();                      //输出插入后的线性表
    } catch(char * str) {cout <<str <<endl;}
    i =L.Locate(4);                         //查找值为 4 的元素
    if (0 ==i) cout <<"查找失败" <<endl;
    else cout <<"元素 4 的位置是:" <<i <<endl;
    try
    {
        x =L.Delete(1);                     //删除第 1 个元素
        cout <<"删除元素" <<x <<"后的线性表是:";
        L.PrintList();                      //输出删除后的线性表
    } catch(char * str) {cout <<str <<endl;}
    return 0;
}
```

2.6.2　单链表的上机实现

【问题描述】　对于线性表 $L=(1，2，3，4，5)$，完成以下操作：(1)用头插法建立相应

的单链表;(2)在线性表 L 的第 2 个位置插入值为 8 的元素;(3)查找值为 4 的元素在线性表 L 中的位置;(4)在线性表 L 中删除第 1 个元素;(5)输出线性表,验证上述操作的结果;(6)随机生成 n($n=10$ 或 $n=15$)个整数,用尾插法建立相应的单链表,进一步验证单链表的基本操作。

【实验提示】　新建一个工程"单链表验证实验",在该工程中新建一个头文件"LinkedList.h",加入结点 Node 的结构体定义和单链表类 LinkedList 的定义。在工程"单链表验证实验"中新建一个源程序文件"LinkedList.cpp",加入类 LinkedList 中所有成员函数的定义。在工程"单链表验证实验"中新建一个源程序文件"LinkedList_main.cpp",在主函数中使用 LinkedList 类型定义单链表 L,然后调用成员函数完成相应的功能。

【实验程序】　下面给出源程序文件 LinkedList_main.cpp 的范例程序,请修改程序进一步验证单链表的基本操作。

```cpp
int main()
{
    int r[5] ={1, 2, 3, 4, 5}, i, x;
    LinkedList<int>L{r, 5};
    try
    {
        L.Insert(2, 8);                      //在第 2 个位置插入值为 8 的元素
        cout <<"执行插入操作后的线性表是:";
        L.PrintList();                       //输出插入后的链表
    } catch(char * str) {cout <<str <<endl;}
    i =L.Locate(4);                          //查找值为 4 的元素
    if (i >0) cout <<"元素 4 的位置是:" <<i <<endl;
    else cout <<"查找失败" <<endl;
    try
    {
        x =L.Delete(1);                      //删除第 1 个元素
        cout <<"删除元素" <<x <<"后的线性表是:";
        L.PrintList();                       //输出删除后的链表
    } catch(char * str) {cout <<str <<endl;}
    return 0;
}
```

2.6.3　提纯线性表

【问题描述】　在线性表中,如果值相同的元素只有一个,则称该线性表为纯表。在给定的线性表中可能存在一些值相同的元素,请删除"多余"的数据元素,使该线性表变为纯表。

【测试样例】　输入是 $n+1$ 个整数,第一个整数 n 表示线性表的长度,接下来的 n 个整数表示线性表的元素值,输出为删除"多余"的数据元素后纯表中的所有元素值。测试样例如下：

测 试 样 例	输　　入	输　　出
测试 1	12 5 2 5 3 3 4 2 5 7 5 4 3	5 2 3 4 7
测试 2	6 5 9 7 2 6 4	5 9 7 2 6 4

【实验提示】　设线性表采用顺序存储,定义数组 A[n]存储给定的 n 个元素值,数组 B[n]存储删去重复元素后的结果。将变量 i 和 k 初始化为 0,遍历数组 A[n],将元素 A[i] 与 B[0]～B[k−1]进行比对,若 A[i]未在数组 B 中出现过,则将 A[i]写入 B[k]。算法 如下:

算法: 提纯线性表 Purify

输入: 数组 A[n],元素个数 n

输出: 提纯后的数组 B[n],纯表的元素个数

　　1. 初始化: i = 0; k = 0;

　　2. 循环变量 i 从 0～n−1 重复执行下述操作:

　　　　2.1 循环变量 j 从 0～k−1 重复执行下述操作:

　　　　　　2.1.1 如果 A[i]等于 B[j],转步骤 2.3 考查数组 A 的下一个元素;

　　　　　　2.1.2 否则 j++;

　　　　2.2 B[k] = A[i]; k++;

　　　　2.3 i++;

　　3. 返回纯表的元素个数 k;

【实验程序】　下面给出算法 Purify 的函数定义,请编写主函数使用测试样例调用该函 数,收集实验数据,完成算法分析。

```c
int Purify(int A[ ], int n, int B[ ])
{
    int i, j, k = 0;
    for (i = 0; i < n; i++)
    {
        for (j = 0; j < k; j++)
          if (A[i] == B[j]) break;
      if (j == k) { B[k] = A[i]; k++; }
    }
    return k;
}
```

【扩展实验】　(1)如果要求空间复杂度为 $O(1)$,提纯后的线性表仍然存储在数组 A 中,请设计算法并上机实现;(2)如果要求使用单链表,请设计算法并上机实现。

2.6.4　约瑟夫环问题

本章的引言部分给出了约瑟夫环问题及其数据模型,下面考虑算法设计与程序实现。

【实验提示】　由于约瑟夫环问题本身具有循环性质,考虑采用循环单链表。求解约瑟

夫环问题的基本思想是:设置一个计数器 count 和工作指针 p,当计数器累加到 m 时删除结点 p。为了统一对链表中任意结点进行计数和删除操作,循环单链表不带头结点;为了便于删除操作,设两个工作指针 pre 和 p,指针 pre 指向结点 p 的前驱结点;为了使计数器从 1 开始计数,采用尾指针指示的循环单链表,将指针 pre 初始化为指向终端结点,将指针 p 初始化为指向开始结点,如图 2-32 所示。

图 2-32　约瑟夫环的初始状态

设 Joseph 函数用于求解约瑟夫环问题,算法用伪代码描述如下:

```
算法:Joseph(rear, m)
输入:尾指针指示的循环单链表 rear,密码 m
输出:约瑟夫环的出环顺序
    1. 初始化:pre=rear; p=rear->next; count=1;
    2. 重复下述操作,直到链表中只剩一个结点:
     2.1 如果 count 小于 m,则
         2.1.1 工作指针 pre 和 p 后移;
         2.1.2 count++;
     2.2 否则,执行下述操作:
         2.2.1 输出结点 p 的数据域;
         2.2.2 删除结点 p;
         2.2.3 p 指向 pre 的后继结点;count=1 重新开始计数;
    3. 输出结点 p 的数据域,删除结点 p;
```

【**实验程序**】　下面给出算法 Joseph 的函数定义,请编写函数建立尾指针指向的循环单链表,使用测试用例调用该函数,收集实验数据,完成算法分析。

```cpp
void Joseph(Node * rear, int m)
{
    Node * pre =rear, * p =rear->next;
    int count =1;                              //初始化计数器
    cout <<"出环的顺序是:";
    while (p->next !=p)                         //循环直到只剩一个结点
    {
        if (count <m){
            pre =p; p =p->next; count++;
        }
        else{                                  //计数器累加到密码值
            cout <<p->data;
            pre->next =p->next; delete p;
            p =pre->next; count =1;
```

```
        }
    }
    cout <<p->data;                        //输出最后一个编号
    delete p;                              //释放最后一个结点
}
```

【扩展实验】　（1）用数组作为存储结构,实现约瑟夫环问题;（2）用数组和循环单链表作为存储结构求解约瑟夫环问题,比较二者的时空性能;（3）如果每个人持有的密码不同,请实现约瑟夫环问题。

思想火花——好程序要能识别和处理各种输入

计算机程序作为一种思维产品和其他工程产品相比,有着很多不同的特性,几乎所有的程序在特定条件下都会有意想不到的行为。1989 年,北美经历了一场令人难以忘记的通信大灾难,AT&T 电话系统的瘫痪致使北美的商务出现停滞并引发了各种骚乱。

AT&T 电话中心的目击者看到了令人吃惊的一幕。巨大的北美电子地图（就像电影中看到的战争指挥室）,显示了整个大陆各个结点上电话流量的状态。起初,一个结点熄灭了,几秒后,另一个结点也熄灭了,在几分钟内,就像链条反应一样,一个结点接一个结点地熄灭了,整个北美的长途电话网瘫痪了。人们首先想到的是对系统重新启动,但没有人能确切地知道该如何做,因为这个复杂的系统已经运行很多年了,从来就没有真正重新启动过,这也意味着它以前从未熄灭过,自然也就没有人能确切地知道该如何重新启动它。最后技术人员发现问题出在 100 万行代码中的一条错误语句上,一个函数接收了一个错误的参数。

有人可能会认为问题在于这个"错误的值",但事实上,无法保证一个程序永远不会遇到一个错误的值。因此,好的程序应该尽可能识别和处理各种输入,至少应该防止这样的错误引起致命的后果。

习题 2

一、单项选择题

1. 顺序存储结构具有的优点是（　　）。
　　A. 结点的存储密度大　　　　　　B. 插入运算方便
　　C. 删除运算方便　　　　　　　　D. 可用于各种逻辑结构的存储表示

2. 已知线性表采用顺序存储结构,每个元素占用 4 个存储单元,第 9 个元素的地址为 144,则第一个元素的地址是（　　）。
　　A. 108　　　　　B. 180　　　　　C. 176　　　　　D. 112

3. 具有 n 个结点的线性表采用数组实现,时间复杂度是 $O(1)$ 的操作是（　　）。
　　A. 访问第 i 个结点（$1 \leqslant i \leqslant n$）和求第 i 个结点的直接前驱（$2 \leqslant i \leqslant n$）
　　B. 在第 i 个结点后插入一个新结点（$1 \leqslant i \leqslant n$）
　　C. 删除第 i 个结点（$1 \leqslant i \leqslant n$）

D. 以上都不对

4. 在顺序表的第 $i(1 \leqslant i \leqslant n+1)$ 个元素之前插入一个元素,需向后移动( )个元素,删除第 $i(1 \leqslant i \leqslant n)$ 个元素时,需向前移动( )个元素。

A. $n-i$ B. $n-i+1$ C. $n-i-1$ D. $n-i+2$

5. 线性表采用链式存储时,其地址( )。

A. 必须是连续的   B. 部分地址必须是连续的

C. 一定是不连续的   D. 连续与否均可以

6. 循环单链表 L 的尾结点 p 满足( )。

A. p->next=nullptr   B. p=nullptr

C. p->next=L   D. p=L

7. 采用带头结点的循环单链表存储线性表 $(a_1, a_2, \cdots, a_n)$,设 H 为链表的头指针,则链表中最后一个结点的指针域中存放的是( )。

A. 变量 H 的地址   B. 变量 H 的值   C. 元素 a_1 的地址   D. 空指针

8. 设指针 rear 指向循环单链表的尾结点,若要删除链表的第一个元素结点,正确的操作是( )。

A. rear=rear->next;

B. s=rear->next; rear->next=s->next;

C. rear=rear->next->next;

D. s=rear->next->next; rear->next->next=s->next;

9. 循环单链表的主要优点是( )。

A. 不再需要头指针了

B. 从表中任一结点出发都能扫描到整个链表

C. 已知某个结点的位置后,能够容易找到它的直接前趋

D. 在进行插入、删除操作时,能更好地保证链表不断开

10. 链表不具有的特点是( )。

A. 可随机访问任一元素   B. 插入、删除不需要移动元素

C. 不必事先估计存储空间   D. 所需空间与线性表长度成正比

11. 若某线性表最常用的操作是取第 i 个元素和找第 i 个元素的前驱,则采用( )存储方法最节省时间。

A. 顺序表   B. 单链表   C. 双链表   D. 单循环链表

12. 若链表最常用的操作是在最后一个结点之后插入一个结点和删除第一个元素结点,则采用( )存储方法最节省时间。

A. 单链表   B. 带头指针的循环单链表

C. 双链表   D. 带尾指针的循环单链表

13. 若链表最常用的操作是在最后一个结点之后插入一个结点和删除最后一个结点,则采用( )存储方法最节省运算时间。

A. 单链表   B. 循环双链表

C. 循环单链表   D. 带尾指针的循环单链表

14. 在具有 n 个结点的有序单链表中,插入一个新结点并保持单链表仍然有序,算法的

时间复杂度是(　　　)。

    A. $O(1)$　　　　　B. $O(n)$　　　　　C. $O(n^2)$　　　　　D. $O(n\log_2 n)$

15. 对于 n 个元素组成的线性表,建立一个有序单链表的时间复杂度是(　　　)。

    A. $O(1)$　　　　　B. $O(n)$　　　　　C. $O(n^2)$　　　　　D. $O(n\log_2 n)$

16. 在长度为 n 的线性表中查找值为 x 的数据元素,算法的时间复杂度为(　　　)。

    A. $O(1)$　　　　　B. $O(\log_2 n)$　　　　　C. $O(n)$　　　　　D. $O(n^2)$

17. 使用双链表存储线性表,其优点是(　　　)。

    A. 提高查找速度　　　　　　　　　　B. 更方便数据的插入和删除

    C. 节约存储空间　　　　　　　　　　D. 很快回收存储空间

18. 在非空单链表 A 中,已知 q 所指结点是 p 所指结点的直接前驱,若在 q 和 p 之间插入 s 所指结点,则执行(　　　)操作。

    A. s->next＝p->next; p->next＝s;

    B. q->next＝s; s->next＝p;

    C. p->next＝s->next; s->next＝p;

    D. p->next＝s; s->next＝q;

19. 在双链表指针 pa 所指结点后面插入 pb 所指结点,执行的语句序列是(　　　)。

    (1) pb->next＝pa->next;　(2) pb->prior＝pa;

    (3) pa->next＝pb;　(4) pa->next->prior＝pb;

    A. (1)(2)(3)(4)　B. (4)(3)(2)(1)　C. (2)(1)(3)(4)　D. (2)(1)(4)(3)

20. 设线性表有 n 个元素,下列操作中,(　　　)在顺序表上实现比在链表上实现的效率更高。

    A. 输出第 $i(1\leqslant i\leqslant n)$ 个元素值　　B. 交换第 1 个和第 2 个元素的值

    C. 顺序输出所有 n 个元素　　　　　D. 查找值为 x 的元素在线性表中的序号

二、解答下列问题

1. 请说明顺序表和单链表各有何优缺点,并分析下列情况下,采用何种存储结构更好些。

(1) 若线性表的总长度基本稳定,且很少进行插入和删除操作,但要求以最快的速度按位置存取线性表中的元素。

(2) 如果 n 个线性表同时并存,并且在处理过程中各表的长度会动态发生变化。

2. 带头结点的单链表和不带头结点的单链表(假设头指针是 first)为空的判断条件是什么? 分别画出存储示意图。

3. 单链表设置头结点的作用是什么?

4. 假设指针 p 指向单链表中的某个结点,将结点 s 插入结点 p 的后面,执行的指针修改操作是:(1)s->next ＝ p->next;(2)p->next ＝ s。是否可以颠倒这两条语句? 为什么?

5. 假设线性表有 n 个元素,包含如下基本操作:

(1) 按位查找,查找序号为 $i(1\leqslant i\leqslant n)$ 的元素;

(2) 按值查找,查找值等于 x 的元素;

(3) 插入新元素作为第一个元素;

(4) 插入新元素作为最后一个元素;

(5) 删除第一个元素;

(6) 删除最后一个元素。

如果线性表采用以下存储结构,请给出各种基本操作对应的时间复杂度。

(1) 顺序表;

(2) 带头结点的单链表;

(3) 带头结点的循环单链表;

(4) 不带头结点由尾指针标识的循环单链表;

(5) 带头结点的双链表;

(6) 带头结点的循环双链表。

6. 如果线性表中数据元素的类型不一致,但是希望能根据下标随机存取每个元素,请为这个线性表设计一个合适的存储结构。

7. 设 n 表示线性表的元素个数,E 表示存储数据元素所需的存储单元大小,D 表示在数组中可以存储的元素个数 $(D \geqslant n)$,则使用顺序存储方式存储该线性表需要多少存储空间?

8. 设 n 表示线性表的元素个数,E 表示存储数据元素所需的存储单元大小,P 表示存储指针所需的存储单元大小,则使用单链表存储方式存储该线性表需要多少存储空间?

9. 设线性表 $(a_1, a_2, \cdots, a_n)$ 采用顺序存储结构,在等概率的情况下,插入一个元素平均需要移动的元素个数是多少? 若元素插在 a_i 与 a_{i+1} 之间 $(1 \leqslant i \leqslant n)$ 的概率为 $\dfrac{n-i}{\dfrac{n(n-1)}{2}}$,

插入一个元素平均需要移动的元素个数是多少?

三、算法设计题

1. 已知顺序表 L 中的元素递增有序排列,要求将元素 x 插入表 L 中并保持表 L 仍递增有序。

2. 定义三元组 (a, b, c) $(a, b, c$ 均为整数) 的距离 $D = |a-b| + |b-c| + |c-a|$。给定 3 个非空整数集合 S_1、S_2 和 S_3,按升序分别存储在 3 个数组中。请设计一个尽可能高效的算法,计算并输出所有可能三元组 (a, b, c) $(a \in S_1, b \in S_2, c \in S_3)$ 中的最小距离。例如 $S_1 = \{-1, 0, 9\}$,$S_2 = \{-25, -10, 10, 11\}$,$S_3 = \{2, 9, 17, 30, 41\}$,则最小距离为 2,相应的三元组为 $(9, 10, 9)$。

3. 判断非空单链表是否递增有序。

4. 设单链表以非递减有序排列,请在单链表中删去值相同的多余结点。

5. 已知单链表中各结点的元素值为整型且递增有序,要求删除链表中所有大于 mink 且小于 maxk 的所有元素,并释放被删结点的存储空间。

6. 假设在长度大于 1 的循环单链表中,即无头结点也无头指针,s 为指向链表中某个结点的指针,要求删除结点 s 的前驱结点。

7. 以单链表作为存储结构,将线性表扩展 2 倍。假设线性表为 $(a_1, a_2, \cdots, a_n)$,扩展后为 $(a_1, a_1, a_2, a_2, \cdots, a_n, a_n)$。

8. 判断带头结点的循环双链表是否对称。

9. 请将两个递增有序单链表 la 和 lb 合并为一个递增有序单链表,要求空间复杂度为

$O(1)$。

10. 设循环单链表 L1,对其遍历的结果是:x_1,x_2,x_3,$\cdots$,x_{n-1},x_n。请将该链表拆成两个循环单链表 L1 和 L2,使得 L1 中含有原 L1 表中序号为奇数的结点且遍历结果为 x_1,x_3,$\cdots$;L2 中含有原 L1 表中序号为偶数的结点且遍历结果为 $\cdots$,x_4,x_2。

考研真题 2

一、单项选择题

(2013 年)1. 已知两个长度分别为 m 和 n 的升序链表,若将它们合并为一个长度为 $m + n$ 的降序链表,则最坏情况下的时间复杂度是_____。

    A. $O(n)$　　　　　B. $O(mn)$　　　　　C. $O(\min(m,n))$　　　D. $O(\max(m,n))$

(2016 年)2. 已知表头元素为 c 的单链表在内存中的存储状态如下表所示。

地址	元素	链接地址
1000H	a	1010H
1004H	b	100CH
1008H	c	1000H
100CH	d	nullptr
1010H	e	1004H
1014H		

现将 f 存放于 1014H 处并插入单链表中,若 f 在逻辑上位于 a 和 e 之间,则 a,e,f 的"链接地址"依次是_____。

    A. 1010H,1014H,1004H　　　　　　B. 1010H,1004H,1014H

    C. 1014H,1010H,1004H　　　　　　D. 1014H,1004H,1010H

(2016 年)3. 已知一个带有表头结点的双向循环链表 L,结点结构为 | prev | data | next |,其中,prev 和 next 分别是指向其直接前驱和直接后继结点的指针。现要删除指针 p 所指的结点,正确的语句序列是_____。

    A. p->next->prev = p->prev; p->prev->next = p->prev; free(p);

    B. p->next->prev = p->next; p->prev->next = p->next; free(p);

    C. p->next->prev = p->next; p->prev->next = p->prev; free(p);

    D. p->next->prev = p->prev; p->prev->next = p->next; free(p);

(2021 年)4. 已知头指针 h 指向一个带头结点的非空单循环链表,结点结构为 [data next],其中 next 是指向直接后继结点的指针,p 是尾指针,q 是临时指针。现要删除该链表的第一个元素,正确的语句序列是_____。

    A. h->next = h->next->next; q = h->next; free(q);

    B. q = h->next; h->next = h->next->next; free(q);

    C. q = h->next; h->next = q->next; if (p ! = q) p=h; free(q);

D. q = h->next; h->next = q->next; if (p == q) p = h;free(q);

(2023 年)5. 下列对顺序存储的有序表(长度为 n)实现给定操作的算法中,平均时间复杂度为 $O(1)$ 的是_____。

A. 查找包含指定值元素的算法　　　B. 插入包含指定值元素的算法

C. 删除第 $i(1 \leqslant i \leqslant n)$ 个元素的算法　　D. 获取第 $i(1 \leqslant i \leqslant n)$ 个元素的算法

(2023 年)6. 现有非空双向链表 L,其结点结构为 prev data next ,prev 是指向直接前驱结点的指针,next 是指向直接后继结点的指针,若要在 L 中指针 p 所指向的结点(非尾结点)之后插入指针 s 指向的新结点,则在执行了语句"s->next = p->next; p->next = s;"后,下列语句序列中还需要执行的是_____。

A. s->next->prev = p;　　s->prev = p;

B. p->next->prev = s;　　s->prev = p;

C. s->prev = s->next->prev;　　s->next->prev = s;

D. p->next->prev = s->prev;　　s->next->prev = p;

二、算法设计题

(2020 年)1. 定义三元组 $(a, b, c)(a, b, c$ 均为正数)的距离 $D = |a-b| + |b-c| + |c-a|$。给定 3 个非空整数集合 S_1、S_2 和 S_3,按升序分别存储在 3 个数组中。请设计一个尽可能高效的算法,计算并输出所有可能的三元组 $(a, b, c)(a \in S_1, b \in S_2, c \in S_3)$ 中的最小距离。例如 $S_1 = \{-1, 0, 9\}$,$S_2 = \{-25, -10, 10, 11\}$,$S_3 = \{2, 9, 17, 30, 41\}$,则最小距离为 2,相应的三元组为 $(9, 10, 9)$。要求:

(1) 给出算法的基本设计思想。

(2) 根据设计思想,采用 C 或 C++ 语言描述算法,关键之处给出注释。

(3) 说明你所设计算法的时间复杂度和空间复杂度。

(2019 年)2. 设线性表 $L = (a_1, a_2, a_3, \cdots, a_{n-2}, a_{n-1}, a_n)$ 采用带头结点的单链表保存,链表中的结点定义如下:

```
typedef struct node
{   int data;
    struct node * next;
} NODE;
```

请设计一个空间复杂度为 $O(1)$ 且时间上尽可能高效的算法,重新排列 L 中的各结点,得到线性表 $L' = (a_1, a_n, a_2, a_{n-1}, a_3, a_{n-2}, \cdots)$。要求:

(1) 给出算法的基本设计思想。

(2) 根据设计思想,采用 C 或 C++ 语言描述算法,关键之处给出注释。

(3) 说明你所设计的算法的时间复杂度。

第 3 章　栈、队列和数组

本章概述	栈和队列是两种常用的数据结构,广泛应用在操作系统、编译程序等各种软件系统中,在表达式求值、图的遍历、拓扑排序等算法中使用栈或队列作为辅助数据结构。从数据结构角度看,栈和队列是操作受限的线性表,栈和队列的数据元素具有单一的前驱和后继的线性关系;从抽象数据类型角度看,栈和队列是两种重要的抽象数据类型。由于栈和队列的操作特性,在很多复杂问题的求解中,往往采用栈或队列作为辅助数据结构,因此,要熟练掌握栈和队列的操作语句。本章由实际问题抽象出栈和队列的数据模型,讨论栈的顺序存储和链式存储及其实现,讨论队列的顺序存储和链式存储及其实现,最后给出栈和队列的应用实例。 数组作为一种数据结构,其特点是数据元素本身可以具有某种结构,但属于同一数据类型。在程序设计语言中大都提供了数组作为构造数据类型,本章由实际问题引出数组,介绍数组的逻辑结构、操作特点和存储结构,重点讨论矩阵的压缩存储和寻址
教学重点	栈和队列的操作特性;栈和队列基本操作的实现;特殊矩阵的压缩存储和寻址方法
教学难点	循环队列的存储方法;循环队列中队空和队满的判定条件;稀疏矩阵的压缩存储
教学目标	(1) 解释栈的定义及操作特性,根据入栈序列判断出栈序列是否合法; (2) 描述顺序栈和链栈存储方法,针对实际问题画出存储示意图; (3) 实现顺序栈和链栈的基本操作,比较两种存储结构的优缺点; (4) 在比较队列和栈的基础上,解释队列的定义及操作特性; (5) 辨明循环队列是顺序队列的改进,画出顺序队列和循环队列的存储示意图,描述循环队列存储方法; (6) 归纳循环队列的队空/队满判定条件,实现循环队列的基本操作; (7) 描述链队列存储方法,画出存储示意图,实现链队列的基本操作; (8) 解释(多维)数组的定义及存储方法,归纳寻址公式; (9) 描述对称矩阵、对角矩阵等特殊矩阵的压缩存储方法,归纳寻址公式; (10) 描述稀疏矩阵的顺序存储和链表存储方法,画出存储示意图

3.1 引言

栈和队列是两种特殊的线性表,用于组织需要后到先处理或先到先处理的数据。在实际问题的处理过程中,有些数据具有后到先处理或先到先处理的特点,请看下面几个例子。

【例 3-1】 括号匹配问题。C++ 语言对于算术表达式中括号的配对原则是:右括号")"与其前面最近的尚未配对的左括号"("相配对。判断给定表达式中所含括号是否正确配对。

【想法——数据模型】 顺序扫描表达式,当扫描到右括号")"时,查找已经扫描过的最后一个尚未配对的左括号"("。"("具有最后扫描最先配对的特点,因此通常用栈结构来描述这种具有后到先处理特征的数据模型。那么,栈是如何保存已经扫描且尚未配对的左括号,当扫描到右括号时,如何将栈中最后那个左括号删除并与右括号配对呢?

【例 3-2】 银行排队问题。在需要顺序操作且人群众多的场合,排队是现代文明的一种体现。例如,储户到银行办理个人储蓄业务需要排队等待,请实现银行排队系统。

【想法——数据模型】 窗口应该保证为先来的储户优先提供服务,通常用队列来描述这种具有先到先处理特征的数据模型。储户需要领取一张排队单,在排队单上打印了储户的顺序号。窗口会按照先来先服务的原则顺次叫号,如图 3-1 所示。那么,队列是如何保存正在等待的储户,如何保证为先来的储户优先提供服务呢?

图 3-1 银行排队办理业务

【例 3-3】 八皇后问题。数学家高斯于 1850 年提出,在 8×8 的棋盘上摆放八个皇后,使其不能互相攻击,即任意两个皇后都不能处于同一行、同一列或同一斜线上。图 3-2 所示是八皇后问题的一个解。

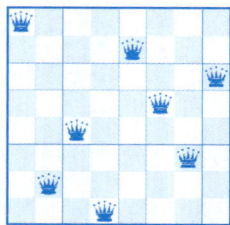

图 3-2 八皇后问题的一个解

【想法——数据模型】 八皇后问题首先要解决的问题就是如何表示棋盘?如何获得每个皇后的位置信息进而判断是否互相攻击?由于棋盘的每一行可以并且必须摆放一个皇后,可以用向量 $(x_1, x_2, \cdots, x_n)$ 表示 n 皇后问题的解,即第 i 个皇后摆放在第 i 行第 x_i 列的位置 $(1 \leqslant i \leqslant n$ 且 $1 \leqslant x_i \leqslant n)$。由于两个皇后不能位于同一列,所以,$n$ 皇后问题的解向量必须满足约束条件 $x_i \neq x_j$。

可以将 n 皇后问题的 $n \times n$ 棋盘看成矩阵,设皇后 i 和皇后 j 的摆放位置分别是 (i, x_i) 和 (j, x_j),则在棋盘上斜率为 -1 的同一条斜线上,满足条件 $i - x_i = j - x_j$,如图 3-3(a)所示;在棋盘上斜率为 1 的同一条斜线上,满足条件 $i + x_i = j + x_j$,如图 3-3(b)所示。综合上述两种情况,n 皇后问题的解必须满足约束条件:$|i - j| \neq |x_i - x_j|$。

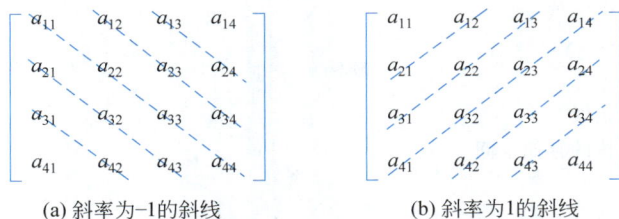

(a) 斜率为-1的斜线   (b) 斜率为1的斜线

图 3-3 不在同一斜线上的约束条件

3.2 栈

3.2.1 栈的逻辑结构

1. 栈的定义

栈(stack)是限定仅在表的一端进行插入和删除操作的线性表,允许插入和删除的一端称为栈顶(stack top),另一端称为栈底(stack bottom),不含任何数据元素的栈称为空栈。

如图 3-4 所示,栈中有三个元素,插入元素(也称入栈、进栈、压栈)的顺序是 a_1、a_2、a_3。当需要删除元素(也称出栈、弹栈)时只能删除 a_3,换言之,任何时刻出栈的元素都只能是栈顶元素,即最后入栈者最先出栈,所以栈中元素除了具有线性关系外,还具有后进先出(last in first out)[①]的特性。

在日常生活中,有很多栈的例子。例如,一叠摞在一起的盘子,要从这叠盘子中取出或放入一个盘子,只有在其顶部操作才是最方便的;早在计算机出现之前,会计就使用栈来记账;火车扳道站、单车道死胡同等。再如,在浏览网页时,将浏览过的网址用栈进行存储,每访问一个网页,将其地址存放到栈顶,按"后退"按钮即可沿相反次序返回此前刚访问过的页面。

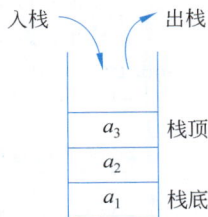

图 3-4 栈的示意图

2. 栈的抽象数据类型定义

虽然对插入和删除操作的位置限制减少了栈操作的灵活性,但同时也使得栈的操作更有效、更容易实现。其抽象数据类型定义为

```
ADT  Stack
DataModel
    元素具有后进先出特性,相邻元素具有前驱和后继关系
Operation
    InitStack
        输入:无
        功能:栈的初始化
```

---

① 需要注意的是,栈只是对线性表的插入和删除操作的位置进行了限制,并没有限定插入和删除操作进行的时间。也就是说,出栈可随时进行,只要某个元素位于栈顶就可以出栈。例如,3 个元素按 a、b、c 的次序依次进栈,且每个元素只允许进一次栈,则所有元素都出栈后,可能的出栈序列有 abc、acb、bac、bca、cba 五种。

```
        输出：一个空栈
    DestroyStack
        输入：无
        功能：栈的销毁
        输出：释放栈的存储空间
    Push
        输入：元素值 x
        功能：入栈操作,在栈顶插入一个元素 x
        输出：如果插入成功,栈顶增加了一个元素,否则返回插入失败信息
    Pop
        输入：无
        功能：出栈操作,删除栈顶元素
        输出：如果删除成功,返回被删元素值,否则返回删除失败信息
    GetTop
        输入：无
        功能：取栈顶元素,读取当前的栈顶元素
        输出：若栈不空,返回当前的栈顶元素值,否则返回取栈顶失败信息
    Empty
        输入：无
        功能：判空操作,判断栈是否为空
        输出：如果栈为空,返回 1,否则返回 0
endADT
```

3.2.2　栈的顺序存储结构及实现

1. 顺序栈的存储结构

栈的顺序存储结构称为顺序栈(sequential stack)。顺序栈本质上是顺序表的简化,唯一需要确定的是用数组的哪一端表示栈底。通常把数组中下标为 0 的一端作为栈底,同时附设变量 top 指示栈顶元素在数组中的位置[①]。设存储栈的数组长度为 StackSize,则栈空时栈顶位置 $top=-1$;栈满时栈顶位置 $top=StackSize-1$。入栈时,栈顶位置 top 加 1;出栈时,栈顶位置 top 减 1。栈操作的示意图如图 3-5 所示。

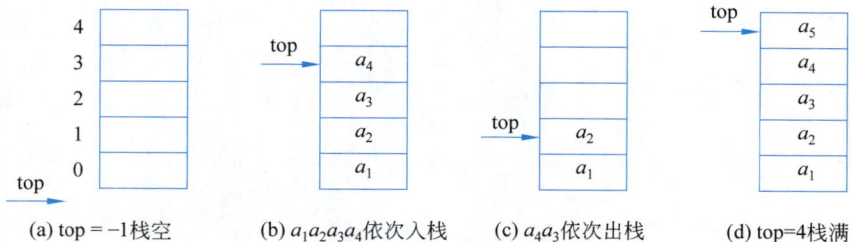

(a) top = -1 栈空　　(b) $a_1a_2a_3a_4$ 依次入栈　　(c) a_4a_3 依次出栈　　(d) top=4 栈满

图 3-5　栈的操作示意图

[①]　在有些教材中,将 top 指向栈中第一个空闲位置,如果这样的话,空栈应该表示为 $top=0$。

2. 顺序栈的实现

将栈的抽象数据类型定义在顺序栈存储结构下用 C++ 的类实现。顺序栈类定义如下，其中成员变量实现顺序栈的存储结构，成员函数实现栈的基本操作。

```
const int StackSize = 10;        //根据实际问题具体定义
template <typename DataType>     //定义模板类 SeqStack
class SeqStack
{
public:
    SeqStack();                  //构造函数,初始化一个空栈
    ~SeqStack();                 //析构函数
    void Push(DataType x);       //入栈操作,将元素 x 入栈
    DataType Pop();              //出栈操作,将栈顶元素弹出
    DataType GetTop();           //取栈顶元素(并不删除)
    int Empty();                 //判断栈是否为空
private:
    DataType data[StackSize];    //存放栈元素的数组
    int top;                     //栈顶元素在数组中的下标
};
```

根据栈的操作定义，容易写出顺序栈基本操作的算法，且时间复杂度均为 $O(1)$。

（1）构造函数——顺序栈的初始化。

初始化一个空的顺序栈只需将栈顶指针 top 置为 -1。

（2）析构函数——顺序栈的销毁。

顺序栈是静态存储分配，在顺序栈变量退出作用域时自动释放顺序栈所占存储单元，因此，顺序栈无须销毁，析构函数为空。

（3）入栈操作。

在栈中插入元素 x 只需将栈顶位置 top 加 1，然后在 top 的位置填入元素 x。入栈操作的成员函数定义如下：

```
template <typename DataType>
void SeqStack<DataType>:: Push(DataType x)
{
    if (top == StackSize -1) throw "上溢";
    data[++top] = x;
}
```

（4）出栈操作。

出栈操作只需取出栈顶元素，然后将栈顶位置 top 减 1。出栈操作的成员函数定义如下：

```
template <typename DataType>
DataType SeqStack<DataType>:: Pop( )
```

```
{
    DataType x;
    if (top == -1) throw "下溢";
    x = data[top--];
    return x;
}
```

（5）取栈顶元素。

取栈顶元素只是将 top 位置的栈顶元素取出并返回，并不修改栈顶位置。

（6）判空操作。

顺序栈的判空操作只需判断 top 是否等于-1。

3.2.3 栈的链式存储结构及实现

1. 链栈的存储结构

栈的链式存储结构称为链栈（linked stack），通常用单链表表示，其结点结构与单链表的结点结构相同，请参见 2.4.1 节。因为只能在栈顶执行插入和删除操作，显然以单链表的头部作栈顶是最方便的，而且没有必要像单链表那样为了运算方便附加头结点。通常将链栈表示成如图 3-6 的形式。

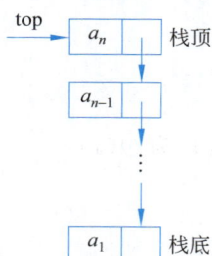

图 3-6 链栈示意图

2. 链栈的实现

将栈的抽象数据类型定义在链栈存储结构下用 C++ 的类实现。链栈类定义如下，其中成员变量 top 为栈顶指针，成员函数实现栈的基本操作。

```
template <typename DataType>
class LinkedStack
{
public:
    LinkedStack();              //构造函数,初始化一个空链栈
    ~LinkedStack();             //析构函数,释放链栈各结点的存储空间
    void Push(DataType x);      //入栈操作,将元素 x 入栈
    DataType Pop();             //出栈操作,将栈顶元素出栈
    DataType GetTop();          //取栈顶元素(并不删除)
    int Empty();                //判空操作,判断链栈是否为空栈
private:
    Node<DataType> * top;       //栈顶指针即链栈的头指针
};
```

链栈的基本操作本质上是单链表基本操作的简化，由于插入和删除操作仅在单链表的头部进行，因此，算法的时间复杂度均为 $O(1)$。

（1）构造函数——链栈的初始化。

由于链栈不带头结点，初始化一个空链栈只需将栈顶指针 top 置为空。

（2）析构函数——链栈的销毁。

链栈是动态存储分配，在链栈变量退出作用域前要释放链栈的存储空间。链栈类的析构函数与单链表类的析构函数类似，请读者自行给出。

（3）入栈操作。

链栈的插入操作只需处理栈顶的情况，其操作示意图如图 3-7 所示，成员函数如下：

```
template <typename DataType>
void LinkedStack<DataType>:: Push(DataType x)
{
    Node<DataType> * s = nullptr;
    s = new Node<DataType>; s->data = x;
    s->next = top; top = s;          //将结点 s 插在栈顶
}
```

（4）出栈操作。

链栈的删除操作只需处理栈顶的情况，其操作示意图如图 3-8 所示，成员函数如下：

```
template <typename DataType>
DataType LinkedStack<DataType>:: Pop( )
{
    Node<DataType> * p = nullptr;
    DataType x;
    if (top == nullptr) throw "下溢";
    x = top->data; p = top;          //暂存栈顶元素
    top = top->next;                 //将栈顶结点摘链
    delete p;
    return x;
}
```

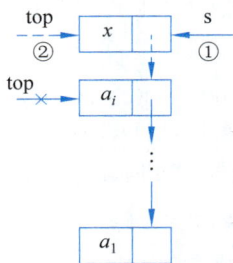

图 3-7　链栈插入操作示意图　　　图 3-8　链栈删除操作示意图

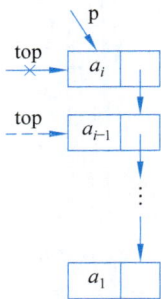

（5）取栈顶元素。

取栈顶元素只需返回栈顶指针 top 所指结点的数据域，并不修改栈顶指针。

（6）判空操作。

链栈的判空操作只需判断 top 指针是否为空。

3.2.4 顺序栈和链栈的比较

顺序栈和链栈基本操作的时间复杂度均为 $O(1)$,因此唯一可以比较的是空间性能。初始时顺序栈必须确定一个固定的长度,因此有存储元素个数的限制和浪费空间的问题。链栈没有栈满的问题,只有当内存没有可用空间时才会出现栈满,但是每个元素都需要一个指针域,从而产生了结构性开销。作为一般规律,当栈的使用过程中元素个数变化较大时,应该采用链栈,反之,应该采用顺序栈。

3.2.5 栈的应用

栈的应用非常多,例如在程序设计语言中通常使用栈支持函数调用,在函数调用时将返回地址、函数实参和局部变量等(称为栈帧,即调用记录)压栈,在调用结束时将对应的栈帧出栈。下面介绍栈在表达式求值中的应用。

1. 表达式求值

表达式求值是编译程序的一个基本问题。设运算符有＋、－、＊、／、♯和圆括号,其中♯为表达式的定界符,对于任意给定的表达式进行求值运算,给出求值结果。

表达式求值需要根据运算符的优先级来确定计算顺序,因此,在求值过程中需要保存优先级较低的运算符以及没有参与计算的运算对象,并将当前运算符与已经扫描过的、尚未计算的运算符进行比较,以确定哪个运算符以及哪两个运算对象参与计算,这需要两个栈来辅助完成:运算对象栈(OPND)和运算符栈(OPTR)。例如,表达式$(4 ＋ 2) ＊ 3 － 5$的求值过程如表 3-1 所示。

表 3-1 表达式的求值过程

当前字符	运算对象栈 （OPND）	运算符栈 （OPTR）	说　　明
		♯	初始化
（		♯，（	"（"的优先级比"♯"高,"（"入栈 OPTR
4	4	♯，（	4 入栈 OPND
＋	4	♯，（，＋	"＋"的优先级比"（"高,"＋"入栈 OPTR
2	4，2	♯，（，＋	2 入栈 OPND
）	6	♯，（	"）"的优先级比"＋"低,2 和 4 出栈,"＋"出栈,执行"＋"运算并将结果 6 入栈 OPND
）	6	♯	"）"的优先级与"（"相同,括号匹配,"（"出栈
＊	6	♯，＊	"＊"的优先级比"♯"高,"＊"入栈 OPTR
3	6，3	♯，＊	3 入栈 OPND
－	18	♯	"－"的优先级比"＊"低,3 和 6 出栈,"＊"出栈,执行"＊"运算并将结果 18 入栈 OPND
－	18	♯，－	"－"的优先级比"♯"高,"－"入栈 OPTR
5	18，5	♯，－	5 入栈 OPND

当前字符	运算对象栈 （OPND）	运算符栈 （OPTR）	说　　明
＃	13	＃	"＃"的优先级比"－"低，5 和 18 出栈，"－"出栈，执行 "－"运算并将结果 13 入栈 OPND
＃	13	＃	"＃"的优先级与"＃"相同，求值结束，栈 OPND 的栈顶元 素即为运算结果

设函数 Compute 实现表达式求值，简单起见，假设运算对象均为一位十进制数，且表达式不存在语法错误，算法用伪代码描述如下：

算法：Compute(str)
输入：以字符串 str 存储的算术表达式
输出：该表达式的值
　1．将栈 OPND 初始化为空，将栈 OPTR 初始化为表达式的定界符＃ ;
　2．从左至右扫描表达式的每一个字符，执行下述操作：
　　2.1 若当前字符是运算对象，则入栈 OPND；
　　2.2 若当前字符是运算符且优先级比栈 OPTR 的栈顶运算符的优先级高，则入栈 OPTR，处理下一个字符；
　　2.3 若当前字符是运算符且优先级比栈 OPTR 的栈顶运算符的优先级低，则从栈 OPND 出栈两个运算对象，从栈 OPTR 出栈一个运算符进行运算，并将运算结果入栈 OPND，继续处理当前字符；
　　2.4 若当前字符是运算符且优先级与栈 OPTR 的栈顶运算符的优先级相同，则将栈 OPTR 的栈顶运算符出栈，处理下一个字符；
　3．输出栈 OPND 中的栈顶元素，即表达式的运算结果；

2. 中缀表达式转换为后缀表达式

运算符在两个运算对象的中间（如 4 ＋ 2）称为中缀表达式，运算符在两个运算对象的后面（如 4 2 ＋）称为后缀表达式，也称逆波兰式。例如，中缀表达式(4 ＋ 2) ＊ 3 － 5 对应的后缀表达式为 4 2 ＋ 3 ＊ 5 －。对算术表达式的后缀形式仅做一次扫描即可得到表达式的运算结果，而无须考虑优先级和括号等因素，因此，很多编译程序在对表达式进行语法检查的同时，将其转换为对应的后缀形式。

将一个中缀表达式转换为对应的后缀表达式只需用一个栈存放运算符，例如，中缀表达式(4 ＋ 2) ＊ 3 － 5 转换对应的后缀表达式的过程如表 3-2 所示，具体算法请读者自行完成。

表 3-2　中缀表达式转换为后缀表达式的过程

当前字符	后缀表达式	栈 OPTR	说　　明
		＃	初始化
(		＃，(	"("的优先级比"＃"高，"("入栈
4	4	＃，(	输出 4

当前字符	后缀表达式	栈 OPTR	说　　明
＋	4	♯,（,＋	"＋"的优先级比"（"高，"＋"入栈
2	42	♯,（,＋	输出 2
）	42＋	♯,（	"）"的优先级比"＋"低，"＋"出栈并输出
）	42＋	♯	"）"的优先级与"（"相同，括号匹配，"（"出栈
＊	42＋	♯,＊	"＊"的优先级比"♯"高，"＊"入栈
3	42＋3	♯,＊	输出 3
－	42＋3＊	♯	"－"的优先级比"＊"低，"＊"出栈并输出
－	42＋3＊	♯,－	"－"的优先级比"♯"高，"－"入栈
5	42＋3＊5	♯,－	输出 5
♯	42＋3＊5－	♯	"♯"的优先级比"－"低，"－"出栈并输出
♯	42＋3＊5－	♯	"♯"的优先级与"♯"相同，转换结束

3.3　队列

3.3.1　队列的逻辑结构

1. 队列的定义

队列(queue)是只允许在一端进行插入操作，在另一端进行删除操作的线性表，允许插入(也称入队、进队)的一端称为队尾(queue-tail)，允许删除(也称出队)的一端称为队头(queue-head)。图 3-9 所示是一个有 5 个元素的队列，入队的顺序为 a_1、a_2、a_3、a_4、a_5，出队的顺序依然是 a_1、a_2、a_3、a_4、a_5，即最先入队者最先出队。因此，队列中的元素除了具有线性关系外，还具有先进先出(first in first out)的特性。

图 3-9　队列的示意图

现实世界中有许多问题可以用队列描述，例如，对顾客服务部门(如银行、电信等)的工作往往是按队列方式进行的，这类系统称为排队系统。在程序设计中，经常使用队列保存按先进先出方式处理的数据，如键盘缓冲区、操作系统中的作业调度等。

2. 队列的抽象数据类型定义

```
ADT  Queue
DataModel
    元素具有先进先出特性，相邻元素具有前驱和后继关系
```

```
Operation
    InitQueue
        输入：无
        功能：队列的初始化
        输出：一个空队列
    DestroyQueue
        输入：无
        功能：队列的销毁
        输出：释放队列占用的存储空间
    EnQueue
        输入：元素值 x
        功能：入队操作，在队尾插入元素 x
        输出：如果插入成功，队尾增加了一个元素，否则返回插入失败信息
    DeQueue
        输入：无
        功能：出队操作，删除队头元素
        输出：如果删除成功，队头减少了一个元素，否则返回删除失败信息
    GetHead
        输入：无
        功能：读取队头元素
        输出：若队列不空，返回队头元素，否则返回取队头失败信息
    Empty
        输入：无
        功能：判空操作，判断队列是否为空
        输出：如果队列为空，返回 1，否则返回 0
endADT
```

3.3.2　队列的顺序存储结构及实现

1. 顺序队列的存储结构

队列的顺序存储结构称为顺序队列（sequential queue）。假设队列有 n 个元素，顺序队列把队列的所有元素存储在数组的前 n 个单元。如果把队头元素放在数组中下标为 0 的一端，则入队操作相当于追加，不需要移动元素，其时间性能为 $O(1)$；但是出队操作的时间性能为 $O(n)$，因为要保证剩下的 $n-1$ 个元素仍然存储在数组的前 $n-1$ 个单元，所有元素都要向前移动一个位置，如图 3-10(c) 所示。

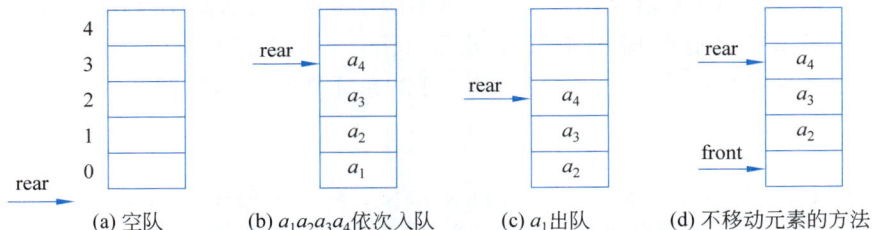

图 3-10　顺序队列的操作示意图

如果放宽队列的所有元素必须存储在数组的前 n 个单元这一条件，就可以得到一种更

为有效的存储方法,如图 3-10(d)所示。此时入队和出队操作的时间性能都是 $O(1)$,因为没有移动任何元素,但是队列的队头和队尾都是活动的,因此,需要设置队头、队尾两个位置变量 front 和 rear,入队时 rear 加 1,出队时 front 加 1,并且约定:front 指向队头元素的前一个位置,rear 指向队尾元素的位置[①]。

2. 循环队列的存储结构

在顺序队列中,随着队列的插入和删除操作,整个队列向数组的高端移过去,从而产生了队列的"单向移动性"。当元素被插入数组中下标最大的位置之后,数组空间就用尽了,尽管此时数组的低端还有空闲空间,这种现象叫作假溢出(false overflow),如图 3-11(a)所示。

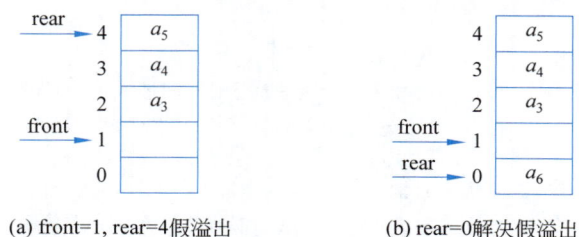

(a) front=1, rear=4假溢出   (b) rear=0解决假溢出

图 3-11 循环队列的假溢出及其解决

解决假溢出的方法是将存储队列的数组看成头尾相接的循环结构,即允许队列直接从数组中下标最大的位置延续到下标最小的位置,如图 3-11(b)所示,这可以通过取模操作来实现,设存储队列的数组长度为 QueueSize,操作语句为 rear＝(rear＋1)％ QueueSize。队列的这种头尾相接的顺序存储结构称为循环队列(circular queue)。

在循环队列中,如何判定队空和队满呢? 如图 3-12(a)和(c)所示,队列中只有一个元素,执行出队操作,则队头位置在循环意义下加 1 后与队尾位置相等,即队空的条件是 front＝rear,如图 3-12(b)和(d)所示。

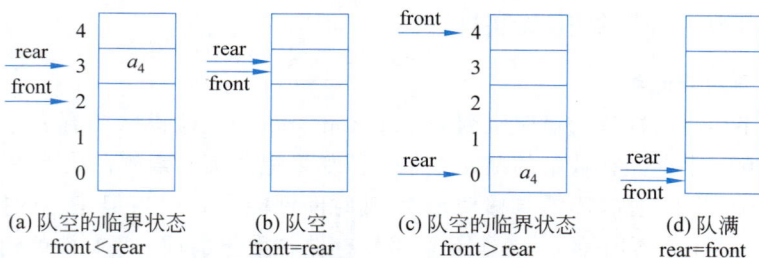

(a)队空的临界状态   (b)队空   (c)队空的临界状态   (d)队满
front＜rear   front＝rear   front＞rear   rear＝front

图 3-12 循环队列队空的判定

如图 3-13(a)和(c)所示,数组中只有一个空闲单元,执行入队操作,则队尾位置在循环意义下加 1 后与队头位置相等,即队满的条件也是 front＝rear,如图 3-12(b)和(d)所示。如何将队空和队满的判定条件区分开呢? 可以浪费一个数组元素空间[②],把图 3-13(a)和(c)所示的

---

① 这样约定的目的是方便运算,如 rear-front 等于队列的长度。有些参考书约定队头指针 front 指向队头元素,队尾指针 rear 指向队尾元素;或队头指针 front 指向队头元素,队尾指针 rear 指向队尾元素的后一个位置。

② 算法设计有一个重要的原则:时空权衡。一般来说,牺牲空间或其他替代资源,通常可以减少时间代价。例如,在单链表的开始结点之前附设一个头结点,使得单链表的插入和删除等操作不用考虑表头的特殊情况;在双链表中,结点设置了指向前驱结点的指针和指向后继结点的指针,增加了指针的结构性开销,减少了查找前驱和后继的时间代价。

情况视为队满，此时队尾位置和队头位置正好差 1，即队满的条件是：$(rear+1) \% QueueSize = front$。

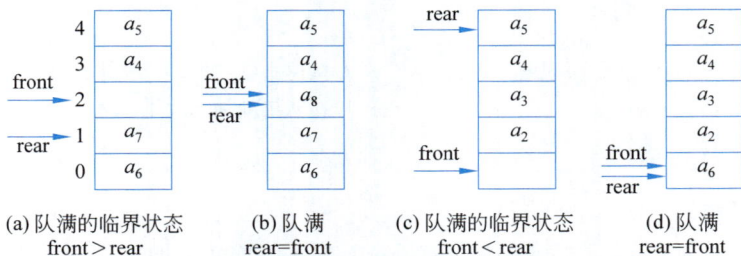

图 3-13　循环队列队满的判定

3. 循环队列的实现

将队列的抽象数据类型定义在循环队列存储结构下用 C++ 的类实现。循环队列类定义如下，其中成员函数实现顺序队列的存储结构，循环队列是在程序中通过求模的方法实现，成员函数实现队列的基本操作。

```
const int QueueSize=100;          //100 是示例性数据
template <typename DataType>      //定义模板类 CirQueue
class CirQueue
{
public:
    CirQueue();                   //构造函数,初始化空队列
    ~CirQueue();                  //析构函数
    void EnQueue(DataType x);     //入队操作,将元素 x 入队
    DataType DeQueue();           //出队操作,将队头元素出队
    DataType GetHead();           //取队头元素(并不删除)
    int Empty();                  //判断队列是否为空
private:
    DataType data[QueueSize];     //存放队列元素的数组
    int front, rear;              //游标,队头和队尾指针
};
```

根据队列的操作定义，容易写出循环队列基本操作的算法，其时间复杂度均为 $O(1)$。

（1）构造函数——循环队列的初始化。

初始化一个空的循环队列只需将队头 front 和队尾 rear 同时指向数组的某一个位置，一般是数组的高端，即 rear=front=QueueSize-1。

（2）析构函数——循环队列的销毁。

循环队列是静态存储分配，在循环队列变量退出作用域时自动释放所占内存单元，因此，循环队列无须销毁，析构函数为空。

（3）入队操作。

循环队列的入队操作只需将队尾位置 rear 在循环意义下加 1，然后将待插元素 x 插入队尾位置，成员函数定义如下：

```
template <typename DataType>
void CirQueue<DataType>:: EnQueue(DataType x)
{
    if ((rear+1) % QueueSize == front) throw "上溢";
    rear = (rear+1) % QueueSize;          //队尾指针在循环意义下加 1
    data[rear] = x;                       //在队尾处插入元素
}
```

（4）出队操作。

循环队列的出队操作只需将队头位置 front 在循环意义下加 1，然后读取并返回队头元素，成员函数定义如下：

```
template <typename DataType>
DataType CirQueue<DataType>:: DeQueue()
{
    if (rear == front) throw "下溢";
    front = (front+1) % QueueSize;          //队头在循环意义下加 1
    return data[front];                     //返回出队前的队头元素
}
```

（5）取队头元素。

读取队头元素与出队操作类似，唯一的区别是不改变队头位置，成员函数定义如下：

```
template <typename DataType>
DataType CirQueue<DataType>:: GetHead()
{
    if (rear == front) throw "下溢";
    return data[(front+1) % QueueSize];   //注意不修改队头指针
}
```

（6）判空操作。

循环队列的判空操作只需判断 front 是否等于 rear。

3.3.3　队列的链式存储结构及实现

1.链队列的存储结构

队列的链式存储结构称为链队列(linked queue)，通常用单链表表示，其结点结构与单链表的结点结构相同，请参见 2.4.1 节。为了使空队列和非空队列的操作一致，链队列也加上头结点。根据队列的先进先出特性，为了操作上的方便，设置队头指针指向链队列的头结点，队尾指针指向终端结点，如图 3-14 所示。

2.链队列的实现

将队列的抽象数据类型定义在链队列存储结构下用 C++ 的类实现，下面给出链队列的类定义，其中成员变量 front 是队头指针，rear 是队尾指针，成员函数实现队列的基本操作。

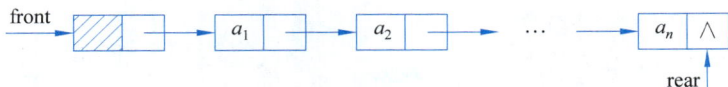

图 3-14　链队列示意图

```
template <typename DataType>
class LinkedQueue
{
public:
    LinkedQueue();                          //初始化空的链队列
    ~LinkedQueue();                         //释放链队列的存储空间
    void EnQueue(DataType x);               //入队操作,将元素 x 入队
    DataType DeQueue();                     //出队操作,将队头元素出队
    DataType GetHead();                     //取链队列的队头元素
    int Empty();                            //判断链队列是否为空
private:
    Node<DataType> * front, * rear;         //队头和队尾指针
};
```

链队列基本操作的实现本质上是单链表操作的简化,且时间复杂度均为 $O(1)$。

(1) 构造函数——链队列的初始化。

初始化链队列只需申请头结点,然后让队头指针和队尾指针均指向头结点,构造函数如下:

```
template <typename DataType>
LinkedQueue<DataType>:: LinkedQueue()
{
    Node<DataType> * s = nullptr;
    s = new Node<DataType>; s->next = nullptr;
    front = rear = s;       //将队头指针和队尾指针都指向头结点 s
}
```

(2) 析构函数——链队列的销毁。

链队列是动态存储分配,需要释放链队列的所有结点的存储空间。链队列类的析构函数与单链表类的析构函数类似,请读者自行设计。

(3) 入队操作。

链队列的插入操作只考虑在链表的尾部进行,由于链队列带头结点,空链队列和非空链队列的插入操作语句一致,其操作示意图如图 3-15 所示。成员函数定义如下:

```
template <typename DataType>
void LinkedQueue<DataType>:: EnQueue(DataType x)
{
    Node<DataType> * s = nullptr;
    s = new Node<DataType>;                             //申请结点 s
```

```
    s->data = x; s->next = nullptr;
    rear->next = s; rear=s;                          //将结点 s 插入队尾
}
```

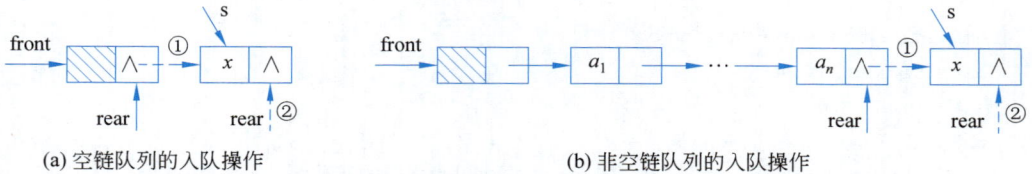

(a) 空链队列的入队操作　　　　　　　　　　(b) 非空链队列的入队操作

图 3-15　链队列的入队操作(①rear->next＝s；②rear＝s；)

在不带头结点的链队列中执行入队操作,在空链队列和非空链队列的操作语句是不同的,如图 3-16 所示。因此,为了操作方便,链队列一般都带头结点。

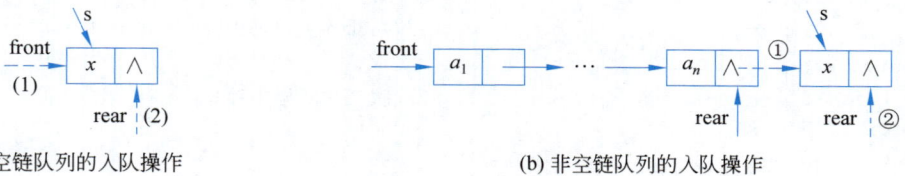

(a) 空链队列的入队操作　　　　　　　　　　(b) 非空链队列的入队操作

图 3-16　不带头结点的链队列执行入队操作

((1) front＝s；(2) rear＝s；① rear->next＝s；② rear＝s；)

(4) 出队操作。

链队列的删除操作只考虑在链表的头部进行,注意队列长度等于 1 的特殊情况,其操作示意图如图 3-17 所示,成员函数定义如下:

```
template <typename DataType>
DataType LinkQueue<DataType>:: DeQueue()
{
    DataType x;
    Node<DataType> * p = nullptr;
    if (rear == front) throw "下溢";
    p = front->next; x = p->data;          //暂存队头元素
    front->next = p->next;                  //将队头元素所在结点摘链
    if (p->next == nullptr) rear = front;   //出队前队列长度为 1
    delete p;
    return x;
}
```

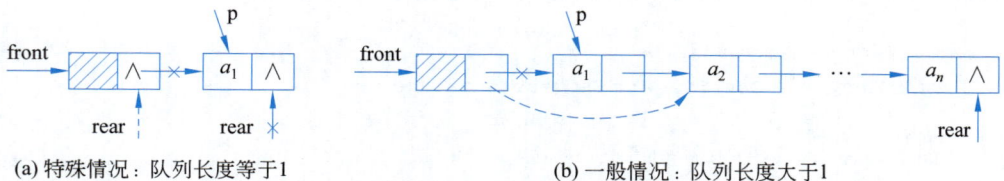

(a) 特殊情况:队列长度等于1　　　　　　　　(b) 一般情况:队列长度大于1

图 3-17　链队列出队操作

（5）取队头元素。

取队头元素只需返回第一个元素结点的数据域，即返回 front->next->data。

（6）判空操作。

链队列的判空操作只需判断 front 是否等于 rear。

3.3.4　循环队列和链队列的比较

循环队列和链队列基本操作的时间复杂度均为 $O(1)$，因此，可以比较的只有空间性能。初始时循环队列必须确定一个固定的长度，所以有存储元素个数的限制和浪费空间的问题。链队列没有溢出的问题，只有当内存没有可用空间时才会出现溢出，但是每个元素都需要一个指针域，从而产生了结构性开销。作为一般规律，当队列中元素个数变化较大时，应该采用链队列，反之，应该采用循环队列，如果确定不会发生假溢出，也可以采用顺序队列。

3.3.5　队列的应用

本章引言部分介绍了队列的应用，下面给出队列应用的几个例子。

将作业提交给打印机的时候，会按照到达顺序将作业放到队列中。此处队列是扩展队列，因为作业可以被取消，等同于在队列的中间位置执行删除操作，这违反了队列的严格定义。

在计算机网络中，很多个人计算机的网络设置会把磁盘连接到某台机器，这台机器称为文件服务器。其他计算机用户被授权访问文件时，是按照先到先服务的原则，因此其数据结构是队列。

当所有接线员都在忙碌状态，对公司的电话呼叫一般都被放到一个队列中。称为排队论的数学分支用概率的方法计算用户希望的等待时间、排队队伍的长度，以及其他诸如此类的问题。结果取决于用户加入排队的频率和服务每个用户需要的时间，这两个参数都以概率分布函数的形式给出。这个问题对于商家来说很重要，因为研究表明人们很快就会挂断电话。假设有一个接线员，如果接线员在忙碌状态，来电者就被放到一个等待队列（直到上限）。如果有 k 个接线员，求解问题的难度更大。难以用解析求解的问题往往使用仿真的方法，例如，可以使用队列进行仿真。如果 k 值很大，还需要其他数据结构才能进行高效地仿真。

3.4　多维数组

3.4.1　数组的逻辑结构

1. 数组的定义

实际应用中，在不致混淆的情况下，数组一般指的是一维数组，更严格的，数组是由类型相同的数据元素构成的有序集合，每个数据元素称为一个数组元素（简称"元素"），每个元素受 $n(n \geqslant 1)$ 个线性关系的约束，每个元素在 n 个线性关系中的序号 $i_1, i_2, \cdots, i_n$ 称为该元素的下标，并称该数组为 **n 维数组**（n-dimensional array），多维数组通常是二维及以上的数组。可以看出，数组的特点是数据元素本身可以具有某种结构，但属于同一数据类型。例如,一维数组可以看作一个线性表;二维数组可以看作元素是线性表的线性表(见图 3-18);以此类推。因此,数组是线性表的推广。本节重点讨论二维数组。

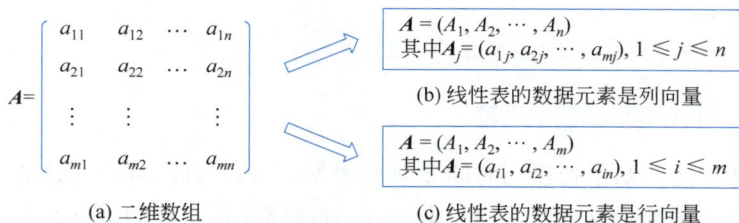

$$A = \begin{bmatrix} a_{11} & a_{12} & \cdots & a_{1n} \\ a_{21} & a_{22} & \cdots & a_{2n} \\ \vdots & \vdots & & \vdots \\ a_{m1} & a_{m2} & \cdots & a_{mn} \end{bmatrix}$$

$A = (A_1, A_2, \cdots, A_n)$
其中 $A_j = (a_{1j}, a_{2j}, \cdots, a_{mj}), 1 \leqslant j \leqslant n$

(b) 线性表的数据元素是列向量

$A = (A_1, A_2, \cdots, A_m)$
其中 $A_i = (a_{i1}, a_{i2}, \cdots, a_{in}), 1 \leqslant i \leqslant m$

(a) 二维数组　　　　　　(c) 线性表的数据元素是行向量

图 3-18　数组是线性表的推广

2. 数组的抽象数据类型定义

数组是一个具有固定格式和数量的数据集合,在数组上一般不能执行插入或删除某个数组元素的操作。因此,数组中通常只有如下两种基本操作。①读操作:给定一组下标,读取相应的数组元素。②写操作:给定一组下标,存储或修改相应的数组元素。这两种操作本质上对应一种操作——寻址,即根据一组下标定位相应的数组元素。下面给出数组的抽象数据类型定义。

```
ADT MDArray
DataModel
    相同类型的数据元素的有序集合
    每个数据元素受 n(n≥1)个线性关系的约束并由一组下标唯一标识
Operation
    InitArray
        输入:数组的维数 n 和各维的长度 l₁, l₂, …, lₙ
        功能:数组的初始化
        输出:一个空的 n 维数组
    Get
        输入:一组下标 i₁, i₂, …, iₙ
        功能:读操作,读取这组下标对应的数组元素
        输出:对应下标 i₁, i₂, …, iₙ 的元素值
    Set
        输入:元素值 e,一组下标 i₁, i₂, …, iₙ
        功能:写操作,存储或修改这组下标对应的数组元素
        输出:对应下标 i₁, i₂, …, iₙ 的元素值改为 e
endADT
```

3.4.2　数组的存储结构与寻址

由于数组一般不执行插入和删除操作,也就是说,一旦建立了数组,其元素个数和元素之间的关系就不再发生变动,而且,数组是一种特殊的数据结构,通常要求能够随机存取,因此,数组采用顺序存储。由于内存单元是一维结构,而多维数组是多维结构,所以,采用顺序存储结构存储数组首先需要将多维结构映射到一维结构。常用的映射方法有两种:以**行序为主序**(row major order,按行优先)和以**列序为主序**(column major order,按列优先)。例

如,C 语言中的数组是按行优先存储的。

对于二维数组,按行优先存储的基本思想是:先行后列,先存储行号较小的元素,行号相同者先存储列号较小的元素。设二维数组行下标与列下标的范围分别为$[l_1,h_1]$与$[l_2,h_2]$[①],则元素 a_{ij} 的存储地址可由下式确定:

$$\text{LOC}(a_{ij})=\text{LOC}(a_{l_1 l_2})+((i-l_1)\times(h_2-l_2+1)+(j-l_2))\times c \qquad (3\text{-}1)$$

式(3-1)中,$i\in[l_1,h_1]$,$j\in[l_2,h_2]$,且 i 与 j 均为整数;$\text{LOC}(a_{ij})$ 是元素 a_{ij} 的存储地址;$\text{LOC}(a_{l_1 l_2})$ 是二维数组中第一个元素 $a_{l_1 l_2}$ 的存储地址,通常称为基地址;c 是每个元素所占存储单元数目。二维数组的寻址过程如图 3-19 所示。

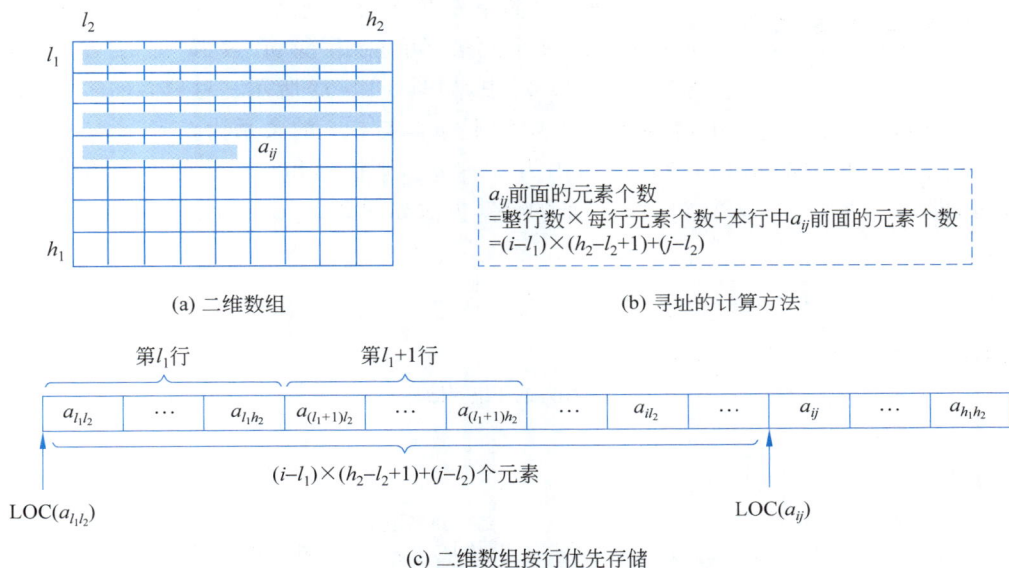

(a) 二维数组　　　　　　　　(b) 寻址的计算方法

a_{ij}前面的元素个数
=整行数×每行元素个数+本行中a_{ij}前面的元素个数
$=(i-l_1)\times(h_2-l_2+1)+(j-l_2)$

(c) 二维数组按行优先存储

图 3-19　二维数组按行优先存储的寻址示意图

二维数组按列优先存储的基本思想是:先列后行,先存储列号较小的元素,列号相同者先存储行号较小的元素。任一元素存储地址的计算与按行优先存储类似。

3.5　矩阵的压缩存储

课件 3-5

在实际应用中,经常出现一些阶数很高的矩阵,同时在矩阵中有很多值相同的元素并且它们的分布有一定的规律——称为**特殊矩阵**(special matrix),或者矩阵中有很多零元素——称为**稀疏矩阵**(sparse matrix)。可以对这类矩阵进行压缩存储,从而节省存储空间,并使矩阵的各种运算能有效地进行。

矩阵压缩存储的基本思想是:①为多个值相同的元素只分配一个存储空间;②对零元素不分配存储空间。为了和 C++ 语言的数组保持一致,在下面的讨论中,存储矩阵的一维数组下标从 0 开始。

---

① 此处给出的是一般形式,对于 C/C++ 语言,数组下标从 0 开始,则 $l_1=0$,$l_2=0$。

3.5.1　特殊矩阵的压缩存储

1. 对称矩阵的压缩存储

形如图 3-20 的矩阵称为对称矩阵。设对称矩阵是 n 阶方阵,则有 $a_{ij}=a_{ji}(1\leqslant i,j\leqslant n)$。对称矩阵关于主对角线对称,因此只需存储下三角部分(包括主对角线)即可。这样,原来需要 $n\times n$ 个存储单元,现在只需要 $n\times(n+1)/2$ 个存储单元,节约了大约一半的存储单元。当 n 较大时,这是可观的一部分存储资源。

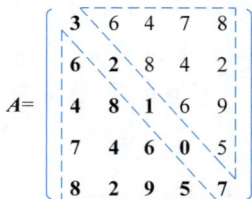

$$A=\begin{bmatrix} 3 & 6 & 4 & 7 & 8 \\ 6 & 2 & 8 & 4 & 2 \\ 4 & 8 & 1 & 6 & 9 \\ 7 & 4 & 6 & 0 & 5 \\ 8 & 2 & 9 & 5 & 7 \end{bmatrix}$$

图 3-20　一个 5 阶对称矩阵

如何只存储下三角部分的元素呢? 由于下三角中共有 $n\times(n+1)/2$ 个元素,可将这些元素按行存储到数组 $SA[n(n+1)/2]$ 中,如图 3-21(a)所示。这样,下三角中的元素 $a_{ij}(i\geqslant j)$ 存储到 $SA[k]$ 中,在数组 SA 中的下标 k 与 i、j 的关系为 $k=i\times(i-1)/2+j-1$。对于上三角中的元素 $a_{ij}(i<j)$,因为 $a_{ij}=a_{ji}$,则访问和它对应的下三角中的元素 a_{ji} 即可,即 $k=j\times(j-1)/2+i-1$。寻址的计算方法如图 3-21(c)所示。

(a) 对称矩阵的压缩存储

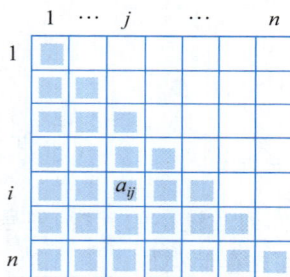

(b) 存储下三角部分　　　　　　　　(c) 计算方法

a_{ij} 在一维数组中的序号
$=$ 前 $i-1$ 行元素个数 + 第 i 行元素个数
$=1+2+\cdots+i-1+j$
$=i\times(i-1)/2+j$
因为一维数组下标从 0 开始
所以 a_{ij} 在一维数组中的下标
$k=i\times(i-1)/2+j-1$

图 3-21　对称矩阵按行优先存储的寻址示意图

2. 三角矩阵的压缩存储

形如图 3-22 的矩阵称为三角矩阵,其中图 3-22(a)为下三角矩阵,主对角线以上均为常数 c;图 3-22(b)为上三角矩阵,主对角线以下均为常数 c。

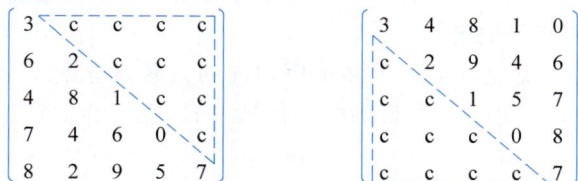

$$\begin{bmatrix} 3 & c & c & c & c \\ 6 & 2 & c & c & c \\ 4 & 8 & 1 & c & c \\ 7 & 4 & 6 & 0 & c \\ 8 & 2 & 9 & 5 & 7 \end{bmatrix} \qquad \begin{bmatrix} 3 & 4 & 8 & 1 & 0 \\ c & 2 & 9 & 4 & 6 \\ c & c & 1 & 5 & 7 \\ c & c & c & 0 & 8 \\ c & c & c & c & 7 \end{bmatrix}$$

(a) 下三角矩阵　　　　　　　　　　(b) 上三角矩阵

图 3-22　三角矩阵

下三角矩阵的压缩存储与对称矩阵类似,不同之处仅在于除了存储下三角中的元素以外,还要存储对角线上方的常数。因为是同一个常数,所以只存储一个即可。这样,共存储 $n\times(n+1)/2+1$ 个元素,将其按行优先存入数组 $SA[n\times(n+1)/2+1]$ 中,如图 3-23 所示。上三角矩阵的压缩存储思想与下三角矩阵类似,即按行存储上三角部分,最后存储对角线下方的常数,元素 $a_{ij}(i\leqslant j)$ 在 SA 中的下标 $k=(i-1)\times(2n-i+2)/2+j-i$,其寻址的计算方法如图 3-24 所示。

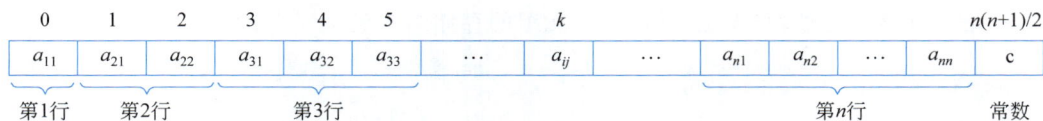

图 3-23　下三角矩阵的压缩存储

3. 对角矩阵的压缩存储

在对角矩阵中,所有非零元素都集中在以主对角线为中心的带状区域,除了主对角线和若干条次对角线的元素外,所有其他元素都为零。因此,对角矩阵也称为带状矩阵。图 3-25 所示为一个三对角矩阵。

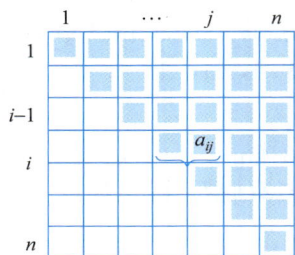

图 3-24　三角矩阵按行优先存储的寻址示意图　　图 3-25　三对角矩阵

对角矩阵的压缩存储方法是将对角矩阵的非零元素按行存储到一维数组中,例如,三对角矩阵的压缩存储及其寻址方法如图 3-26 所示。

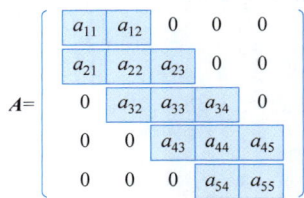

(a) 三对角矩阵　　　　　　(c) 寻址的计算方法

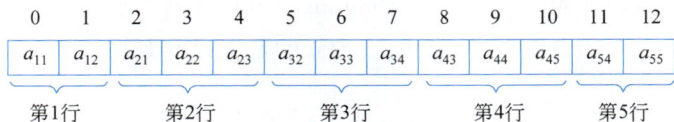

(b) 按行将非零元素存储到一维数组中

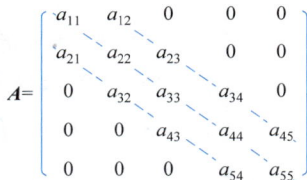

图 3-26　三对角矩阵的压缩存储方法

3.5.2 稀疏矩阵的压缩存储

稀疏矩阵是零元素居多的矩阵[①]。在工程应用中,经常会遇到阶数很高的大型稀疏矩阵,如果按常规方法存储,则会存储大量的零元素,造成存储浪费。一个显然的存储方法是仅存非零元素。但对于这类矩阵,通常非零元素的分布没有规律,为了能够找到相应的非零元素,仅存储非零元素的值是不够的,还要存储该元素所在的行号和列号,即将非零元素表示为三元组(行号,列号,非零元素值)。三元组的存储结构定义如下:

```cpp
template <typename DataType>
struct element
{
    int row, col;
    DataType item;
};
```

将稀疏矩阵的非零元素对应的三元组构成的集合,按行优先排列成一个线性表,称为**三元组表**(list of 3-tuples),则稀疏矩阵的压缩存储转换为三元组表的存储。例如,图 3-27 所示稀疏矩阵对应的三元组表是$((1, 1, 3), (1, 4, 7), (2, 3, -1), (3, 1, 2), (5, 4, -8))$。

1. 三元组顺序表

三元组表的顺序存储结构称为**三元组顺序表**(sequential list of 3-tuples)。

显然,要唯一表示一个稀疏矩阵,还需要在存储三元组表的同时存储该矩阵的行数、列数和非零元素的个数,其存储结构定义如下:

```cpp
const int MaxTerm =100;
struct SparseMatrix
{
    element data[MaxTerm];
    int mu, nu, tu;                 //行数、列数、非零元素个数
};
```

例如,图 3-27 所示稀疏矩阵对应的三元组顺序表如图 3-28 所示。

2. 十字链表

采用三元组顺序表存储稀疏矩阵,对于矩阵的加法、乘法等操作,非零元素的个数及位置都会发生变化,则在三元组顺序表中就要进行插入和删除操作,顺序存储就十分不便。稀疏矩阵的链式存储结构称为**十字链表**(orthogonal list),其基本思想是:将每个非零元素对应的三元组存储为一个链表结点,结点由 5 个域组成,其结构如图 3-29 所示。其中,data 为

[①]　对于稀疏矩阵无法给出确切的概念,只要非零元素的个数远远小于矩阵元素的总数,就可认为该矩阵是稀疏的。可以用稀疏因子来描述矩阵的稀疏程度,设在一个 m 行 n 列的矩阵中有 t 个非零元素,则稀疏因子 $\delta = \dfrac{t}{m \times n}$。通常在 $\delta < 0.05$ 时,就可以认为是稀疏的。Allen Weiss 等认为,对于一个 $n \times n$ 的矩阵,只要非零元素个数小于 $n^2/3$ 就是稀疏矩阵。

存储非零元素对应的三元组;right 为指向同一行中的下一个三元组结点;down 为指向同一列中的下一个三元组结点。十字链表的结点结构定义如下:

$$A=\begin{bmatrix} 3 & 0 & 0 & 7 \\ 0 & 0 & -1 & 0 \\ 2 & 0 & 0 & 0 \\ 0 & 0 & 0 & 0 \\ 0 & 0 & 0 & -8 \end{bmatrix}$$

0	1	1	3
1	1	4	7
2	2	3	-1
3	3	1	2
4	5	4	-8
	空闲	空闲	空闲
MaxTerm-1	5(矩阵的行数)		
	4(矩阵的列数)		
	5(非零元个数)		

data (row, col, item)	
down	right

图 3-27　稀疏矩阵 A　　　图 3-28　矩阵 A 的三元组顺序表　　　图 3-29　十字链表的结点结构

```
struct OrthNode
{
    element data;
    struct OrthNode * right, * down;
};
```

　　将稀疏矩阵每一行的非零元素按其列号从小到大由 right 域链成一个行链表,每一列的非零元素按其行号从小到大由 down 域链成一个列链表,每个非零元素 a_{ij} 既是第 i 行链表中的一个结点,又是第 j 列链表中的一个结点,故称为十字链表。为了实现对某一行链表的头指针进行快速查找,将这些头指针存储在一个数组 HA 中。同样道理,为了实现对某一列链表的头指针进行快速查找,将这些头指针存储在一个数组 HB 中。图 3-27 所示稀疏矩阵的十字链表存储如图 3-30 所示。

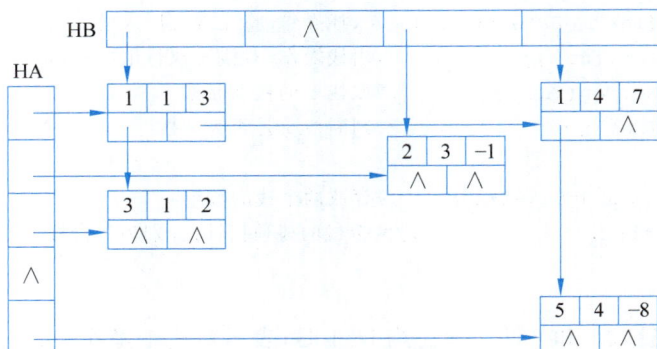

图 3-30　稀疏矩阵的十字链表存储

3.6 扩展与提高

3.6.1 两栈共享空间

在一个程序中,如果同时使用具有相同数据类型的两个顺序栈,最直接的方法是为每个栈开辟一个数组空间,这样做的结果可能出现一个栈的空间已被占满而无法再进行插入操作,同时另一个栈的空间仍有大量剩余而没有得到利用的情况,从而造成存储空间的浪费。可以充分利用顺序栈单向延伸的特性,使用一个数组存储两个栈,让一个栈的栈底位于该数组的始端,另一个栈的栈底位于该数组的末端,每个栈从各自的端点向中间延伸,如图 3-31 所示。其中,top1 和 top2 分别为栈 1 和栈 2 的栈顶位置,StackSize 为整个数组空间的大小,栈 1 的底位于下标为 0 的一端;栈 2 的底位于下标为 StackSize-1 的一端。

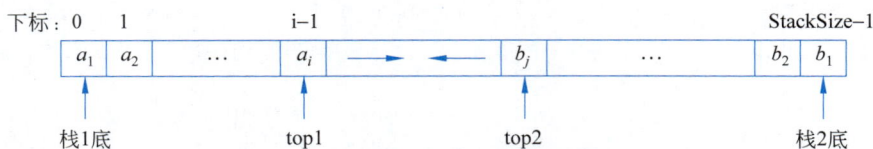

图 3-31　两栈共享空间示意图

在两栈共享空间中,由于两个栈相向增长,浪费的数组空间就会减少,同时发生上溢的概率也会减少。但是,只有当两个栈的空间需求有相反的关系时,这种方法才会奏效,也就是说,最好一个栈增长时另一个栈缩短。下面给出两栈共享空间的类定义:

```
const int StackSize = 100;        //根据具体问题定义
template <typename DataType>
class BothStack
{
public:
    BothStack();                  //构造函数,将两个栈分别初始化
    ~BothStack();                 //析构函数
    void Push(int i, DataType x); //入栈操作,将元素 x 压入栈 i
    DataType Pop(int i);          //出栈操作,对栈 i 执行出栈操作
    DataType GetTop(int i);       //取栈 i 的栈顶元素
    int Empty(int i);             //判断栈 i 是否为空栈
private:
    DataType data[StackSize];     //存放两个栈的数组
    int top1, top2;               //两个栈的栈顶指针,分别为各自栈顶元素在数组中的下标
};
```

设整型变量 i 只取 1 和 2 两个值。当 i=1 时,表示对栈 1 操作;当 i=2 时,表示对栈 2 操作。下面讨论两栈共享空间的入栈和出栈操作。

1. 入栈操作

当存储栈的数组中没有空闲单元时为栈满,此时栈 1 的栈顶元素和栈 2 的栈顶元素位于数组中的相邻位置,即 top1=top2-1(或 top2=top1+1)。另外,当新元素插入栈 2 时,

栈顶位置 top2 不是加 1 而是减 1。成员函数定义如下：

```
template <typename DataType>
void BothStack<DataType>:: Push(int i, DataType x)
{
    if (top1 == top2 -1) throw "上溢";        //判断是否栈满
    if (i == 1) data[++top1] = x;             //在栈 1 插入
    if (i == 2) data[--top2] = x;             //在栈 2 插入
}
```

2. 出栈操作

当 top1＝－1 时栈 1 为空，当 top2＝StackSize 时栈 2 为空。另外，当从栈 2 删除元素时，栈顶位置 top2 不是减 1 而是加 1。成员函数定义如下：

```
template <typename DataType>
DataType BothStack<DataType>:: Pop(int i)
{
    if (i == 1) {                             //在栈 1 删除
      if (top1 == -1) throw "下溢";           //判断栈 1 是否为空
      return data[top1--];
    }
    if (i == 2) {                             //在栈 2 删除
      if(top2 == StackSize) throw "下溢";     //判断栈 2 是否为空
      return data[top2++];
    }
}
```

3.6.2 双端队列

双端队列(double-ended queue)是队列的扩展，如图 3-32 所示。如果允许在队列的两端进行插入和删除操作，则称为双端队列；如果允许在两端插入但只允许在一端删除，则称为二进一出队列；如果只允许在一端插入但允许在两端删除，则称为一进二出队列。

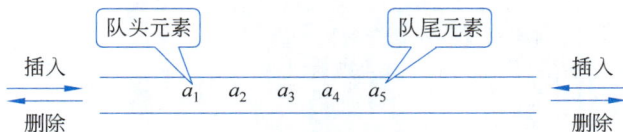

图 3-32 双端队列的示意图

双端队列和普通队列一样，具有入队、出队、取队头元素等基本操作，不同的是必须指明操作的位置，其抽象数据类型定义如下：

```
ADT  DoubleQueue
DataModel
    相邻元素具有前驱和后继关系，允许在队列的两端进行插入和删除操作
```

```
Operation
    InitQueue
        输入：无
        功能：初始化双端队列
        输出：一个空的双端队列
    DestroyQueue
        输入：无
        功能：队列的销毁
        输出：释放双端队列占用的存储空间
    EnQueueHead
        输入：元素值 x
        功能：入队操作,将元素 x 插入双端队列的队头
        输出：如果插入成功,双端队列的队头增加了一个元素
    EnQueueTail
        输入：元素值 x
        功能：入队操作,将元素 x 插入双端队列的队尾
        输出：如果插入成功,双端队列的队尾增加了一个元素
    DeQueueHead
        输入：无
        功能：出队操作,删除双端队列的队头元素
        输出：如果删除成功,将队头元素出队
    DeQueueTail
        输入：无
        功能：出队操作,删除双端队列的队尾元素
        输出：如果删除成功,将队尾元素出队
    GetHead
        输入：无
        功能：读取双端队列的队头元素
        输出：若双端队列不空,返回队头元素
    GetTail
        输入：无
        功能：读取双端队列的队尾元素
        输出：若双端队列不空,返回队尾元素
    Empty
        输入：无
        功能：判空操作,判断双端队列是否为空
        输出：如果双端队列为空,返回 1,否则返回 0
endADT
```

双端队列可以采用循环队列的存储方式,基本算法可以在循环队列的基础上修改而成。不同的是,在队头入队时,先将新元素插入 front 处,再把队头位置 front 在循环意义下减 1;在队尾出队时,先将 rear 处的队尾元素暂存,再把队尾位置 rear 在循环意义下减 1。具体算法请读者自行设计。

3.6.3　广义表

线性表中每个数据元素被限定为具有相同类型,有时这种限制需要放宽,数据元素也可

以是一个线性表。例如,工资明细可以表示为:(编号,姓名,岗位工资,补款(业绩,酬金),扣款(公积金,医疗保险),应得工资),这种数据元素可以具有不同结构的线性表,就是广义表。

1. 广义表的定义

广义表(lists)是 $n(n \geqslant 0)$ 个数据元素的有限序列,每个数据元素可以是单个的数据元素,也可以是一个广义表,分别称为广义表的单元素和子表。通常用大写字母表示广义表,用小写字母表示单元素。

当广义表非空时,称第一个元素为广义表的表头;除去表头后其余元素组成的广义表称为广义表的表尾。广义表中数据元素的个数称为广义表的长度;广义表中括号的最大嵌套层数称为广义表的深度。下面是一些广义表的例子:

$A = ()$	空表,长度为 0,深度为 1
$B = (e)$	只有一个单元素,长度为 1,深度为 1
$C = (a,(b,c,d))$	有一个单元素和一个子表,长度为 2,深度为 2
$D = (A,B,C)$	有 3 个子表,长度为 3,深度为 3
$E = (a,E)$	递归表,长度为 2,深度为无穷大
$F = (())$	只有一个空表,长度为 1,深度为 2

可以用逻辑结构图来描述广义表,具体方法为:广义表的数据元素 a 用一个结点来表示,若 x 为单元素,则用矩形结点表示,若 x 为广义表,则用圆形结点表示,结点之间的边表示元素之间的包含关系。对于上面列举的广义表,其逻辑结构图如图 3-33 所示。

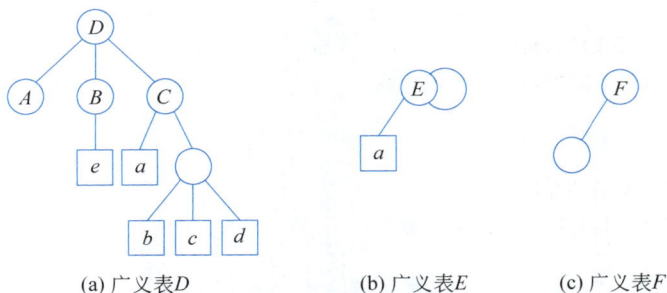

(a) 广义表 D　　　　　(b) 广义表 E　　　　　(c) 广义表 F

图 3-33　广义表的逻辑结构图

从上述广义表的定义和例子可以看出,广义表具有以下特性。

(1) 广义线性性。对任意广义表,若不考虑其数据元素的内部结构,则是一个线性表,数据元素之间是线性关系。

(2) 元素复合性。广义表的数据元素分为两种:单元素和子表。因此,广义表中元素的类型不统一。一个子表在某一层上被当作元素,但就本身结构而言,也是广义表。

(3) 元素递归性。广义表可以是递归的。广义表的定义并没有限制元素的递归,即广义表也可以是其自身的子表。这种递归性使得广义表具有较强的表达能力。

(4) 元素共享性。广义表以及广义表的元素可以为其他广义表所共享。例如,表 A、表 B、表 C 是表 D 的共享子表。

广义表的上述特性使得广义表具有很大的使用价值,广义表可以兼容线性表、数组、树和有向图等各种常用的数据结构。例如,当二维数组的每行(或每列)作为子表处理时,二维数组即为一个广义表;如果限制广义表中元素的共享和递归,广义表和树对应;如果限制广义表的递归并允许元素共享,则广义表和图对应。

2. 广义表的抽象数据类型定义

广义表有两个重要的基本操作:取表头和取表尾,通过取表头和取表尾操作,可以按递归方法处理广义表。人工智能语言 Lisp 和 Prolog 就是以广义表为数据结构,通过取表头和取表尾实现各种操作。此外,在广义表上还可以定义与线性表类似的一些基本操作,如插入、删除、遍历等。下面给出广义表的抽象数据类型定义。

```
ADT  BroadLists
DataModel
    数据元素的有限序列,数据元素可以是单元素也可以是广义表
Operation
    InitLists
        输入:无
        功能:初始化广义表
        输出:空的广义表
    DestroyLists
        输入:无
        功能:销毁广义表
        输出:无
    Length
        输入:无
        功能:求广义表的长度
        输出:广义表含有的数据元素的个数
    Depth
        输入:无
        功能:求广义表的深度
        输出:广义表括号嵌套的最大层数
    Head
        输入:无
        功能:求广义表的表头
        输出:广义表中第一个元素
    Tail
        输入:无
        功能:求广义表的表尾
        输出:广义表的表尾
endADT
```

3. 广义表的存储结构

由于广义表中数据元素的类型不统一,因此难以用顺序存储结构来存储。而链式存储结构较为灵活,可以解决广义表的共享与递归问题,所以通常采用链式存储结构来存储广义表。若广义表不空,则可分解为表头和表尾;反之,一对确定的表头和表尾可唯一地确定一个广义表。根据这一性质可采用头尾表示法(head tail expression)来存储广义表。

由于广义表中的数据元素既可以是广义表也可以是单元素，相应地在头尾表示法中链表的结点结构有两种：一种是表结点，用以存储广义表；另一种是元素结点，用以存储单元素。为了区分这两类结点，在结点中还要设置一个标志域。如果标志为 1，则表示该结点为表结点；如果标志为 0，则表示该结点为元素结点。其结点结构如图 3-34 所示。

tag=1	hp	tp

tag=0	data

(a) 表结点　　　　　　　　　(b) 元素结点

图 3-34　头尾表示法的结点

其中，tag：区分表结点和元素结点的标志。hp：指向表头的指针。tp：指向表尾的指针。data：存放单元素的数据域。

用 C++ 语言中的结构体类型和联合类型来定义上述结点结构。

```
enum Elemtag {Atom, List};              //Atom=0 为单元素；List=1 为子表
template <typename DataType>;
struct GLNode
{
    Elemtag tag;                        //标志域,用于区分元素结点和表结点
    union
    {                                   //元素结点和表结点的联合部分
      DataType data;
      struct
      {
          struct GLNode * hp, * tp;     //hp 和 tp 分别指向表头和表尾
      } ptr;
    };
};
```

对于图 3-33 所示广义表，采用头尾表示法的存储示意图如图 3-35 所示。

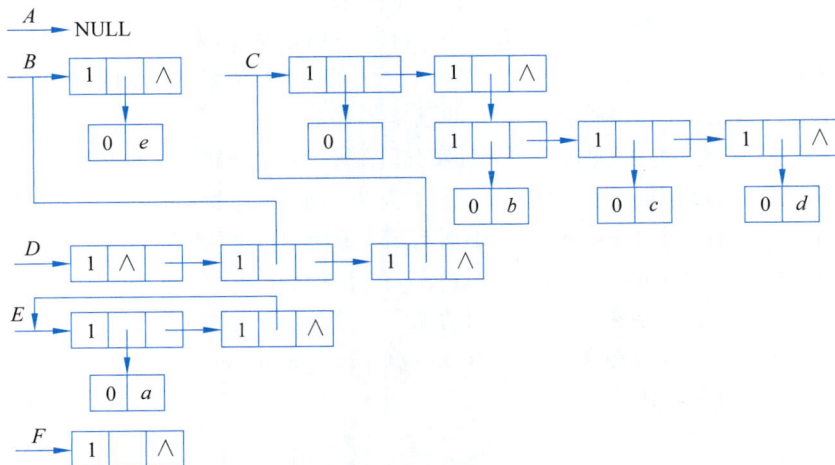

图 3-35　广义表头尾表示法的存储示意图

3.7 上机实验

3.7.1 顺序栈的上机实现

【问题描述】 (1)建立一个空的顺序栈 S;(2)依次将元素 15 和 10 执行进栈操作;(3)取栈 S 的栈顶元素;(4)执行一次出栈操作;(5)判断栈 S 是否为空;(6)设计测试数据,进一步验证顺序栈的基本操作。

【实验提示】 新建一个工程"顺序栈验证实验",在该工程中新建一个头文件"SeqStack.h",加入顺序栈类 SeqStack 的定义。在工程"顺序栈验证实验"中新建一个源程序文件"SeqStack.cpp",加入类 SeqStack 所有成员函数的定义。在工程"顺序栈验证实验"中新建一个源程序文件"SeqStack_main.cpp",在主函数中使用 SeqStack 类型定义顺序栈变量 S,然后调用成员函数来完成相应的功能。

【实验程序】 下面给出源程序文件 SeqStack_main.cpp 的范例程序,请修改程序进一步验证顺序栈的基本操作。

```
int main( )
{
    int x;
    SeqStack<int>S{ };                              //定义顺序栈变量 S
    S.Push(15); S.Push(10);
    cout <<"当前栈顶元素为:" <<S.GetTop( ) <<endl;
    if (S.Empty( ) ==1) cout <<"栈为空" <<endl;
    else cout <<"栈非空" <<endl;                    //栈有 2 个元素,输出栈非空
    return 0;
}
```

3.7.2 链队列上机实现

【问题描述】 (1)建立一个空的链队列 Q;(2)依次将元素 10 和 15 执行入队操作;(3)取链队列 Q 的队头元素;(4)对链队列 Q 执行一次出队操作;(5)判断链队列 Q 是否为空;(6)设计测试数据,进一步验证链队列的基本操作。

【实验提示】 新建一个工程"链队列验证实验",在该工程中新建一个头文件"LinkedQueue.h",加入链队列类 LinkedQueue 的定义。在工程"链队列验证实验"中新建一个源程序文件"LinkedQueue.cpp",加入类 LinkedQueue 中所有成员函数的定义。在工程"链队列验证实验"中新建一个源程序文件"LinkedQueue_main.cpp",在主函数中使用 LinkedQueue 类型定义链队列变量 Q,然后调用成员函数来完成相应的功能。

【实验程序】 下面给出源程序文件 LinkedQueue_main.cpp 的范例程序,请修改程序进一步验证链队列的基本操作。

```
int main( )
{
```

```
    int x;
    LinkedQueue<int> Q{ };                        //定义对象变量 Q
    Q.EnQueue(5); Q.EnQueue(8);
    cout <<"当前队头元素为:" <<Q.GetQueue() <<endl;
    try
    {
      x =Q.DeQueue();
      cout <<"执行一次出队操作,出队元素是:" <<x <<endl;
    } catch(char * str) {cout <<str <<endl;}
    if (Q.Empty() ==1) cout <<"队列为空" <<endl;
    else cout <<"队列非空" <<endl;                //队列有 2 个元素,输出队列非空
    return 0;
}
```

3.7.3　括号匹配问题

在本章的引言部分给出了括号匹配问题,下面讨论算法设计和程序实现。

【实验提示】　设函数 Match 实现括号匹配,算法用伪代码描述如下:

算法：Match(str)
输入：以字符串 str 存储的算术表达式
输出：匹配结果,0 表示匹配,1 表示多左括号,-1 表示多右括号
　　1．栈 S 初始化;
　　2．循环变量 i 从 0 开始依次读取 str[i],直到字符串 str 结束:
　　2.1 如果 str[i]等于'(',则将'('压入栈 s;
　　2.2 如果 str[i]等于')',且栈 S 非空,则从栈 S 中弹出一个'('与')'匹配;如果栈 S 为空,
　　　　则多右括号,输出-1;
　　3．如果栈 S 为空,则左、右括号匹配,输出 0;否则说明多左括号,输出 1;

【实验程序】　下面给出算法 Match 的函数定义,请编写主函数调用该算法,收集实验数据,完成算法分析。

```
int Match(char str[ ])
{
    char S[ ];                                    //定义顺序栈 S
    int i, top =-1;
    for (i =0; str[i] !='\0'; i++)
    {
      if (str[i] ==')') {
          if (top >-1) top--;                     //出栈前判断栈是否为空
          else return -1;
      }
      else if (str[i] =='(')
```

```
            S[++top] = str[i];                        //执行入栈操作
        }
        if (top ==-1) return 0;                       //栈空则括号正确匹配
        else return 1;
    }
```

3.7.4　机器翻译

【问题描述】　小明的计算机上安装了一个机器翻译软件,他经常用这个软件来翻译英语文章。这个翻译软件的工作原理是依次将每个英文单词替换为对应的中文含义,对于每个英文单词,首先在内存中查找这个单词的中文含义,如果内存中有,就直接进行翻译;如果内存中没有,就到外存的词典中进行查找,用找到的中文含义进行翻译,并将这个单词和对应的中文含义放入内存,以备后续的查找和翻译。

假设内存为翻译软件提供了 M 个存储单元,每个单元存放一个英文单词和对应的中文含义。在将一个新单词存入内存前,如果当前内存已存入的单词数不超过 $M-1$,则将新单词存入一个未使用的内存单元;如果内存已存入 M 个单词,则清空最早进入内存的那个单词,用该单元存放新单词。假设一篇英语文章的长度为 N 个单词,在翻译开始前内存中没有任何单词,翻译软件需要到外存查找多少次词典?

【测试样例】　输入有两行,第一行为两个正整数 M 和 N,分别表示内存容量和文章长度。第二行为 N 个非负整数,按照文章的顺序,每个整数(大小不超过 1000)代表一个英文单词。文章中两个单词是同一个单词,当且仅当对应相同的非负整数。输出是一个整数,是翻译软件需要到外存查词典的次数。测试样例如下:

测 试 样 例	输　　　入	输　　　出
测试1	3 7 1 2 1 5 4 4 1	5

【实验提示】　对于测试样例,到外存词典中共查找 5 次,翻译过程如下,每行表示一个单词的翻译,冒号前为本次翻译后的内存状态。

(1)1:到外存词典中查找单词1,并调入内存;

(2)1 2:到外存词典中查找单词2,并调入内存;

(3)1 2:在内存中找到单词1;

(4)1 2 5:到外存词典中查找单词5,并调入内存;

(5)2 5 4:到外存词典中查找单词4,清空单词1所在内存单元,将单词4调入内存替换单词1;

(6)2 5 4:在内存中找到单词4;

(7)5 4 1:到外存词典中查找单词1,清空单词2所在内存单元,将单词1调入内存替换单词2。

当内存中已存入 M 个单词时,翻译软件清空的是最早进入内存的单词,因此采用循环队列作为内存的数据结构,设数组 mem[$M+1$]表示循环队列。设数组 vis[1000]表示单词

的状态,vis[i]的值为 1 表示单词 i 在内存中。设整型数组 dada[N]存储英文文章,变量 cnt
表示到外存查词典的次数,算法如下:

```
算法: 机器翻译 Trans
输入: 数组 mem[M+1],数组 data[N]
输出: 查词典的次数 cnt
    1. 初始化单词状态: vis[1000]={0},cnt=0;
    2. 初始化循环队列: mem[M+1]={0},front=0,rear=0;
    3. 循环变量 i 从 0~N-1 重复执行下述操作:
        3.1 j=取第 i 个单词;
        3.2 如果 vis[j]等于 1,转步骤 3.3 处理下一个单词;否则执行下述操作:
            3.2.1 vis[j]=1;cnt++;
            3.2.2 如果队列已满,则 k=队头元素出队;vis[k]=0;
            3.2.3 将 j 入队;
        3.3 i++;
    4. 输出 cnt;
```

【实验程序】　下面给出算法 Trans 的函数定义,简单起见,将 vis[MaxNum]和 mem
[MaxSize]定义为全局变量并初始化为 0,请编写主函数调用该函数 Trans 进行机器翻译,
收集实验数据,完成算法分析。

```
int MachTranslator :: Trans(int data[ ], int M, int N)
{
    int cnt = 0, front = 0, rear = 0;
    for (int i = 0, j = 0, k = 0; i < N; i++)
    {
        j = data[i];
        if (vis[j] == 1) continue;
        vis[j] = 1; cnt++;
        if ((rear + 1) % M == front) {
            front = (front + 1) % (M + 1);
            k = mem[front]; vis[k] = 0;
        }
        rear = (rear + 1) % (M + 1);
        mem[rear] = j;
    }
    return cnt;
}
```

【扩展实验】　由于循环队列 mem[M+1]在第一次队满之前没有出队操作,在第一次
队满之后的操作都是出队一次再进队一次,可以用数组 mem[M]实现循环队列,并且不设
队头位置。请根据上述想法修改算法。

思想火花——用常识性的思维去思考问题

这里列举一个经典问题,求解这个问题可以用复杂的方法,但如果用常识性的思维去思考,你会发现,解决问题的方法非常简单。

将两只小猫相距 100 米面对面放在足球场的两端,小猫以每分钟 10 米的速度相向行走。同时,这两只小猫的妈妈在足球场的一端(显然是一只小猫所在的一端),以每分钟 100 米的速度奔跑。猫妈妈从一只小猫跑到另一只小猫,在两只小猫之间来回奔跑,直至两只小猫(包括猫妈妈)在中场相遇。问猫妈妈跑了多远?

使用蛮力算法可以进行精密计算,确定猫妈妈奔跑的每一段路径的长度,其中一段对应一次一个方向奔跑的距离,然后求无限多个这种不断缩短长度的各段的总和。

但有比这更好的做法。两只小猫相距 100 米并以每分钟 20 米的合速度互相接近,因此两只小猫花费 5 分钟到达中场。猫妈妈每分钟跑 100 米,5 分钟跑了 500 米。

有些问题即使得出了答案也会觉得自己有点儿傻,因为其他人可能会提出更简捷的求解方法。我们可能在被训练成工程师和科学家时,总是习惯按照符号和算法去思考问题,却容易忘记常识!

记住:有时找到问题的解其实很容易,不要自己把问题看得太难了。

习题 3

一、单项选择题

1. 一个栈的入栈序列是 1,2,3,4,5,则不可能的出栈序列是(　　)。

　　A. 54321　　　　　　B. 45321　　　　　　C. 43512　　　　　　D. 12345

2. 若一个栈的入栈序列是 $1,2,3,\cdots,n$,出栈序列的第一个元素是 n,则第 i 个出栈元素是(　　)。

　　A. 不确定　　　　　B. $n-i$　　　　　　C. $n-i-1$　　　　　D. $n-i+1$

3. 若一个栈的入栈序列是 $1,2,3,\cdots,n$,出栈序列是 $p_1,p_2,\cdots,p_n$,若 $p_1=3$,则 p_2 的值(　　)。

　　A. 一定是 2　　　　B. 一定是 1　　　　C. 不可能是 1　　　　D. 以上都不对

4. 设计判断表达式中左右括号是否配对的算法,采用(　　)数据结构最佳。

　　A.顺序表　　　　　B. 栈　　　　　　　C. 队列　　　　　　D. 链表

5. 当字符序列 t3_ 依次通过栈,输出长度为 3 且可用作 C 语言标识符的序列个数是(　　)。

　　A. 4　　　　　　　B. 5　　　　　　　　C. 3　　　　　　　　D. 6

6. 在栈顶指针为 top 的带头结点的链栈中,插入指针 s 所指结点,执行的操作是(　　)。

　　A. top->next＝s;

　　B. s->next＝top;

　　C. s->next＝top; top->next＝s

D. s->next＝top->next；top->next＝s；

7. 在栈顶指针为 top 的不带头结点的链栈中,删除栈顶结点,用 x 保存被删除结点的值,执行的操作是(   )。

    A. x＝top；top＝top->next；   B. x＝top->data；

    C. top＝top->next；x＝top->data；   D. x＝top->data；top＝top->next；

8. 在解决计算机主机与打印机之间速度不匹配问题时通常设置一个打印缓冲区,该缓冲区应该是一个(   )结构。

    A. 栈   B. 队列   C. 数组   D. 线性表

9. 一个队列的入队顺序是 1,2,3,4,则队列的输出顺序是(   )。

    A. 4321   B. 1234   C. 1432   D. 3241

10. 设数组 S[n]作为两个栈 S1 和 S2 的存储空间,对任何一个栈只有当 S[n]全满时不能进行进栈操作。为这两个栈分配空间的最佳方案是(   )。

    A. S1 的栈底位置为 0,S2 的栈底位置为 $n-1$

    B. S1 的栈底位置为 0,S2 的栈底位置为 $n/2$

    C. S1 的栈底位置为 0,S2 的栈底位置为 n

    D. S1 的栈底位置为 0,S2 的栈底位置为 1

11. 假设用数组 A[21]存储循环队列,front 指向队头元素的前一个位置,rear 指向队尾元素,假设当前 front 和 rear 的值分别为 8 和 3,则该队列的长度为(   )。

    A. 5   B. 11   C. 16   D. 24

12. 假设循环队列存储在数组 A[0]～A[m]中,则入队操作为(   )。

    A. rear＝rear＋1   B. rear＝(rear＋1) mod (m−1)

    C. rear＝(rear＋1) mod m   D. rear＝(rear＋1) mod (m＋1)

13. 在链队列中,设指针 f 和 r 分别指向队首结点和队尾结点,则插入 s 所指结点的操作是(   )。

    A. f->next＝s；f＝s；   B. r->next＝s；r＝s；

    C. s->next＝r；r＝s；   D. s->next＝f；f＝s；

14. 设栈 S 和队列 Q 的初始状态为空,元素 e1、e2、e3、e4、e5、e6 依次通过栈 S,一个元素出栈后即进入队列 Q,若 6 个元素出队的顺序是 e2、e4、e3、e6、e5、e1,则栈 S 的容量至少应该是(   )。

    A. 6   B. 4   C. 3   D. 2

15. 表达式 3＊2^(4＋2＊2−6＊3)−5 在求值过程中当扫描到 6 时,对象栈和算符栈的元素分别为(   ),其中^表示乘幂。

    A. 3,2,4,4；♯＊^(＋−   B. 3,2,8；♯＊^−

    C. 3,2,4,2,2；♯＊^(−   D. 3,2,8；♯＊^(−

16. 二维数组 A 行下标的范围是 0～8,列下标的范围是 0～9,若 A 按行优先方式存储,元素 A[8][5]的起始地址与当 A 按列优先方式存储(   )元素的起始地址一致。

    A. A[8][5]   B. A[3][10]   C. A[5][8]   D. A[4][9]

17. 如果一维数组 a[50]和二维数组 b[10][5]具有相同的基类型和首地址,假设二维数组 b 以列优先方式存储,则 a[18]的地址和(   )的地址相同。

A. b[1][7]   B. b[1][8]   C. b[8][1]   D. b[7][1]

18. 将三对角矩阵 A[100][100]按行优先压缩存储在数组 B[298]中,则元素 A[66][65]在数组 B 中的下标为(   )。

A. 198   B. 195   C. 197   D. 196

19. 若将 n 阶上三角矩阵 A 按列优先方式压缩存储在数组 B[n(n+1)/2]中,则存放到 B[k]中的非零元素 $a_{ij}(1 \leqslant i, j \leqslant n)$ 的下标 i, j 与 k 的对应关系是(   )。

A. $\dfrac{i(i+1)}{2}+j$ B. $\dfrac{i(i-1)}{2}+j-1$ C. $\dfrac{j(j+1)}{2}+i$ D. $\dfrac{j(j-1)}{2}+i-1$

20. 假设稀疏矩阵 A[100][90]的元素类型为整型,其中非零元素个数为 10,设整型数据占 2 字节,则采用三元组顺序表存储时,需要的字节数是(   )。

A. 60   B. 66   C. 18000   D. 33

二、解答下列问题

1. 在操作序列 push(1)、push(2)、pop、push(5)、push(7)、pop、push(6)之后,栈顶元素和栈底元素分别是什么? 画出操作序列的执行过程。(push(k)表示整数 k 入栈,pop 表示栈顶元素出栈)

2. 在操作序列 EnQueue(1)、EnQueue(3)、DeQueue、EnQueue(5)、EnQueue(7)、DeQueue、EnQueue(9)之后,队头元素和队尾元素分别是什么? 画出操作序列的执行过程。(EnQueue(k)表示整数 k 入队,DeQueue 表示队头元素出队)。

3. 假设 I 和 O 分别表示入栈和出栈操作。若进栈序列为 1、2、3、4,能否得到如下出栈序列,若能,请给出相应的 I 和 O 操作串,若不能,请说明原因。

(1) 3、1、4、2   (2) 1、3、2、4

4. 假设 I 和 O 分别表示入栈和出栈操作。栈的初态和终态均为空,入栈和出栈的操作序列可表示为仅由 I 和 O 组成的序列,称可以操作的序列为合法序列,否则称为非法序列。如何判定所给的操作序列是否合法呢? 请结合具体实例给出判定规则。

5. 若用一个长度为 6 的数组实现循环队列,且当前 rear 和 front 的值分别为 0 和 3,从队列中删除一个元素,再增加两个元素后,rear 和 front 的值分别是多少? 请画出操作示意图。

6. 对于循环队列,可以用队列中的元素个数代替队尾位置,请定义循环队列的这种存储结构。

7. 利用两个栈 S1 和 S2 模拟一个队列,利用栈的运算实现队列的插入和删除操作,请简述算法思想。

8. 给出表达式 A−B * C/D 的求值过程,说明在求值过程中栈的作用。

9. 如果一维数组的元素个数非常多,但存在大量重复数据,并且所有值相同的元素位于连续的位置,请设计压缩存储方法。

10. 对于二维数组 a[n][2n−1],将 3 个顶点分别为 a[0][n−1]、a[n−1][0]和 a[n−1][2n−2]三角形内的所有元素按行序存放在一维数组 B[n×n]中,且元素 a[0][n−1]存放在 B[0]中。例如,当 n=3 时,数组 a[3][5]中的三角形如图 3-35 所示,存储结果如图 3-36 所示。如果位于三角形的元素 a[i][j]存放在 B[k]中,请给出下标 i,j 与 k 的对应关系。

a_{00}　a_{01}　a_{02}　a_{03}　a_{04}

a_{10}　a_{11}　a_{12}　a_{13}　a_{14}

a_{20}　a_{21}　a_{22}　a_{23}　a_{24}

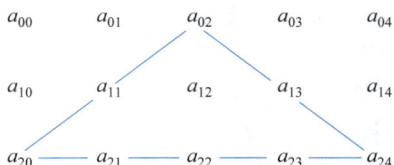

图 3-35　二维数组中的三角形

下标:	0	1	2	3	4	5	6	7	8
	a_{22}	a_{11}	a_{12}	a_{13}	a_{20}	a_{21}	a_{22}	a_{23}	a_{24}

图 3-36　三角形的存储结果

11. 设有五对角矩阵 $\boldsymbol{B}=(b_{ij})_{20\times20}$，按特殊矩阵压缩存储的方式将五条对角线上的元素存于数组 A[m] 中，计算元素 $b_{15,16}$ 在数组 A 中的存储位置。

12. 对于如图 3-37 所示稀疏矩阵，请画出该矩阵的三元组顺序表和十字链表存储示意图。

$$\begin{pmatrix} 0 & 0 & 2 & 0 & 0 \\ 3 & 0 & 0 & 0 & 0 \\ 0 & 0 & 1 & 5 & 0 \\ 0 & 0 & 0 & 0 & 0 \end{pmatrix}$$

图 3-37　稀疏矩阵

三、算法设计题

1. 设顺序栈有 $2n$ 个元素，从栈顶到栈底的元素依次为 $a_{2n}a_{2n-1}\cdots a_1$，要求通过一个循环队列重新排列栈中元素，使得从栈顶到栈底的元素依次为 $a_{2n}a_{2n-2}\cdots a_2 a_{2n-1}a_{2n-3}\cdots a_1$，请给出算法的操作步骤，要求空间复杂度和时间复杂度均为 $O(n)$。

2. 假设以不带头结点的循环单链表存储队列，并且只设一个指针指向队尾结点，请设计相应的入队和出队算法。

3. 将十进制整数转换为二至九进制之间的任一进制整数。

4. 假设算术表达式包含 3 种括号：圆括号"("和")"、方括号"["和"]"以及花括号"{"和"}"，并且这 3 种括号可以按任意次序嵌套使用。判断给定表达式所含括号是否配对出现。

5. 在循环队列中设置标志 flag，当 front = rear 且 flag = 0 时为队空，当 front = rear 且 flag = 1 时为队满。请设计相应的入队和出队算法。

6. 给定具有 n 个字符的序列，依次通过一个栈可以产生多种出栈序列，请判断一个序列是否是可能的出栈序列。

7. 双端队列 Q 限定在线性表的两端进行插入和删除操作，若采用顺序存储结构存储双端队列，请设计算法实现在指定端 L（表示左端）和 R（表示右端）执行入队操作。

8. 若在矩阵 A 中存在一个元素 $a_{ij}(1\leqslant i\leqslant n,1\leqslant j\leqslant m)$，该元素是第 i 行的最小值同时又是第 j 列的最大值，则称此元素为矩阵的一个鞍点。设计算法求矩阵 $\boldsymbol{A}$ 的鞍点个数，并分析时间复杂度。

9. 假设矩阵 A[n][m] 满足 A[i][j]≤A[i][j+1]($0\leqslant i\leqslant n,0\leqslant j\leqslant m-1$) 和 A[i][j]≤A[i+1][j]($0\leqslant i\leqslant n-1,0\leqslant j\leqslant m$)，给定元素值 x，设计算法判断 x 是否在矩阵 A 中，要求时间复杂度为 $O(m+n)$。

考研真题 3

一、单项选择题

（2017 年）1. 下列关于栈的叙述中，错误的是_____。

I. 采用非递归方式重写递归程序时必须使用栈

II. 函数调用时，系统要用栈保存必要的信息

Ⅲ. 只要确定了入栈次序,就可确定出栈次序

Ⅳ. 栈是一种受限的线性表,允许在其两端进行操作

A. 仅Ⅰ　　　　　　B. 仅Ⅰ,Ⅱ,Ⅲ　　　　C. 仅Ⅰ,Ⅲ,Ⅳ　　　D. 仅Ⅱ,Ⅲ,Ⅳ

(2020 年)2. 对空栈 S 进行 Push 和 Pop 操作,入栈序列为 a, b, c, d, e,经过 Push, Push,Pop,Push,Pop,Push,Push,Pop 操作后得到的出栈序列是_____。

A. b,a,c　　　　　　B. b,a,e　　　　　　C. b,c,a　　　　　　D. b,c,e

(2014 年)3. 假设栈初始为空,将中缀表达式 a/b+(c*d−e*f)/g 转换为等价的后缀表达式的过程中,当扫描到 f 时,栈中的元素依次是_____。

A. +(*−　　　　　B. +(− *　　　　　C. /+(*− *　　D. /+− *

(2018 年)4. 现有队列 Q 与栈 S,初始时 Q 中的元素依次是 1,2,3,4,5,6(1 在队头), S 为空。若仅允许下列 3 种操作:① 出队并输出出队元素;② 出队并将出队元素入栈;③ 出栈并输出出栈元素,则不能得到的输出序列是_____。

A. 1,2,5,6,4,3　　　　　　　　　　B. 2,3,4,5,6,1

C. 3,4,5,6,1,2　　　　　　　　　　D. 6,5,4,3,2,1

(2016 年)5. 设有下图所示的火车车轨,入口到出口之间有 n 条轨道,列车的行进方向均为从左至右,列车可驶入任意一条轨道。现有编号为 1~9 的 9 列火车,驶入的次序依次是 8,4,2,5,3,9,1,6,7。若期望驶出的次序依次为 1~9,则 n 至少是_____。

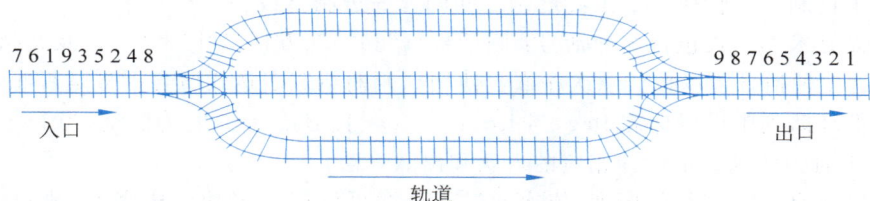

A. 2　　　　　　　　B. 3　　　　　　　　C. 4　　　　　　　　D. 5

(2021 年)6. 已知初始为空的队列 Q 的一端仅能进行入队操作,另外一端既能进行入队操作又能进行出队操作。若 Q 的入队序列是 1,2,3,4,5,则不可能得到的出队序列是_____。

A. 5,4,3,1,2　　B. 5,3,1,2,4　　C. 4,2,1,3,5　　D. 4,1,3,2,5

(2020 年)7. 将一个 10×10 对称矩阵 M 的上三角部分的元素 $m_{i,j}$($l \leqslant i \leqslant j \leqslant 10$)按列优先存入 C 语言的一维数组 N 中,元素 $m_{7,2}$ 在 N 中的下标是_____。

A. 15　　　　　　　B. 16　　　　　　　C. 22　　　　　　　D. 23

(2021 年)8. 已知二维数组 A 按行优先方式存储,每个元素占用 1 个存储单元。若元素 A[0][0]的存储地址是 100,A[3][3]的存储地址是 220,则元素 A[5][5]的存储地址是_____。

A. 295　　　　　　　B. 300　　　　　　　C. 301　　　　　　　D. 306

(2023 年)9. 若采用三元组表存储结构存储稀疏矩阵 M。则除三元组表外,下列数据中还需要保存的是_____。

Ⅰ. M 的行数　　　　　　　　　　Ⅱ. M 中包含非零元素的行数

Ⅲ. M 的列数　　　　　　　　　　Ⅳ. M 中包含非零元素的列数

A. Ⅰ、Ⅲ　　　　　　B. Ⅰ、Ⅳ　　　　　　C. Ⅱ、Ⅳ　　　　　　D. Ⅰ、Ⅱ、Ⅲ、Ⅳ

二、综合应用题

(2019 年)请设计一个队列，要求满足：① 初始时队列为空；②入队时，允许增加队列占用空间；③出队后，出队元素所占用的空间可重复使用，即整个队列所占用的空间只增不减；④入队操作和出队操作的时间复杂度始终保持为 $O(1)$。请回答下列问题：

（1）该队列是应选择链式存储结构，还是应选择顺序存储结构？

（2）画出队列的初始状态，并给出判断队空和队满的条件。

（3）画出第一个元素入队后的队列状态。

（4）给出入队操作和出队操作的基本过程。

第4章　树和二叉树

本章概述	前面讨论的数据结构都属于线性结构,线性结构主要描述具有单一的前驱和后继关系的数据。树结构是一种比线性结构更复杂的数据结构,适合描述具有层次关系的数据,如祖先—后代、上级—下属、整体—部分以及其他类似的关系。树结构在计算机领域有着广泛的应用,例如,在编译程序中用语法树表示源程序的语法结构,在数据挖掘中用决策树进行数据分类等。 本章的内容分为树和二叉树两部分。由实际问题引出树结构,介绍树的定义和基本术语,给出树的抽象数据类型定义,讨论树的存储结构;给出二叉树的定义和基本性质,讨论二叉树的存储结构,实现二叉链表存储的二叉树的遍历操作,最后讨论二叉树的经典应用——哈夫曼树
教学重点	二叉树的性质;二叉树和树的存储表示;二叉树的遍历及算法实现;树与二叉树的转换关系;哈夫曼树
教学难点	二叉树的层序遍历算法;二叉树的建立算法;哈夫曼算法
教学目标	(1) 识记树的定义及基本术语,说明树遍历的操作过程; (2) 评价树的双亲表示法、孩子表示法、孩子兄弟表示法等存储方法,说明查找双亲、孩子、兄弟等操作过程,画出存储示意图; (3) 解释二叉树的定义,辨析二叉树与树之间的关系,说明斜树、满二叉树、完全二叉树的特点; (4) 证明二叉树的基本性质,应用性质回答二叉树和树的有关问题; (5) 归纳二叉树的遍历方法,说明二叉树遍历的操作过程; (6) 评价二叉树的顺序存储和二叉链表存储方法,画出存储示意图; (7) 设计二叉树先序、中序、后序和层序遍历算法,给出算法执行过程,应用遍历算法框架解决构造二叉树等相关问题; (8) 解释森林的概念,引申树的遍历方法,得到森林的遍历方法; (9) 归纳树、森林与二叉树之间的转换方法,辨析逻辑关系的变化; (10) 解释最优二叉树的定义,归纳哈夫曼树的基本特征,设计哈夫曼算法,应用哈夫曼算法的设计思想解决相关问题

本章源代码

课件 4-1

4.1 引言

树结构比较适合描述具有层次关系的数据,如祖先—后代、上级—下属、整体—部分以及其他类似的关系。很多实际问题抽象的数据模型是树结构,请看下面两个例子。

【例 4-1】 文件统计。Windows 操作系统的文件目录结构如图 4-1(a)所示,其中,"/"表示文件夹,括号内的数字表示文件的大小,单位是 KB。假设文件夹本身的大小是 1KB,请统计每个文件和文件夹的大小。

【想法——数据模型】 文件目录结构具有层次特点,每个文件夹均可包含多个子文件夹和文件,将每个文件或文件夹抽象为一个结点,文件夹与文件之间的关系抽象为结点之间的边,从而将文件目录结构抽象为一个树结构,如图 4-1(b)所示。可以对树进行某种遍历,即对树中所有结点进行没有重复没有遗漏的访问,在遍历过程中统计每个文件和文件夹的大小。那么,应该如何存储文件目录结构并在遍历过程中统计大小呢?

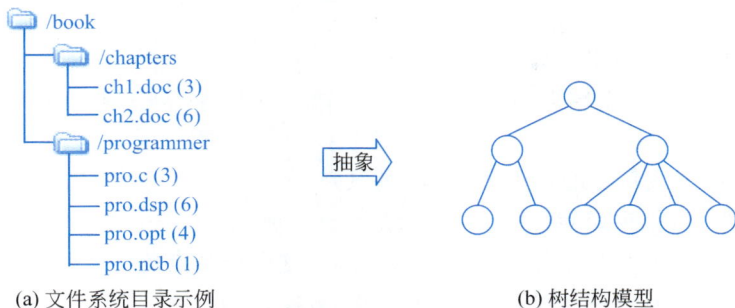

(a) 文件系统目录示例   (b) 树结构模型

图 4-1 文件系统目录及其数据模型

【例 4-2】 二叉表示树。编译系统在处理算术表达式时,通常将表达式转换为一棵二叉表示树,通过二叉表示树可以判断算术表达式是否存在语法错误。请将给定的算术表达式转换为二叉表示树。

【想法——数据模型】 二叉表示树是对应一个算术表达式的二叉树,并具有以下特点:①叶子结点一定是操作数;②分支结点一定是运算符。将一个算术表达式转换为二叉表示树基于如下规则:

① 根据运算符的优先顺序,将表达式结合成(左操作数 运算符 右操作数)的形式;

② 由外层括号开始,运算符作为二叉表示树的根结点,左操作数作为根结点的左子树,右操作数作为根结点的右子树;

③ 如果某子树对应的操作数为一个表达式,则重复第②步的转换,直到该子树对应的操作数不能再分解。

例如,将表达式 $(A+B)*(C+D*E)$ 结合成 $((A+B)*(C+(D*E)))$,则二叉表示树的根结点是运算符 $*$,左操作数即左子树是 $(A+B)$,右操作数即右子树是 $(C+(D*E))$。对于左子树 $(A+B)$,其根结点是运算符 $+$,左子树是 A,右子树是 B。对于右子树 $(C+(D*E))$,其根结点是运算符 $+$,左子树是 C,右子树是 $(D*E)$。以此类推,构造过程如图 4-2 所示。

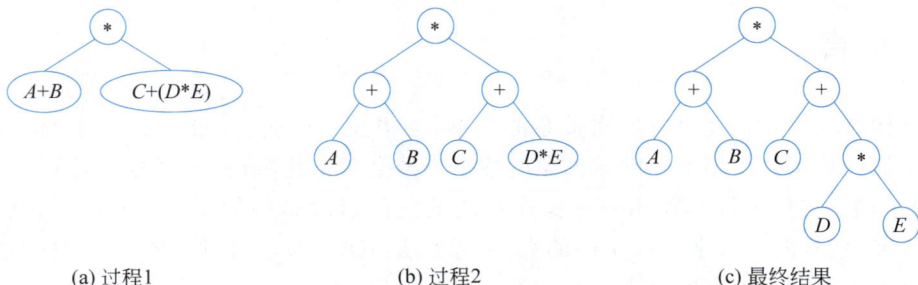

(a) 过程1　　　　　　　　(b) 过程2　　　　　　　　(c) 最终结果

图 4-2　二叉表示树的构造过程

4.2 树的逻辑结构

课件 4-2

4.2.1 树的定义和基本术语

1. 树的定义

在树中通常将数据元素称为**结点**(node)。

树(tree)是 $n(n \geqslant 0)$ 个结点的有限集合[①]。当 $n=0$ 时,称为空树;任意一棵非空树满足以下条件:

(1) 有且仅有一个特定的称为**根**(root)的结点;

(2) 当 $n>1$ 时,除根结点之外的其余结点被分成 $m(m>0)$ 个互不相交的有限集合 $T_1, T_2, \cdots, T_m$,其中每个集合又是一棵树[②],并称为这个根结点的**子树**(subtree)。

图 4-3(a)是一棵具有 9 个结点的树,$T=\{A, B, C, D, E, F, G, H, I\}$,结点 A 为树 T 的根结点,除根结点 A 之外的其余结点分为两个不相交的集合:$T_1=\{B, D, E, F, I\}$ 和 $T_2=\{C, G, H\}$,T_1 和 T_2 构成了根结点 A 的两棵子树。子树 T_1 的根结点为 B,其余结点又分为 3 个不相交的集合:$T_{11}=\{D\}$,$T_{12}=\{E, I\}$ 和 $T_{13}=\{F\}$,T_{11}、T_{12} 和 T_{13} 构成了根结点 B 的 3 棵子树。以此类推,直到每棵子树只有一个根结点为止。

需要强调的是,树中根结点的子树之间是互不相交的。例如,图 4-3(b)由于根结点 A 的两个子树之间存在交集,结点 E 既属于集合 T_1 又属于集合 T_2,所以不是树;图 4-3(c)中根结点 A 的两个子树之间也存在交集,边 (B, C) 依附的两个结点属于根结点 A 的两个子集 T_1 和 T_2,所以也不是树。

2. 树的基本术语

(1) 结点的度、树的度。

某结点拥有的子树的个数称为该结点的**度**(degree);树中各结点度的最大值称为该树的度。如图 4-3(a)所示的树中,结点 A 的度为 2,结点 B 的度为 3,该树的度为 3。

(2) 叶子结点、分支结点。

度为 0 的结点称为**叶子结点**(leaf node),也称为终端结点;度不为 0 的结点称为**分支结**

---

① 从数学角度讲,树结构是图的特例,无回路的连通图就是树,称为**自由树**(free tree),也是**有根树**(rooted tree)。本章讨论的是有序树,所谓有序树是指根结点的子树从左到右是有顺序的。

② 显然,树的定义是递归的。由于树结构本身具有递归特性,因此,对树的操作通常采用递归方法。

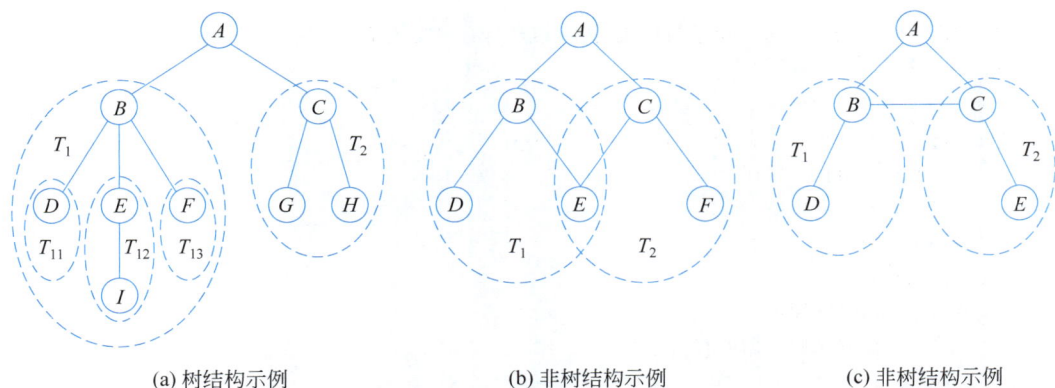

(a) 树结构示例　　　　　(b) 非树结构示例　　　　　(c) 非树结构示例

图 4-3　树结构和非树结构的示意图

点(branch node),也称为非终端结点。如图 4-3(a)所示的树中,结点 D、I、F、G 和 H 是叶子结点,其余结点都是分支结点。

（3）孩子结点、双亲结点、兄弟结点。

某结点的子树的根结点称为该结点的**孩子结点**(child node);反之,该结点称为其孩子结点的**双亲结点**(parent node);具有同一个双亲的孩子结点互称为**兄弟结点**(brother node)。如图 4-3(a)所示的树中,结点 B 是结点 A 的孩子结点,结点 A 是结点 B 的双亲结点,结点 B 和 C 互为兄弟结点,结点 I 没有兄弟结点。

（4）路径、路径长度。

如果树的结点序列 $n_1 n_2 \cdots n_k$ 满足如下关系:结点 n_i 是结点 n_{i+1} 的双亲$(1 \leqslant i < k)$,则 $n_1 n_2 \cdots n_k$ 称为一条由 n_1 至 n_k 的**路径**(path);路径上经过的边数称为**路径长度**(path length)。显然,在树中路径是唯一的。如图 4-3(a)所示的树中,从结点 A 到结点 I 的路径是 $ABEI$,路径长度为 3。

（5）祖先、子孙。

如果从结点 x 到结点 y 有一条路径,那么 x 就称为 y 的**祖先**(ancestor),y 称为 x 的**子孙**(descendant)。显然,以某结点为根的子树中的任一结点都是该结点的子孙。如图 4-3(a)所示的树中,结点 A、B、E 均为结点 I 的祖先,结点 B 的子孙有 D、E、F、I。

（6）结点的层数、树的深度(高度)、树的宽度。

规定根结点的**层数**(level)为 1,对其余任何结点,若某结点在第 k 层,则其孩子结点在第 $k+1$ 层;树中所有结点的最大层数称为树的**深度**(depth),也称为树的高度;树中每一层结点个数的最大值称为树的**宽度**(breadth)。如图 4-3(a)所示的树中,结点 D 的层数为 3,树的深度为 4,树的宽度为 5。

4.2.2　树的抽象数据类型定义

树的应用很广泛,在不同的实际应用中,树的基本操作不尽相同。下面给出一个树的抽象数据类型定义的例子,简单起见,基本操作只包含树的遍历。

```
ADT Tree
DataModel
```

```
        树由一个根结点和若干棵子树构成,树中结点具有层次关系
Operation
    InitTree
        输入：无
        功能：初始化一棵树
        输出：一个空树
    DestroyTree
        输入：无
        功能：销毁一棵树
        输出：释放该树占用的存储空间
    PreOrder
        输入：无
        功能：先序遍历树
        输出：树的先序遍历序列
    PostOrder
        输入：无
        功能：后序遍历树
        输出：树的后序遍历序列
    LevelOrder
        输入：无
        功能：层序遍历树
        输出：树的层序遍历序列
endADT
```

4.2.3　树的遍历操作

树的**遍历**(traverse)是指从根结点出发,按照某种次序访问树中所有结点,使得每个结点被访问一次且仅被访问一次。访问是一种抽象操作,在实际应用中,可以是对结点进行的各种处理,如输出结点的信息、修改结点的某些数据等,对应到算法上,访问可以是一条简单语句,也可以是一个复合语句、一个模块。不失一般性,在此将访问定义为输出结点的数据信息。树的遍历次序通常有先序(根)遍历和后序(根)遍历两种方式,此外,如果按树的层序依次访问各结点,则可得到另一种遍历次序：层序遍历。

树的先序遍历操作定义为：若树为空,则空操作返回;否则执行以下操作。

① 访问根结点;

② 按照从左到右的顺序先序遍历根结点的每一棵子树。

树的后序遍历操作定义为：若树为空,则空操作返回;否则执行以下操作。

① 按照从左到右的顺序后序遍历根结点的每一棵子树;

② 访问根结点。

树的层序遍历也称树的广度遍历,其操作定义为：从树的根结点开始,自上而下逐层遍历,在同一层中,按从左到右的顺序对结点逐个访问。

例如,图 4-3(a)所示树的先序遍历序列为 *ABDEIFCGH*,后序遍历序列为 *DIEFBGHCA*,层序遍历序列为 *ABCDEFGHI*。

4.3　树的存储结构

课件 4-3

在大量的实际应用中,人们使用多种存储方法表示树。无论采用何种存储方法,都要求存储结构不仅能存储树中各结点的数据信息,还要表示结点之间的逻辑关系——父子关系。下面介绍几种基本的存储方法。

4.3.1　双亲表示法

由树的定义可知,除根结点外,树中每个结点都有且仅有一个双亲结点,根据这一特性,可以用一维数组存储树的各个结点(一般按层序存储),数组中的一个元素对应树中的一个

data	parent

图 4-4　双亲表示法的数组元素

结点,数组元素包括树中结点的数据信息以及该结点的双亲在数组中的下标。树的这种存储方法称为**双亲表示法**(parent expression),数组元素的结构如图 4-4 所示。其中,data 存储树中结点的数据信息;parent 存储该结点的双亲在数组中的下标。数组元素的结构体类型定义如下。

```cpp
template <typename DataType>
struct PNode
{
    DataType data;
    int parent;
};
```

例如,图 4-3(a)所示树采用双亲表示法的存储示意图如图 4-5 所示,图中 parent 域的值为 -1,表示该结点无双亲,即该结点是根结点。

下标	data	parent
0	A	-1
1	B	0
2	C	0
3	D	1
4	E	1
5	F	1
6	G	2
7	H	2
8	I	4

图 4-5　双亲表示法的存储示意图

4.3.2　孩子表示法

树的**孩子表示法**(child express)是一种基于链表的存储方法,即把每个结点的孩子排列起来,看成一个线性表,且以单链表存储,称为该结点的孩子链表,则 n 个结点共有 n 个孩子链表(叶子结点的孩子链表为空表)。n 个孩子链表共有 n 个头指针,这 n 个头指针又构成了一个线性表,为了便于进行查找操作,可采用顺序存储。最后,将存放 n 个头指针的数组和存放 n 个结点数据信息的数组结合起来,构成孩子链表的表头数组。因此,在孩子表示法中,存在两类结点:孩子结点和表头结点,其结点结构如图 4-6 所示,结点的结构体类型定义如下。

child	next

data	firstChild

(a) 孩子结点　　　　　　　(b) 表头结点

图 4-6　孩子表示法的结点结构

```
struct ChildNode                        //孩子结点
{
    int child;
    ChildNode * next;
};
template <typename DataType>
struct TreeNode                         //表头结点
{
    DataType data;
    ChildNode * firstChild;             //指向孩子链表的头指针
};
```

例如,图 4-7 是图 4-3(a)所示树采用孩子表示法的存储示意图。孩子表示法不仅表示了孩子结点的信息,而且链在同一个孩子链表中的结点具有兄弟关系。

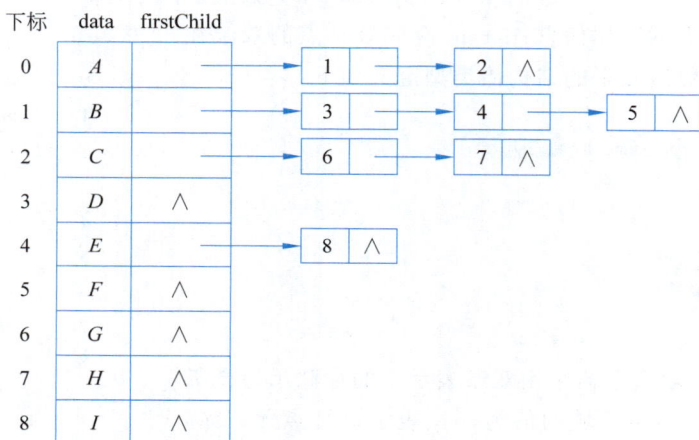

图 4-7　孩子表示法的存储示意图

4.3.3　孩子兄弟表示法

树的**孩子兄弟表示法**(children brother expression)又称为二叉链表表示法,其方法是链表中的每个结点除数据域外,还设置了两个指针分别指向该结点的第一个孩子和右兄弟,链表的结点结构如图 4-8 所示。其中,data 存储该结点的数据信息;firstChild 存储该

| firstChild | data | rightSib |

图 4-8　孩子兄弟表示法的结点结构

结点的第一个孩子结点的存储地址;rightSib 存储该结点的右兄弟结点的存储地址。孩子兄弟表示法的结点定义如下:

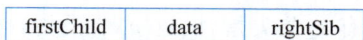

```
template <typename DataType>
struct CSNode
{
    DataType data;
```

```
    CSNode<DataType> * firstChild, * rightSib;
};
```

例如,图 4-9 是图 4-3(a)所示树采用孩子兄弟表示法的存储示意图,这种存储方法便于实现树的各种操作。例如,若要访问某结点 x 的第 i 个孩子,只需从该结点的第一个孩子指针找到第 1 个孩子后,沿着孩子结点的右兄弟域连续走 $i-1$ 步,便可找到结点 x 的第 i 个孩子。

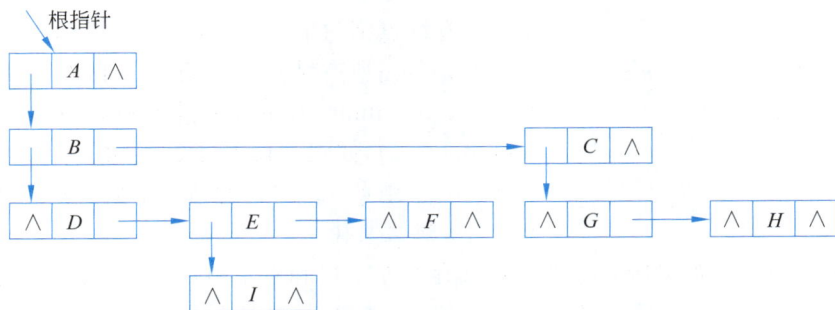

图 4-9　树的孩子兄弟表示法的存储示意图

4.4　二叉树的逻辑结构

树结构有很多变种,二叉树是一种最简单的树结构,而且任何树都可以简单地转换为对应的二叉树。因此,二叉树是本章的重点。

4.4.1　二叉树的定义

二叉树(binary tree)是 $n(n \geqslant 0)$ 个结点的有限集合,该集合或者为空集(称为空二叉树),或者由一个根结点和两棵互不相交的、分别称为根结点的左子树(left subtree)和右子树(right subtree)的二叉树组成。观察图 4-10 所示的一棵二叉树,可以发现二叉树具有如下特点:

① 每个结点最多有两棵子树,所以二叉树中不存在度大于 2 的结点;

② 二叉树的左右子树不能任意颠倒,如果某结点只有一棵子树,一定要指明它是左子树还是右子树。

需要强调的是,二叉树和树是两种不同的树结构。首先,二叉树不是度小于或等于 2 的树。例如,图 4-11(a)所示是一棵二叉树,但这棵二叉树的度是 1;假设图 4-11(b)是一棵度为 2 的树,则结点 B 是结点 A 的第一个孩子,结点 C 是结点 A 的第二个孩子,并且可以为结点 A 再增加孩子。其次,树的孩子只有序的关系,即第 1 个孩子,第 2 个孩子,…,第 i 个孩子,但二叉树的孩子却有左右之分,即使二叉树中某结点只有一个孩子,也要区分它是左孩子还是右孩子。例如,假设图 4-11(c)所示是二叉树,则它们是两棵不同的二叉树,假设图 4-11(d)所示是树,则它们是同一棵树。

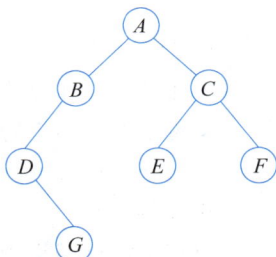

图 4-10　一棵二叉树

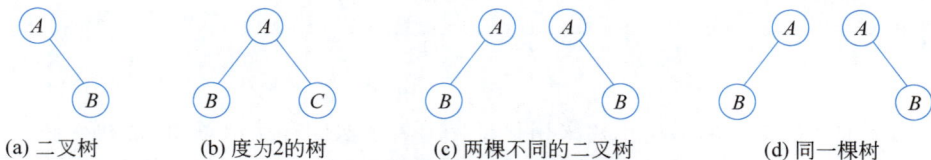

(a) 二叉树　　　　(b) 度为2的树　　　　(c) 两棵不同的二叉树　　　　(d) 同一棵树

图 4-11　二叉树和树是两种树结构

实际应用中,经常用到如下几种特殊的二叉树。

(1) 斜树。

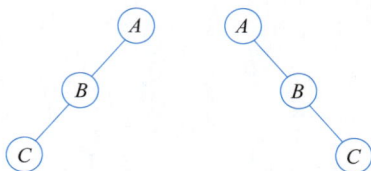

(a) 左斜树　　(b) 右斜树

图 4-12　斜树示例

所有结点都只有左子树的二叉树称为**左斜树**(left oblique tree);所有结点都只有右子树的二叉树称为**右斜树**(right oblique tree);左斜树和右斜树统称为**斜树**(oblique tree),如图 4-12 所示。斜树的特点是:① 每一层只有一个结点;② 斜树的结点个数与其深度相同。

(2) 满二叉树。

在一棵二叉树中,如果所有分支结点都存在左子树和右子树,并且所有叶子都在同一层上,这样的二叉树称为**满二叉树**(full binary tree)。图 4-13(a)所示是一棵满二叉树,图 4-13(b)所示不是满二叉树[①],因为虽然所有分支结点都存在左右子树,但叶子不在同一层上。满二叉树的特点是:①叶子只能出现在最下一层;②只有度为 0 和度为 2 的结点。

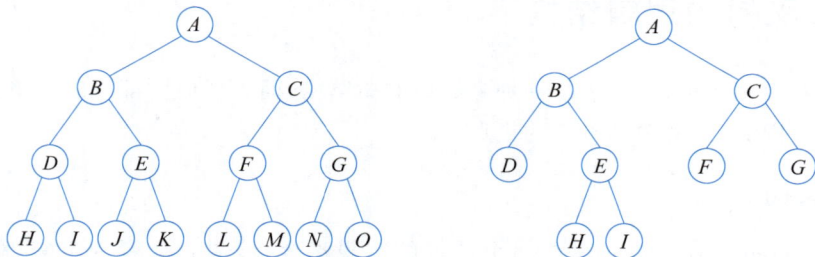

(a) 一棵满二叉树　　　　　　　　　　(b) 一棵非满二叉树

图 4-13　满二叉树和非满二叉树示例

(3) 完全二叉树。

对一棵具有 n 个结点的二叉树按层序编号,如果编号为 $i(1 \leqslant i \leqslant n)$ 的结点与同样深度的满二叉树中编号为 i 的结点在二叉树中的位置完全相同,则这棵二叉树称为**完全二叉树**(complete binary tree)。显然,一棵满二叉树必定是一棵完全二叉树。完全二叉树的特点是:① 深度为 k 的完全二叉树在 $k-1$ 层是满二叉树;② 叶子结点只能出现在最下两层,且最下层的叶子结点都集中在左侧连续的位置;③ 如果有度为 1 的结点,只可能有一个,且该结点只有左孩子。图 4-14 是完全二叉树和非完全二叉树的示例。

4.4.2　二叉树的基本性质

性质 4-1　在一棵二叉树中,如果叶子结点的个数为 n_0,度为 2 的结点个数为 n_2,则 $n_0 = n_2 + 1$。

---

① 所有分支结点都存在左右子树的二叉树称为**正则二叉树**(regular binary tree),也称为严格二叉树。

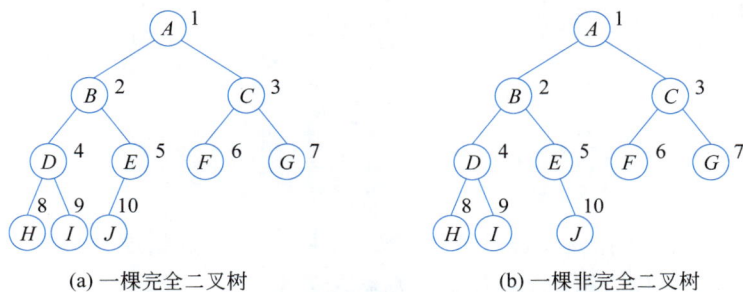

(a) 一棵完全二叉树   (b) 一棵非完全二叉树

图 4-14 完全二叉树和非完全二叉树示例

证明：设 n 为二叉树的结点总数，n_1 为二叉树中度为 1 的结点个数，因为二叉树中所有结点的度均小于或等于 2，则有：

$$n = n_0 + n_1 + n_2 \tag{4-1}$$

考虑二叉树中的分支数。除了根结点外，其余结点都有唯一的分支进入，因此，对于有 n 个结点的二叉树，其分支数为 $n-1$。这些分支是由度为 1 和度为 2 的结点射出的，一个度为 1 的结点射出一个分支，一个度为 2 的结点射出两个分支，所以有：

$$n - 1 = n_1 + 2n_2 \tag{4-2}$$

由式（4-1）和式（4-2）可以得到：

$$n_0 = n_2 + 1$$

性质 4-2 二叉树的第 i 层上最多有 2^{i-1} 个结点（$i \geqslant 1$）。

证明：采用归纳法证明。

当 $i=1$ 时，只有一个根结点，而 $2^{i-1} = 2^0 = 1$，结论显然成立。

假设 $i=k$ 时结论成立，即第 k 层上最多有 2^{k-1} 个结点。

考虑 $i=k+1$ 时的情形。由于第 $k+1$ 层上的结点是第 k 层上结点的孩子，而二叉树中每个结点最多有两个孩子，故在第 $k+1$ 层上的最大结点个数为第 k 层上的最大结点个数的两倍，即第 $k+1$ 层最多有 $2 \times 2^{k-1} = 2^k$ 个结点，则在 $i=k+1$ 时结论也成立。

由此，结论成立。

性质 4-3 在一棵深度为 k 的二叉树中，最多有 $2^k - 1$ 个结点。

证明：设深度为 k 的二叉树中最多有 n 个结点，由性质 4-1 可知：

$$n = \sum_{i=1}^{k} (\text{第 } i \text{ 层上结点的最大个数}) = \sum_{i=1}^{k} 2^{i-1} = 2^k - 1$$

显然，具有 $2^k - 1$ 个结点的二叉树是满二叉树，且满二叉树的深度 $k = \log_2(n+1)$。

性质 4-4 具有 n 个结点的完全二叉树的深度为 $\lfloor \log_2 n \rfloor + 1$。

证明：设具有 n 个结点的完全二叉树的深度为 k，如图 4-15 所示，根据完全二叉树的定义和性质 4-3，完全二叉树的结点个数满足如下不等式：

$$2^{k-1} \leqslant n < 2^k \tag{4-3}$$

对不等式（4-3）取对数，有：

$$k - 1 \leqslant \log_2 n < k$$

即：

$$\log_2 n < k \leqslant \log_2 n + 1$$

由于 k 是整数,故必有 $k=\lfloor \log_2 n \rfloor+1$。

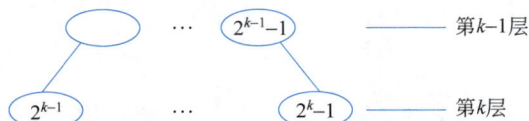

图 4-15　深度为 k 的完全二叉树中结点个数的范围

性质 4-5　对一棵具有 n 个结点的完全二叉树从 1 开始按层序编号,则对于编号为 $i(1\leqslant i\leqslant n)$ 的结点(简称为结点 i),有如下关系成立:

① 如果 $i>1$,则结点 i 的双亲的编号为 $\lfloor i/2 \rfloor$;否则结点 i 是根结点,无双亲。

② 如果 $2i\leqslant n$,则结点 i 的左孩子的编号为 $2i$;否则结点 i 无左孩子。

③ 如果 $2i+1\leqslant n$,则结点 i 的右孩子的编号为 $2i+1$;否则结点 i 无右孩子。

证明:在证明过程中,可以从②和③推出①,所以先证明②和③。采用归纳法证明。

当 $i=1$ 时,结点 i 就是根结点,因此无双亲;由完全二叉树的定义,其左孩子是结点 2,若 $2>n$,即不存在结点 2,此时,结点 i 无左孩子;结点 i 的右孩子是结点 3,若结点 3 不存在,即 $3>n$,此时结点 i 无右孩子。

假设 $i=k$ 时结论成立,下面讨论 $i=k+1$ 的情形。设第 $j(1\leqslant j<\lfloor \log_2 n \rfloor+1)$ 层上某个结点编号为 $i(2^{j-1}\leqslant i<2^j)$,其左孩子为 $2i$,右孩子为 $2i+1$,如果结点 i 不是第 j 层最后一个结点,则结点 $i+1$ 是结点 i 的右兄弟或堂兄弟;如果结点 i 是第 j 层最后一个结点,则结点 $i+1$ 是第 $j+1$ 层的第一个结点。若结点 $i+1$ 有左孩子,则左孩子的编号必定为 $2i+2=2\times(i+1)$;若结点 $i+1$ 有右孩子,则右孩子的编号必定为 $2i+3=2\times(i+1)+1$,如图 4-16 所示。

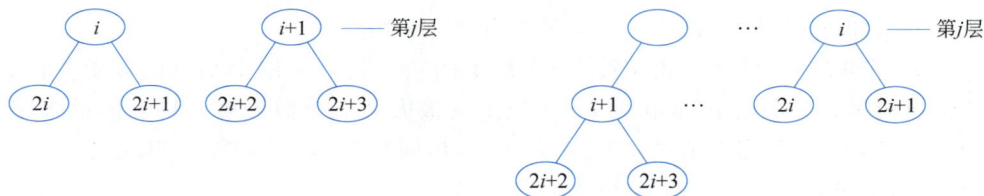

(a) 结点 i 和 $i+1$ 在同一层上　　　　　　(b) 结点 i 和 $i+1$ 不在同一层上

图 4-16　归纳情况的证明

当 $i>1$ 时,如果 i 为左孩子,即 $2\times(i/2)=i$,则 $i/2$ 是 i 的双亲;如果 i 为右孩子,则 $i=2j+1$,即结点 i 的双亲应为 j,而 $j=(i-1)/2=\lfloor i/2 \rfloor$。

4.4.3　二叉树的抽象数据类型定义

同树类似,在不同的应用中,二叉树的基本操作不尽相同。下面给出一个二叉树抽象数据类型定义的例子,简单起见,基本操作只包含二叉树的遍历。

```
ADT BiTree
DataModel
    二叉树由一个根结点和两棵互不相交的左右子树构成,二叉树中的结点具有层次关系
```

```
Operation
    InitBiTree
        输入：无
        功能：初始化一棵二叉树
        输出：一个空的二叉树
    CreateBiTree
        输入：n 个结点的数据及结点之间的关系
        功能：建立一棵二叉树
        输出：含有 n 个结点的二叉树
    DestroyBiTree
        输入：无
        功能：销毁一棵二叉树
        输出：释放二叉树占用的存储空间
    PreOrder
        输入：无
        功能：先序遍历二叉树
        输出：二叉树的先序遍历序列
    InOrder
        输入：无
        功能：中序遍历二叉树
        输出：二叉树的中序遍历序列
    PostOrder
        输入：无
        功能：后序遍历二叉树
        输出：二叉树的后序遍历序列
    LevelOrder
        输入：无
        功能：层序遍历二叉树
        输出：二叉树的层序遍历序列
endADT
```

4.4.4　二叉树的遍历操作

二叉树的遍历(traverse)是指从根结点出发,按照某种次序访问[①]二叉树中的所有结点,使得每个结点被访问一次且仅被访问一次。二叉树由根结点(D)、根结点的左子树(L)和根结点的右子树(R)3 部分组成,只要依次遍历这 3 部分,就可以遍历整个二叉树。这 3 部分共有六种全排列,分别是 DLR、LDR、LRD、DRL、RDL 和 RLD,不失一般性,约定先左子树后右子树,则有先序(根)遍历、中序(根)遍历和后序(根)遍历。如果按二叉树的层序依次访问各结点,可得到另一种遍历次序:层序遍历。

先序遍历二叉树的操作定义为:若二叉树为空,则空操作返回;否则执行下述操作。

---

① 此处访问的含义同树的遍历中访问的含义。

① 访问根结点;

② 先序遍历根结点的左子树;

③ 先序遍历根结点的右子树。

中序遍历二叉树的操作定义为:若二叉树为空,则空操作返回;否则执行下述操作。

① 中序遍历根结点的左子树;

② 访问根结点;

③ 中序遍历根结点的右子树。

后序遍历二叉树的操作定义为:若二叉树为空,则空操作返回;否则执行下述操作。

① 后序遍历根结点的左子树;

② 后序遍历根结点的右子树;

③ 访问根结点。

层序遍历二叉树的操作定义为:从二叉树的根结点开始,从上至下逐层遍历,同一层按从左到右的顺序对结点逐个访问。

例如,图 4-10 所示二叉树的先序遍历序列为 *ABDGCEF*,中序遍历序列为 *DGBAECF*,后序遍历序列为 *GDBEFCA*,层序遍历序列为 *ABCDEFG*。

4.4.5 二叉树的构造

任意一棵二叉树的遍历序列都是唯一的,反过来,先序、中序和后序遍历序列中的任何一个都不能唯一确定这棵二叉树。如何通过二叉树的遍历序列唯一确定该二叉树呢?一棵二叉树由根结点 D、左子树 L 和右子树 R 构成,可以通过遍历序列确定根结点,以及根结点的左子树和右子树,再用同样方法对左子树和右子树进行递归处理,最终确定这棵二叉树的形态。

1. 由二叉树的先序遍历序列和中序遍历序列唯一确定该二叉树

假设二叉树的先序遍历序列是 $a_1a_2a_3\cdots a_n$,中序遍历序列是 $b_1b_2b_3\cdots b_n$,由于先序遍历序列中第一个访问的一定是根结点,能够确定二叉树的根结点是 a_1。然后在中序遍历序列中查找值为 a_1 的结点,假设为 b_i,即 $a_1=b_i$,则 $b_1b_2\cdots b_{i-1}$ 是对根结点 a_1 的左子树进行中序遍历的结果,先序遍历序列 $a_2a_3\cdots a_i$ 是对根结点 a_1 的左子树进行先序遍历的结果,先序遍历序列 $a_{i+1}a_{i+2}\cdots a_n$ 是对根结点 a_1 的右子树进行先序遍历的结果,中序遍历序列 $b_{i+1}b_{i+2}\cdots b_n$ 是对根结点 a_1 的右子树进行中序遍历的结果。递归地确定左子树和右子树,最终可唯一确定该二叉树。

例 4-1 已知一棵二叉树的先序遍历序列和中序遍历序列分别为 *ABCDEFGH* 和 *CDBAFEHG*,请确定该二叉树。

解:首先,由先序序列可知,结点 *A* 是二叉树的根结点。其次,根据中序序列,在 *A* 之前的所有结点都是结点 *A* 的左子树的结点,在 *A* 之后的所有结点都是结点 *A* 的右子树的结点,如图 4-17(a)所示,由此得到图 4-17(b)所示的状态。结点 *A* 的左子树的先序序列是 *BCD*,所以结点 *B* 是左子树的根结点,结点 *A* 的左子树的中序序列是 *CDB*,则 *B* 之前的结点 *CD* 是 *B* 的左子树的结点,*B* 的右子树为空,以此类推,分别对左右子树进行分解,得到图 4-17(c)所示的二叉树。

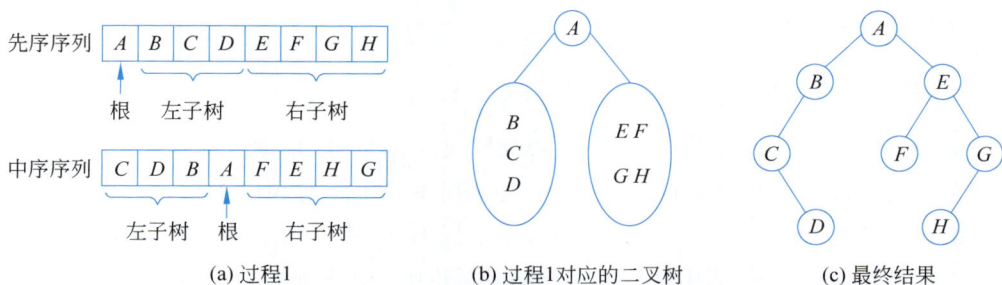

图 4-17　由先序遍历和中序遍历序列构造二叉树的过程示例

2. 由二叉树的后序遍历序列和中序遍历序列唯一确定该二叉树

显然，由二叉树的后序遍历序列和中序遍历序列也能唯一确定这棵二叉树，例如，已知一棵二叉树的后序遍历序列和中序遍历序列分别为 *ABCDEFGH* 和 *CDBAFEHG*，请参照图 4-17 构造这棵二叉树。

3. 由二叉树的层序遍历序列和中序遍历序列唯一确定该二叉树

假设二叉树的层序遍历序列是 $a_1a_2a_3\cdots a_n$，中序遍历序列是 $b_1b_2b_3\cdots b_n$，由于层序遍历序列中第一个访问的一定是根结点，能够确定二叉树的根结点是 a_1。然后在中序遍历序列中查找值为 a_1 的结点，假设为 b_i，即 $a_1=b_i$，则 $b_1b_2\cdots b_{i-1}$ 是对根结点 a_1 的左子树进行中序遍历的结果，$b_{i+1}b_{i+2}\cdots b_n$ 是对根结点 a_1 的右子树进行中序遍历的结果。再由层序遍历序列 $a_2a_3\cdots a_n$ 和 $b_1b_2\cdots b_{i-1}$ 确定根结点 a_1 的左孩子，层序遍历序列 $a_2a_3\cdots a_n$ 和 $b_{i+1}b_{i+2}\cdots b_n$ 确定根结点 a_1 的右孩子。以此类推，最终可唯一确定该二叉树。

例 4-2　已知一棵二叉树的层序遍历序列和中序遍历序列分别为 *ABCDEFGHI* 和 *DBGEHACIF*，请构造该二叉树。

解：首先由层序序列确定二叉树的根结点，再到中序序列确定左右子树的结点，如图 4-18(a)所示；由于根结点的左右子树均不空，则层序序列的第 2、3 个结点分别是根结点的左右孩子，如图 4-18(b)所示；递归确定每一个结点的位置，二叉树的构造过程如图 4-18 所示。

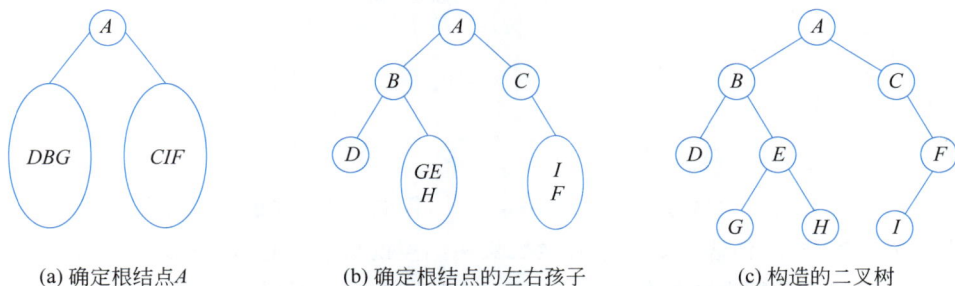

图 4-18　由层序遍历和中序遍历序列构造二叉树的过程示例

4.5　二叉树的存储结构

存储二叉树的关键是如何表示结点之间的逻辑关系，也就是双亲和左右孩子之间的关系。在具体应用中，可能要求从任一结点能够直接访问它的孩子，或直接访问它的双亲，或同时访问其双亲和孩子。

4.5.1　顺序存储结构

二叉树的顺序存储结构是用一维数组存储二叉树的结点，用结点的存储位置（下标）表示结点之间的逻辑关系——父子关系。由于二叉树本身不具有顺序关系，所以二叉树的顺序存储结构要解决的关键问题是如何利用数组下标来反映结点之间的父子关系。由二叉树的性质 4-5 可知，完全二叉树中结点的层序编号可以唯一地反映结点之间的逻辑关系，对于一般的二叉树，可以按照完全二叉树进行层序编号，然后再用一维数组顺序存储。具体步骤如下：

① 将二叉树按完全二叉树编号。根结点的编号为 1，若某结点 i 有左孩子，则其左孩子的编号为 $2i$；若某结点 i 有右孩子，则其右孩子的编号为 $2i+1$。

② 将二叉树的结点按照编号顺序存储到一维数组中[①]。

图 4-19 给出了一棵二叉树的顺序存储示意图。显然，这种存储方法的缺点是浪费存储空间，最坏情况是右斜树，一棵深度为 k 的右斜树只有 k 个结点，却须分配 2^k-1 个存储单元。事实上，二叉树的顺序存储结构一般仅适合于存储完全二叉树。

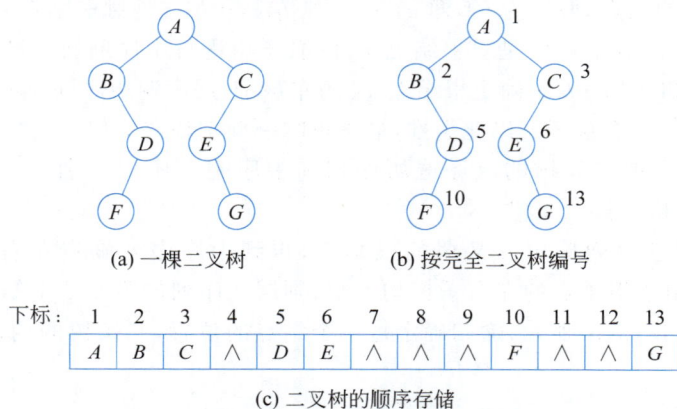

(a) 一棵二叉树　　(b) 按完全二叉树编号

下标:	1	2	3	4	5	6	7	8	9	10	11	12	13
	A	B	C	∧	D	E	∧	∧	∧	F	∧	∧	G

(c) 二叉树的顺序存储

图 4-19　二叉树及其顺序存储示意图

4.5.2　二叉链表

1. 二叉链表的存储结构

二叉树一般采用**二叉链表**（binary linked list）存储，其基本思想是：令二叉树的每个结点对应一个链表结点，链表结点除了存放二叉树结点的数据信息外，还要存放指示左右孩子的指针。二叉链表的结点结构如图 4-20 所示，其中 data 存放该结点的数据信息；lchild 存放指向左孩子的指针；rchild 存放指向右孩子的指针。下面给出二叉链表的结点结构定义，图 4-10 所示二叉树的二叉链表存储如图 4-21 所示。

---

① 这种存储方法浪费下标为 0 的数组单元，但结点编号和数组下标具有一一对应关系。如果从数组下标 0 开始存储，则编号为 i 的结点存储到下标为 $i-1$ 的位置。

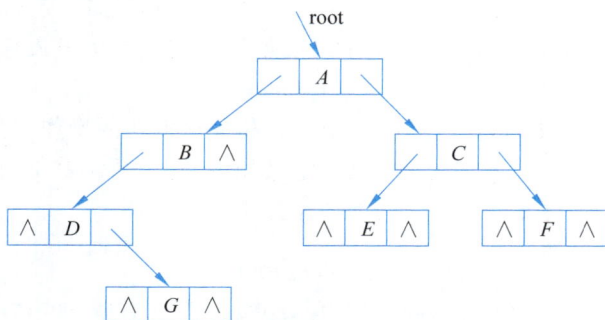

图 4-20　二叉树的结点结构　　　　　　　　　图 4-21　二叉链表的存储示意图

```
template <typename DataType>
struct BiNode
{
    DataType data;
    BiNode<DataType> * lchild, * rchild;
};
```

2. 二叉链表的实现

将二叉树的抽象数据类型定义在二叉链表存储结构下用 C++ 语言的类实现。二叉链表类定义如下,其中成员变量 root 为二叉链表的根指针,成员函数实现二叉树的基本操作。为了避免类的调用者访问 BiTree 类的私有变量 root,在构造函数、析构函数以及遍历函数中调用了相应的私有函数,例如,在函数 PreOrder()中调用了私有函数 PreOrder(root)。

```
template <typename DataType>
class BiTree
{
public:
    BiTree(){root = CreateBiTree(root);}           //构造函数,建立一棵二叉树
    ~BiTree(){ReleaseBiTree(root);}                //析构函数,释放各结点的存储空间
    void PreOrder(){PreOrder(root);}               //先序遍历二叉树
    void InOrder(){InOrder(root);}                 //中序遍历二叉树
    void PostOrder(){PostOrder(root);}             //后序遍历二叉树
    void LevelOrder();                             //层序遍历二叉树
private:
    BiNode<DataType> * CreateBiTree(BiNode<DataType> * bt); //构造函数调用
    void ReleaseBiTree(BiNode<DataType> * bt);     //析构函数调用
    void PreOrder(BiNode<DataType> * bt);          //先序遍历函数调用
    void InOrder(BiNode<DataType> * bt);           //中序遍历函数调用
    void PostOrder(BiNode<DataType> * bt);         //后序遍历函数调用
    BiNode<DataType> * root;                       //指向根结点的头指针
};
```

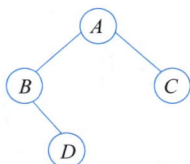

图 4-22 一棵二叉树

由于树结构本身是递归定义的,因此,对二叉树的操作大都采用递归函数实现,下面讨论二叉链表存储结构下基本操作的实现。

(1)先序遍历。

由二叉树先序遍历的操作定义,容易写出先序遍历的递归实现,成员函数定义如下,对于图 4-22 所示二叉树,先序遍历递归函数的调用过程如图 4-23 所示。

```cpp
template <typename DataType>
void BiTree<DataType>:: PreOrder(BiNode<DataType> * bt)
{
    if (bt == nullptr) return;        //递归调用的结束条件
    else {
        cout <<bt->data <<"\t";       //访问根结点 bt 的数据域
        PreOrder(bt->lchild);         //先序递归遍历 bt 的左子树
        PreOrder(bt->rchild);         //先序递归遍历 bt 的右子树
    }
}
```

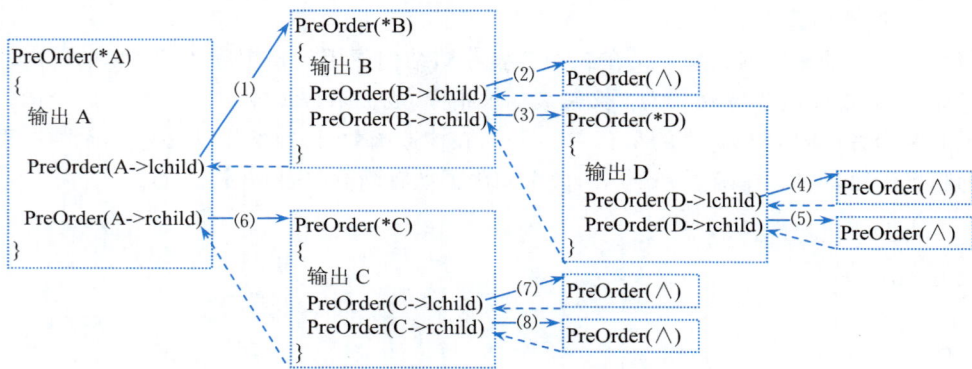

图 4-23 二叉树先序遍历的递归调用过程

(∗A 表示根指针指向结点 A)

(2)中序遍历。

根据二叉树中序遍历的操作定义,访问结点的操作发生在该结点的左子树遍历完毕且尚未遍历右子树时,所以,中序遍历的递归实现只需将输出操作 cout << bt->data 放到递归遍历左子树之后即可。

(3)后序遍历。

根据二叉树后序遍历的操作定义,访问结点的操作发生在该结点的左子树和右子树均遍历完毕,所以,后序遍历的递归实现只需将输出操作 cout << bt->data 放到递归遍历右子树之后即可。

(4)层序遍历。

在进行层序遍历时,访问某一层的结点后,再对各个结点的左孩子和右孩子顺序访问,这样一层一层进行,先访问的结点其左右孩子也要先访问,这符合队列的操作特性。因此,在进行层序遍历时,设置一个队列存放已访问的结点。对于图 4-10 所示二叉树,层序遍历的执行过程如图 4-24 所示,算法用伪代码描述如下:

算法:LevelOrder
输入:无
输出:层序遍历序列
　　1.队列 Q 初始化;
　　2.如果二叉树非空,将根指针入队;
　　3.循环直到队列 Q 为空
　　3.1 q=队列 Q 的队头元素出队;
　　3.2 访问结点 q 的数据域;
　　3.3 若结点 q 存在左孩子,则将左孩子指针入队;
　　3.4 若结点 q 存在右孩子,则将右孩子指针入队。

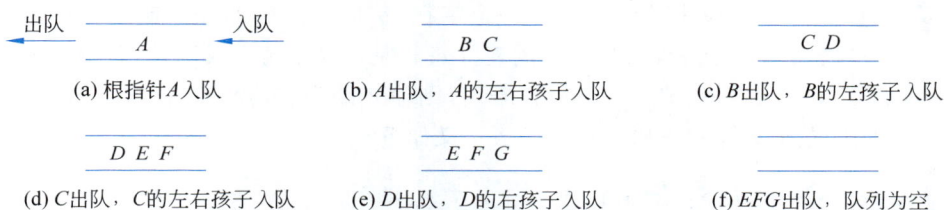

出队 ← ── 入队
| A |
(a) 根指针A入队

| B C |
(b) A出队,A的左右孩子入队

| C D |
(c) B出队,B的左孩子入队

| D E F |
(d) C出队,C的左右孩子入队

| E F G |
(e) D出队,D的右孩子入队

(f) EFG出队,队列为空

图 4-24　层序遍历过程中队列的变化

简单起见,队列采用顺序队列,并且假定不会发生假溢出,注意队列 Q 的元素类型是指向二叉链表结点的指针,层序遍历的成员函数定义如下:

```cpp
template <typename DataType>
void BiTree<DataType>:: LevelOrder()
{
    BiNode<DataType> * Q[100], * q = nullptr;
    int front = -1, rear = -1;          //队列初始化
    if (root == nullptr) return;        //二叉树为空,算法结束
    Q[++rear] = root;                   //根指针入队
    while (front != rear)               //当队列非空时
    {
        q = Q[++front];                 //出队
        cout <<q->data <<"\t";
        if (q->lchild != nullptr)  Q[++rear] = q->lchild;
        if (q->rchild != nullptr)  Q[++rear] = q->rchild;
    }
}
```

（5）构造函数——建立二叉树

建立二叉树可以有多种方法,一种较为简单的方法是根据一个结点序列建立二叉树。由于先序、中序和后序序列中的任何一个都不能唯一确定一棵二叉树,因此不能直接使用。可以对二叉树做如下处理:将二叉树中每个结点的空指针引出一个虚结点,其值为一特定值(如♯),以

119

标识其为空,把这样处理后的二叉树称为原二叉树的**扩展二叉树**(extended binary tree)。扩展二叉树的一个遍历序列就能唯一确定一棵二叉树。图 4-25 给出了一棵二叉树的扩展二叉树,以及该扩展二叉树的先序遍历序列。

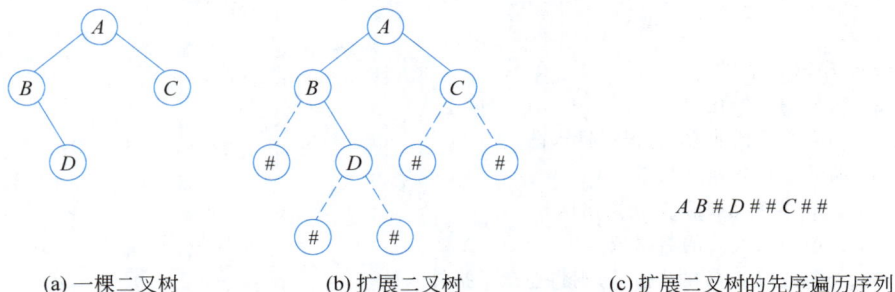

$A B \# D \# \# C \# \#$

(a) 一棵二叉树　　　　　(b) 扩展二叉树　　　　　(c) 扩展二叉树的先序遍历序列

图 4-25　扩展二叉树及其遍历序列

为简化问题,设二叉树中的结点均为一个字符,扩展二叉树的先序遍历序列由键盘输入,root 为指向根结点的指针,二叉链表的建立过程是:首先输入根结点,若输入的是♯字符,则表明该二叉树为空树,即 root＝nullptr;否则输入的字符应该赋给 bt->data,之后依次递归建立它的左子树和右子树。成员函数定义如下:

```
template <typename DataType>
BiNode<DataType> * BiTree<DataType>:: CreateBiTree(BiNode<DataType> * bt)
{
    BiNode<DataType> * bt
    char ch;
    cin >>ch;                                    //输入结点的数据信息,假设为字符
    if (ch =='#') bt=nullptr;                    //建立一棵空树
    else {
      bt =new BiNode<DataType>; bt->data = ch;
      bt->lchild =CreateBiTree(bt->lchild);      //递归建立左子树
      bt->rchild =CreateBiTree(bt->rchild);      //递归建立右子树
    }
    return bt;
}
```

(6) 析构函数——销毁二叉树

二叉链表是动态存储分配,二叉链表的结点是在程序运行过程中动态申请的,在二叉链表变量退出作用域前,要释放二叉链表的存储空间。可以对二叉链表进行后序遍历,在访问结点时进行释放处理。析构函数定义如下:

```
template <typename DataType>
void BiTree<DataType>:: ReleaseBiTree(BiNode<DataType> * bt)
{
    if (bt == nullptr) return;
    else{
```

```
        ReleaseBiTree(bt->lchild);                //释放左子树
        ReleaseBiTree(bt->rchild);                //释放右子树
        delete bt;                                //释放根结点
    }
}
```

4.5.3 三叉链表

在二叉链表存储方式下,从某结点出发可以直接访问到它的孩子结点,但要找到它的双亲结点,则需要从根结点开始搜索,最坏情况需要遍历整个二叉链表。此时,应该采用三叉链表(trident linked list)存储二叉树。在三叉链表中,每个结点由 4 个域组成,结点结构如图 4-26 所示,其中,data、lchild 和 rchild 三个域的含义同二叉链表的结点结构;parent 域为指向该结点的双亲结点的指针。三叉链表的结点结构定义如下:

lchild	data	rchild	parent

图 4-26　三叉链表的结点结构

```
template <typename DataType>
struct TriNode
{
    DataType data;
    TriNode<DataType> * lchild, * rchild, * parent;
};
```

例如,图 4-27 给出了图 4-10 所示二叉树的三叉链表示意图。这种存储结构既便于查找孩子结点,又便于查找双亲结点。但是,相对于二叉链表而言,它增加了空间开销。

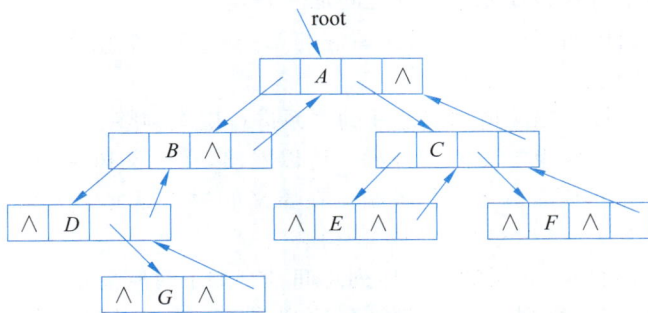

图 4-27　三叉链表的存储示意图

4.6 森林

4.6.1 森林的逻辑结构

森林(forest)是 $m(m \geqslant 0)$ 棵互不相交的树的集合。图 4-28 所示是一个由三棵树构成的森林。需要强调的是,森林是由树构成的,图 4-28 中的第三棵树是度为 2 的树而不是二叉树。任何一棵树,删去根结点就变成了森林。例如,图 4-3(a)所示的树中,删去根结点 A

课件 4-6

121

就变成了由两棵树构成的森林。反之,若增加一个根结点,将森林中的每一棵树作为这个根结点的子树,则森林就变成了一棵树。

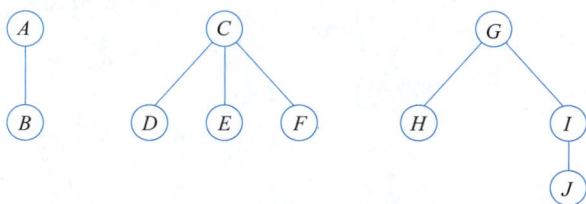

图 4-28　由三棵树构成的森林

如何遍历一个森林呢?由于森林由 m 棵树构成,因此,只要依次遍历这 m 棵树就可以遍历整个森林。通常有先序(根)遍历和后序(根)遍历两种方式。先序遍历森林的操作定义是先序遍历森林中的每一棵树。后序遍历森林的操作定义是后序遍历森林中的每一棵树。例如,图 4-28 所示森林的先序遍历序列是 $ABCDEFGHIJ$,后序遍历序列是 $BADEFCHJIG$。

4.6.2　树、森林与二叉树的转换

从物理结构上看,树的孩子兄弟表示法和二叉树的二叉链表是相同的,树的孩子兄弟表示法的第一个孩子指针和右兄弟指针分别相当于二叉链表的左孩子指针和右孩子指针。换言之,给定一棵树,采用孩子兄弟表示法存储,在内存中就对应唯一的一棵二叉树,因此,树和二叉树之间存在一一对应关系,可以相互转换。

1. 树转换为二叉树

将一棵树转换为二叉树的方法如下:

① 加线——树中所有相邻兄弟结点之间加一条连线;

② 去线——对树中的每个结点,只保留它与第一个孩子结点之间的连线,删去它与其他孩子结点之间的连线;

③ 层次调整——按照二叉树结点之间的关系进行层次调整。

图 4-29 给出了树转换为二叉树的过程。可以看出,在二叉树中,左分支上的各结点在原来的树中是父子关系,而右分支上的各结点在原来的树中是兄弟关系。由于树的根结点没有兄弟,所以转换后,二叉树根结点的右子树必为空。

树的遍历序列与对应二叉树的遍历序列之间具有如下对应关系:树的先序遍历序列等于对应二叉树的先序遍历序列,树的后序遍历序列等于对应二叉树的中序遍历序列。例如,图 4-29(a)所示树的先序遍历序列是 $ABEFCDG$,后序遍历序列是 $EFBCGDA$;图 4-29(d)所示二叉树的先序遍历序列是 $ABEFCDG$,中序遍历序列是 $EFBCGDA$。

2. 森林转换为二叉树

将一个森林转换为二叉树的方法如下:

① 将森林中的每棵树转换为二叉树;

② 将每棵树的根结点视为兄弟,在所有根结点之间加上连线;

③ 按照二叉树结点之间的关系进行层次调整。

图 4-30 给出了森林转换为二叉树的过程。可以看出,转换后,二叉树根结点的右子树不空,并且根结点及其右分支上的结点个数就是原来森林中树的数量。

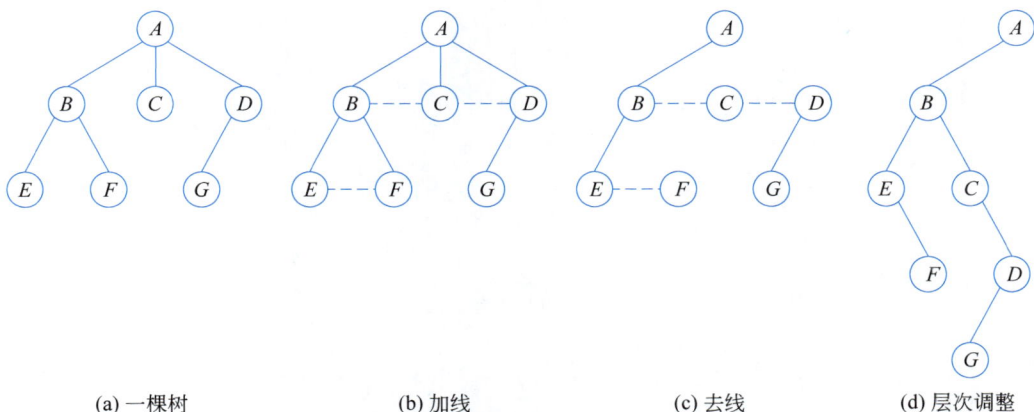

(a) 一棵树　　　　　　(b) 加线　　　　　　(c) 去线　　　　　(d) 层次调整

图 4-29　树转换为二叉树的过程

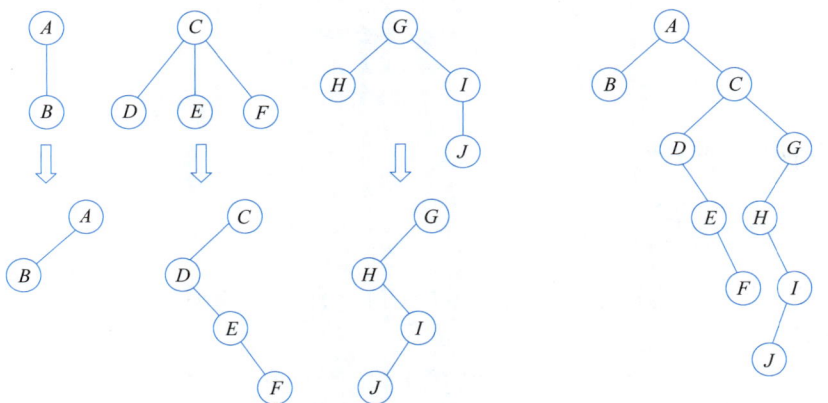

(a) 将森林中的每棵树转换为二叉树　　　　　(b) 将所有二叉树连接起来

图 4-30　森林转换为二叉树的过程

　　森林的遍历序列与对应二叉树的遍历序列之间具有如下对应关系：森林的先序遍历序列等于对应二叉树的先序遍历序列，森林的后序遍历序列等于对应二叉树的中序遍历序列。例如，图 4-30(a)所示森林的先序遍历序列是 $ABCDEFGHIJ$，后序遍历序列是 $BADEFCHJIG$；图 4-30(b)所示二叉树的先序遍历序列是 $ABCDEFGHIJ$，中序遍历序列是 $BADEFCHJIG$。

3. 二叉树转换为树或森林

　　树和森林都可以转换为二叉树，二者不同的是树转换成的二叉树，其根结点无右子树，而森林转换后的二叉树，其根结点有右子树。显然这一转换过程是可逆的，即可以将一棵二叉树还原为树或森林，具体转换方法如下：

　　① 加线——若某结点 x 是其双亲 y 的左孩子，则把结点 x 的右孩子，右孩子的右孩子，……，都与结点 y 用线连起来；

　　② 去线——删去原二叉树中所有的双亲结点与右孩子结点的连线；

　　③ 层次调整——整理由①、②两步所得到的树或森林，使之层次分明。

　　图 4-31 给出了一棵二叉树还原为森林的过程。

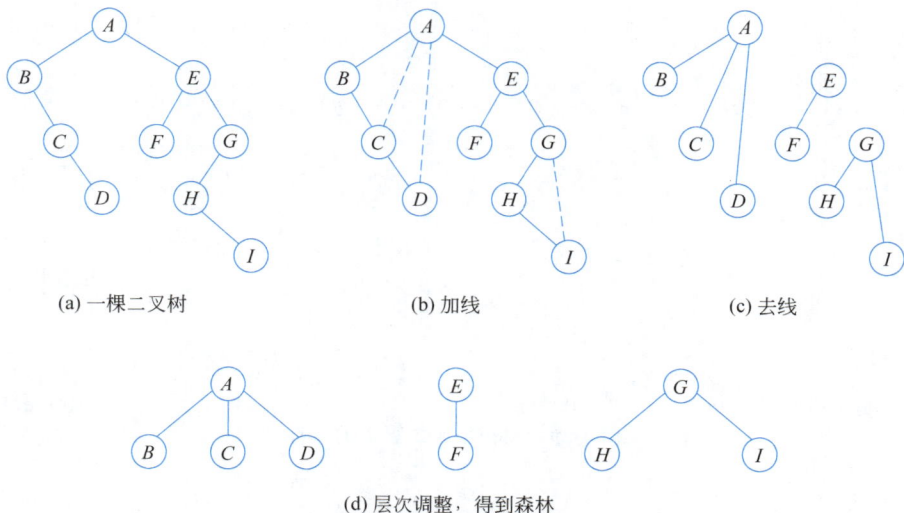

(a) 一棵二叉树　　　　　　　(b) 加线　　　　　　　(c) 去线

(d) 层次调整，得到森林

图 4-31　二叉树还原为森林的过程

4.7　最优二叉树

4.7.1　哈夫曼算法

最优二叉树是由哈夫曼[①]提出，也称哈夫曼树，在实际中有着广泛的应用。下面先介绍几个相关的概念。

叶子结点的**权值**(weight)是对叶子结点赋予的一个有意义的数值量。设二叉树具有 n 个带权值的叶子结点，从根结点到各个叶子结点的路径长度与相应叶子结点权值的乘积之和称为二叉树的**带权路径长度**(weighted path length)，记为

$$\mathrm{WPL} = \sum_{k=1}^{n} w_k l_k \tag{4-4}$$

其中，w_k 为第 k 个叶子结点的权值；l_k 为从根结点到第 k 个叶子结点的路径长度。

给定一组权值对应的叶子结点，可以构造出形状不同的多棵二叉树。例如，给定 4 个叶子结点，其权值分别为{2，3，4，5}，图 4-32 给出了 3 棵不同形状的二叉树，它们具有不同的带权路径长度。带权路径长度最小的二叉树称为**最优二叉树**(optimal binary tree)，也称**哈夫曼树**(Huffman tree)。

根据哈夫曼树的定义，一棵二叉树要使其带权路径长度最小，必须使权值越大的叶子结点越靠近根结点，而权值越小的叶子结点越远离根结点，而且不存在度为 1 的结点。哈夫曼依据这一特点提出了哈夫曼算法，对于给定权值集合 $W=\{2，3，4，5\}$，图 4-33 给出了哈夫曼树的构造过程，哈夫曼算法的基本思想用伪代码描述如下：

[①]　哈夫曼(David A. Huffman，1925—1999)美国计算机科学家，1949 年从俄亥俄州立大学获得硕士学位，1953 年在麻省理工学院获得博士学位。1962 年在麻省理工学院任教授，1967 年到加州大学圣克鲁斯分校创办计算机系。1982 年获得 IEEE 计算机先驱奖，提出的哈夫曼编码方法被广泛应用于数据的压缩和传输。

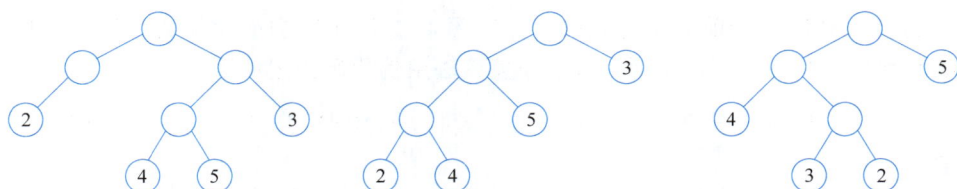

(a) WPL=2×2+4×3+5×3+3×2=37　(b) WPL=2×3+4×3+5×2+3×1=31　(c) WPL=4×2+3×3+2×3+5×1=28

图 4-32　具有 4 个叶子结点和不同带权路径长度的二叉树

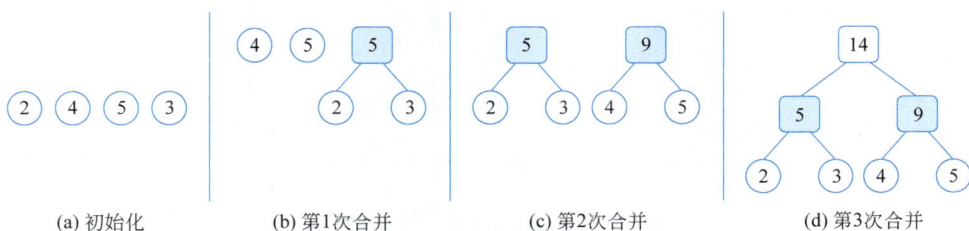

(a) 初始化　　　(b) 第1次合并　　　(c) 第2次合并　　　(d) 第3次合并

图 4-33　哈夫曼树的构造过程

算法：HuffmanTree

输入：n 个权值{w₁, w₂, …, wₙ}

输出：哈夫曼树

1. 初始化：由{w₁, w₂, …, wₙ}构造 n 棵只有一个根结点的二叉树，从而得到一个二叉树集合 F＝{T₁, T₂, …, Tₙ}；
2. 重复下述操作，直到集合 F 中只剩下一棵二叉树
   2.1 选取与合并：在 F 中选取根结点的权值最小的两棵二叉树分别作为左右子树构造一棵新的二叉树，新根结点的权值为其左右子树根结点的权值之和。
   2.2 删除与加入：在 F 中删除作为左右子树的两棵二叉树，并将新建立的二叉树加入 F 中；

从上述构造过程可以看出，具有 n 个叶子结点的哈夫曼树中有 $n-1$ 个分支结点，它们是在 $n-1$ 次的合并过程中生成的，因此，哈夫曼树共有 $2n-1$ 个结点。可以设置一个数组 huffTree[$2n-1$]保存哈夫曼树中各结点的信息，为了便于选取根结点权值最小的二叉树以及合并操作，数组元素除了存储结点的权值外，还应存储该结点的双亲以及左右孩子的信息。哈夫曼树的结点结构如图 4-34 所示。其中，weight保存该结点的权值；lchild 保存该结点的左孩子结点在数组中的下标；rchild 保存该结点的右孩子结点在数组中的

weight	lchild	rchild	parent

图 4-34　哈夫曼树的结点结构

下标；parent 保存该结点的双亲结点在数组中的下标。哈夫曼树的结点结构定义如下：

```
struct ElemType
{
    int weight;                     //假定权值为整数
    int parent, lchild, rchild;     //游标
};
```

首先初始化 n 棵只有根结点的二叉树集合，并将 n 个权值的叶子结点存放到数组 huffTree 的前 n 个分量中，然后不断将两棵子树合并为一棵子树，并将新子树的根结点顺

序存放到数组 huffTree 的前 n 个分量的后面。图 4-33 所示哈夫曼树构造过程中存储空间的初始状态和最后状态如图 4-35 所示,哈夫曼算法用伪代码描述如下:

动画视频

	weight	parent	lchild	rchild
0	2	-1	-1	-1
1	3	-1	-1	-1
2	4	-1	-1	-1
3	5	-1	-1	-1
4		-1	-1	-1
5		-1	-1	-1
6		-1	-1	-1

(a) 初始状态

	weight	parent	lchild	rchild
0	2	4	-1	-1
1	3	4	-1	-1
2	4	5	-1	-1
3	5	5	-1	-1
4	5	6	0	1
5	9	6	2	3
6	14	-1	4	5

(b) 最后状态

图 4-35 哈夫曼树构造过程中存储空间的初始状态和最后状态

```
算法:HuffmanTree
输入:n 个权值 w[n]
输出:哈夫曼树 huffTree[2n-1]
  1. 数组 huffTree 初始化,所有数组元素的双亲、左右孩子都置为-1;
  2. 数组 huffTree 的前 n 个元素的权值置给定权值;
  3. 循环变量 k 从 n~n-2 进行 n-1 次合并:
   3.1 选取两个权值最小的根结点,其下标分别为 i1, i2;
   3.2 将二叉树 i1 和 i2 合并为一棵新的二叉树 k;
```

设 n 个叶子的权值保存在数组 w[n] 中,Select 函数用来在数组 huffTree 中选取两个权值最小的根结点并返回根结点的下标 i1 和 i2,哈夫曼算法的 C++ 实现如下:

```cpp
void HuffmanTree(ElemType huffTree[ ], int w[ ], int n)
{
  int i, k, i1, i2;
  for (i = 0; i < 2 * n-1; i++)    //所有结点均没有双亲和孩子
  {
    huffTree[i].parent = -1;
    huffTree[i].lchild = huffTree[i].rchild = -1;
  }
  for (i = 0; i < n; i++)          //存储叶子结点的权值
    huffTree[i].weight = w[i];
  for (k = n; k < 2 * n-1; k++)    //n-1 次合并
  {
    Select(huffTree, i1, i2);    //权值最小的根结点下标为 i1 和 i2
    huffTree[k].weight = huffTree[i1].weight + huffTree[i2].weight;
    huffTree[i1].parent = k; huffTree[i2].parent = k;
    huffTree[k].lchild = i1; huffTree[k].rchild = i2;
  }
}
```

4.7.2　哈夫曼编码

表示字符集的简单方法是列出所有字符,给每个字符赋予一个二进制位串,称为<u>编码</u>(coding)。假设所有编码都等长,则表示 n 个不同的字符需要$\lceil \log_2 n \rceil$位,这称为<u>等长编码</u>(equal-length code)。如果每个字符的使用频率相等,等长编码是空间效率最高的方法。例如,标准 ASCII 码把每个字符分别用一个 7 位二进制数表示,这种方法使用最少的位表示了所有 ASCII 码中的 128 个字符。如果字符出现的频率不等,可以让频率高的字符采用尽可能短的编码,频率低的字符采用稍长的编码,来构造一种<u>不等长编码</u>(unequal-length code),则会获得更好的空间效率,这也是文件压缩技术的核心思想。

对于不等长编码,如果设计得不合理,会给<u>解码</u>(decoding)带来困难。例如 $\{A,B,C,D,E\}$ 五个字符,使用频率分别为 $\{35,25,15,15,10\}$,采用如下编码方案 $\{0,1,01,10,11\}$,对于字符串 " $AABACD$ ",编码为 "00100110",则可以有多种解码方法,它可以解码为 " $ACAAEA$ ",也可以解码为 " $AADCD$ "。因此,设计不等长编码时,还必须考虑解码的唯一性。如果一组编码中任一编码都不是其他任何一个编码的前缀,则称这组编码为<u>前缀无歧义编码</u>,简称<u>前缀编码</u>(prefix code),前缀编码保证了解码时不会有多种可能。

哈夫曼树可用于构造最短的不等长编码方案,具体做法如下:设字符集为 $\{d_1, d_2, \cdots, d_n\}$,它们在字符串中出现的频率为 $\{w_1, w_2, \cdots, w_n\}$,以 $d_1, d_2, \cdots, d_n$ 作为叶子结点,$w_1, w_2, \cdots, w_n$ 作为叶子结点的权值,构造一棵哈夫曼编码树,规定哈夫曼编码树的左分支代表 0,右分支代表 1,则从根结点到叶子结点所经过的路径组成的 0 和 1 的序列便为该叶子结点对应字符的编码,称为<u>哈夫曼编码</u>(Huffman code)。对于 $\{A,B,C,D,E\}$ 五个字符,使用的频率分别为 $\{35,25,15,15,10\}$,图 4-36 给出了哈夫曼编码树及哈夫曼编码。

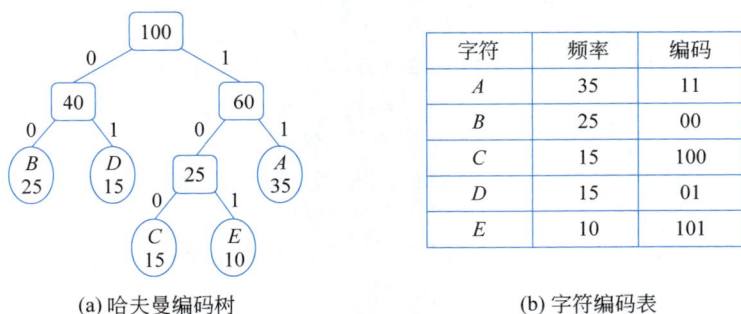

字符	频率	编码
A	35	11
B	25	00
C	15	100
D	15	01
E	10	101

(a) 哈夫曼编码树　　　　　　(b) 字符编码表

图 4-36　哈夫曼编码示例

哈夫曼解码将编码串从左到右逐位判别,直到确定一个字符。具体地,在哈夫曼编码树中,从根结点开始,根据每一位的值是'0'还是'1'确定选择左分支还是右分支——直至到达一个叶子结点,然后再从根出发,开始下一个字符的翻译。如对编码串 "110100101" 进行解码,根据图 4-36 所示哈夫曼编码树,从根结点开始,由于第一位是'1',所以选择右分支,下一位是'1',选择右分支,到达叶子结点对应的字符 A;再从根结点起,下一位是'0',选择左分支,下一位是'1',选择右分支,到达叶子结点对应的字符 D,以此类推,解码为 " $ADBE$ "。

在哈夫曼编码树中,叶子结点的平均深度即是平均编码长度,树的带权路径长度是各个字符的码长与其出现次数的乘积之和,即编码总长度。因此采用哈夫曼树构造的编码是一种能使字符串的编码总长度最短的不等长编码。由于哈夫曼编码树的每个字符结点都是叶子结点,它们不可能在根结点到其他字符结点的路径上,所以一个字符的哈夫曼编码不可能是另一个字符的哈夫曼编码的前缀,从而保证了解码的唯一性。

4.8 扩展与提高

4.8.1 二叉树遍历的非递归算法

递归算法虽然简洁,但一般而言,其执行效率不高。因此,有时需要把递归算法转化为非递归算法。对于二叉树的遍历算法,可以仿照递归执行过程中工作栈的状态变化得到非递归算法。

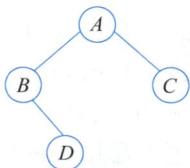

图 4-37 一棵二叉树

1. 先序遍历非递归算法

二叉树先序遍历非递归算法的关键是:在先序遍历某结点的整个左子树后,如何找到该结点的右子树的根指针。对于图 4-37 所示的二叉树,在先序遍历过程中,工作栈 S 和当前根指针 bt 的变化情况以及树中各结点的访问次序如表 4-1 所示。

表 4-1 二叉树先序遍历算法的执行过程

步骤	访问结点	栈 S 内容	指针 bt	解　　释
初始		空	A	栈初始化,准备遍历以 A 为根结点的二叉树
1	A	A	B	访问结点 A,将 A 压栈,准备遍历 A 的左子树 B
2	B	A,B	∧	访问结点 B,将 B 压栈,准备遍历 B 的左子树 ∧
3		A,	D	B 的左子树为空,弹出栈顶元素 B,找到 B 的右子树 D,准备遍历 B 的右子树 D
4	D	A,D	∧	访问结点 D,将 D 压栈,准备遍历 D 的左子树 ∧
5		A,	∧	D 的左子树为空,弹出栈顶元素 D,找到 D 的右子树 ∧,准备遍历 D 的右子树 ∧
6		空	C	D 的右子树为空,弹出栈顶元素 A,找到 A 的右子树 C,准备遍历 A 的右子树 C
7	C	C	∧	访问结点 C,将 C 压栈,准备遍历 C 的左子树 ∧
8		空	∧	C 的左子树为空,弹出栈顶元素 C,找到 C 的右子树 ∧,准备遍历 C 的右子树 ∧
9		空	∧	此时,栈为空并且根指针也为空,遍历结束

分析二叉树先序遍历的执行过程可以看出,在访问某结点后,应将该结点的指针保存在栈中,以便以后能通过它找到该结点的右子树。一般地,在先序遍历中,设要遍历二叉树的根指针为 bt,可能有两种情况:

① 若 bt≠nullptr,则表明当前的二叉树不空,此时,应输出根结点 bt 的值并将 bt 保存到栈中,准备继续遍历 bt 的左子树;

② 若 bt=nullptr,则表明以 bt 为根指针的二叉树遍历完毕,并且 bt 是栈顶指针所指结点的左子树。若栈不空,则弹出栈顶指针并根据栈顶指针找到待遍历右子树的根指针并

赋予 bt,以继续遍历下去;若栈空,则表明整个二叉树遍历完毕,算法结束。

二叉树先序遍历的非递归算法用伪代码描述如下:

```
算法:PreOrder
输入:二叉链表的根指针 bt
输出:先序遍历序列
    1.栈 S 初始化;
    2.循环直到 bt 为空且栈 S 为空
     2.1 当 bt 不空时循环
        2.1.1 输出 bt->data;
        2.1.2 将指针 bt 保存到栈中;
        2.1.3 准备遍历 bt 的左子树。
     2.2 如果栈 S 不空,则
        2.2.1 将栈顶元素弹出至 bt;
        2.2.2 准备遍历 bt 的右子树;
```

简单起见,栈采用顺序存储结构并假定不会发生溢出,下面给出二叉树先序遍历成员函数的非递归实现。

```cpp
template <typename DataType>
void BiTree<DataType>:: PreOrder()
{
    BiNode<DataType> * bt = root;
    BiNode<DataType> * S[100];          //顺序栈,最多 100 个结点指针
    int top = -1;                       //顺序栈初始化
    while (bt != nullptr || top != -1)  //两个条件都不成立才退出循环
    {
        while (bt != nullptr)
        {
            cout <<bt->data;
        S[++top] = bt;                  //将根指针 bt 入栈
        bt = bt->lchild;
        }
        if (top != -1) {                //栈非空
        bt = S[top--];
        bt = bt->rchild;
        }
    }
}
```

2. 中序遍历非递归算法

在二叉树的中序遍历中,访问结点的操作发生在该结点的左子树遍历完毕并准备遍历右子树时,因此,在遍历过程中遇到某结点时并不能立即访问它,而是将它压栈,等到它的左子树遍历完毕后,再从栈中弹出并访问之。中序遍历的非递归算法只需将先序遍历非递归

算法中的输出操作 cout << bt->data 移到出栈操作 bt=S[top--]之后即可。

3. 后序遍历非递归算法

后序遍历与先序遍历和中序遍历不同,在后序遍历过程中,当遍历完左子树,由于右子树尚未遍历,因此栈顶结点不能出栈,而是通过栈顶结点找到它的右子树,当遍历完右子树,才能将栈顶结点出栈并访问。

为了区别对栈顶结点的不同处理,设置标志变量 flag。flag=1 表示遍历完左子树,栈顶结点不能出栈;flag=2 表示遍历完右子树,栈顶结点可以出栈并访问。栈元素的结构体类型定义如下。

```
template <typename DataType>
struct element
{
    BiNode<DataType> * ptr;
    int flag;
};
```

设要遍历二叉树的根指针为 bt,则有以下两种情况:

① 若 bt≠nullptr,则 bt 及标志 flag(置为 1)入栈,遍历其左子树。

② 若 bt=nullptr,此时若栈空,则整个遍历结束;若栈不空,则表明栈顶结点的左子树或右子树已遍历完毕。若栈顶结点的标志 flag=1,则表明栈顶结点的左子树遍历完毕,将 flag 修改为 2,并遍历栈顶结点的右子树;若栈顶结点的标志 flag=2,则表明栈顶结点的右子树也遍历完毕,出栈并输出栈顶结点。

二叉树后序遍历的非递归算法用伪代码描述如下:

```
算法: PostOrder
输入: 二叉链表的根指针 bt
输出: 后序遍历序列
    1. 栈 S 初始化;
    2. 循环直到 bt 为空且栈 S 为空
    2.1 当 bt 非空时执行下述操作
        2.1.1 将 bt 连同标志 flag=1 入栈;
        2.1.2 继续遍历 bt 的左子树;
    2.2 当栈 S 非空且栈顶元素的标志为 2 时执行下述操作
        2.2.1 将栈顶元素弹出至 bt;
        2.2.2 访问 bt;
    2.3 若栈非空,将栈顶元素的标志改为 2,准备遍历栈顶结点的右子树;
```

简单起见,栈采用顺序存储结构并假定不会发生溢出,下面给出二叉树后序遍历成员函数的非递归实现。

```
template <typename DataType>
void BiTree<DataType>:: PostOrder()
{
```

```
BiNode<DataType> * bt = root;
element S[100];                          //顺序栈,最多 100 个元素
int top = -1;                            //顺序栈初始化
while (bt != nullptr || top != -1)       //两个条件都不成立才退出循环
{
    while (bt != nullptr)
    {
        top++;
        S[top].ptr = bt; S[top].flag = 1;    //bt 连同标志 flag 入栈
        bt = bt->lchild;
    }
    while (top != -1 && S[top].flag == 2)
    {
        bt = S[top--].ptr;
        cout <<bt->data;
    }
    if (top != -1) {
        S[top].flag = 2;
        bt = S[top].ptr->rchild;
    }
}
```

4.8.2　线索链表

1. 线索链表的存储结构

在具体应用中,有时需要访问二叉树的结点在某种遍历序列中的前驱和后继,此时,在存储结构中应保存结点在某种遍历序列中的前驱和后继信息。考虑到一个具有 n 个结点的二叉链表,在 $2n$ 个指针域中只有 $n-1$ 个指针域用来存储孩子结点的地址,存在 $n+1$ 个空指针域,可以利用这些空指针指向该结点在某种遍历序列中的前驱和后继结点。这些指向前驱和后继结点的指针称为线索(thread),加上线索的二叉链表称为线索链表(thread linked list),相应地,加上线索的二叉树称为线索二叉树(thread binary tree)。

在线索链表中,对任意结点,若左指针域为空,则用左指针域存放该结点的前驱线索;若右指针域为空,则用右指针域存放该结点的后继线索。为了区分某结点的指针域存放的是指向孩子的指针还是指向前驱或后继的线索,每个结点再增设两个标志位 ltag 和 rtag,线索链表的结点结构如图 4-38 所示,线索链表的结点结构定义如下:

```
template <typename DataType>
struct ThrNode
{
    DataType data;
    int ltag, rtag;
    ThrNode<DataType> * lchild, * rchild;
};
```

ltag	lchild	data	rchild	rtag

$$ltag = \begin{cases} 0：\text{lchild 指向该结点的左孩子} \\ 1：\text{lchild 指向该结点的前驱} \end{cases} \qquad rtag = \begin{cases} 0：\text{rchild 指向该结点的右孩子} \\ 1：\text{rchild 指向该结点的后继} \end{cases}$$

图 4-38　线索链表的结点结构

由于二叉树的遍历次序有 4 种,故有 4 种意义下的前驱和后继,相应地有 4 种线索链表:先序线索链表、中序线索链表、后序线索链表、层序线索链表。图 4-39 所示是一个中序线索链表,图中实线表示指向孩子结点的指针,虚线表示指向前驱或后继的线索,例如,G 的中序前驱是 D,G 的中序后继是 B,B 的中序后继是 A,E 的中序前驱是 A,E 的中序后继是 C。

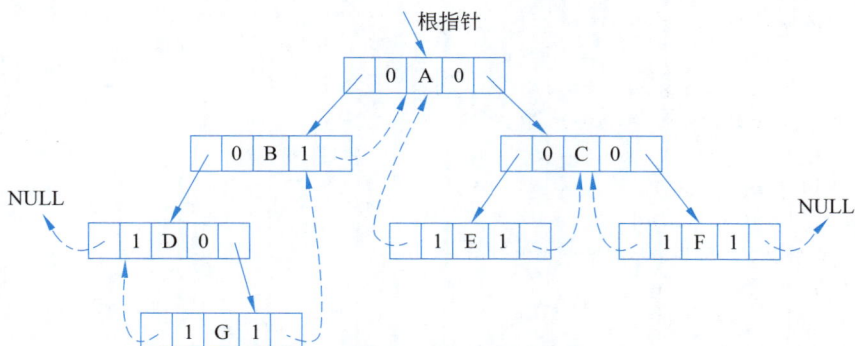

图 4-39　中序线索链表的存储示意图

2. 线索链表的实现

中序线索链表类定义如下,其中成员变量 root 为线索链表的根指针,成员函数实现线索二叉树的基本操作。为了避免类的调用者访问 InThrBiTree 类的私有变量 root,在构造函数和析构函数中调用了相应的私有函数,例如,在构造函数中调用了私有函数 Create 和 ThrBiTree。

```cpp
template <typename DataType>
class InThrBiTree
{
public:
    InThrBiTree();                                              //构造函数,建立中序线索链表
    ~InThrBiTree();                                             //析构函数,释放各结点的存储空间
    ThrNode * Next(ThrNode<DataType> * p);                     //查找结点 p 的后继
    void InOrder();                                            //中序遍历线索链表
private:
    ThrNode<DataType> * Create(ThrNode<DataType> * bt);                //构造函数调用
    void ThrBiTree(ThrNode<DataType> * bt, ThrNode<DataType> * pre);   //构造函数调用
    void Release(ThrNode<DataType> * bt);                     //析构函数调用
    ThrNode<DataType> * root;                                 //指向线索链表的头指针
};
```

下面的讨论以中序线索链表为例,其他线索链表与此类似,请读者自行给出。

（1）构造函数。

线索链表的构造函数需要执行两步操作：首先建立带线索标志的二叉链表，再对二叉链表进行线索化。构造函数定义如下：

```
template <typename DataType>
InThrBiTree<DataType>:: InThrBiTree()
{
    root = Create(root);            //建立带线索标志的二叉链表
    ThrBiTree(root, nullptr);       //遍历二叉链表,建立线索
}
```

（2）建立带标志的二叉链表。

建立带标志的二叉链表与建立二叉链表类似，区别仅是将所有标志初始化为 0。请读者参见二叉链表的 CreateBiTree 函数自行设计。

（3）二叉链表的线索化。

对二叉链表进行线索化就是将二叉链表中的空指针改为指向前驱或后继的线索，而前驱或后继的信息只有在遍历二叉树时才能得到。具体地，在遍历的过程中，对当前访问的结点 bt 执行下述操作：

① 检查结点 bt 的左、右指针域，如果为空，则将相应标志置 1。

② 由于结点 bt 的前驱刚被访问过，所以若左指针为空，则可令其指向它的前驱；但由于 bt 的后继尚未访问到，所以它的右指针不能建立线索，要等到访问结点 bt 的后继结点时才能进行。为实现这一过程，设指针 pre 始终指向刚刚访问过的结点，即若指针 bt 指向当前结点，则 pre 指向它的前驱，显然 pre 的初值为空，如图 4-41 所示。

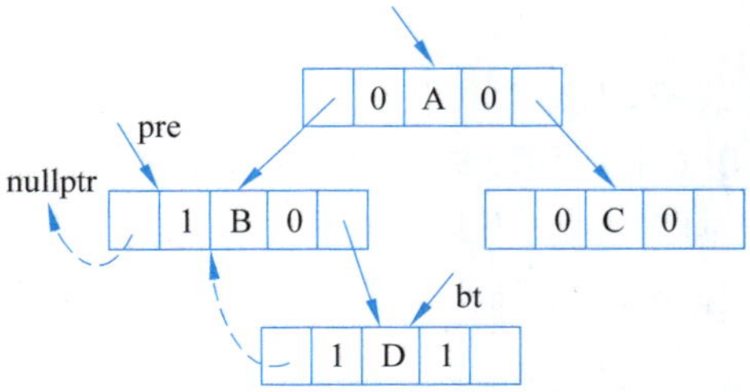

③ 令 pre 指向刚刚访问过的结点 root。

建立中序线索链表的算法用伪代码描述如下：

图 4-40　访问结点 bt 的操作示意图

```
算法：InThrBiTree
输入：二叉链表(带标志)的根指针 bt
输出：无
    1. 如果二叉链表 bt 为空,则空操作返回;
    2. 对 bt 的左子树建立线索;
    3. 访问根结点 bt,执行下述操作
     3.1 如果 bt 没有左孩子,则为 bt 加上前驱线索;
     3.2 如果 bt 没有右孩子,则将 bt 的右标志置为 1;
     3.3 如果结点 pre 的右标志为 1,则为其加上后继线索;
     3.4 令 pre 指向刚访问的结点 bt;
    4. 对 bt 的右子树建立线索;
```

对二叉链表进行线索化的成员函数定义如下：

```cpp
template <typename DataType>
void InThrBiTree<DataType>::ThrBiTree(ThrNode<DataType> * bt,
                                ThrNode<DataType> * pre)
{
    if (bt == nullptr) return;
    ThrBiTree(bt->lchild, pre);
    if (bt->lchild == nullptr) {        //对 bt 的左指针进行处理
        bt->ltag = 1;
        bt->lchild = pre;               //设置 pre 的前驱线索
    }
    if (bt->rchild == nullptr) bt->rtag = 1;    //对 bt 的右指针进行处理
    if (pre->rtag == 1) pre->rchild = bt;       //设置 pre 的后继线索
    pre = bt;
    ThrBiTree(bt->rchild, pre);
}
```

(4) 查找后继结点

对于中序线索链表的任意结点 p，其后继结点有以下两种情况：

① 如果结点 p 的右标志为 1，表明该结点的右指针是线索，则其右指针所指向的结点便是它的后继结点。例如，在图 4-39 所示中序线索链表上，结点 B 的右标志为 1，则结点 B 的右指针指向的结点 A 即结点 B 的后继结点。

② 如果结点 p 的右标志为 0，表明该结点有右孩子，无法直接找到其后继结点。然而，根据中序遍历的操作定义，它的后继结点应该是遍历其右子树时第一个访问的结点，即右子树中的最左下结点。这只需沿着其右孩子的左指针向下查找，当某结点的左标志为 1 时，就是所要找的后继结点。例如，在图 4-39 所示中序线索链表上，结点 A 的右标志为 0，则结点 A 的右子树的最左下结点 E 即结点 A 的后继结点。

在中序线索链表上查找结点 p 的后继结点的成员函数定义如下：

```cpp
template <typename DataType>
ThrNode <DataType> * InThrBiTree<DataType>:: Next(ThrNode<DataType> * p)
{
    ThrNode<DataType> * q = nullptr;
    if (p->rtag == 1) q = p->rchild;    //直接得到后继结点
    else {
        q = p->rchild;                  //工作指针 q 指向结点 p 的右孩子
        while (q->ltag == 0)            //查找最左下结点
            q = q->lchild;
    }
    return q;
}
```

(5) 中序遍历

在中序线索链表上进行遍历，只需找到中序遍历序列中的第一个结点，然后依次找每个

结点的后继结点,直至某结点无后继为止。成员函数定义如下:

```
template <typename DataType>
void InThrBiTree<DataType>:: InOrder()
{
    if (root == nullptr) return;          //如果线索链表为空,则空操作返回
    ThrNode<DataTyoe> * p = root;
    while (p->ltag == 0)                  //查找遍历序列的第一个结点 p
        p = p->lchild;
    cout <<p->data;
    while (p->rchild != nullptr)          //当结点 p 存在后继,依次访问其后继结点
    {
        p = Next(p);
        cout <<p->data;
    }
}
```

在中序线索链表上进行中序遍历,虽然时间复杂度亦为 $O(n)$,但常数因子比在二叉链表上进行的递归与非递归遍历算法小,且不需要设工作栈。因此,若某问题中所用的二叉树需经常遍历或查找结点在某种遍历序列中的前驱和后继,则应采用线索链表作为存储结构。

4.8.3　堆与优先队列

1. 堆的定义

优先队列(priority queue)是按照某种优先级进行排列的队列,优先级越高的元素出队越早,优先级相同者按照先进先出的原则进行处理。优先队列的基本算法可以在普通队列的基础上修改而成。例如,入队时将元素插入队尾,出队时找出优先级最高的元素出队;或者入队时将元素按照优先级插入合适的位置,出队时将队头元素出队。这两种实现方法,入队或出队总有一个时间复杂度为 $O(n)$。采用堆来实现优先队列,入队和出队的时间复杂度均为 $O(\log_2 n)$。

堆(heap)是具有下列性质的完全二叉树[①]:每个结点的值都小于或等于其左右孩子结点的值(称为小根堆);或者每个结点的值都大于或等于其左右孩子结点的值(称为大根堆)。如果将堆按层序从 1 开始编号,则结点之间满足如下关系:

$$\begin{cases} k_i \leqslant k_{2i} \\ k_i \leqslant k_{2i+1} \end{cases} \quad 或 \quad \begin{cases} k_i \geqslant k_{2i} \\ k_i \geqslant k_{2i+1} \end{cases} \quad (1 \leqslant i \leqslant \lfloor n/2 \rfloor)$$

从堆的定义可以看出,一个完全二叉树如果是堆,则根结点(称为堆顶)一定是当前堆中所有结点的最大者(大根堆)或最小者(小根堆)。图 4-41 给出了堆的示例,用小根堆实现的优先队列称为极小队列,用大根堆实现的优先队列称为极大队列,不失一般性,下面仅讨论极大队列。

2. 极大队列的存储结构

由于堆是完全二叉树,因此采用顺序存储,即将大根堆按层序从 1 开始连续编号,将结

---

①　有些参考书将堆直接定义为序列,但是,从逻辑结构上讲,还是将堆定义为完全二叉树更好。虽然堆的典型实现方法是使用数组,但是从逻辑结构的角度来看,堆实际上是一种树结构。

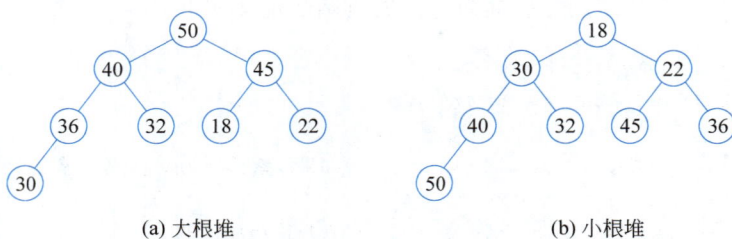

(a) 大根堆   (b) 小根堆

图 4-41　堆的示例

点以编号为下标存储到一维数组 data 中。如图 4-42 所示,用大根堆实现极大队列,队头元素存储在 data[1]中,因此不用表示队头位置。

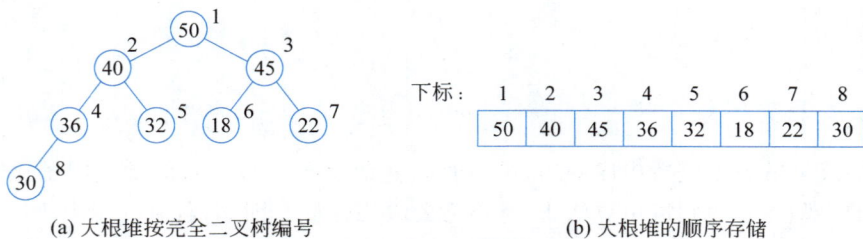

(a) 大根堆按完全二叉树编号   (b) 大根堆的顺序存储

图 4-42　极大队列的存储结构

3. 极大队列基本操作的实现

极大队列类定义如下,其中成员变量实现极大队列的顺序存储,成员函数实现极大队列的基本操作。

```cpp
const int QueueSize = 100;              //定义存储队列元素的数组的最大长度
template <typename DataType>            //定义模板类 PriQueue
class PriQueue
{
public:
    PriQueue();                         //构造函数,初始化空极大队列
    ~PriQueue();                        //析构函数
    void EnQueue(DataType x);           //入队操作,将元素 x 入队
    DataType DeQueue();                 //出队操作,将队头元素出队
    DataType GetHead();                 //取队头元素(并不删除)
    int Empty();                        //判断队列是否为空
private:
    DataType data[QueueSize];           //存放队列元素的数组
    int rear;                           //游标,队尾指针
};
```

由于极大队列对应大根堆并按层序编号存储到一维数组 data 中下标 1 开始的单元,由完全二叉树的性质,元素 data[i]的双亲是 data[i/2]、左孩子是 data[2i]、右孩子是 data[2i+1]。由于 rear 指示队尾元素的位置,则队空时 rear=0。初始化一个空的优先队列只需将队尾位置 rear 置为 0,优先队列的判空操作只需判断 rear 是否等于 0,取队头元素只需返回 data[1]。下面讨论优先队列的入队和出队操作。

（1）入队操作

优先队列的入队操作先将待插元素 x 插入队尾位置，然后将新插入元素从叶子向根方向进行调整，若新插入元素比双亲大，则进行交换，这个过程一直进行到根结点或新插入元素小于其双亲结点的值。入队操作的过程示例如图 4-43 所示，成员函数定义如下：

```
template <typename DataType>
void PriQueue<DataType>:: EnQueue(DataType x)
{
    int i, temp;
    if (rear == MaxSize -1) throw "上溢";
    i = ++rear;                //i 记载新元素在数组中的下标
    data[i] = x;
    while (i/2 >0 && data[i/2] < x)
    {
        temp = data[i]; data[i] = data[i/2]; data[i/2] = temp;
        i = i/2;               //新插入元素被调整到 i/2
    }
}
```

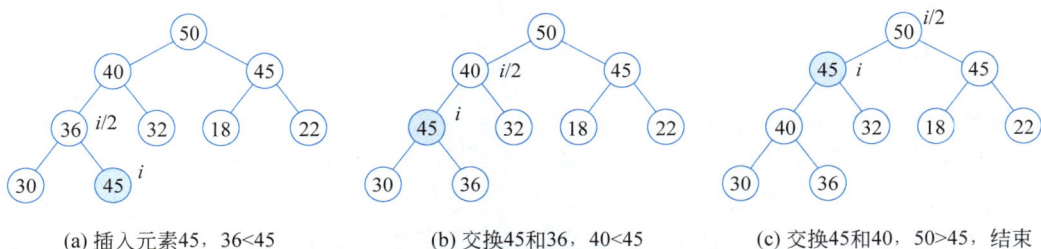

(a) 插入元素45，36<45　　　(b) 交换45和36，40<45　　　(c) 交换45和40，50>45，结束

图 4-43　优先队列入队操作的过程示例

（2）出队操作

由于优先队列的队头元素位于堆顶，因此出队操作直接输出堆顶元素，为维护堆的性质，将队尾元素放到根结点，然后调整根结点重新建堆。出队操作的过程示例如图 4-44 所示，成员函数定义如下：

```
template <typename DataType>
DataType PriQueue<DataType>:: DeQueue()
{
    int i, j, x, temp;
    if (rear == 0) throw "下溢";
    x = data[1];
    data[1] = data[rear--];
    i = 1; j = 2 * i;                //i 是被调整的结点,j 是 i 的左孩子
    while (j <= rear)                //调整要进行到叶子
    {
```

```
        if (j < rear && data[j] < data[j+1]) j++;
        if (data[i] > data[j]) break;
                                   //根结点大于左右孩子中的较大者
        else {
            temp = data[i]; data[i] = data[j]; data[j] = temp;
            i = j; j = 2 * i;      //被调整结点位于原来结点 j 的位置
        }
    }
    return x;
}
```

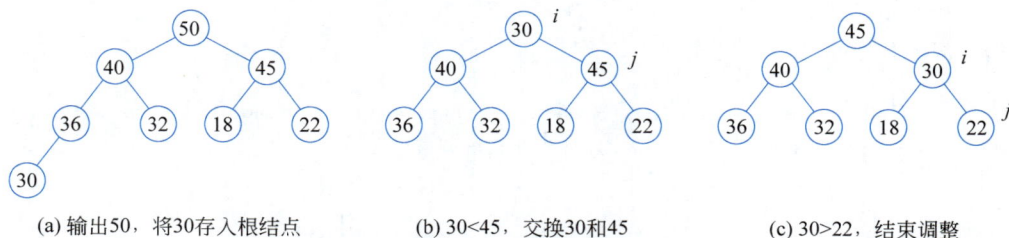

(a) 输出50，将30存入根结点   (b) 30<45，交换30和45   (c) 30>22，结束调整

图 4-44   优先队列出队操作的过程示例

4.8.4   并查集

1. 并查集的存储结构

不相交集合是对集合的一种划分,将集合 S 划分为若干个子集,这些子集之间没有交集,且所有子集合并即为集合 S。不相交集合的两个基本操作是查找和合并,查找是找出某个元素属于哪个子集,合并是把两个子集合并成一个子集。由于不相交集合的两个基本操作是并和查,因此不相交集合也称为并查集(union find set)。

可以用树结构实现并查集,将每个子集表示为一棵树,子集中的每个元素是树上的一个结点。如图 4-45 所示,查找操作给出待查元素所在树的根结点,这需要从该结点沿着双亲结点进行回溯,直到根结点。合并操作将两棵树合并为一棵树,由于并查集只关心哪些元素在同一棵树上,并不关心树的形状,因此可以将一棵树作为另一棵树根结点的子树。由于查和并都只涉及某结点的双亲,因此,树可以采用双亲表示法存储。数组元素的结点结构定义如下:

```
struct ElemType
{
    char data;          //假定并查集的元素为字符型
    int parent;         //游标,该元素的双亲在数组中的下标
};
```

2. 并查集的实现

下面给出并查集的类定义,其中成员变量实现并查集的双亲表示法存储,成员函数实现并查集的基本操作。

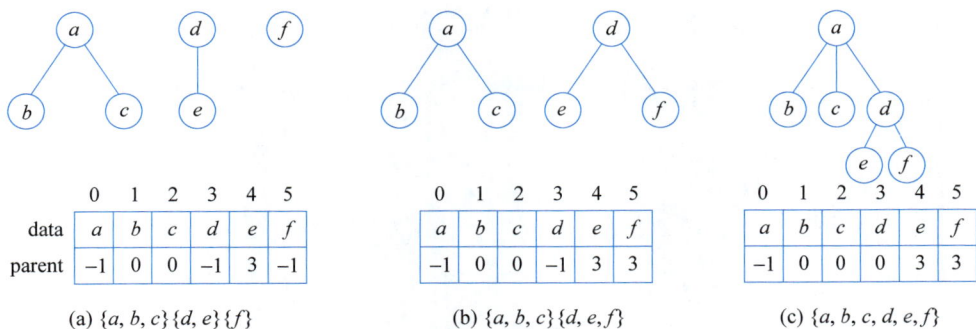

	0	1	2	3	4	5
data	a	b	c	d	e	f
parent	−1	0	0	−1	3	−1

(a) {a, b, c}{d, e}{f}

	0	1	2	3	4	5
data	a	b	c	d	e	f
parent	−1	0	0	−1	3	3

(b) {a, b, c}{d, e, f}

	0	1	2	3	4	5
data	a	b	c	d	e	f
parent	−1	0	0	0	3	3

(c) {a, b, c, d, e, f}

图 4-45 并查集的操作示意图

```
const int MaxSize = 100;          //假设集合最多 100 个元素
class UnionFind
{
public:
    UnionFind(char ch[ ], int n);    //每个元素构成一个子集
    ~UnionFind();
    int Find(char x);                //查找元素 x 所在子树的根结点
    void Union(char x, char y);      //合并元素 x 和 y 所在子集
private:
    ElemType elem[MaxSize];          //双亲表示法存储
    int length;                      //集合的元素个数
};
```

由于并查集采用双亲表示法存储,基本操作都是在数组上进行,下面讨论基本操作的实现。

① 构造函数。构造函数将成员变量进行初始化,即将 n 个元素存储到 data 域,同时将 parent 初始化为−1。构造函数比较简单,请读者自行设计。

② 析构函数。并查集采用静态存储分配,在并查集变量退出作用域时自动释放成员变量所占存储空间,因此,析构函数为空。

③ 查找。查找某元素所在子集即返回该元素所在树的根结点的下标,这只需查找 x 的双亲,直到根结点。假设元素 x 是并查集的元素,成员函数定义如下:

```
int UnionFind :: Find(char x)
{
    int i;
    for (i = 0; i < length; i++)
        if (elem[i].data == x) break;
    while (elem[i].parent != -1)
        i = elem[i].parent;
    return i;
}
```

④ 合并。合并两个元素所在集合需要查找两个集合所在树的根结点,然后进行合并,

假定元素 x 和 y 均是并查集的元素,成员函数定义如下:

```
void UnionFind :: Union(char x, char y)
{
    int vex1 = Find(x);
    int vex2 = Find(y);
    if (vex1 != vex2) elem[vex2].parent = vex1;
}
```

4.9 上机实验

4.9.1 二叉链表的上机实现

【实验内容】 对于图 4-46 所示二叉树 T,完成以下操作:(1)构建相应的二叉链表存储;(2)基于二叉链表存储结构,输出二叉树 T 的先序、中序和后序遍历序列;(3)设计测试用例,进一步验证二叉树的基本操作。

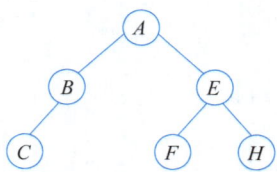

图 4-46 一棵二叉树

【实验提示】 新建一个工程"二叉链表验证实验",在该工程中新建一个头文件"BiTree.h",加入二叉链表的结点结构、二叉链表类 BiTree 的定义。在工程"二叉链表验证实验"中新建一个源程序文件"BiTree.cpp",加入类 BiTree 中所有成员函数的定义。在工程"二叉链表验证实验"中新建一个源程序文件"Bitree_main.cpp",在主函数中使用 Bitree 类型定义二叉树 T,然后调用成员函数完成相应的功能。

【实验程序】 下面给出源程序文件 Bitree_main.cpp 的范例程序,请修改程序进一步验证二叉树的基本操作。

```
int main()
{
    BiTree<char> T{ };                      //定义对象变量 T,调用私有函数建立二叉链表
    cout <<"该二叉树的先序遍历序列是:";
    T.PreOrder( );
    cout <<"\n 该二叉树的中序遍历序列是:";
    T.InOrder( );
    cout <<"\n 该二叉树的后序遍历序列是:";
    T.PostOrder( );
    return 0;
}
```

4.9.2 孩子兄弟链表的上机实现

【实验内容】 对于图 4-47 所示树 T,完成以下操作:(1)构建相应的孩子兄弟表示法存储结构;(2)基于树的孩子兄弟表示存储结构,输出树的先序和后序遍历序列;(3)设计测

试数据,进一步验证树的基本操作。

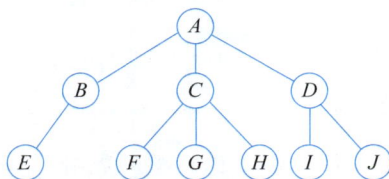

图 4-47 一棵树

【实验提示】 树的孩子兄弟表示法存储结构实质上将树转换为对应的二叉树,就可以借助二叉树的操作实现树的有关操作。

【实验程序】 下面给出源程序文件 tree_main.cpp 的范例程序,请修改程序进一步验证树的基本操作。

```
int main()
{
    CSTree<char> T{ };              //定义对象变量 T,调用私有函数建立孩子兄弟链表
    cout <<"该树的先序遍历序列是:";
    T.PreOrder();
    cout <<"\n 该树的后序遍历序列是:";
    T.PostOrder();
    return 0;
}
```

4.9.3 最近共同祖先

【问题描述】 假设树 T 有 N 个结点($2 \leqslant N \leqslant 10000$),每个结点用整数 $\{1, 2, \cdots, N\}$ 按照层序进行标记,如图 4-48 所示。如果结点 x 位于根结点和结点 y 之间的路径中,则称结点 x 是结点 y 的祖先。由于结点 y 也在路径中,因此,结点是其自身的祖先。例如,结点 1、3、6 和 12 是结点 12 的祖先。如果结点 x 是结点 y 的祖先,同时也是结点 z 的祖先,则称结点 x 是结点 y 和 z 的共同祖先。例如,结点 1 和 3 是结点 8 和 12 的共同祖先。如果结点 x 是结点 y 和 z 的共同祖先,并且在所有共同祖先中距离结点 y 和 z 最近,则称结点 x 是结点 y 和 z 的最近共同祖先。

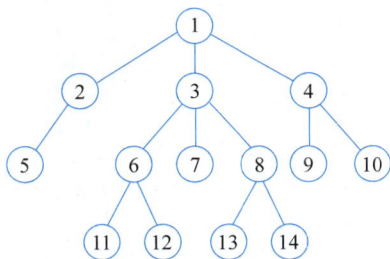

图 4-48 树结构示例

例如,结点 3 是结点 8 和 12 的最近共同祖先。特别地,如果结点 y 是结点 z 的祖先,则结点 y 是结点 y 和 z 的最近共同祖先。例如,结点 3 是结点 3 和 12 的最近共同祖先。请找出树中两个不同结点的最近共同祖先。

【测试样例】 输入有三行,第一行是一个整数 N,表示结点的个数;第二行是 $N-1$ 对整数,每一对整数表示树中的一条边,其中第一个整数是第二个整数的父结点;第三行是两个整数,表示要找出这两个整数结点的最近共同祖先。输出是一个整数,表示求得的最近共同祖先。测试样例如下:

测 试 样 例	输 入	输 出
测试 1	7 1 2,1 3,1 4,3 5,3 6,6 7 5 7	3

【实验提示】 采用双亲表示法存储树 T,设整型数组 parent[N],其中元素 parent[i]表示结点 i 的双亲在数组中的下标,设变量 y 和 z 存储两个结点的标记。首先根据 N−1 对整数存储每个结点的双亲,然后反复将结点 y 和 z 中标记较大的那个结点向上走到双亲结点,直至双亲相遇。算法如下:

```
算法:最近共同祖先 ComAncestor
输入:数组 parent[N],标记 y 和 z
输出:最近共同祖先
    1. 重复下述操作直到 y 等于 z:
        1.1 如果 y < z,则 z = parent[z];
        1.2 否则 y = parent[y];
    2. 返回 y;
```

【实验程序】 根据算法 ComAncestor 的伪代码很容易写出函数定义,下面给出主函数,请修改程序对其他测试数据进行验证。

```cpp
int main()
{
    int N, i, j, k, parent[MAXSIZE] = {0};
    cin >> N;
    for (i = 0; i < N; i++)
    {
        cin >> j >> k;
        parent[k] = j;
    }
    cin >> y >> z;
    cout << ComAncestor(parent, N, y, z);
    return 0;
}
```

【扩展实验】 如果结点的标记没有任何规律,就需要将结点 y 和 z 中层数较深的那个结点向上走到双亲结点,直至结点 y 和 z 位于同一层,然后再共同向上走到各自的双亲结点,直至双亲相遇。请设计算法实现上述想法。

4.9.4 镜像对称二叉树

【问题描述】 如果一棵二叉树与其镜像完全一样,则称此二叉树为镜像对称二叉树。假设二叉树以层序遍历序列表示,如果某结点为空,用 0 表示。例如,二叉树[1,2,2,3,4,4,3]是镜像对称的,如图 4-49 所示;二叉树[1,2,2,0,3,0,3]不是镜像对称的,如

图 4-50 所示。设二叉树的结点个数是 $n(0 \leqslant n \leqslant 1000)$，请判断一棵二叉树是否为镜像对称二叉树。

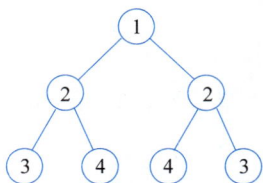

图 4-49　镜像对称二叉树　　　　图 4-50　非镜像对称二叉树

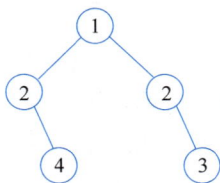

【测试样例】　输入是二叉树的层序遍历序列，输出是判断结果 true 或者 false。测试样例如下：

测 试 样 例	输　　　入	输　　　出
测试 1	1 2 2 3 4 4 3	true
测试 2	1 2 2 0 3 0 3	false

【实验提示】　用数组 data[n] 存储二叉树的层序遍历序列，从第 2 层开始，逐层判断该层结点是否对称。设变量 cnt 表示某层的结点个数，循环变量 i 表示某层第一个结点，算法如下：

算法：判断二叉树是否镜像对称 IsMirror
输入：数组 data[n]
输出：判断结果
  1. 初始化：cnt = 2; i = 1;
  2. 当 i < n 时重复执行下述操作：
    2.1 循环变量 j 从 0 到 cnt/2-1，重复进行判断：
      2.1.1 如果 data[i+j]≠data[i+cnt-1-j]，返回 false；算法结束；
      2.1.2 j++；
    2.2 i = i + cnt; cnt = 2 * cnt;
  3. 返回 true。

【实验程序】　下面给出算法 IsMirror 的函数定义，请编写主函数使用测试样例调用该函数，收集实验数据，分析算法效率。

```
bool IsMirror(int data[ ], int n)
{
    int cnt = 2, i = 1, j;
    while (i < n)
    {
      for (j = 0; j < cnt / 2 - 1; j++)
          if (data[i + j] != data[i + cnt - 1 - j]) return false;
```

```
        i = i + cnt; cnt = 2 * cnt;
    }
    return true;
}
```

【扩展实验】 如果采用二叉链表作为二叉树的存储结构,如何用递归方法进行判断?请设计计算法并上机实现。

思想火花——调试程序与魔术表演

每个程序员都知道,调试程序是一件很困难的事情,但是,熟练的程序员可以使调试程序的工作看起来很简单。有些人心烦意乱地描述他们已经花了好几个小时查找 bug,都不知道问题出现在什么地方,但是优秀的程序员问了几个问题后,就能够确定故障代码的位置。优秀的程序员决不会忘记:不管系统的行为看起来有多么神秘,程序里面必定存在一定的逻辑解释。

下面发生的事情都是真实的。

在 IBM 的约克城研究中心,一位程序员安装了一个新的工作站。当他坐下来登录时一切正常,但是当他站起来时就不能登录系统。我们当中的大多数人都只会把头靠在椅子背上,百思不得其解:那个工作站怎么知道这个可怜的家伙在登录时是站着还是坐着呢?但是优秀的程序员知道里面一定有文章。一个同事问了一个问题:程序员站着和坐着时分别是如何登录的?伸出手再试试。问题就出现在键盘上:两个键的键帽松动了,程序员坐下时因为他是触摸打字,没有注意到这个问题,但是当他站起来时,是在寻找和敲击键盘,键帽就接触不好了。了解这点之后,程序员拿了把改锥,拧紧了那两个键帽,之后一切都正常了。

芝加哥的一个银行系统已经正常运作好几个月了,但是想不到的是,第一次处理国际数据就停止工作了。程序员花了几天的时间追踪代码,始终找不到任何停止该程序的命令。当更仔细地观察这个问题时,他们发现当输入厄瓜多尔的某些数据时,该程序就会停止。更加仔细的检测显示,当用户输入厄瓜多尔首都的名字(Quito,基多)时,该程序将它解释为请求停止运行程序!

曾经有一个系统,在第一次处理事务时都是正确的,而在后续的事务处理中总是出现错误。系统重新启动后,它在处理第一次事务时又是正常的,但是后续事务的处理又出现问题。有经验的程序员立刻知道应该去查找某个变量,程序加载时这个变量被正确地初始化了,但是第一次事务处理之后就没有被重新正确设定。

无论在什么情况下,恰当的提问都会引导聪明的程序员迅速找到令人讨厌的 bug:"你站着和坐着的时候做了不同的事情吗?""退出程序之前你输入了什么?""程序在开始失败前正常工作过吗?"等。

程序的错误行为就和魔术表演类似。我们都知道,魔术表演都是魔术师的精心演绎,看起来于理不通,其实里面都大有文章;同样,程序出现了错误行为,有经验的程序员都知道程序里面一定存在着逻辑解释,然后通过错误现象去准确定位有故障的代码。

习题 4

一、单项选择题

1. 假设一棵树有 n 个结点,则树中所有结点的度数之和为(　　)。

　　A. n　　　　　　　　B. $n-2$　　　　　　　　C. $n-1$　　　　　　　　D. $n+1$

2. 假设一棵度为 4 的树中有 60 个结点,则该树的最小高度是(　　)。

　　A. 3　　　　　　　　B. 4　　　　　　　　C. 5　　　　　　　　D. 6

3. 下列说法中正确的是(　　)。

　　A. 二叉树就是度为 2 的树　　　　　　　　B. 二叉树不存在度大于 2 的结点

　　C. 二叉树是有序树　　　　　　　　　　　　D. 二叉树每个结点的度均为 2

4. 若某完全二叉树的结点个数为 100,则第 50 个结点的度是(　　)。

　　A. 0　　　　　　　　B. 1　　　　　　　　C. 2　　　　　　　　D. 不确定

5. 一棵有 124 个叶结点的完全二叉树,最多有(　　)个结点。

　　A. 247　　　　　　　B. 248　　　　　　　C. 249　　　　　　　D. 250

6. 假设深度为 h 的满二叉树共有 n 个结点,其中有 m 个叶子结点,则有(　　)成立。

　　A. $n=h+m$　　　　B. $h+m=2n$　　　　C. $m=h-1$　　　　D. $n=2m-1$

7. 设二叉树有 n 个结点,该二叉树的深度是(　　)。

　　A. $n-1$　　　　　　B. n　　　　　　　C. $\lfloor \log_2 n \rfloor +1$　　　　D. 不能确定

8. 深度为 k 的完全二叉树至少有(　　)个结点。

　　A. $2^{k-2}+1$　　　　B. 2^{k-1}　　　　C. 2^k-1　　　　D. $2^{k-1}-1$

9. 在正则二叉树中,每个结点的度或者为 0 或者为 2。n 个结点的正则二叉树有 (　　)个叶子。

　　A. $\lceil \log_2 n \rceil$　　　　B. $\dfrac{n-1}{2}$　　　　C. $\lceil \log_2(n+1) \rceil$　　　　D. $\dfrac{n+1}{2}$

10. 二叉树的先序序列和后序序列正好相反,则该二叉树一定是(　　)。

　　A. 空或只有一个结点　　　　　　　B. 高度等于其结点数

　　C. 任一结点无左孩子　　　　　　　D. 任一结点无右孩子

11. 一棵二叉树的先序遍历序列是 $ABCDEFG$,则中序遍历序列可能是(　　)。

　　A. $CABDEFG$　　　B. $BCDAEFG$　　　C. $DACEFBG$　　　D. $ADBCFEG$

12. 用顺序存储的方法将完全二叉树的所有结点逐层存放在数组 A[1]～A[n]中,若结点 A[i]有左子树,则左子树的根结点是(　　)。

　　A. A[$2*i-1$]　　　B. A[$2*i+1$]　　　C. A[$i/2$]　　　　D. A[$2*i$]

13. 如果某二叉树的先序序列、中序序列和后序序列,结点 a 都在结点 b 的前面,则 (　　)。

　　A. a 是 b 的左兄弟　　　　　　　B. a 是 b 的双亲

　　C. a 是 b 的左孩子　　　　　　　D. a 是 b 的右孩子

14. 已知某完全二叉树采用顺序存储,结点的存放顺序是 $ABCDEFGH$,该完全二叉树的后序遍历序列为(　　)。

A. *HDEBFGCA*　　B. *HEDBFGCA*　　C. *HDEBAFGC*　　D. *HDEFGBCA*

15. 下列说法中,正确的是(　　)。

　　A. 在完全二叉树中,叶结点双亲的左兄弟结点(如果存在)一定不是叶子结点

　　B. 对于任何二叉树,终端结点数为度为 2 的结点数减 1

　　C. 完全二叉树不适合用顺序存储结构存储

　　D. 二叉树按层序编号,第 i 个结点的左孩子(如果存在)编号为 $2i$

16. 设森林有 4 棵树,树中结点的个数依次为 n_1、n_2、n_3、n_4,将森林转换成二叉树后,根结点的左子树有(　　)个结点,根结点的右子树有(　　)个结点。

　　A. n_1-1　　　　B. n_1　　　　C. $n_1+n_2+n_3$　　　　D. $n_2+n_3+n_4$

17. 讨论树、森林和二叉树的关系,目的是(　　)。

　　A. 借助二叉树的运算方法实现树的一些运算

　　B. 将树、森林按二叉树的存储方式进行存储并利用二叉树算法解决树的有关问题

　　C. 将树、森林转换成二叉树

　　D. 体现一种技巧,没有什么实际意义

18. 将深度为 $h(h>0)$ 的满二叉树转换为森林,则森林中有(　　)棵树。

　　A. 1　　　　　　B. $\log_2 n$　　　　C. $h/2$　　　　D. h

19. 设 X 是树 T 中的一个非根结点,B 是 T 对应的二叉树。如果在二叉树 B 中,X 是其双亲的右孩子,那么在树 T 中,(　　)。

　　A. X 是其双亲的第一个孩子　　　　B. X 一定无右兄弟

　　C. X 一定是叶子结点　　　　　　　D. X 一定有左兄弟

20. 如图 4-51 所示 T_2 是由森林 T_1 转换的二叉树,则森林 T_1 中有(　　)个叶子结点。

　　A. 4　　　　　　B. 5

　　C. 6　　　　　　D. 7

21. 设 F 是一个森林,由 F 转换的二叉树存储在二叉链表 B 中,若森林 F 有 n 个非终端结点,则 B 中右指针域为空的结点有(　　)个。

　　A. $n-1$　　　　B. n

　　C. $n+1$　　　　D. $n+2$

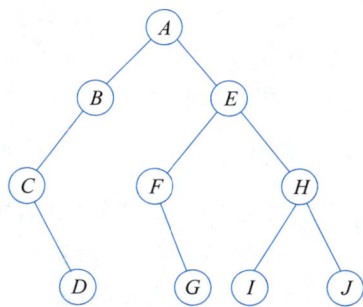

图 4-51　二叉树 T_2

22. 一棵哈夫曼树共有 215 个结点,则能表示(　　)个哈夫曼编码。

　　A. 107　　　　　B. 108　　　　　C. 214　　　　　D. 215

23. 为 5 个使用频率不等的字符设计哈夫曼编码,不可能的方案是(　　)。

　　A. 111,110,10,01,00　　　　　　B. 000,001,010,011,1

　　C. 100,11,10,1,0　　　　　　　D. 001,000,01,11,10

24. 为 5 个使用频率不等的字符设计哈夫曼编码,不可能的方案是(　　)。

　　A. 000,001,010,011,1　　　　　　B. 0000,0001,001,01,1

　　C. 000,001,01,10,11　　　　　　D. 00,100,101,110,111

25. 设哈夫曼编码的长度不超过 4,若已经对两个字符编码为 1 和 01,则最多还可以为

（　　）个字符编码。

    A. 2　　　　　　　　　B. 3　　　　　　　　　C. 4　　　　　　　　　D. 5

二、解答下列问题

1. 树的逻辑结构可以用括号表示法进行描述,具体方法是:每棵树对应一个形如"根(子树 1,子树 2,…,子树 m)"的字符串,每棵子树的表示方式与树类似,各子树之间用逗号分隔。假设一棵树的括号表示为 $A(B,C(E,F(G)),D)$,回答下列问题:

(1) 指出树的根结点;

(2) 指出树的所有叶子结点;

(3) 指出结点 C 的双亲结点和孩子结点;

(4) 树的深度是多少? 结点 C 的层数是多少?

(5) 树的度是多少? 结点 C 的度是多少?

2. 对于图 4-52 所示树结构,要求:(1)画出双亲表示法存储示意图;(2)画出孩子表示法存储示意图;(3)画出孩子兄弟表示法存储示意图。

3. 在孩子表示法中查找双亲比较困难,把双亲表示法和孩子表示法结合起来,就形成了双亲孩子表示法。请说明双亲孩子表示法的存储思想,并画出图 4-52 所示树采用双亲孩子表示法的存储示意图。

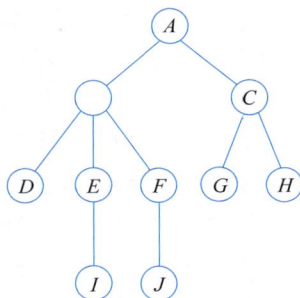

图 4-52　第 2 题图

4. 设某二叉树的存储状态如图 4-53 所示,其中 data 存储该结点的元素值,lchild 和 rchild 分别存储该结点的左右孩子在数组中的下标。请说明这种存储结构,并画出对应的二叉树。

下标	1	2	3	4	5	6	7	8
data	a	b	c	d	e	f	g	h
lchild	2	3	0	0	6	0	8	0
rchild	5	0	4	0	7	0	0	0

图 4-53　二叉树的一种存储结构

5. 证明:对任意满二叉树,终端结点有 n_0 个,则分支数 $B=2(n_0-1)$。

6. 证明:已知一棵二叉树的先序遍历序列和中序遍历序列,可唯一确定该二叉树。

7. 在一棵度为 m 的树中,度为 1 的结点有 n_1 个,度为 2 的结点有 n_2 个,……,度为 m 的结点有 n_m 个,请计算该树共有多少个叶子结点?

8. 二叉树的先序遍历序列为 ABC,有哪几种不同的二叉树可以得到这一结果?

9. 已知一棵二叉树的先序遍历序列和中序遍历序列分别为 $ABCDEFGH$ 和 $CDBAFEHG$,请构造该二叉树。

10. 已知一棵二叉树的中序遍历序列和后序遍历序列分别为 $CBEDAFIGH$ 和 $CEDBIFHGA$,请构造该二叉树。

11. 已知一棵二叉树的层序遍历序列和中序遍历序列分别为 $ABCDEFGHI$ 和 $DBGEHACIF$,请构造该二叉树。

12. 将图 4-54 所示二叉树转换为树或森林,将图 4-55 所示树转换为二叉树。

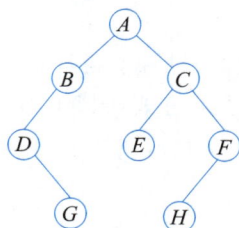

图 4-54　一棵二叉树

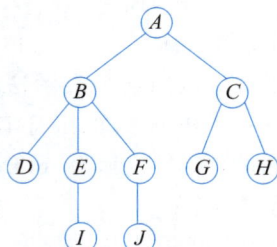

图 4-55　一棵树

13. 已知一个森林的先序遍历序列和后序遍历序列分别为 $ABCDEFGHIJKLMNO$ 和 $CDEBFHIJGAMLONK$,请构造该森林。

14. 假设用于通信的电文取自字符集 {a, b, c, d, e, f, g},每个字符在电文中出现的频率分别为 {0.31, 0.16, 0.10, 0.08, 0.11, 0.20, 0.04}。请为这 7 个字符设计哈夫曼编码,并计算使用哈夫曼编码比使用等长编码使电文总长压缩多少?

15. 设有 7 个从小到大排好序的有序表,分别含有 10、30、40、50、50、60 和 90 个整数,通过 6 次两两合并将它们合并成一个有序表,应该按怎样的次序进行这 6 次合并,使得总的比较次数最少? 请设计最佳合并方案。

16. 已知某电文中出现了 10 种不同的字符,每个字符出现的频率分别为 {A:8,B:5,C:3,D:2,E:7,F:23,G:9,H:11,I:2,J:35},现在对这段电文用三进制进行编码(即编码由 0、1、2 组成),请计算电文编码的总长度至少有多少位?

三、算法设计

1. 假设二叉树的结点为字符型,将二叉树的二叉链表存储转换为顺序存储。

2. 以二叉链表作为存储结构,求二叉树的结点个数。

3. 按先序次序输出二叉树中的叶子结点。

4. 求二叉树的深度。

5. 二叉树采用顺序存储结构,设计算法对二叉树进行先序遍历。

6. 设 $n(n \leqslant 100)$ 个结点的二叉树按顺序存储方式存储在数组 bt[1]~bt[n] 中,求二叉树中编号为 i 和 j 的两个结点的最近公共祖先结点。

7. 以二叉链表为存储结构,求二叉树中结点 x 的双亲。

8. 以二叉链表为存储结构,在二叉树中删除以值 x 为根结点的子树。

9. 以孩子兄弟表示法为存储结构,求树中结点 x 的第 i 个孩子。

10. 以二叉链表为存储结构,求二叉树第 $k(k>1)$ 层上叶子结点的个数。

11. 判断一棵二叉树是否为完全二叉树。

考研真题 4

一、单项选择题

(2020 年)1. 对于任意一棵高度为 5 且有 10 个结点的二叉树,若采用顺序存储结构保存,每个结点占 1 个存储单元(仅存放结点的数据信息),则存放该二叉树需要的存储单元数量至少是_____。

A. 31   B. 16   C. 15   D. 10

(2020 年)2. 已知森林 F 及与之对应的二叉树 T,若 F 的先根遍历序列是 a,b,c,d,e,f,中根遍历序列是 b,a,d,f,e,c,则 T 的后根遍历序列是_____。

A. b,a,d,f,e,c B. b,d,f,e,c,a

C. b,f,e,d,c,a D. f,e,d,c,b,a

(2019 年)3. 若将一棵树 T 转化为对应的二叉树 BT,则下列对 BT 的遍历中,其遍历序列与 T 的后根遍历序列相同的是_____。

A. 先序遍历   B. 中序遍历   C. 后序遍历   D. 按层遍历

(2019 年)4. 对 n 个互不相同的符号进行哈夫曼编码。若生成的哈夫曼树共有 115 个结点,则 n 的值是_____。

A. 56   B. 57   C. 58   D. 60

(2018 年)5. 设一棵非空完全二叉树 T 的所有叶子结点均位于同一层,且每个非叶结点都有 2 个子结点。若 T 有 k 个叶子结点,则 T 的结点总数是_____。

A. $2k-1$ B. $2k$ C. k^2 D. 2^k-1

(2018 年)6. 已知字符集{a, b, c, d, e, f},若各字符出现的次数分别为 6,3,8,2,10,4,则对应字符集中各字符的哈夫曼编码可能是_____。

A. 00, 1011,01, 1010, 11, 100   B. 00, 100, 110, 000, 0010, 01

C. 10, 1011, 11, 0011, 00, 010   D. 0011, 10, 11, 0010, 01, 000

(2021 年)7. 某森林 F 对应的二叉树为 T,若 T 的先序遍历序列是 a,b,d,c,e,g,f,中序遍历序列是 b,d,a,e,g,c,f,则 F 中树的棵数是_____。

A. 1   B. 2   C. 3   D. 4

(2021 年)8. 若某二叉树有 5 个叶子结点,其权值分别为 10, 12, 16, 21, 30,则其最小的带权路径长度(WPL)是_____。

A. 89   B. 200   C. 208   D. 289

(2023 年)9. 在由 6 个字符组成的字符集 S 中,各字符出现的频次分别为 3,4,5,6,8,10,为 S 构造的哈夫曼编码的加权平均长度为_____。

A. 2.4   B. 2.5   C. 2.67   D. 2.75

(2023 年)10. 已知一棵二叉树的树形如下图所示,若其后序遍历为 f,d,b,e,c,a,则其先(前)序遍历序列是_____。

A. a,e,d,f,b,c B. a,c,e,b,d,f

C. c,a,b,e,f,d D. d,f,e,b,a,c

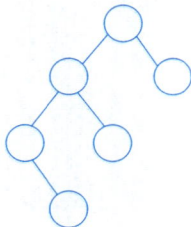

二、算法设计题

(2017 年)请设计一个算法,将给定的表达式树(二叉树)转换为等价的中缀表达式(通过括号反映操作符的计算次序)并输出。例如,当下列两棵表达式树作为算法的输入时,输出的等价中缀表达式分别为 $(a+b)*(c*(-d))$ 和 $(a*b)+(-(c-d))$ 。

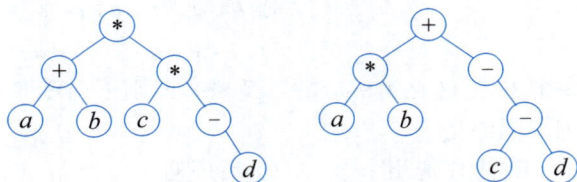

二叉树结点定义如下:

```
typedef struct node {
    char data[10];                        //存储操作数或操作符
    struct node * left, * right;
} BTree;
```

要求:

(1) 给出算法的基本设计思想。

(2) 根据设计思想,采用 C 或 C++ 语言描述算法,关键之处给出注释。

第 5 章　图

本章概述	图结构是一种比树结构更复杂的非线性结构,在图结构中,任意两个顶点之间都可能有关系。图结构具有极强的表达能力,可用于描述各种复杂的数据对象。图的应用十分广泛,典型的应用领域有电路分析、项目规划、鉴别化合物、统计力学、遗传学、人工智能、语言学等。本章是本课程的难点和重点。 本章由实际问题引出图结构,介绍图的定义、分类和基本术语,讨论图的邻接矩阵存储和邻接表存储,讨论图的遍历操作及具体实现,最后介绍图的 4 个经典应用:最小生成树、最短路径、拓扑排序和关键路径
教学重点	图的基本术语;图的存储表示;图的遍历;图的经典应用
教学难点	图的遍历算法;Prim 算法;Kruskal 算法;Dijkstra 算法;Floyd 算法;拓扑排序算法;关键路径算法
教学目标	(1) 解释图的定义和基本术语,设计图的抽象数据类型定义; (2) 辨析图的深度优先和广度优先遍历方法,针对图结构给出遍历结果; (3) 辨析图的邻接矩阵和邻接表存储方法,分析查找邻接点等操作的执行过程和效率,画出存储示意图,描述存储结构定义; (4) 基于图的邻接矩阵和邻接表存储,设计构造图、遍历等算法; (5) 陈述 Prim 算法和 Kruskal 算法的基本思想,说明贪心选择策略,描述算法执行过程中存储单元的变化,解释算法的程序实现,分析时间性能; (6) 陈述 Dijkstra 算法的基本思想,设计存储结构,描述求解过程中存储单元的变化,解释 Dijkstra 算法的程序实现,评价时间性能; (7) 陈述 Floyd 算法的基本思想,建立递推关系式,描述求解过程中存储单元的变化,解释 Floyd 算法的程序实现,评价时间性能; (8) 解释 AOV 网的定义,说明拓扑序列的含义,陈述拓扑排序算法的基本思想,描述算法执行过程中存储单元的变化,评价时间性能; (9) 辨析 AOV 网和 AOE 网,论证关键路径和关键活动对工程进度的影响,分析关键路径的求解思想,给出算法执行过程中存储单元的变化

5.1 引言

在图结构中,任意两个顶点之间都可能有关系,可用于描述各种复杂的数据对象。在实际应用中,很多问题抽象出的数据模型是图结构。下面请看两个例子。

【例 5-1】 七巧板涂色问题。假设有如图 5-1(a)所示七巧板,使用至多 4 种不同颜色对七巧板涂色,要求每个区域涂一种颜色,相邻区域的颜色互不相同。

【想法——数据模型】 为了识别不同区域的相邻关系,可以将七巧板的每个区域看成一个顶点,如果两个区域相邻,则这两个顶点之间有边相连,从而将七巧板抽象为图结构,如图 5-1(b)所示。这种图结构有什么特点?如何进行存储?如何求得涂色方案呢?

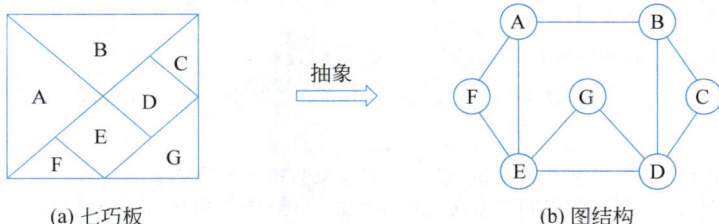

图 5-1　七巧板及其数据模型

【例 5-2】 农夫过河问题。一个农夫带着一只狼、一只羊和一筐菜,想从河一边(左岸)乘船到另一边(右岸)。由于船太小,农夫每次只能带一样东西过河。但是如果没有农夫看管,则狼会吃羊,羊会吃菜。农夫怎样过河才能把每样东西安全地送过河呢?

【想法——数据模型】 在某一时刻,农夫、狼、羊和菜或者在河的左岸,或者在河的右岸,可以用 0 表示在河的左岸,用 1 表示在河的右岸,如图 5-2(a)所示。例如,1010 表示农夫和羊在河的右岸、狼和菜在河的左岸。将每一个可能的状态抽象为一个顶点,边表示状态转移发生的条件,从而将农夫过河问题抽象为一个图结构,如图 5-2(b)所示。这种图结构有什么特点?如何进行存储?如何求解得到过河方案呢?

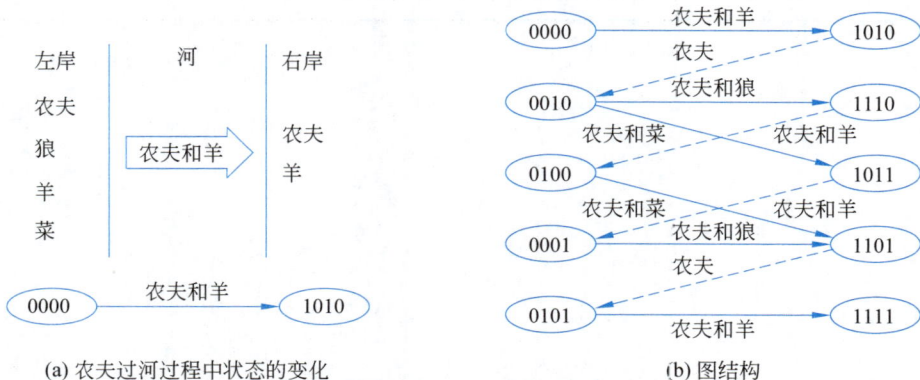

(a)农夫过河过程中状态的变化　　　(b)图结构

图 5-2　农夫过河问题及其数据模型

5.2　图的逻辑结构

课件 5-2

5.2.1　图的定义和基本术语

在图中常常将数据元素称为顶点[①]（vertex）。

1. 图的定义

图（graph）是由顶点的集合和顶点之间边的集合组成[②]，通常表示为

$$G = (V, E)$$

其中，G 表示一个图，V 是顶点的集合，E 是顶点之间边的集合。例如，在图 5-3（a）所示 G1 中，顶点集合 $V = \{v_0, v_1, v_2, v_3, v_4\}$，边的集合 $E = \{(v_0, v_1), (v_0, v_3), (v_1, v_2), (v_1, v_4), (v_2, v_3), (v_2, v_4)\}$。

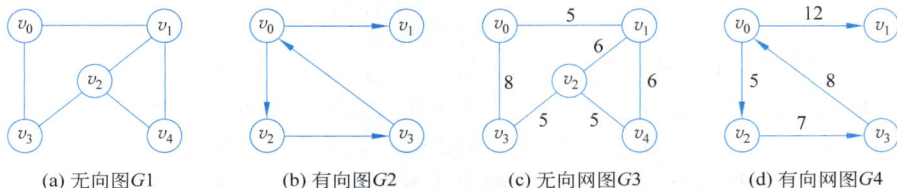

(a) 无向图 $G1$　　(b) 有向图 $G2$　　(c) 无向网图 $G3$　　(d) 有向网图 $G4$

图 5-3　图的示例

在图中，若顶点 v_i 和 v_j 之间的边没有方向，则称这条边为无向边，用无序偶对 (v_i, v_j) 表示；若从顶点 v_i 到 v_j 的边有方向，则称这条边为有向边（也称为弧，以区别于无向边），用有序偶对 $<v_i, v_j>$ 表示，v_i 称为弧尾，v_j 称为弧头。如果图的任意两个顶点之间的边都是无向边，则称该图为无向图（undirected graph），否则称该图为有向图（directed graph）。例如，图 5-3（a）所示是一个无向图，图 5-3（b）所示是一个有向图[③]。

在图中，权（weight）通常是对边赋予的有意义的数值量[④]，在实际应用中，权可以有具体的含义。例如，对于城市交通线路图，边上的权表示该条线路的长度或者等级；对于工程进度图，边上的权表示活动所需的时间，等等。边上带权的图称为带权图或网图（network graph）。例如，图 5-3（c）所示是一个无向网图，（d）所示是一个有向网图。

2. 图的基本术语

（1）邻接、依附。

在无向图中，对于任意两个顶点 v_i 和 v_j，若存在边 (v_i, v_j)，则称顶点 v_i 和 v_j 互为邻接点[⑤]（adjacent），同时称边 (v_i, v_j) 依附（adhere）于顶点 v_i 和 v_j。

[①]　有些教材将图的顶点称为节点（node）。新华字典对结点的定义是直线或曲线的终点或交点；对节点的定义是电路中连接三个或三个以上的点，物体的分段或两段之间连接的部分；对顶点的定义是角的两条边的交点。英文的结点和节点都是 node，都表示交叉点、集结点。

[②]　$V = \Phi$ 的图称为空图，$V \neq \Phi$ 但 $E = \Phi$ 的图称为零图。在数据结构中，空表、空栈、空队列、空树、空二叉树、空图、零图等均表示一种可能的状态，一般作为条件判断。

[③]　若图 $G = (V, E)$ 中同时包含无向边和有向边，则称为混合图。将每条无向边等效地替换为对称的一对有向边，可将混合图转化为有向图。

[④]　在图中，权可以是边的属性也可以是顶点的属性。本书只讨论边上带权的图，且权值是非负整数的情况。

[⑤]　在线性结构中，数据元素之间的逻辑关系表现为前驱——后继；在树结构中，结点之间的逻辑关系表现为双亲——孩子；在图结构中，顶点之间的逻辑关系表现为邻接。

在有向图中,对于任意两个顶点 v_i 和 v_j,若存在弧$<v_i,v_j>$,则称顶点 v_i 邻接到 v_j,顶点 v_j 邻接自 v_i,同时称弧$<v_i,v_j>$依附于顶点 v_i 和 v_j。在不致混淆的情况下,通常称 v_j 是 v_i 的邻接点。

(2)顶点的度、入度、出度。

在无向图中,顶点 v 的 **度**(degree)是指依附于该顶点的边的个数,记为 $TD(v)$。在具有 n 个顶点 e 条边的无向图中,有式(5-1)成立:

$$\sum_{i=0}^{n-1} TD(v_i) = 2e \tag{5-1}$$

在有向图中,顶点 v 的 **入度**(in-degree)是指以该顶点为弧头的弧的个数,记为 $ID(v)$;顶点 v 的 **出度**(out-degree)是指以该顶点为弧尾的弧的个数,记为 $OD(v)$。在具有 n 个顶点 e 条边的有向图中,有式(5-2)成立:

$$\sum_{i=0}^{n-1} ID(v_i) = \sum_{i=0}^{n-1} OD(v_i) = e \tag{5-2}$$

(3)无向完全图、有向完全图。

在无向图中,如果任意两个顶点之间都存在边,则称该图为 **无向完全图**(undirected complete graph)。含有 n 个顶点的无向完全图有 $n\times(n-1)/2$ 条边。

在有向图中,如果任意两个顶点之间都存在方向互为相反的两条弧,则称该图为 **有向完全图**(directed complete graph)。含有 n 个顶点的有向完全图有 $n\times(n-1)$ 条边。

(4)稠密图、稀疏图。

称边数很少的图为 **稀疏图**(sparse graph),反之,称为 **稠密图**[①](dense graph)。

(5)路径、路径长度、回路。

在无向图 $G=(V,E)$ 中,顶点 v_p 到 v_q 之间的 **路径**(path)是一个顶点序列 $v_p=v_{i0}v_{i1}\cdots v_{im}=v_q$,其中,$(v_{ij-1},v_{ij})\in E(1\leqslant j\leqslant m)$;如果 G 是有向图,则$<v_{ij-1},v_{ij}>\in E(1\leqslant j\leqslant m)$。路径上边的数目称为 **路径长度**(path length)。第一个顶点和最后一个顶点相同的路径称为 **回路**(circuit)。显然,在图中路径可能不唯一,回路也可能不唯一。

(6)简单路径、简单回路。

在路径序列中,顶点不重复出现的路径称为 **简单路径**(simple path)。除了第一个顶点和最后一个顶点之外,其余顶点不重复出现的回路称为 **简单回路**(simple circuit)。通常情况下,路径指的都是简单路径,回路指的都是简单回路。

(7)子图。

对于图 $G=(V,E)$ 和 $G'=(V',E')$,如果 $V'\subseteq V$ 且 $E'\subseteq E$,则称图 G' 是 G 的 **子图**[②](subgraph)。图 5-4 给出了子图的示例,显然,一个图可以有多个子图。

(8)连通图、连通分量。

在无向图中,若顶点 v_i 和 $v_j(i\neq j)$ 之间存在路径,则称 v_i 和 v_j 是连通的。若任意顶点 v_i 和 $v_j(i\neq j)$ 之间均有路径,则称该图是 **连通图**(connected graph)。例如,图 5-4(a)所示是连通图,图 5-5(a)所示是非连通图。非连通图的极大连通子图称为 **连通分量**(connected

---

① 稀疏和稠密本身就是模糊的概念,稀疏图和稠密图常常是相对而言的。显然,最稀疏图的边数是 0,最稠密图是完全图,边数达到最多。

② 通俗地说,子图是原图的一部分,是由原图中一部分顶点和这些顶点之间的一部分边构成的图。

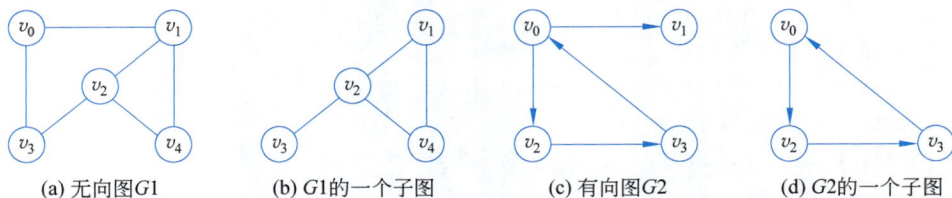

(a) 无向图 G1　　(b) G1 的一个子图　　(c) 有向图 G2　　(d) G2 的一个子图

图 5-4　子图的例子

component)，极大的含义是指子图在满足连通的条件下，包括所有连通的顶点以及与这些顶点相关联的所有边。图 5-5(a)所示非连通图有两个连通分量，如图 5-5(b)所示。

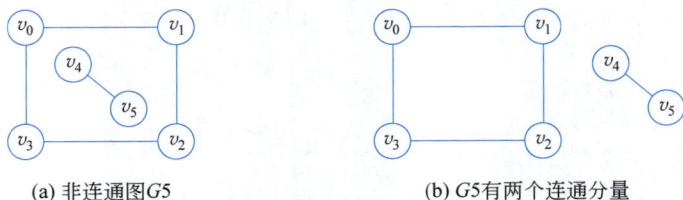

(a) 非连通图 G5　　　　　　　(b) G5 有两个连通分量

图 5-5　非连通图及连通分量

（9）强连通图、强连通分量

在有向图中，对任意顶点 v_i 和 $v_j (i \neq j)$，若从顶点 v_i 到 v_j 均有路径，则称该有向图是强连通图(strongly connected graph)。图 5-6(a)所示是强连通图，图 5-6(b)所示是非强连通图。非强连通图的极大强连通子图[①]称为强连通分量(strongly connected component)。图 5-6(b)所示非强连通图有两个强连通分量，如图 5-6(c)所示。

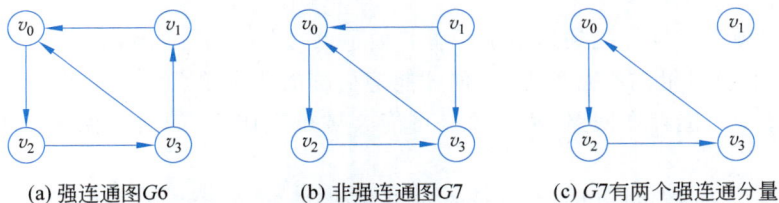

(a) 强连通图 G6　　　(b) 非强连通图 G7　　　(c) G7 有两个强连通分量

图 5-6　强连通图、非强连通图及强连通分量

5.2.2　图的抽象数据类型定义

图是一种与具体应用密切相关的数据结构，其基本操作往往随应用不同而有很大差别。下面给出一个图的抽象数据类型定义的例子，简单起见，基本操作仅包含图的遍历，针对具体应用，需要重新定义其基本操作。

```
ADT   Graph
DataModel
    顶点的集合和顶点之间边的集合
Operation
    CreateGraph
```

---

① 此处极大的含义同连通分量。

```
            输入：n 个顶点 e 条边
        功能：图的建立
        输出：构造一个含有 n 个顶点 e 条边的图
    DestroyGraph
        输入：无
        功能：图的销毁
        输出：释放图占用的存储空间
    DFTraverse
        输入：遍历的起始顶点 v
        功能：从顶点 v 出发深度优先遍历图
        输出：图的深度优先遍历序列
    BFTraverse
        输入：遍历的起始顶点 v
        功能：从顶点 v 出发广度优先遍历图
        输出：图的广度优先遍历序列
endADT
```

5.2.3　图的遍历操作

图的遍历(traverse)是从图中某顶点出发,对图中所有顶点访问[①]一次且仅访问一次。由于图结构本身的复杂性,所以图的遍历操作比较复杂,须解决的关键问题如下。

① 在图中,没有一个确定的开始顶点,任意一个顶点都可作为遍历的起始顶点,如何选取遍历的起始顶点?

② 从某个顶点出发可能到达不了所有其他顶点,例如非连通图,从一个顶点出发,只能访问它所在连通分量上的所有顶点,如何才能遍历图的所有顶点?

③ 由于图中可能存在回路,某些顶点可能会被重复访问,如何避免遍历不会因回路而陷入死循环?

④ 在图中,一个顶点可以和其他多个顶点相邻接,当这样的顶点访问过后,如何选取下一个要访问的顶点?

问题①的解决：既然图中没有确定的开始顶点,就可以从图中任一顶点出发,不妨将顶点进行编号,先从编号小的顶点开始。在图中,由于任何两个顶点之间都可能存在边,顶点没有确定的先后次序,所以,顶点的编号不唯一。在图的存储实现上,一般采用一维数组存储图的顶点信息,因此,可以用顶点的存储位置(即下标)表示该顶点的编号。为了和 C++语言的数组保持一致,顶点的编号从 0 开始。

问题②的解决：要遍历图中所有顶点,只需多次重复从某一顶点出发进行图的遍历。以下仅讨论从某一顶点出发遍历图的问题。

问题③的解决：为了在遍历过程中区分顶点是否已被访问,设置一个访问标志数组 visited[n](n 为图中顶点的个数),其初值为未被访问标志 0,如果某顶点 i 已被访问,则将该顶点的访问标志 visited[i]置为 1。

---

① 此处访问的含义同树的遍历中访问的含义。不失一般性,在此将访问定义为输出顶点的数据信息。

问题④的解决：这就是遍历次序的问题。图的遍历通常有深度优先遍历和广度优先遍历两种方式，这两种遍历次序对无向图和有向图都适用。

深度优先遍历[①]（depth-first traverse）类似于树的先序遍历。从图中某顶点 v 出发进行深度优先遍历的基本思想如下。

① 访问顶点 v；

② 从 v 的未被访问的邻接点中选取一个顶点 w，然后从 w 出发进行深度优先遍历；

③ 重复上述两步，直至图中所有和 v 有路径相通的顶点都被访问到。

显然，深度优先遍历图是一个递归过程，算法思想用伪代码描述如下[②]：

```
算法：DFTraverse
输入：顶点的编号 v
输出：无
    1.访问顶点 v；修改标志 visited[v]=1；
    2.w=顶点 v 的第一个邻接点；
    3.while (w 存在)
     3.1 if (w 未被访问) 从顶点 w 出发递归执行该算法；
     3.2 w=顶点 v 的下一个邻接点；
```

图 5-7 给出了对无向图进行深度优先遍历的过程示例。在访问 v_0 后选择未曾访问的邻接点 v_1，访问 v_1 后选择未曾访问的邻接点 v_4。由于 v_4 没有未曾访问的邻接点，递归返回到顶点 v_1，选择未曾访问的邻接点 v_2。以此类推，得到深度优先遍历序列为 $v_0 v_1 v_4 v_2 v_3 v_5$。

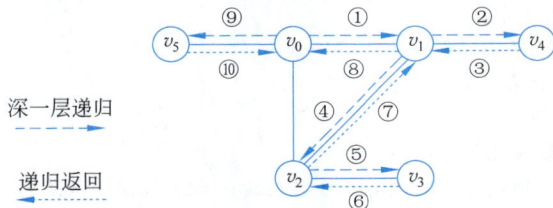

图 5-7　无向图的深度优先遍历示例

广度优先遍历[③]（breadth-first traverse）类似于树的层序遍历。从图中某顶点 v 出发进行广度优先遍历的基本思想如下。

① 访问顶点 v；

② 依次访问 v 的各个未被访问的邻接点 $v_1, v_2, \cdots, v_k$；

③ 分别从 $v_1, v_2, \cdots, v_k$ 出发依次访问它们未被访问的邻接点，直至图中所有与顶点 v 有路径相通的顶点都被访问到。

广度优先遍历以顶点 v 为起始点，由近至远，依次访问和 v 有路径相通且路径长度为 $1, 2, \cdots$ 的顶点。为了使"先被访问顶点的邻接点"先于"后被访问顶点的邻接点"被访问，设

---

①　深度优先遍历算法由约翰·霍普克洛夫特和罗伯特·陶尔扬发明。当他们的研究成果在 ACM 上发表以后，引起学术界很大的轰动，深度优先遍历算法在信息检索、人工智能等领域得到成功应用。

②　该算法不依赖于图的存储结构，不涉及具体的实现细节，仅描述算法的基本思路。读者要学习并掌握这种用伪代码描述顶层算法（或算法思想）的方法。

③　广度优先遍历算法由美国计算机科学家 Edward F. Moore 在 1950 年发明，此外他还发明了有限状态自动机。

置队列存储已被访问的顶点。例如,对图 5-8 所示有向图进行广度优先遍历,访问 v_0 后将 v_0 入队;将 v_0 出队并依次访问 v_0 的未曾访问的邻接点 v_1 和 v_2,将 v_1 和 v_2 入队;将 v_1 出队并访问 v_1 的未曾访问的邻接点 v_4,将 v_4 入队;重复上述过程,得到顶点访问序列 $v_0 v_1 v_2 v_4 v_3$,图 5-9 给出了广度优先遍历过程中队列的变化。

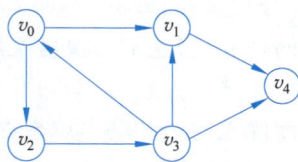

图 5-8 一个有向图

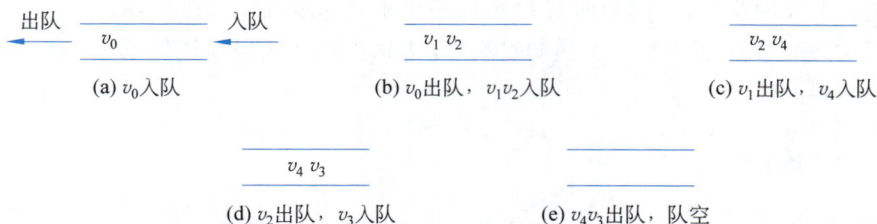

(a) v_0 入队   (b) v_0 出队, $v_1 v_2$ 入队   (c) v_1 出队, v_4 入队

(d) v_2 出队, v_3 入队   (e) $v_4 v_3$ 出队, 队空

图 5-9 广度优先遍历过程中队列的变化

广度优先遍历的算法思想用伪代码描述如下:

```
算法:BFTraverse
输入:顶点的编号 v
输出:无
  1.队列 Q 初始化;
  2.访问顶点 v;修改标志 visited[v]=1;顶点 v 入队列 Q;
  3.while (队列 Q 非空)
   3.1 v=队列 Q 的队头元素出队;
   3.2 w=顶点 v 的第一个邻接点;
   3.3 while (w 存在)
      3.3.1 如果 w 未被访问,则
           访问顶点 w;修改标志 visited[w]=1;顶点 w 入队列 Q;
      3.3.2 w=顶点 v 的下一个邻接点;
```

5.3 图的存储结构及实现

图是一种复杂的数据结构,任意两个顶点之间都可能存在边,所以无法通过顶点的存储位置反映顶点之间的邻接关系,因此图没有顺序存储结构。从图的定义可知,一个图包括两部分:顶点的信息以及顶点之间边的信息。无论采用什么方法存储图,都要完整、准确地表示这两方面的信息。一般来说,图的存储结构应根据具体问题的要求来设计,下面介绍两种常用的存储结构——邻接矩阵和邻接表。

5.3.1 邻接矩阵

1. 邻接矩阵的存储结构

图的邻接矩阵(adjacency matrix)存储也称数组表示法,用一个一维数组存储图中的顶点,用一个二维数组存储图中的边(即各顶点之间的邻接关系),存储顶点之间邻接关系的二维数组称为邻接矩阵。设图 $G=(V,E)$ 有 n 个顶点,则邻接矩阵是一个 $n \times n$ 的方阵,定义为

$$\text{edge[i][j]} = \begin{cases} 1 & \text{若}(v_i,v_j) \in E \text{ 或} < v_i,v_j > \in E \\ 0 & \text{否则} \end{cases} \tag{5-3}$$

若 G 是网图,则邻接矩阵定义为

$$\text{edge[i][j]} = \begin{cases} w_{ij} & \text{若}(v_i,v_j) \in E \text{ 或} < v_i,v_j > \in E \\ 0 & \text{若 } i=j \\ \infty & \text{否则} \end{cases} \tag{5-4}$$

其中,w_{ij} 表示边 (v_i,v_j) 或弧 $< v_i,v_j >$ 上的权值;∞ 表示一个计算机允许的、大于所有边上权值的数。图 5-10 所示为一个无向图及其邻接矩阵存储示意图,图 5-11 所示为一个有向网图及其邻接矩阵存储示意图。

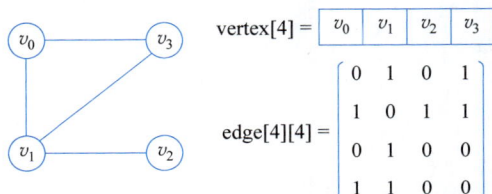

图 5-10　无向图及其邻接矩阵存储示意图

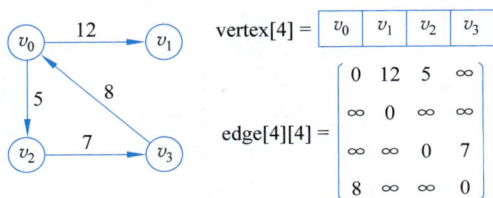

图 5-11　有向网图及其邻接矩阵存储示意图

显然,无向图的邻接矩阵一定是对称矩阵,而有向图的邻接矩阵则不一定对称。在图的邻接矩阵存储中容易实现下述基本操作:

① 对于无向图,顶点 i 的度等于邻接矩阵中第 i 行(或第 i 列)非零元素的个数。对于有向图,顶点 i 的出度等于邻接矩阵中第 i 行非零元素的个数;顶点 i 的入度等于邻接矩阵中第 i 列非零元素的个数。

② 判断顶点 i 和 j 之间是否存在边,只需测试邻接矩阵中相应位置的元素 edge[i][j],若其值为 1,则有边;否则,顶点 i 和 j 之间不存在边。

③ 查找顶点 i 的所有邻接点,扫描邻接矩阵的第 i 行,若 edge[i][j] 的值为 1,则顶点 j 是顶点 i 的邻接点。

2. 邻接矩阵的实现

将图的抽象数据类型定义在邻接矩阵存储结构下用 C++ 的类实现,下面给出邻接矩阵存储的类定义,其中成员变量实现图的邻接矩阵存储,成员函数实现图的基本操作。

```
const int MaxSize = 10;              //图中最多顶点个数
template <typename DataType>
class MGraph
{
public:
    MGraph(DataType a[ ], int n, int e);   //构造函数
    ~MGraph();                        //析构函数
    void DFTraverse(int v);           //深度优先遍历图
```

```
    void BFTraverse(int v);                          //广度优先遍历图
private:
    DataType vertex[MaxSize];                         //存放图中顶点的数组
    int edge[MaxSize][MaxSize];                       //存放图中边的数组
    int vertexNum,edgeNum;                            //图的顶点数和边数
};
```

下面讨论邻接矩阵基本操作的实现。

(1)构造函数——图的建立。

建立一个含有 n 个顶点 e 条边的图,顶点信息由参数 a[n]给出,边的信息由键盘输入,假设建立无向图,算法用伪代码描述如下:

算法:构造函数 MGraph

输入:顶点的数据信息 a[n],顶点个数 n,边的条数 e

输出:图的邻接矩阵存储

    1. 存储图的顶点个数和边的条数;

    2. 将顶点信息存储在一维数组 vertex 中;

    3. 初始化邻接矩阵 edge;

    4. 依次输入每条边并存储在邻接矩阵 edge 中:

    4.1 输入边依附的两个顶点的编号 i 和 j;

    4.2 将 edge[i][j]和 edge[j][i]的值置为 1;

建立无向图邻接矩阵的构造函数定义如下。

```cpp
template <typename DataType>
MGraph<DataType>:: MGraph(DataType a[ ], int n, int e)
{
    int i, j, k;
    vertexNum = n; edgeNum = e;
    for (i = 0; i < vertexNum; i++)            //存储顶点
    vertex[i] = a[i];
    for (i = 0; i < vertexNum; i++)            //初始化邻接矩阵
    for (j = 0; j < vertexNum; j++)
        edge[i][j] = 0;
    for (k = 0; k < edgeNum; k++)              //依次输入每一条边
    {
        cin >>i >>j;                          //输入边依附的两个顶点的编号
        edge[i][j] = 1; edge[j][i] = 1;       //置有边标志
    }
}
```

(2)析构函数——图的销毁。

图的邻接矩阵存储是静态存储分配,在图变量退出作用域时自动释放所占内存单元,因此,图的邻接矩阵存储无须销毁,析构函数为空。

（3）深度优先遍历。

在邻接矩阵存储结构下实现 5.2.3 节深度优先遍历算法，成员函数定义如下：

```
template <typename DataType>
void MGraph<DataType>:: DFTraverse(int v)
{
    cout <<vertex[v]; visited[v] = 1;
    for (int j = 0; j < vertexNum; j++)
      if (edge[v][j] == 1 && visited[j] == 0) DFTraverse(j);
}
```

（4）广度优先遍历。

在邻接矩阵存储结构下实现 5.2.3 节广度优先遍历算法，简单起见，队列采用顺序存储且假定不会发生溢出，成员函数定义如下：

```
template <typename DataType>
void MGraph<DataType>:: BFTraverse(int v)
{
    int w, j, Q[MaxSize];                    //采用顺序队列
    int front = -1, rear = -1;               //初始化队列
    cout <<vertex[v]; visited[v] = 1;
    Q[++rear] = v;                           //被访问顶点入队
    while (front != rear)                     //当队列非空时
    {
        w = Q[++front];                      //将队头元素出队并送到 v 中
        for (j = 0; j < vertexNum; j++)
            if (edge[w][j] == 1 && visited[j] == 0) {
                cout <<vertex[j]; visited[j] = 1; Q[++rear] = j;
        }
    }
}
```

在遍历过程中，对图中每个顶点至多调用一次遍历算法，因为一旦某个顶点被标志成已被访问，就不再从它出发进行遍历。因此，遍历图的过程实质上是对每个顶点查找其邻接点的过程。图采用邻接矩阵存储，查找每个顶点的邻接点所需时间为 $O(n^2)$，因此，深度优先和广度优先遍历图的时间复杂度均为 $O(n^2)$，其中 n 为图中顶点个数。

5.3.2　邻接表

1. 邻接表的存储结构

邻接表（adjacency list）是一种顺序存储与链式存储相结合的存储方法，类似于树的孩子表示法。对于图的每个顶点 v，将 v 的所有邻接点链成一个单链表，称为顶点 v 的边表（有向图则称为出边表），为了方便对所有边表的头指针进行存取操作，可以采取顺序存储。存储边表头指针的数组和存储顶点的数组构成了邻接表的表头数组，称为顶点表。因此，在

邻接表中存在两种结点结构：顶点表结点和边表结点，如图 5-12 所示。其中，vertex 为数据域，存放顶点信息；firstEdge 为指针域，指向边表的第一个结点；adjvex 为邻接点域，存放该顶点的邻接点在顶点表中的下标[①]；next 为指针域，指向边表的下一个结点。对于网图，边表结点还需增设 info 域存储边上信息(如权值)。顶点表结点和边表结点的结构体定义如下，图 5-13 给出了无向图的邻接表存储示意图，图 5-14 给出了有向网图的邻接表存储示意图。

图 5-12　邻接表的结点结构

```cpp
struct EdgeNode                    //定义边表结点
{
    int adjvex;                    //邻接点域
    EdgeNode * next;
};
template <typename DataType>
struct VertexNode                  //定义顶点表结点
{
    DataType vertex;
    EdgeNode * firstEdge;
};
```

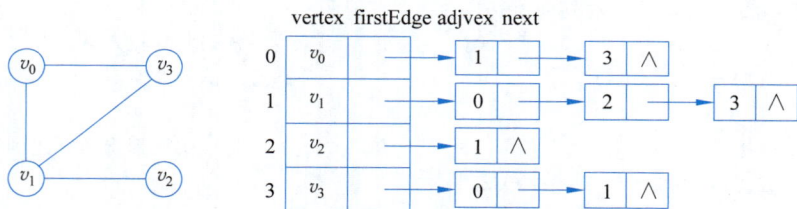

图 5-13　无向图的邻接表存储示意图

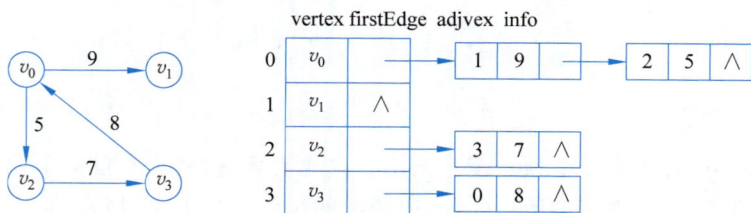

图 5-14　有向网图的邻接表存储示意图

在图的邻接表存储结构中容易实现下述基本操作：

① 对于无向图，顶点 i 的度等于顶点 i 的边表中的结点个数。对于有向图，顶点 i 的出度等于顶点 i 的出边表中的结点个数；顶点 i 的入度等于所有出边表中以顶点 i 为邻接点的结点个数。

② 判断从顶点 i 到顶点 j 是否存在边，只需测试顶点 i 的边表中是否存在邻接点域为

---

① 注意 adjvex 不能存储邻接点的数据信息，否则会产生重复存储浪费存储空间，更严重的后果是可能出现修改不一致。

j 的结点。

③ 查找顶点 i 的所有邻接点,只需遍历顶点 i 的边表,该边表中的所有结点都是顶点 i 的邻接点。

2. 邻接表的实现

用 C++ 语言的类实现基于邻接表存储结构下图的抽象数据类型定义,图的邻接表存储的类定义如下,其中成员变量实现图的邻接表存储结构,成员函数实现基本操作。由于图中顶点的数据类型不确定,所以采用 C++ 的模板机制。

```
const int MaxSize = 10;                          //图的最多顶点数
template <typename DataType>
class ALGraph
{
public:
    ALGraph(DataType a[ ], int n, int e);        //构造函数
    ~ALGraph();                                  //析构函数
    void DFTraverse(int v);                      //深度优先遍历图
    void BFTraverse(int v);                      //广度优先遍历图
private:
    VertexNode<DataType> adjList[MaxSize];       //存放顶点表的数组
    int vertexNum,edgeNum;                        //图的顶点数和边数
};
```

下面讨论邻接表基本操作的实现。

(1)构造函数——图的建立。

建立一个含有 n 个顶点 e 条边的图,顶点信息由参数 a[n] 给出,边的信息由键盘输入,假设建立有向图,算法用伪代码描述如下:

```
算法:构造函数 ALGraph
输入:顶点的数据信息 a[n],顶点个数 n,边的条数 e
输出:图的邻接表
    1.存储图的顶点个数和边的条数;
    2.将顶点信息存储在顶点表中,将该顶点边表的头指针初始化为 nullptr;
    3.依次输入边的信息并存储在边表中:
     3.1输入边依附的两个顶点的编号 i 和 j;
     3.2生成边表结点 s,其邻接点的编号为 j;
     3.3将结点 s 插入第 i 个边表的表头;
```

建立有向图邻接表存储的构造函数定义如下。

```
template <typename DataType>
ALGraph<DataType>:: ALGraph(DataType a[ ], int n, int e)
{
    int i, j, k;
    EdgeNode * s = nullptr;
```

```
    vertexNum = n; edgeNum = e;
    for (i = 0; i < vertexNum; i++)                    //输入顶点信息,初始化顶点表
    {
      adjList[i].vertex = a[i];
      adjList[i].firstEdge = nullptr;
    }
    for (k = 0; k < edgeNum; k++)                       //依次输入每一条边
    {
      cin >>i >>j;                                       //输入边所依附的两个顶点的编号
      s = new EdgeNode; s->adjvex = j;                   //生成一个边表结点 s
      s->next = adjList[i].firstEdge;                    //将结点 s 插入表头
      adjList[i].firstEdge = s;
    }
}
```

(2) 析构函数——图的销毁。

在图的邻接表存储中,边表结点是在程序运行过程中申请的,因此,需要释放所有边表结点的存储空间,析构函数定义如下:

```
template <typename DataType>
ALGraph<DataType>:: ~ALGraph()
{
    EdgeNode * p = nullptr, * q = nullptr;
    for (int i = 0; i < vertexNum; i++)
    {
        p = q = adjList[i].firstEdge;
        while (p != nullptr)
        {
            p = p->next;
            delete q; q = p;
        }
    }
}
```

(3) 深度优先遍历。

在邻接表存储结构下实现 5.2.3 节深度优先遍历算法,成员函数定义如下:

```
template <typename DataType>
void ALGraph<DataType>:: DFTraverse(int v)
{
    int j;
    EdgeNode * p = nullptr;
    cout <<adjList[v].vertex; visited[v] = 1;
```

```
        p = adjList[v].firstEdge;        //工作指针 p 指向顶点 v 的边表
        while(p != nullptr)              //依次搜索顶点 v 的邻接点 j
        {
            j = p->adjvex;
            if(visited[j] == 0) DFTraverse(j);
            p = p->next;
        }
    }
```

（4）广度优先遍历算法。

在邻接表存储结构下实现 5.2.3 节广度优先遍历算法，简单起见，队列采用顺序存储并且假定不会发生溢出，成员函数定义如下：

```
template <typename DataType>
void ALGraph<DataType>:: BFTraverse(int v)
{
    int w, j, Q[MaxSize];                //采用顺序队列
    int front = -1, rear = -1;           //初始化队列
    EdgeNode * p = nullptr;
    cout <<adjList[v].vertex; visited[v] = 1;
    Q[++rear] = v;                       //被访问顶点入队
    while (front != rear)                //当队列非空时
    {
        w = Q[++front];
        p = adjList[w].firstEdge;        //工作指针 p 指向顶点 v 的边表
        while (p != nullptr)
        {
            j = p->adjvex;
            if (visited[j] == 0) {
                cout <<adjList[j].vertex; visited[j] = 1;
                Q[++rear] = j;
            }
            p = p->next;
        }
    }
}
```

如前所述，遍历图的过程实质上是对每个顶点查找其邻接点的过程，耗费的时间取决于采用的存储结构。图采用邻接表作为存储结构，遍历需要访问所有 n 个顶点，查找顶点的所有邻接点所需时间为 $O(e)$，因此，深度优先和广度优先遍历图的时间复杂度均为 $O(n+e)$。

5.3.3　邻接矩阵和邻接表的比较

邻接矩阵和邻接表是图的两种常用存储结构，均可用于存储有向图和无向图，也均可用

于存储网图。设图 G 含有 n 个顶点 e 条边,下面比较邻接矩阵和邻接表存储结构。

1. 空间性能比较

图的邻接矩阵是一个 $n \times n$ 的矩阵,其空间代价是 $O(n^2)$。邻接表的空间代价与图的边数及顶点数有关,每个顶点在顶点表中都要占据一个数组元素,且每条边必须出现在某个顶点的边表中,其邻接表的空间代价是 $O(n+e)$。

邻接表仅存储实际出现在图中的边,而邻接矩阵则需要存储所有可能的边,但是,邻接矩阵不需要指针的结构性开销。一般情况下,图越稠密,邻接矩阵的空间效率相应地越高,而对稀疏图使用邻接表存储,则能获得较高的空间效率。

2. 时间性能比较

在图的算法中访问某个顶点的所有邻接点是较常见的操作。如果使用邻接表,只需要检查此顶点的边表,即只检查与它相关联的边,平均需要查找 $O(e/n)$ 次;如果使用邻接矩阵,则必须检查所有可能的边,需要查找 $O(n)$ 次。从这个操作角度来讲,邻接矩阵比邻接表的时间代价高。

3. 唯一性比较

当图中每个顶点的编号确定后,图的邻接矩阵表示是唯一的;但图的邻接表表示不是唯一的,边表中结点的次序取决于边的输入次序以及结点在边表的插入算法。

4. 对应关系

图的邻接矩阵和邻接表虽然存储方法不同,但存在着对应关系。邻接表中顶点 i 的边表对应邻接矩阵的第 i 行,整个邻接表可看作邻接矩阵的带行指针的链式存储。

5.4 最小生成树

课件 5-4

连通图的生成树(spanning tree)是包含图中全部顶点的一个极小连通子图[①]。在生成树中添加任意一条属于原图中的边必定会产生回路,因为新添加的边使其依附的两个顶点之间有了第二条路径;在生成树中减少任意一条边,则必然成为非连通,所以一棵具有 n 个顶点的生成树有且仅有 $n-1$ 条边。图 5-15 给出了连通图的生成树示例,显然,生成树可能不唯一。

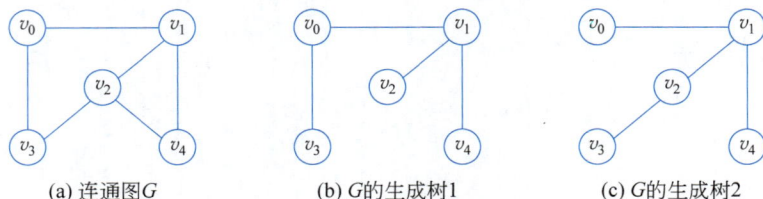

(a) 连通图 G (b) G 的生成树1   (c) G 的生成树2

图 5-15　连通图及其生成树

无向连通网的生成树上各边的权值之和称为该生成树的代价,在图的所有生成树中,代价最小的生成树称为最小生成树(minimal spanning tree)。最小生成树的概念可以应用到许多实际问题中,例如,在 n 个城市之间建造通信网络,至少需要架设 $n-1$ 条通信线路,每

---

① 极小的含义是包含全部顶点的连通子图中,生成树的边数是最少的。

两个城市之间架设通信线路的造价是不一样的,如何设计才能使得总造价最小? 如果用图的顶点表示城市,用边 (u,v) 上的权值表示建造城市 u 和 v 之间的通信线路所需的费用,则最小生成树给出了建造通信网络的最优方案。

5.4.1　Prim 算法

设 $G=(V,E)$ 是无向连通网,$T=(U,TE)$ 是 G 的最小生成树,Prim 算法[①]的基本思想是。从初始状态 $U=\{v\}$($v\in V$)、$TE=\{\}$ 开始,重复执行下述操作:在所有 $i\in U$、$j\in V-U$ 的边中找一条代价最小的边 (i,j) 并入集合 TE,同时 j 并入 U,直至 $U=V$ 为止,此时 TE 中有 $n-1$ 条边,T 是一棵最小生成树。Prim 算法的基本思想用伪代码描述如下:

```
算法：Prim
输入：无向连通网 G=(V,E)
输出：最小生成树 T=(U,TE)
  1.初始化：U={v}；TE={ }；
  2.重复下述操作直到 U=V：
   2.1 在 E 中寻找最短边(i,j)，且满足 i∈U,j∈V-U；
   2.2 U=U+{j}；
   2.3 TE=TE+{(i,j)}；
```

显然,Prim 算法的关键是如何找到连接 U 和 $V-U$ 的最短边来扩充生成树 T。设当前 T 中有 k 个顶点,则满足 $i\in U$ 且 $j\in V-U$ 的边最多有 $k\times(n-k)$ 条,从如此之大的边集中选取最短边需要花费较多时间。注意到,对于 $V-U$ 中的每个顶点,只需保留从该顶点到 U 中某顶点的最短边,则 $V-U$ 中 $n-k$ 个顶点所关联的 $n-k$ 条最短边构成候选最短边集。

对于图 5-16 所示连通网,图 5-17 给出了从顶点 v_0 出发,用 Prim 算法构造最小生成树的过程,表 5-1 给出了构造过程中集合 U 和候选最短边集的变化,黑体表示将要加入 TE 中的最短边。

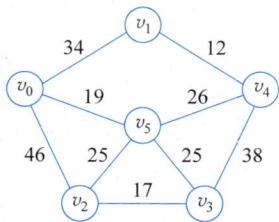

图 5-16　连通网

表 5-1　Prim 算法构造最小生成树过程中集合 U 和候选最短边集的变化

迭代过程	U	候选最短边集	加入 T 的边
初始化	$\{v_0\}$	$\{(v_0,v_1)34,(v_0,v_2)46,(v_0,v_3)\infty,$ $(v_0,v_4)\infty,\boldsymbol{(v_0,v_5)19}\}$	$(v_0,v_5)19$
第 1 次迭代	$\{v_0,v_5\}$	$\{(v_0,v_1)34,\boldsymbol{(v_5,v_2)25},(v_5,v_3)25,$ $(v_5,v_4)26\}$	$(v_5,v_2)25$
第 2 次迭代	$\{v_0,v_5,v_2\}$	$\{(v_0,v_1)34,\boldsymbol{(v_2,v_3)17},(v_5,v_4)26\}$	$(v_2,v_3)17$

---

① 普里姆(Robert Clay Prim,1921 年出生)1941 年获得电气工程学士学位,1949 年获得普林斯顿大学硕士学位。1941 年到 1944 年任通用电器公司的工程师,1944 年到 1949 年任美国海军军械实验室的工程师,1948 年到 1949 年任普林斯顿大学的副研究员,1958 年到 1961 年任贝尔电话实验室的数学与力学研究部主任,以及圣地亚公司的研究副总裁。

续表

迭 代 过 程	U	候选最短边集	加入 T 的边
第 3 次迭代	$\{v_0,v_5,v_2,v_3\}$	$\{(v_0,v_1)34,(\boldsymbol{v_5},\boldsymbol{v_4})\mathbf{26}\}$	$(v_5,v_4)26$
第 4 次迭代	$\{v_0,v_5,v_2,v_3,v_4\}$	$\{(\boldsymbol{v_4},\boldsymbol{v_1})\mathbf{12}\}$	$(v_4,v_1)12$
迭代结束	$\{v_0,v_5,v_2,v_3,v_4,v_1\}$	$\{\ \}$	

动画视频

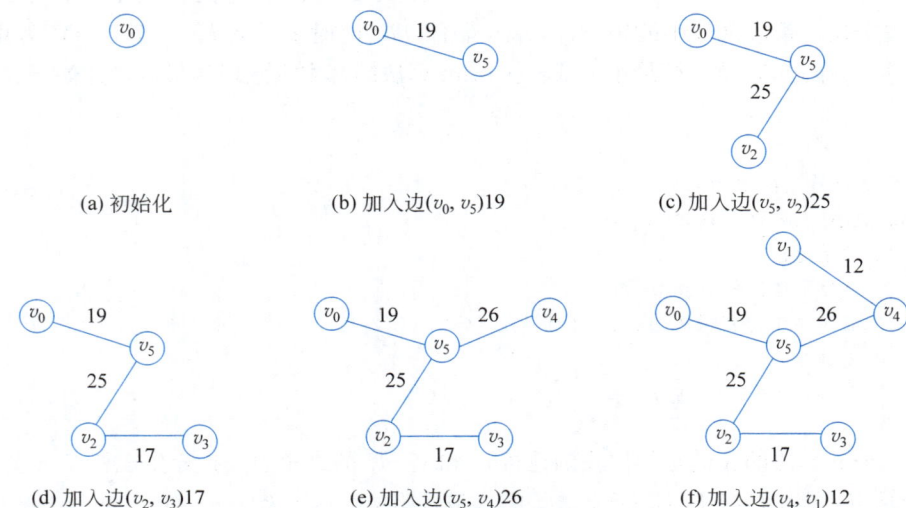

(a) 初始化   (b) 加入边 $(v_0,v_5)19$ (c) 加入边 $(v_5,v_2)25$

(d) 加入边 $(v_2,v_3)17$ (e) 加入边 $(v_5,v_4)26$ (f) 加入边 $(v_4,v_1)12$

图 5-17　Prim 算法构造最小生成树的过程

下面讨论 Prim 算法基于的存储结构。

① 图的存储结构：由于在算法执行过程中，需要不断读取任意两个顶点之间边的权值，所以，图采用邻接矩阵存储。

② 候选最短边集：设数组 adjvex[n]和 lowcost[n]分别表示候选最短边的邻接点和权值，数组元素 adjvex[i]和 lowcost[i]的值如式(5-5)所示，其含义是候选最短边 (i,j) 的权值为 w，其中 $i \in V-U, j \in U$。

$$
\begin{cases}
\text{adjvex[i]} = j \\
\text{lowcost[i]} = w
\end{cases}
\tag{5-5}
$$

初始时，$U=\{v\}$，lowcost[v]＝0 表示顶点 v 已加入集合 U 中，数组元素 adjvex[i]＝v，lowcost[i]＝边 (v,i) 的权值 $(1 \leqslant i \leqslant n-1)$。每一轮迭代时，在数组 lowcost[n]中选取最小权值 lowcost[j]，由于顶点 j 从集合 $V-U$ 进入集合 U 后，候选最短边集发生了变化，依据式(5-6)对数组 adjvex[n]和 lowcost[n]进行更新，然后将 lowcost[j]置为 0，表示将顶点 j 加入集合 U 中。

$$
\begin{cases}
\text{lowcost[i]} = \min\{\text{lowcost[i]}, 边(i,j) 的权值\} \\
\text{adjvex[i]} = j(如果边(i,j) 的权值 < \text{lowcost[i]})
\end{cases}
\tag{5-6}
$$

Prim 算法采用邻接矩阵作为存储结构，可以将 Prim 函数作为 MGraph 的公有成员函数，也可以将 Prim 函数设为 Mgraph 的友元函数，函数定义如下。

```
void Prim(int v)                        //从顶点 v 出发
{
    int i, j, k;
    int adjvex[MaxSize], lowcost[MaxSize];
    for (i = 0; i < vertexNum; i++)     //初始化辅助数组
    {
        lowcost[i] = edge[v][i]; adjvex[i] = v;
    }
    lowcost[v] = 0;                     //将顶点 v 加入集合 U
    for (k = 1; k < vertexNum; k++)     //迭代 n-1 次
    {
        j = MinEdge(lowcost, vertexNum);   //寻找最短边的邻接点 j
        cout <<j <<adjvex[j] <<lowcost[j] <<endl;
        lowcost[j] = 0;                 //顶点 j 加入集合 U
        for (i = 0; i < vertexNum; i++)     //调整辅助数组
        if (edge[i][j] <lowcost[i]) {
            lowcost[i] = edge[i][j]; adjvex[i] = j;
        }
    }
}
```

MinEdge 函数实现在数组 lowcost 中查找最小权值并返回其下标,请读者自行完成。

分析 Prim 算法,设连通网中有 n 个顶点,则第一个进行初始化的循环语句执行 n 次,第二个循环共执行 $n-1$ 次,内嵌两个循环,其一是在长度为 n 的数组中求最小值,执行 $n-1$ 次,其二是调整辅助数组,执行 $n-1$ 次,因此,Prim 算法的时间复杂度为 $O(n^2)$,与网中的边数无关,适用于求稠密网的最小生成树。

5.4.2　Kruskal 算法

设 $G=(V,E)$ 是无向连通网,$T=(U,TE)$ 是 G 的最小生成树,Kruskal 算法[①]的基本思想是初始状态为 $U=V$、$TE=\{\ \}$,即 T 中的顶点各自构成一个连通分量,然后按照边的权值由小到大的顺序,依次考查边集 E 中的各条边。若被考查边的两个顶点属于两个不同的连通分量,则将此边加入 TE 中,同时把两个连通分量连接为一个连通分量;若被考查边的两个顶点属于同一个连通分量,则舍去此边,以免造成回路,如此下去,当 T 中的连通分量个数为 1时,此连通分量便为 G 的一棵最小生成树。Kruskal 算法的基本思想用伪代码描述如下:

```
算法: Kruskal 算法
输入: 无向连通网 G=(V,E)
输出: 最小生成树 T=(U,TE)
```

---

①　克鲁斯卡尔(Joseph Bernard Kruskal,1928 年出生),1954 年获得普林斯顿大学博士学位。当克鲁斯卡尔还是二年级的研究生时,发明了最小生成树算法,当时他甚至不能肯定关于这个题目的 2 页半的论文是否值得发表。除了最小生成树之外,克鲁斯卡尔还因对多维分析的贡献而著名。

```
1.初始化：U=V;TE={};
2.重复下述操作直到所有顶点位于一个连通分量：
2.1 在 E 中选取最短边(u,v)；
2.2 如果顶点 u、v 位于两个连通分量，则
       2.2.1 将边(u,v)并入 TE；
       2.2.2 将这两个连通分量合成一个连通分量；
2.3 在 E 中标记边(u,v),使得(u,v)不参加后续最短边的选取；
```

显然，实现 Kruskal 算法的关键是：如何判断被考查边的两个顶点是否位于两个连通分量（即是否与生成树中的边形成回路）。如果将同一个连通分量的顶点放入一个集合中，则 Kruskal 算法需要判断被考查边的两个顶点是否位于两个集合，以及将两个集合进行合并等操作。对于图 5-16 所示无向连通网，图 5-18 给出了用 Kruskal 算法构造最小生成树的过程。

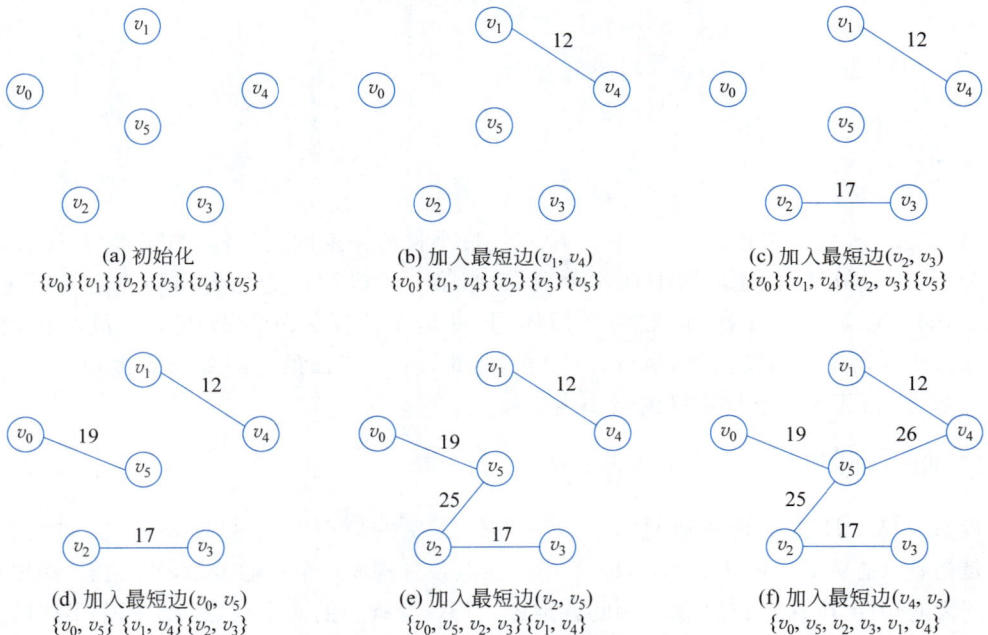

(a) 初始化
$\{v_0\}\{v_1\}\{v_2\}\{v_3\}\{v_4\}\{v_5\}$

(b) 加入最短边(v_1,v_4)
$\{v_0\}\{v_1,v_4\}\{v_2\}\{v_3\}\{v_5\}$

(c) 加入最短边(v_2,v_3)
$\{v_0\}\{v_1,v_4\}\{v_2,v_3\}\{v_5\}$

(d) 加入最短边(v_0,v_5)
$\{v_0,v_5\}\{v_1,v_4\}\{v_2,v_3\}$

(e) 加入最短边(v_2,v_5)
$\{v_0,v_5,v_2,v_3\}\{v_1,v_4\}$

(f) 加入最短边(v_4,v_5)
$\{v_0,v_5,v_2,v_3,v_1,v_4\}$

图 5-18　Kruskal 算法构造最小生成树的过程

下面讨论 Kruskal 算法基于的存储结构。

① 图的存储结构：因为 Kruskal 算法依次对图中的边进行操作，因此考虑采用边集数组（edge set array）存储。为了提高查找最短边的速度，可以先对边集数组按边上的权值排序。图 5-19 给出了无向连通网的边集数组存储示意图，边集数组元素的结构体定义如下：

```
struct EdgeType                        //定义边集数组的元素类型
{
    int from, to, weight;              //假设权值为整数
};
```

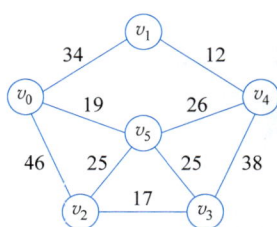

(a) 无向网图

vertex[6]= v_0 v_1 v_2 v_3 v_4 v_5

下标	0	1	2	3	4	5	6	7	8
from	1	2	0	2	3	4	0	3	0
to	4	3	5	5	5	5	1	4	2
weight	12	17	19	25	25	26	34	38	46

(b) 边集数组存储

图 5-19 无向网图及其边集数组存储示意图

② 连通分量的顶点所在的集合：由于涉及集合的查找和合并等操作，考虑采用并查集来实现。并查集是将集合中的元素组织成树的形式，合并两个集合，即将一个集合的根结点作为另一个集合根结点的孩子，图 5-20 给出了并查集的合并过程示例。

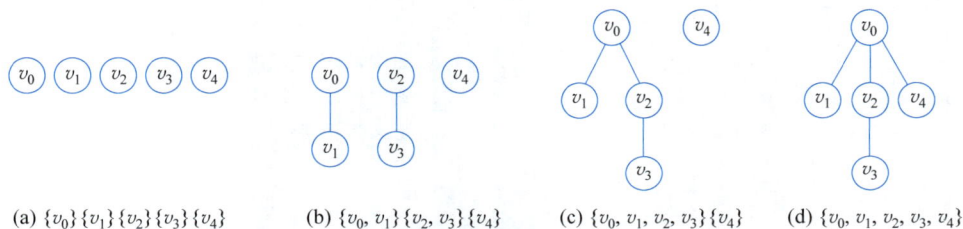

(a) $\{v_0\}\{v_1\}\{v_2\}\{v_3\}\{v_4\}$ (b) $\{v_0, v_1\}\{v_2, v_3\}\{v_4\}$ (c) $\{v_0, v_1, v_2, v_3\}\{v_4\}$ (d) $\{v_0, v_1, v_2, v_3, v_4\}$

图 5-20 并查集的合并操作

为了便于在并查集中进行查找和合并操作，树采用双亲表示法存储。设数组 parent[n]，元素 parent[i] 表示顶点 i 的双亲（$0 \leqslant i \leqslant n-1$）。初始时，令 parent[i]＝－1，表示顶点 i 没有双亲，即每个集合只有一个元素。对于边（u，v），设 vex1 和 vex2 分别表示两个顶点所在集合的根，如果 vex1≠vex2，则顶点 u 和 v 一定位于两个集合，令 parent[vex2]＝vex1，实现合并两个集合。表 5-2 给出了 Kruskal 算法对图 5-16 所示无向连通网构造最小生成树的过程中，数组 parent 及边集 TE 的变化情况。

表 5-2 Kruskal 算法构造最小生成树过程中数组 parent 及边集 TE 的变化情况

数组 parent	v_0	v_1	v_2	v_3	v_4	v_5	被考查边	输出 TE	说 明
parent	－1	－1	－1	－1	－1	－1			初始化 $\{v_0\}\{v_1\}\{v_2\}\{v_3\}\{v_4\}\{v_5\}$
parent	－1	－1	－1	－1	**1**	－1	$(v_1, v_4)12$	$(v_1, v_4)12$	vex1＝1，vex2＝4 parent[4]＝1 $\{v_0\}\{v_1, v_4\}\{v_2\}\{v_3\}\{v_5\}$
parent	－1	－1	－1	**2**	1	－1	$(v_2, v_3)17$	$(v_2, v_3)17$	vex1＝2，vex2＝3 parent[3]＝2 $\{v_0\}\{v_1, v_4\}\{v_2, v_3\}\{v_5\}$
parent	－1	－1	－1	2	1	**0**	$(v_0, v_5)19$	$(v_0, v_5)19$	vex1＝0，vex2＝5 parent[5]＝0 $\{v_0, v_5\}\{v_1, v_4\}\{v_2, v_3\}$

数组 parent	v_0	v_1	v_2	v_3	v_4	v_5	被考查边	输出 TE	说　　明
parent	**2**	−1	−1	2	1	0	$(v_2,v_5)25$	$(v_2,v_5)25$	vex1＝2，vex2＝0 parent[0]＝2 $\{v_0,v_5,v_2,v_3\}\{v_1,v_4\}$
parent	2	−1	−1	2	1	0	$(v_3,v_5)25$		vex1＝2，vex2＝2 所在根结点相同
parent	2	−1	**1**	2	1	0	$(v_4,v_5)26$	$(v_4,v_5)26$	vex1＝1，vex2＝2 parent[2]＝1 $\{v_0,v_5,v_2,v_3,v_1,v_4\}$

下面给出图的边集数组存储的类定义,其中成员变量实现图的边集数组存储结构,成员函数实现 Kruskal 算法。

```
const int MaxVertex = 10;                      //图中最多顶点数
const int MaxEdge = 100;                        //图中最多边数
template <typename DataType>                     //定义模板类
class EdgeGraph
{
public:
    EdgeGraph(DataType a[ ], int n, int e);//构造函数
    ~EdgeGraph();                               //析构函数
    void Kruskal();                              //Kruskal算法求最小生成树
private:
    int FindRoot(int parent[ ], int v);        //求顶点 v 所在集合的根
    DataType vertex[MaxVertex];                  //存储顶点的一维数组
    EdgeType edge[MaxEdge];                      //存储边的边集数组
    int vertexNum,edgeNum;
};
```

下面给出 Kruskal 算法的成员函数定义,构造函数请读者自行设计。

```
void EdgeGraph<DataType>::Kruskal()
{
    int num = 0, i, vex1, vex2;
    int parent[vertexNum];                       //双亲表示法存储并查集
    for (i = 0; i < vertexNum; i++)
        parent[i] = -1;                           //初始化 n 个连通分量
    for (num = 0, i = 0; num < vertexNum-1; i++)  //依次考查最短边
    {
        vex1 = FindRoot(parent, edge[i].from);
        vex2 = FindRoot(parent, edge[i].to);
        if (vex1 != vex2) {                        //位于不同的集合
```

```
        cout <<"(" <<edge[i].from <<"," <<edge[i].to <<")" <<edge[i].weight;
        parent[vex2] = vex1;                    //合并集合
        num++;
      }
    }
}

int FindRoot(int parent[], int v)               //求顶点 v 所在集合的根
{
  int t = v;
  while (parent[t] > -1)                         //求顶点 t 的双亲一直到根
    t = parent[t];
  return t;
}
```

分析 Kruskal 算法,设连通网有 n 个顶点 e 条边,则第一个进行初始化的循环语句执行 n 次,第二个循环最多执行 e 次,最少执行 $n-1$ 次,函数 FindRoot 的循环语句最多执行 $\log_2 n$ 次,在执行 Kruskal 算法之前对边集数组排序需要 $O(e\log_2 e)$,因此,Kruskal 算法的时间复杂度为 $O(e\log_2 e)$。相对于 Prim 算法而言,Kruskal 算法适用于求稀疏网的最小生成树。

5.5　最短路径

课件 5-5

在非网图中,最短路径(shortest path)是指两个顶点之间边数最少的路径。路径上的第一个顶点称为源点(source),最后一个顶点称为终点(destination)。例如,对于图 5-21(a) 所示有向图,顶点 v_0 到 v_4 的最短路径是 v_0v_4。在网图中,最短路径是指两个顶点之间边上权值之和最少的路径。例如,对于图 5-21(b) 所示有向网图,顶点 v_0 到 v_4 的最短路径是 $v_0v_3v_2v_4$,最短路径长度是 60。

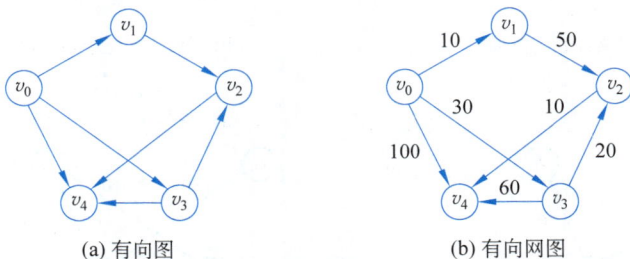

(a) 有向图　　　　　　　(b) 有向网图

图 5-21　网图和非网图中最短路径的含义

最短路径问题是图的一个比较典型的应用问题。例如,给定某公路网的 n 个城市以及这些城市之间相通公路的距离,能否找到城市 A 到城市 B 之间一条距离最近的通路呢?如果将城市用顶点表示,城市间的公路用边表示,公路的长度作为边的权值,这个问题就归结为在网图中求顶点 A 到顶点 B 的最短路径。

5.5.1　Dijkstra 算法

Dijkstra[①] 算法用于求单源点最短路径问题,问题描述如下:给定有向网图 $G = (V, E)$ 和源点 $v \in V$,求从 v 到 G 中其余各顶点的最短路径。

Dijkstra 算法的基本思想是:将顶点集合 V 分成两个集合,一个是集合 S,包括源点和已经确定最短路径的顶点;另一个是集合 $V-S$,包括所有尚未确定最短路径的顶点,并使用一个待定路径表,存储当前从源点 v 到每个非生长点 v_i 的最短路径。初始时,S 只包含源点 v,对 $v_i \in V-S$,待定路径表为从源点 v 到 v_i 的有向边。然后在待定路径表中找到当前最短路径 $v \cdots v_k$,将 v_k 加入集合 S 中,v_k 成为当前生长点,对 $v_i \in V-S$,将路径 $v \cdots v_k v_i$ 与待定路径表中从源点 v 到 v_i 的最短路径相比较,取路径长度较小者为当前最短路径。重复上述过程,直到集合 V 中全部顶点加入集合 S 中。Dijkstra 算法的基本思想如图 5-22 所示。

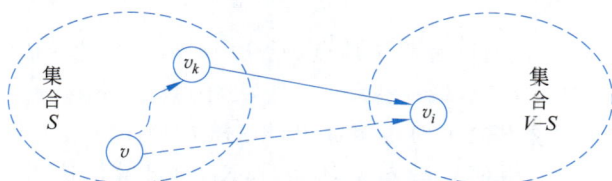

图 5-22　Dijkstra 算法的基本思想图解

Dijkstra 算法按路径长度递增的次序产生最短路径,图 5-23 给出了对图 5-21(b)所示有向网图求最短路径的过程,其中,加粗的顶点表示已经确定最短路径的顶点,粗线表示已求得的最短路径,加阴影的顶点表示当前生长点。

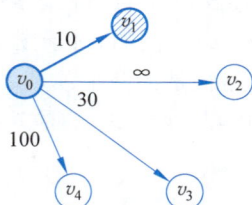

待定路径表:
$\langle v_0\ v_1 \rangle 10$
$\langle v_0\ v_2 \rangle \infty$
$\langle v_0\ v_3 \rangle 30$
$\langle v_0\ v_4 \rangle 100$

(a) 初始待定路径表,得到生长点 v_1

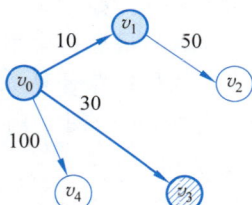

待定路径表:
$\langle v_0\ v_1\ v_2 \rangle 60$
$\langle v_0\ v_3 \rangle 30$
$\langle v_0\ v_4 \rangle 100$

(b) 更新待定路径表,得到生长点 v_3

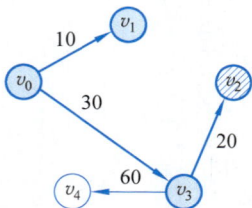

待定路径表:
$\langle v_0\ v_3\ v_2 \rangle 50$
$\langle v_0\ v_3\ v_4 \rangle 90$

(c) 更新待定路径表,得到生长点 v_2

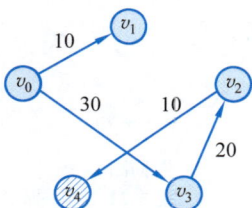

待定路径表:
$\langle v_0\ v_3\ v_2\ v_4 \rangle 60$

(d) 更新待定路径表,得到生长点 v_4

图 5-23　Dijkstra 算法的求解过程

---

① 迪杰斯特拉(Edsgar Dijkstra,1930 年出生)1972 年图灵奖获得者,因最早指出"goto 是有害的"以及首创结构化程序设计而闻名。1956 年,他发现了在两个顶点之间找一条最短路径的 Dijkstra 算法,该算法解决了机器人学中的一个十分关键的问题,即运动路径规划问题,至今仍被广泛使用。

下面讨论 Dijkstra 算法基于的存储结构。

① 图的存储结构:因为在算法执行过程中,需要快速求得任意两个顶点之间边上的权值,所以,图采用邻接矩阵存储。

② 辅助数组 dist[n]:元素 dist[i] 表示当前找到的从源点 v 到终点 v_i 的最短路径长度。初态为:若从 v 到 v_i 有弧,则 dist[i] 为弧上的权值;否则置 dist[i] 为∞。若当前求得的终点为 v_k,则根据式(5-7)进行迭代:

$$\text{dist}[i] = \min\{\text{dist}[i], \text{dist}[k] + \text{edge}[k][i]\} \quad 0 \leqslant i \leqslant n-1 \tag{5-7}$$

③ 辅助数组 path[n]:元素 path[i] 是一个字符串,表示当前从源点 v 到终点 v_i 的最短路径。初态为:若从 v 到 v_i 有弧,则 path[i] 为"vv_i",否则置 path[i] 为空串。

④ 集合 S:若某顶点 v_k 的最短路径已经求出,则将 dist[k] 置为 0,即数组 dist[n] 中值为 0 对应的顶点即是集合 S 中的顶点,因此,也可以不保存集合 S。

Dijkstra 算法用伪代码描述如下,对图 5-21(b)所示有向网执行 Dijkstra 算法,求得从顶点 v_0 到其余各顶点的最短路径,以及算法执行过程中数组 dist 和 path 的变化状况,如表 5-3 所示。

```
算法:Dijkstra 算法
输入:有向网图 G=(V,E),源点 v
输出:从 v 到其他所有顶点的最短路径
    1.初始化: S ={v}; dist[j]=edge[v][j] (0≤j<n);
    2.重复下述操作直到 S 等于 V:
     2.1 dist[k]=min{dist[i]} (i∈V-S);
     2.2 S=S +{k};
     2.3 dist[i]=min{dist[i], dist[k]+edge[k][i]} (i∈V-S);
```

表 5-3　Dijkstra 算法的执行过程中各参量的变化

S	从 v_0 到各终点的最短路径							
	v_1		v_2		v_3		v_4	
	dist[1]	path[1]	dist[2]	path[2]	dist[3]	path[3]	dist[4]	path[4]
$\{v_0\}$	**10**	"v_0v_1"	∞	""	30	"v_0v_3"	100	"v_0v_4"
$\{v_0\ v_1\}$	输出 10,"v_0v_1"		60	"$v_0v_1v_2$"	**30**	"v_0v_3"	100	"v_0v_4"
$\{v_0\ v_1\ v_3\}$			**50**	"$v_0v_3v_2$"	输出 30,"v_0v_3"		90	"$v_0v_3v_4$"
$\{v_0\ v_1\ v_3\ v_2\}$			输出 50,"$v_0v_3v_2$"				60	"$v_0v_3v_2v_4$"
$\{v_0\ v_1\ v_3\ v_2\ v_4\}$							输出 60,"$v_0v_3v_2v_4$"	

Dijkstra 算法采用邻接矩阵作为存储结构,可以将 Dijkstra 函数作为 MGraph 的公有成员函数,也可以将 Dijkstra 函数设为 Mgraph 的友元函数,函数定义如下。

```
void Dijkstra(int v)          //从源点 v 出发
{
```

```
        int i, k, num, dist[MaxSize];
        string path[MaxSize];
        for (i = 0;i < vertexNum; i++)                 //初始化数组 dist 和 path
        {
            dist[i] = edge[v][i];
            if (dist[i] != 100)                        //假设 100 为边上权的最大值
                path[i] = vertex[v] + vertex[i];       //+为字符串连接操作
            else path[i] = "";
        }
        for (num = 1; num < vertexNum; num++)
        {
            k = Min(dist, vertexNum);                  //在 dist 数组中找最小值并返回其下标
            cout <<path[k] <<dist[k];
            for (i = 0; i < vertexNum; i++)            //修改数组 dist 和 path
                if (dist[i] > dist[k] + edge[k][i]) {
                    dist[i] = dist[k] + edge[k][i];
                    path[i] = path[k] + vertex[i]; //+为字符串连接操作
                }
            dist[k] = 0;                               //将顶点 k 加到集合 S 中
        }
    }
```

Min 函数要在数组 dist 中查找最小值并返回其下标,请读者自行设计。

分析 Dijkstra 算法的时间性能,设图有 n 个顶点,第一个循环执行 n 次;第二个循环执行 $n-1$ 次,内嵌两个循环,第一个循环是在数组 dist 中求最小值,执行 $n-1$ 次,第二个循环是修改数组 dist 和 path,需要执行 n 次,所以总的时间复杂度是 $O(n^2)$。

5.5.2　Floyd 算法

Floyd[①] 算法用于求每一对顶点之间的最短路径问题,问题描述如下:给定带权有向图 $G=(V,E)$,对任意顶点 v_i 和 $v_j(i\neq j)$,求顶点 v_i 到顶点 v_j 的最短路径。

Floyd 算法的基本思想是:假设从 v_i 到 v_j 的弧(若不存在从 v_i 到 v_j 的弧,则权值为∞)是最短路径,然后进行 n 次试探。首先比较 v_iv_j 和 $v_iv_0v_j$ 的路径长度,取长度较短者作为从 v_i 到 v_j 中间顶点的编号不大于 0 的最短路径。在路径上再增加一个顶点 v_1,将 $v_i\cdots v_1\cdots v_j$ 和已经得到的从 v_i 到 v_j 中间顶点的编号不大于 0 的最短路径相比较,取长度较短者作为中间顶点的编号不大于 1 的最短路径。以此类推,在一般情况下,若 $v_i\cdots v_k$ 和 $v_k\cdots v_j$ 分别是从 v_i 到 v_k 和从 v_k 到 v_j 中间顶点的编号不大于 $k-1$ 的最短路径,则将 $v_i\cdots v_k\cdots v_j$ 和已经得到的从 v_i 到 v_j 中间顶点的编号不大于 $k-1$ 的最短路径相比较,取长度较短者为从 v_i 到

---

① 弗洛伊德(Robert Floyd)1936 年生于纽约,1953 年获得芝加哥大学的文学学士学位。弗洛伊德在计算机科学的诸多领域,诸如算法、程序设计语言的逻辑和语义、自动程序综合、自动程序验证、编译器的理论和实现等方面都作出创造性的贡献。在算法方面,弗洛伊德在 1964 年发明了著名的堆排序算法。此外还有直接以弗洛伊德命名的求最短路径的算法,这是弗洛伊德利用动态规划原理设计的一个高效算法。

v_j 中间顶点的编号不大于 k 的最短路径。经过 n 次比较后,最后求得的必是从 v_i 到 v_j 的最短路径,如图 5-24 所示。

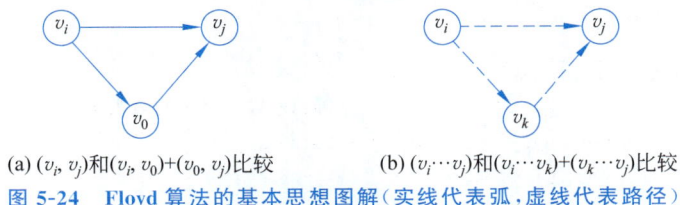

(a) (v_i, v_j) 和 $(v_i, v_0) + (v_0, v_j)$ 比较　　(b) $(v_i\cdots v_j)$ 和 $(v_i\cdots v_k) + (v_k\cdots v_j)$ 比较

图 5-24　**Floyd 算法的基本思想图解(实线代表弧,虚线代表路径)**

下面讨论 Floyd 算法基于的存储结构。

(1) 图的存储结构:同 Dijkstra 算法类似,采用邻接矩阵作为图的存储结构。

(2) 辅助数组 dist[n][n]:存放在迭代过程中求得的最短路径长度。初始为图的邻接矩阵,在迭代过程中,根据如下递推关系式进行迭代:

$$\begin{cases} \text{dist}_{-1}[i][j] = \text{edge}[i][j] \\ \text{dist}_k[i][j] = \min\{\text{disk}_{k-1}[i][j], \text{disk}_{k-1}[i][k] + \text{disk}_{k-1}[k][j]\} \quad 0 \leqslant k \leqslant n-1 \end{cases} \tag{5-8}$$

其中,$\text{dist}_k[i][j]$ 是从顶点 v_i 到 v_j 的中间顶点的编号不大于 k 的最短路径的长度。

(3) 辅助数组 path[n][n]:在迭代中存放从 v_i 到 v_j 的最短路径,初始为 path[i][j] = "$v_i v_j$"。

图 5-25 给出了一个有向网及其邻接矩阵。图 5-26 给出了用 Floyd 算法求该有向网中每对顶点之间的最短路径过程中,数组 dist 和数组 path 的变化情况。

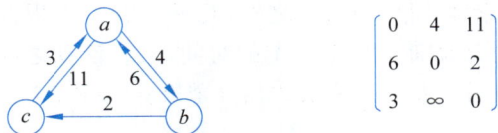

图 5-25　**一个有向网图及其邻接矩阵**

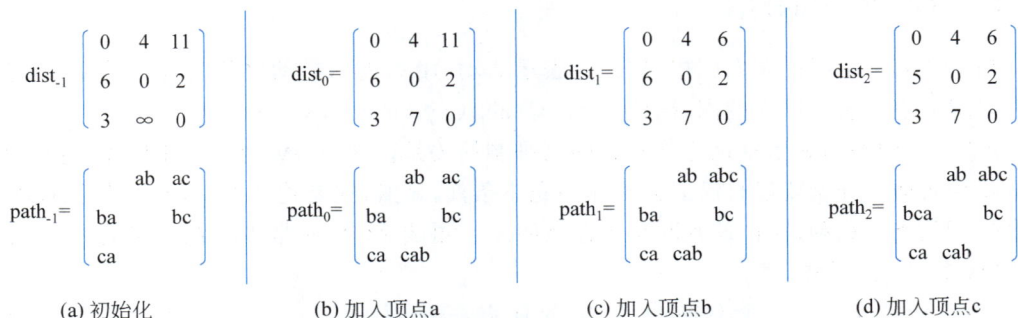

(a) 初始化　　　　(b) 加入顶点a　　　　(c) 加入顶点b　　　　(d) 加入顶点c

图 5-26　**Floyd 算法执行中数组 dist 和 path 的变化**

Floyd 算法采用邻接矩阵作为存储结构,可以将 Floyd 函数作为 Mgraph 的公有成员函数,也可以将 Floyd 函数设为 Mgraph 的友元函数,函数定义如下。

```
void Floyd()
{
    int i, j, k, dist[MaxSize][MaxSize];
```

```
        string path[MaxSize][MaxSize];
        for (i = 0; i < vertexNum; i++)      //初始化矩阵 dist 和 path
            for (j = 0; j < vertexNum; j++)
            {
                dist[i][j] = edge[i][j];
                if (dist[i][j] != 100)       //假设 100 为权的最大值
                    path[i][j] = vertex[i] + vertex[j];
                else path[i][j] = "";
            }
        for (k = 0; k < vertexNum; k++)      //进行 n 次迭代
            for (i = 0; i < vertexNum; i++)
            for (j = 0; j < vertexNum; j++)
                if (dist[i][k] + dist[k][j] < dist[i][j]) {
                    dist[i][j] = dist[i][k] + dist[k][j];
                    path[i][j] = path[i][k] + path[k][j];
                }
}
```

5.6 有向无环图及其应用

课件 5-6

有向图是描述工程进行过程的有效工具。通常把教学计划、施工过程、生产流程、软件工程等都当成一个工程。除最简单的情况之外,几乎所有的工程都可以分为若干称作活动(activity)的子工程。某个活动都会持续一定的时间,某些活动之间通常存在一定的约束条件,例如,某些活动必须在另一些活动完成之后才能开始。本节讨论有向图的拓扑排序和关键路径。

5.6.1 AOV 网与拓扑排序

在一个表示工程的有向图中,用顶点表示活动,用弧表示活动之间的优先关系,称这样的有向图为顶点表示活动的网,简称 AOV 网(activity on vertex network)。

AOV 网中的弧表示活动之间存在的某种制约关系。在 AOV 网中不能出现回路,否则意味着某活动的开始要以自己的完成作为先决条件,显然,这是荒谬的。因此判断 AOV 网代表的工程能否顺利进行,即判断是否存在回路。测试 AOV 网是否存在回路的方法,就是对 AOV 网进行拓扑排序。

设 $G=(V,E)$ 是一个有向图,V 中的顶点序列 $v_0, v_1, \cdots, v_{n-1}$ 称为一个拓扑序列(topological order),当且仅当满足下列条件:若从顶点 v_i 到 v_j 有一条路径,则在顶点序列中顶点 v_i 必在 v_j 之前[①]。对一个有向图构造拓扑序列的过程称为拓扑排序(topological sort)。图 5-27 给出了一个 AOV 网的拓扑序列。显然,工程中的各个活动必须按照拓扑序列的顺序进行才是可行的,并且一个 AOV 网的拓扑序列可能不唯一。

---

① 用集合的术语讲,拓扑序列即图中的顶点序列满足偏序关系。若集合 X 上的关系 R 是自反的、反对称的和传递的,则称 R 是集合 X 上的偏序关系。

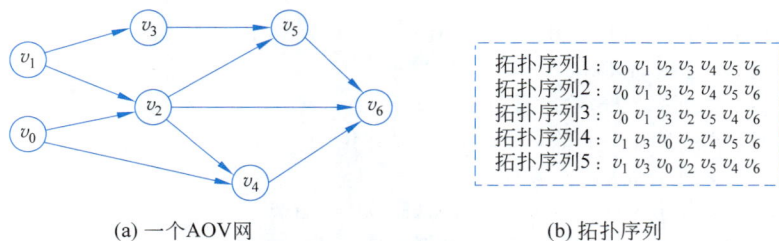

拓扑序列1：$v_0 \ v_1 \ v_2 \ v_3 \ v_4 \ v_5 \ v_6$
拓扑序列2：$v_0 \ v_1 \ v_3 \ v_2 \ v_4 \ v_5 \ v_6$
拓扑序列3：$v_0 \ v_1 \ v_3 \ v_2 \ v_5 \ v_4 \ v_6$
拓扑序列4：$v_1 \ v_3 \ v_0 \ v_2 \ v_4 \ v_5 \ v_6$
拓扑序列5：$v_1 \ v_3 \ v_0 \ v_2 \ v_5 \ v_4 \ v_6$

(a) 一个AOV网　　　　　　　　　　　(b) 拓扑序列

图 5-27　AOV 网及其拓扑序列

根据拓扑序列的定义,对 AOV 网进行拓扑排序的基本思想如下。

(1) 从 AOV 网中选择一个没有前驱的顶点并输出;

(2) 从 AOV 网中删去该顶点以及所有以该顶点为尾的弧;

(3) 重复上述两步,直到全部顶点都被输出,或 AOV 网中不存在没有前驱的顶点。

显然,拓扑排序的结果有两种:AOV 网中全部顶点都被输出,这说明 AOV 网不存在回路;AOV 网中顶点未被全部输出,剩余的顶点均不存在没有前驱的顶点,这说明 AOV 网存在回路。

下面讨论拓扑排序算法基于的存储结构。

(1) 图的存储结构。因为在拓扑排序的过程中,需要查找所有以某顶点为尾的弧,即需要找到该顶点的所有出边,所以,图应该采用邻接表存储。另外,在拓扑排序过程中,需要对某顶点的入度进行操作,例如,查找入度等于零的顶点,将某顶点的入度减 1 等,而在图的邻接表中对顶点入度的操作不方便,因此,在顶点表中增加一个入度域,以方便对入度的操作。图 5-28 给出了一个 AOV 网及其邻接表存储示意图。

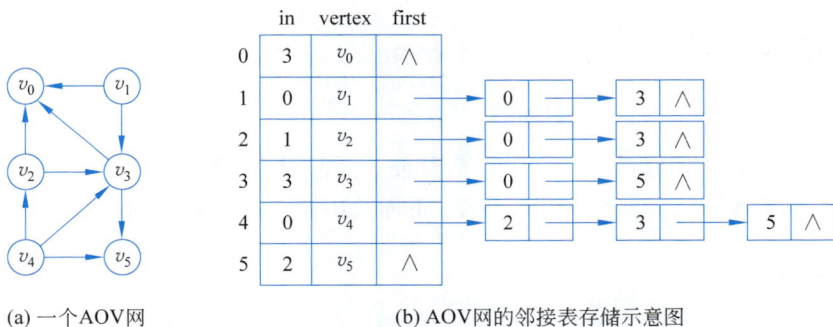

(a) 一个AOV网　　　　　　　　　(b) AOV网的邻接表存储示意图

图 5-28　AOV 网及其邻接表存储示意图

(2) 查找没有前驱的顶点。为了避免每次查找时都去遍历顶点表,设置一个栈,凡是 AOV 网中入度为 0 的顶点都将其压栈。

拓扑排序算法用伪代码描述如下,图 5-29 给出了对图 5-28 所示 AOV 网进行拓扑排序的过程示例。

算法：TopSort
输入：有向图 G=(V,E)
输出：拓扑序列
　　1. 栈 S 初始化;累加器 count 初始化;

2. 扫描顶点表,将入度为 0 的顶点压栈;

3. 当栈 S 非空时循环

  3.1 j=栈顶元素出栈;输出顶点 j;count++;

  3.2 对顶点 j 的每一个邻接点 k 执行下述操作:

    3.2.1 将顶点 k 的入度减 1;

    3.2.2 如果顶点 k 的入度为 0,则将顶点 k 入栈;

4. if(count<vertexNum) 输出有回路信息。

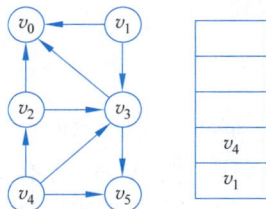

(a) 将入度为 0 的顶点入栈

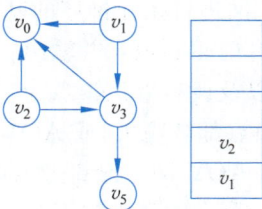

(b) 弹出并输出顶点 v_4 顶点 v_2 入度为 0 入栈

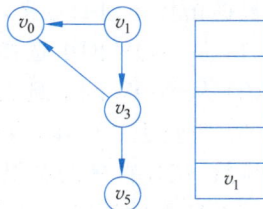

(c) 弹出并输出顶点 v_2

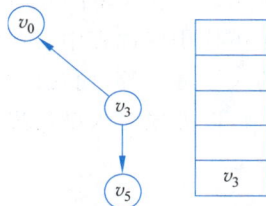

(d) 弹出并输出顶点 v_1 顶点 v_3 入度为 0 入栈

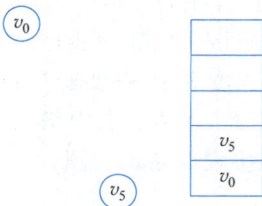

(e) 弹出并输出顶点 v_3 顶点 v_0 和 v_5 入度为 0 入栈

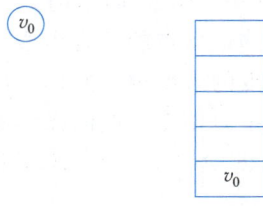

(f) 弹出并输出顶点 v_5 和 v_0,栈空算法结束

图 5-29　拓扑排序过程示例

拓扑排序算法需要修改图的邻接表存储,或者设计类 AovGraph 继承邻接表类 ALGraph,然后函数 TopSort 作为成员函数,下面给出拓扑排序算法的函数定义。

```
void TopSort()
{
  int i, j, k,count = 0;               //累加器 count 初始化
  int S[MaxSize],top = -1;             //采用顺序栈并初始化
  EdgeNode * p = nullptr;
  for (i = 0; i < vertexNum; i++)   //扫描顶点表
    if (adjlist[i].in == 0) S[++top] = i;   //将入度为 0 的顶点压栈
  while (top != -1)                    //当栈中还有入度为 0 的顶点时
  {
    j = S[top--];                      //从栈中取出入度为 0 的顶点
    cout <<adjlist[j].vertex;
    count++;
    p = adjlist[j].firstEdge;          //工作指针 p 初始化
```

```
    while (p != nullptr)                //扫描顶点表,找出顶点 j 的所有出边
    {
    k = p->adjvex;
    adjlist[k].in--;
    if (adjlist[k].in == 0) S[++top] = k;    //将入度为 0 的顶点入栈
    p = p->next;
    }
  }
  if (count < vertexNum)  cout <<"有回路";
}
```

分析拓扑排序算法,对一个具有 n 个顶点、e 条弧的 AOV 网,扫描顶点表,将入度为 0 的顶点入栈的时间复杂度为 $O(n)$;在拓扑排序的过程中,若有向图无回路,则每个顶点进一次栈,出一次栈,入度减 1 的操作在 while 语句中共执行 e 次,因此,整个算法的时间复杂度为 $O(n+e)$。

5.6.2　AOE 网与关键路径

在一个表示工程的带权有向图中,用顶点表示事件,用有向边表示活动,边上的权值表示活动的持续时间,称这样的有向图为边表示活动的网,简称 **AOE 网**(activity on edge network),没有入边的顶点称为**源点**(source),没有出边的顶点称为**终点**(destination)。AOE 网具有以下两个性质:

(1) 只有在进入某顶点的各活动都已经结束,该顶点代表的事件才能发生;

(2) 只有在某顶点代表的事件发生后,从该顶点出发的各活动才能开始。

图 5-30 给出了一个具有 5 个活动、4 个事件的 AOE 网,顶点 v_0,v_1,v_2,v_3 分别表示一个事件;弧 $<v_0,v_1>$,$<v_0,v_2>$,$<v_1,v_2>$,$<v_1,v_3>$,$<v_2,v_3>$ 分别表示一个活动,用 a_0,a_1,a_2,a_3,a_4 代表这些活动。其中,v_0 为源点,是整个工程的开始点,其入度为 0;v_3 为终点,是整个工程的结束点,其出度为 0。

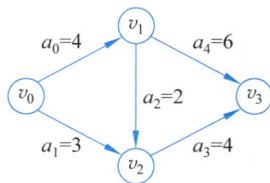

事件	事件含义
v_0	源点,整个工程开始
v_1	活动a_0完成,活动a_2和a_4可以开始
v_2	活动a_1和a_2完成,活动a_3可以开始
v_3	活动a_3和a_4完成,整个工程结束

图 5-30　一个 AOE 网

在 AOE 网中,所有活动都完成才能到达终点,因此完成整个工程必须花费的时间(即最短工期)应该为源点到终点的最大路径长度。具有最大路径长度的路径称为**关键路径**(critical path),关键路径上的活动称为**关键活动**(critical activity)。显然,要缩短整个工期,必须加快关键活动的进度。为了找出关键活动及关键路径,需要定义如下数组。

(1) 事件的最早发生时间 ve[k]

根据 AOE 网的性质,只有进入 v_k 的所有活动 $<v_j,v_k>$ 都结束,v_k 代表的事件才能发生,而活动 $<v_j,v_k>$ 的最早结束时间为 ve[j]+len$<v_j,v_k>$。计算 v_k 的最早发生时间

的方法如下:

$$\begin{cases} ve[0]=0 \\ ve[k]=\max\{ve[j]+len<v_j, v_k>\}(<v_j, v_k>\in p[k]) \end{cases} \qquad (5\text{-}9)$$

其中,$p[k]$表示所有到达 v_k 的有向边的集合;$len<v_j, v_k>$为有向边$<v_j,v_k>$上的权值。

(2) 事件的最迟发生时间 $vl[k]$

$vl[k]$是指在不推迟整个工期的前提下,事件 v_k 允许的最迟发生时间。根据 AOE 网的性质,只有顶点 v_k 代表的事件发生,从 v_k 出发的活动$<v_k, v_j>$才能开始,而活动$<v_k, v_j>$的最晚开始时间为 $vl[j]-len<v_k, v_j>$。计算 v_k 的最迟发生时间的方法如下:

$$\begin{cases} vl[n-1]=ve[n-1] \\ vl[k]=\min\{vl[j]-len<v_k, v_j>\}(<v_k, v_j>\in s[k]) \end{cases} \qquad (5\text{-}10)$$

其中,$s[k]$为所有从 v_k 发出的有向边的集合;$len<v_k, v_j>$为有向边$<v_k, v_j>$上的权值。

(3) 活动 a_i 的最早开始时间 $ee[i]$

若活动 a_i 由有向边$<v_k, v_j>$表示,根据 AOE 网的性质,只有事件 v_k 发生了,活动 a_i 才能开始。也就是说,活动 a_i 的最早开始时间等于事件 v_k 的最早发生时间。因此,有:

$$ee[i]=ve[k] \qquad (5\text{-}11)$$

(4) 活动 a_i 的最晚开始时间 $el[i]$

$el[i]$是指在不推迟整个工期的前提下,活动 a_i 必须开始的最晚时间。若活动 a_i 由有向边$<v_k,v_j>$表示,则 a_i 的最晚开始时间要保证事件 v_j 的最迟发生时间不拖后。因此,有:

$$el[i]=vl[j]-len<v_k, v_j> \qquad (5\text{-}12)$$

最后,根据每个活动 a_i 的最早开始时间 $ee[i]$ 和最晚开始时间 $el[i]$判定该活动是否为关键活动,那些 $el[i]=ee[i]$ 的活动就是关键活动,那些 $el[i]>ee[i]$ 的活动则不是关键活动,$el[i]-ee[i]$ 的值为活动的时间余量。关键活动确定之后,关键活动所在的路径就是关键路径。

设 AOE 网具有 n 个顶点 e 条弧,求关键路径的算法用伪代码描述如下,对图 5-30 所示的 AOE 网求关键活动和关键路径的过程如图 5-31 所示。

算法:关键路径算法
输入:有向网图 G= (V,E)
输出:关键路径
  1. 令 ve[0]=0,按拓扑序列求其余各顶点的最早发生时间 ve[i];
  2. 如果得到的拓扑序列中顶点个数小于 AOE 网中的顶点数,则说明网中存在回路,不能求关键路径,算法终止;否则执行步骤 3;
  3. 令 vl[n-1]=ve[n-1],按逆拓扑有序求其余各顶点的最迟发生时间 vl[i];
  4. 循环变量 i 从 0~e-1 执行下述操作
  4.1 求每条边的最早开始时间 ee[i] 和最迟开始时间 el[i];
  4.2 若某条边 a_i 满足条件 ee[i]=el[i],则 a_i 为关键活动;

$ee[i]$ 和 $el[i]$ 相等的活动是关键活动,活动 a_0、a_2、a_3、a_4 组成两条关键路径,如图 5-32 所示。

按照式(5-9)求事件的最早发生时间 ve[k]	按照式(5-10)求事件的最迟发生时间 vl[k]	
ve[0]=0 ve[1]=ve[0]+4=4 ve[2]=max{ve[0]+3, ve[1]+2}=6 ve[3]=max{ve[1]+6, ve[2]+4}=10	vl[0]=min{vl[1]−4,vl[2]−3}=0 vl[1]=min{vl[2]−2, vl[3]−6}=4 vl[2]=vl[3]−4=6 vl[3]=ve[3]=10	计算次序

(a) 求事件的最早发生时间和最迟发生时间

按照式(5-11)求活动的最早发生时间 e[k]	按照式(5-12)求活动的最迟发生时间 l[k]	el[i]−ee[i]
ee[0]=ve[0]=0	el[0]=vl[1]−4=0	**0**
ee[1]=ve[0]=0	el[1]=vl[2]−3=3	**3**
ee[2]=ve[1]=4	el[2]=vl[2]−2=4	**0**
ee[3]=ve[2]=6	el[3]=vl[3]−4=6	**0**
ee[4]=ve[1]=4	el[4]=vl[3]−6=4	**0**

(b) 求活动的最早发生时间和最迟发生时间

图 5-31 求关键活动和关键路径的过程

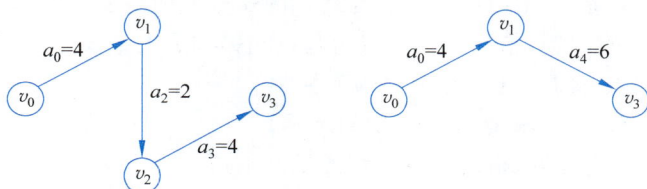

图 5-32 两条关键路径

5.7 扩展与提高

5.7.1 图的其他存储方法

1. 十字链表

在有向图中,为了便于确定顶点的入度,可以建立有向图的逆邻接表,对每个顶点 v_i 将其所有逆邻接点链接起来,形成入边表。图 5-33 给出了一个有向图的邻接表和逆邻接表存储示意图。

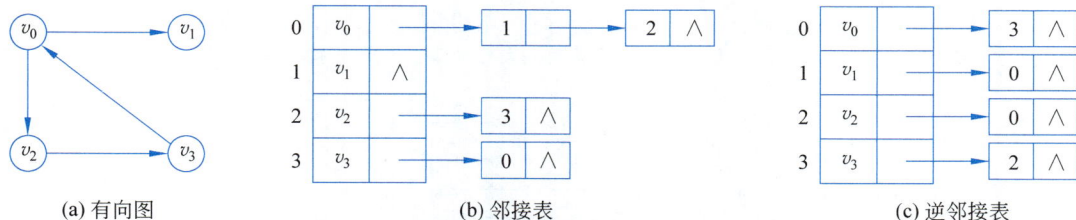

(a) 有向图　　　　　　　　(b) 邻接表　　　　　　　　(c) 逆邻接表

图 5-33 有向图的邻接表和逆邻接表存储示意图

十字链表(orthogonal list)是有向图的一种存储方法,实际上是邻接表与逆邻接表的结合。在十字链表中,每条边对应的边表结点分别链接到出边表和入边表中,其顶点表和边表的结点结构如图 5-34 所示。图 5-35 给出了一个有向图及其十字链表的存储示意图。

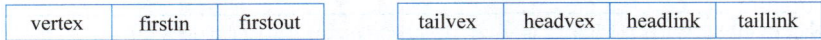

图 5-34　十字链表顶点表和边表的结点结构

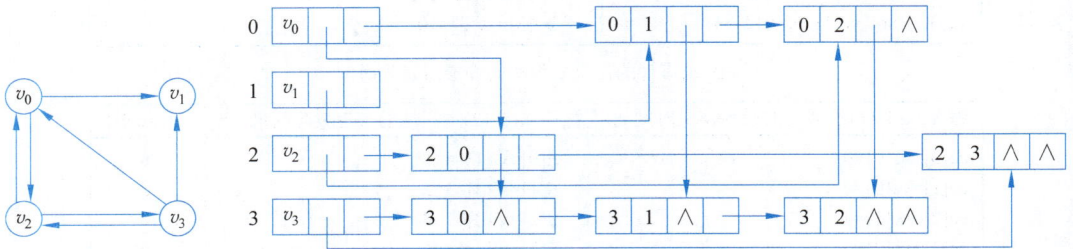

(a) 一个有向图　　　　　　　　　(b) 有向图的十字链表

图 5-35　有向图及其十字链表存储示意图

其中,vertex:数据域,存放顶点的数据信息。

firstin:入边表头指针,指向以该顶点为终点的弧构成的链表中的第一个结点。

firstout:出边表头指针,指向以该顶点为起点的弧构成的链表中的第一个结点。

tailvex:弧的起点(弧尾)在顶点表中的下标。

headvex:弧的终点(弧头)在顶点表中的下标。

headlink:入边表指针域,指向终点相同的下一条边。

taillink:出边表指针域,指向起点相同的下一条边。

2. 邻接多重表

用邻接表存储无向图,每条边的两个顶点分别在该边依附的两个顶点的边表中,这种重复存储给图的某些操作带来不便。例如,对已访问过的边做标记,或者要删除图中某一条边等,都需要找到表示同一条边的两个边表结点。因此,进行这类操作的无向图应该采用邻接多重表作存储结构。

邻接多重表(adjacency multi-list)主要用于存储无向图,其存储结构和邻接表类似,每条边用一个边表结点表示,其顶点表和边表的结点结构如图 5-36 所示。图 5-37 给出了一个无向图的邻接多重表存储示意图。

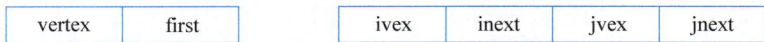

图 5-36　邻接多重表顶点表和边表的结点结构

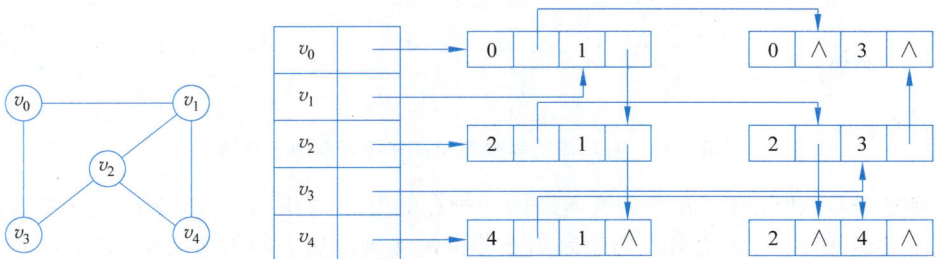

(a) 无向图　　　　　　　　　(b) 邻接多重表存储示意图

图 5-37　无向图的邻接多重表存储示意图

其中，vertex：数据域，存储顶点的数据信息。

first：边表头指针，指向依附于该顶点的第一条边的边表结点。

ivex、jvex：某条边依附的两个顶点在顶点表中的下标。

inext：指针域，指向依附于顶点 ivex 的下一条边。

jnext：指针域，指向依附于顶点 jvex 的下一条边。

5.7.2　图的连通性

1. 无向图的连通分量和生成树

对于连通图，从图中任一顶点出发，进行深度优先遍历或广度优先遍历，可访问到图中所有顶点；对于非连通图，需要从多个顶点出发进行遍历，每次从一个新的起点出发进行遍历得到的顶点序列恰好是一个连通分量的顶点集。例如，对图 5-38(a)所示无向图进行深度优先遍历，需分别从顶点 v_0 和 v_4 出发调用两次 DFTravers(或 BFTravers)，得到顶点序列分别为 $v_0v_1v_2v_3$ 和 $v_4v_5v_6$，这两个顶点集分别加上所有依附于这些顶点的边，构成了非连通图的两个连通分量，如图 5-38(b)所示。

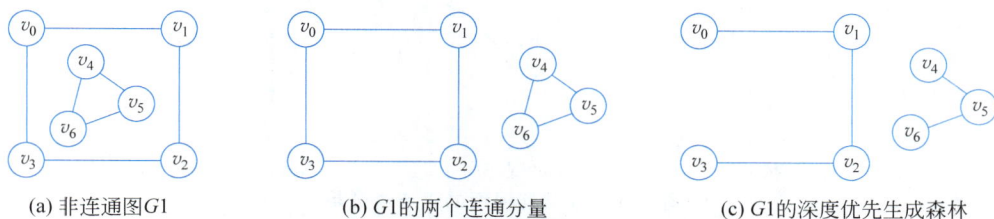

(a) 非连通图 $G1$　　　　(b) $G1$的两个连通分量　　　　(c) $G1$的深度优先生成森林

图 5-38　非连通图的连通分量及生成森林

因此，要想判定一个无向图是否为连通图，或有几个连通分量，可以设置一个计数器 count，初始时取值为 0，每调用一次遍历算法，就将 count 增 1。当整个图遍历结束时，依据 count 的值，就可确定无向图的连通性了。

设 $E(G)$ 是连通图 G 中所有边的集合，$T(G)$ 是从图中任一顶点出发遍历图经过的边的集合，显然，$T(G)$ 和图中所有顶点一起构成连通图 G 的一棵生成树，并且称由深度优先遍历得到的为深度优先生成树，称由广度优先遍历得到的为广度优先生成树。例如，对于图 5-39(a)所示连通图，图 5-39(b)和图 5-39(c)分别为连通图的深度优先生成树和广度优先生成树。

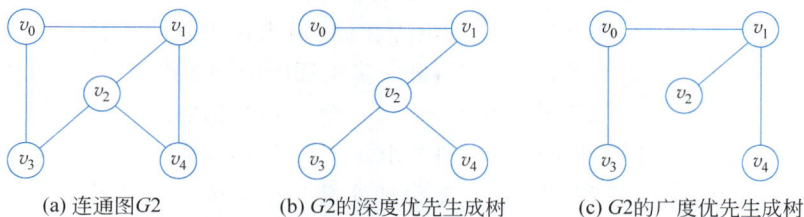

(a) 连通图 $G2$　　　　(b) $G2$的深度优先生成树　　　　(c) $G2$的广度优先生成树

图 5-39　连通图的生成树

对于非连通图，每个连通分量的顶点集，和遍历时经过的边一起构成若干棵生成树，这些连通分量的生成树组成非连通图的生成森林。例如，对于图 5-38(a)所示非连通图，图 5-38(c)为非连通图的深度优先生成森林。

2. 有向图的强连通分量

如果有向图是强连通的,从任一顶点出发必然能够遍历图的所有顶点。如果有向图非强连通,可以用深度优先遍历求有向图的强连通分量,具体求解步骤如下。

① 在有向图中,从某个顶点出发进行深度优先遍历,并按其所有邻接点的都访问完(即出栈)的顺序将顶点排列起来构成序列 S。

② 在序列 S 中,从最后访问的顶点出发,沿着以该顶点为头的弧做逆向的深度优先遍历,若此次遍历不能访问到有向图中所有顶点,则从余下的顶点中最后访问的顶点出发,继续做逆向的深度优先遍历,以此类推,直至有向图中所有顶点都被访问到。

③ 每一次逆向深度优先遍历访问到的顶点集便是该图的一个强连通分量的顶点集。

对图 5-40(a)所示非强连通图,从顶点 v_0 出发进行深度优先遍历,得到遍历序列 $v_0v_1v_2v_4v_3$,出栈的顶点序列为 $v_4v_2v_1v_3v_0$,进行两次逆向的深度优先遍历,一次是从顶点 v_0 出发得到顶点集 $\{v_0,v_2,v_3,v_1\}$,一次是从 v_4 出发得到顶点集 $\{v_4\}$,这就是该有向图的两个强连通分量的顶点集。

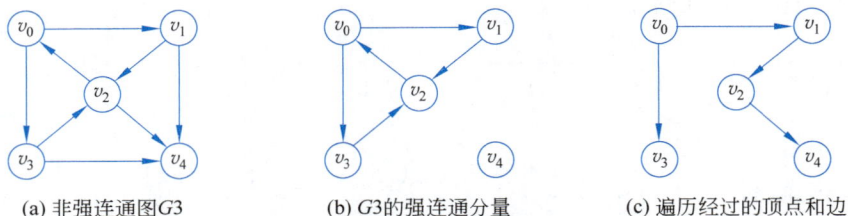

(a) 非强连通图 $G3$ (b) $G3$ 的强连通分量   (c) 遍历经过的顶点和边

图 5-40 非强连通图的强连通分量

对于有向图,即使进行一次遍历能够访问到图中的所有顶点,所有顶点和遍历所经过的边也不能构成生成树,如图 5-40(c)所示。生成树是无回路的连通图,而有向图若连通则必存在回路。因此,一般不讨论有向图的生成树问题。

5.8 上机实验

5.8.1 邻接矩阵的上机实现

【实验内容】 对于图 5-41 所示无向图,完成以下操作:(1)构建相应的邻接矩阵存储;(2)基于图的邻接矩阵存储,输出深度优先和广度优先遍历序列;(3)设计测试数据,进一步验证图的基本操作。

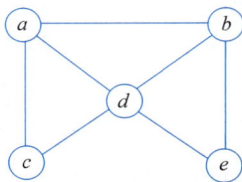

图 5-41 一个无向图

【实验提示】 新建一个工程"邻接矩阵验证实验",在该工程中新建一个头文件"MGraph.h",加入无向图类 MGraph 的定义。在工程"邻接矩阵验证实验"中新建一个源程序文件"MGraph.cpp",加入类 MGraph 中所有成员函数的定义。在工程"邻接矩阵验证实验"中新建一个源程序文件"MGraph_main.cpp",在主函数中使用 MGraph 类型定义无向图 G,然后调用成员函数来完成相应的功能。

【实验程序】 下面给出源程序文件 MGraph_main.cpp 的范例程序,请修改程序进一步验证图的基本操作。

```
int main()
{
    int i;
    char ch[ ]={'a', 'b', 'c', 'd', 'e'};
    MGraph<char> MG{ch, 5, 7};              //建立具有 5 个顶点 7 条边的无向图
    for (i = 0; i < MaxSize; i++)
       visited[i] = 0;
    cout << "深度优先遍历序列是:";
    MG.DFTraverse(0);                       //从顶点 0 出发进行深度优先遍历
    return 0;
}
```

5.8.2　邻接表的上机实现

【实验内容】　对于图 5-42 所示有向图,完成以下操作:(1)构建相应的邻接表存储结构;(2)基于图的邻接表存储,输出深度优先和广度优先遍历序列;(3)设计测试数据,进一步验证图的基本操作。

【实验提示】　新建一个工程"邻接表验证实验",在该工程中新建一个头文件"ALGraph.h",加入有向图类 ALGraph 的定义。在工程"邻接表验证实验"中新建一个源程序文件"ALGraph.cpp",加入类 ALGraph 中所有成员函数的定义。在工程"邻接表验证实验"中新建一个源程序文件"ALGraph_main.cpp",在主函数中使用 ALGraph 类型定义有向图 G,然后调用成员函数来完成相应的功能。

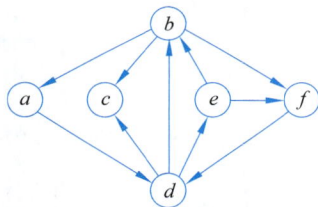

图 5-42　一个有向图

【实验程序】　下面给出源程序文件 ALGraph_main.cpp 的范例程序,请修改程序进一步验证图的基本操作。

```
int main()
{
    char ch[ ] = {'a', 'b', 'c', 'd', 'e', 'f'};
    int i;
    ALGraph<char> ALG{ch, 6, 10};           //建立具有 6 个顶点 10 条边的有向图
    for (i = 0; i < MaxSize; i++)
       visited[i] = 0;
    cout << "广度优先遍历序列是:";
    ALG.BFTraverse(0);                      //从顶点 0 出发进行广度优先遍历
    return 0;
}
```

5.8.3　农夫抓牛

【问题描述】　假设农夫和牛都位于数轴上,农夫位于点 N,牛位于点 $K(K>N)$,农夫有以下两种移动方式:(1)从点 X 移动到 $X-1$ 或 $X+1$,每次移动花费一分钟;(2)从点 X

移动到点 $2X$,每次移动花费一分钟。假设牛没有意识到农夫的行动,站在原地不动,农夫最少要花费多长时间才能抓住牛?

【测试样例】 输入是两个整数,分别表示农夫和牛的位置,输出是农夫花费的最小时间。测试样例如下:

测 试 样 例	输　　入	输　　出
测试 1	3 5	2
测试 2	5 50	5

【实验提示】 这是一个最少步数问题,适合用广度优先遍历。将数轴上每个点看作图的顶点,对于任意点 X,有两条双向边连接点 $X-1$ 和 $X+1$,有一条单向边连接到点 $2X$,则农夫抓牛问题转化为求从顶点 N 出发到顶点 K 的最短路径长度。假设 $N=3$,$K=5$,广度优先遍历展开的图结构如图 5-43 所示,最短路径长度是 2。

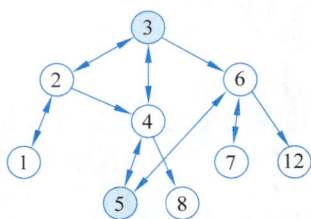

图 5-43　农夫抓牛的广度优先遍历

设数组 flag[$2*K$]表示数轴上某个点是否被搜索,变量 right 表示每一层最后访问的顶点,顺序队列 Q 存储待扩展的顶点,变量 rear 指向队尾位置,front 指向队头的前一个位置,steps 表示待扩展结点距起点 N 的步数,算法如下:

算法:农夫抓牛 CatchCattle
输入:农夫的位置 N,牛位的位置 K,
输出:最少步数
　　1. 队列 Q 初始化;flag[$2*K$]={0};steps =0;
　　2. 将起点 N 放入队列 Q;修改标志 flag[N]=1;right =rear;
　　3. 当队列 Q 非空时执行下述操作:
　　　　3.1 u =队列 Q 的队头元素出队;
　　　　3.2 如果 u 等于 K,则输出步数 steps,算法结束;
　　　　3.3 依次扩展结点 u 的每个子结点:
　　　　　　3.3.1 v =u-1;如果 flag[v]等于 0,则将 v 入队,flag[v]=1;
　　　　　　3.3.2 v =u+1;如果 flag[v]等于 0,则将 v 入队,flag[v]=1;
　　　　　　3.3.3 v =u+u;如果 flag[v]等于 0,则将 v 入队,flag[v]=1;
　　　　3.4 如果 front 等于 right,则 steps++;right =rear;
　　4. 队列为空,没有到达位置 K,返回失败标志-1;

【实验程序】 下面给出算法 CatchCattle 的函数定义,请编写主函数使用测试用例调用该函数,收集实验数据,完成算法分析。

```
int CatchCattle(int N, int K)
{
    int u, v, flag[2 * K], right =0, steps =0;
    int Q[K], front, rear;
```

```
        front = rear = -1;
        memset(flag, 0, 2 * K * sizeof(int));                      //初始化 flag
        Q[++rear] = N; flag[N] = 1;
        while (front != rear)
        {
          u = Q[++front];
          if (u == K) return steps;
          v = u - 1; if (flag[v] == 0) { Q[++rear] = v; flag[v] = 1; }
          v = u + 1; if (flag[v] == 0) { Q[++rear] = v; flag[v] = 1; }
          v = u + u; if (flag[v] == 0) { Q[++rear] = v; flag[v] = 1; }
          if (front == right) { steps++; right = rear; }
        }
        return -1;
}
```

【扩展实验】 （1）算法 CatchCattle 在扩展结点时没有判断是否越界,对于某些输入也许 flag[2 * K]的空间不够,也可以在入队前判断某顶点的邻接点是否等于 N,请修改算法,并设计测试样例进行实验。（2）假设农夫的第二种移动方式,从点 X 移动到点 $2X$,每次移动花费两分钟,请修改算法。

5.8.4 研发卡车

【问题描述】 一家货运公司刚刚成立,急切需要研发各种类型的卡车,用于运输各种类型的物资。假设每种卡车的编号由 7 个小写字母组成,从一辆已有的卡车研发其他类型卡车的成本为这两种卡车编号间对应位置不同字母的个数。例如,已有 aaaaaaa 型卡车,研发 aaaaabb 型卡车的成本为 2。假设公司运营需要 n 种不同的车型,公司成立之初可免费获得这 n 种车型中的一个,请计算研发所有卡车的最少成本。

【测试样例】 输入有两行,第一行是一个整数 $N(N \leqslant 2000)$表示公司需要研发的车型个数,第二行是 N 个字符串,每个字符串由 7 个小写字母组成。输出为一个整数,是研发车型的最少成本。测试样例如下:

测 试 样 例	输　　　　入	输　　　　出
测试 1	4 aaaaaaa,aaaaaba,aaaaabb,aaaaabc	3
测试 2	4 aaaabcd,abcdaaa,aaaaaaa,abcdbcd	9

【实验提示】 以车型为顶点,车型之间的研发成本是边上的权值,将卡车研发问题抽象为图模型,本题即求图的最小生成树,可以采用 Prim 算法。设数组 car[n][7]存储 n 个车型信息,edge[n][n]存储图的代价矩阵,算法如下:

> 算法：研发卡车 RDTruck
> 输入：数组 car[n][7],车型个数 n

输出:最小成本
1. 初始化:edge[n][n] ={0};
2. 循环变量 i 从 0~n-1 重复执行下述操作:
   2.1 循环变量 j 从 i+1~n-1 重复执行下述操作:
      2.1.1 edge[i][j] =edge[j][i] =car[i][7]和 car[j][7]之间的差别;
      2.1.2 j++;
   2.2 i++;
3. 调用 Prim 算法求最小生成树的代价 minCost;
4. 输出 minCost。

【实验程序】 下面给出算法 RDTruck 的函数定义,需要修改 Prim 算法累加每次得到的最短边并返回生成树的代价。请编写主函数,收集实验数据,分析算法效率。

```
int RDTruck(int car[ ][7], int n)
{
    int i, j, k, cnt, edge[n][n] ={0};
    for (int i = 0; i < n; i++)
    {
        for (int j = i+1; j <n; j++)
        {
            cnt =0;
            for (k =0; k <7; k++)
                if (car[i][k] !=car[j][k]) cnt++;
            edge[i][j] =edge[j][i] =cnt;
        }
    }
    return prim(edge, n, 0);
}
```

【扩展实验】 求最小生成树也可以采用 Kruskal 算法,请编程实现。

思想火花——直觉可能是错误的

对一个复杂的问题先试着猜测一个解,这是人的天性。一些猜测看起来很直观,但有时候你必须努力摆脱直觉,即使是一些看起来简单明了的事情也需要作一番认真的计算。下面就是一个违背直觉的例子。

在古希腊时代,宙斯叫来一个铁匠铸造一个环绕地球的铁环,要求铁环的直径正好与地球的直径相匹配。但可怜的铁匠出了点差错,他造出的铁环比原定的周长长出 1 米。宙斯让铁环环绕着地球,让它和地球的一个点相接触,如图 5-44 所示。现在的问题是:铁环在地球另一端的狭缝突出多少?什么样的动物可以挤在地球和铁环之间?一只蚂蚁,一只老鼠还是一只猫?

与直觉相反的答案是狭缝几乎达 32 厘米!即使一个小孩也能够蜷缩在铁环下。这是因为地球和铁环之间的周长之差是 100 厘米，即 $2\pi r_1 - 2\pi r_2 = 100$，所以它们之间的直径之差 $(2r_1 - 2r_2)$ 为 $100/\pi \approx 31.83$ 厘米。

卡西尼悖论是另一个违背直觉的例子。有一个 8×8 的棋盘，按照图 5-45(a)所示，将棋盘切成两个梯形和两个三角形，然后再按照图 5-45(b)所示把它们拼接起来，图 5-45(a)的面积是 $8 \times 8 = 64$，而图 5-45(b)的面积是 $13 \times 5 = 65$。造成这个错觉的原因是图 5-45(b)的对角线不是直线，狭长的缝隙累积起来正好是一个小正方形的面积。

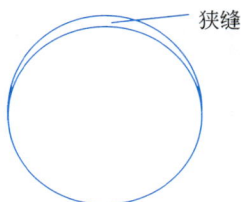

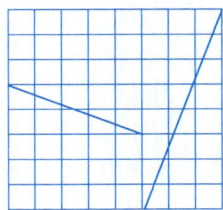

(a) $8 \times 8 = 64$

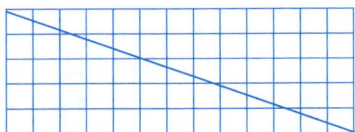

(b) $13 \times 5 = 65$

图 5-44　地球与铁环　　　　　图 5-45　卡西尼悖论示意图

习题 5

一、单项选择题

1. 具有 n 个顶点的有向完全图，共有（　　）条边。

    A. $n(n-1)/2$　　　B. $n(n-1)$　　　　　C. $n(n+1)/2$　　　D. n^2

2. 具有 n 个顶点的强连通图至少有（　　）条边。

    A. n　　　　　　　B. $n+1$　　　　　　C. $n-1$　　　　　D. $n \times (n-1)$

3. 在 n 个顶点的连通图中，任意一条简单路径的长度不可能超过（　　）。

    A. 1　　　　　　　B. $n/2$　　　　　　C. $n-1$　　　　　D. n

4. 无向图 G 有 16 条边，度为 4 的顶点有 3 个，度为 3 的顶点有 4 个，其余顶点的度均小于 3，则图 G 至少有（　　）个顶点。

    A. 10　　　　　　　B. 11　　　　　　　C. 12　　　　　　D. 13

5. 用有向无环图描述表达式 $(x+y)((x+y)/x)$，需要的顶点个数至少是（　　）。

    A. 5　　　　　　　B. 6　　　　　　　C. 8　　　　　　　D. 9

6. 有向图的邻接矩阵是一个（　　）

    A. 上三角矩阵　　　B. 下三角矩阵　　　C. 对称矩阵　　　D. 无规律

7. 具有 n 个顶点 e 条边的无向图采用邻接矩阵存储，邻接矩阵中零元素的个数为（　　）。

    A. e　　　　　　　B. $2e$　　　　　　C. n^2-e　　　　D. n^2-2e

8. 具有 n 个顶点的无向图采用邻接表存储，邻接表中最多有（　　）个边表结点。

    A. n^2　　　　　　B. $n(n-1)$　　　　C. $n(n+1)$　　　　D. $n(n-1)/2$

9. 在有向图的邻接表存储结构中，顶点 v 在边表中出现的次数是（　　）。

    A. 顶点 v 的度　　　　　　　　　　　B. 顶点 v 的出度

    C. 顶点 v 的入度　　　　　　　　　　D. 依附于顶点 v 的边数

10. 设图的邻接矩阵存储如图 5-46 所示,各顶点的度依次是(　　)。

    A. 1，2，1，2　　　　B. 2，2，1，1　　　　C. 3，4，2，3　　　　D. 4，4，2，2

11. 设有向图 $G=(V,E)$,顶点集 $V=\{v_0,v_1,v_2,v_3\}$,边集 $E=\{<v_0,v_1>,<v_0,v_2>,<v_0,v_3>,<v_1,v_3>\}$。从顶点 v_0 开始对图进行深度优先遍历,得到的遍历序列个数是(　　)。

    A. 2　　　　　　　　B. 3　　　　　　　　C. 4　　　　　　　　D. 5

12. 设无向图 $G=(V,E)$ 和 $G'=(V',E')$,如果 G' 是 G 的生成树,下列说法中错误的是(　　)。

    A. G' 为 G 的极小连通子图　　　　　　B. G' 为 G 的连通分量

    C. $|V'|=|V|$ 且 $|E'|\leqslant|E|$　　　　　　D. G' 为 G 的无环子图

13. 假设非连通无向图 G 有 28 条边,则该图至少有(　　)个顶点。

    A. 6　　　　　　　　B. 7　　　　　　　　C. 8　　　　　　　　D. 9

14. 对如图 5-47 所示的有向图从顶点 a 出发进行深度优先遍历,不可能得到的遍历序列是(　　)。

    A. adbefc　　　　　　B. adcefb　　　　　　C. adcbfe　　　　　　D. adefbc

$$\begin{bmatrix} 0 & 1 & 0 & 1 \\ 0 & 0 & 1 & 1 \\ 0 & 1 & 0 & 0 \\ 1 & 0 & 0 & 0 \end{bmatrix}$$

图 5-46　第 10 题图

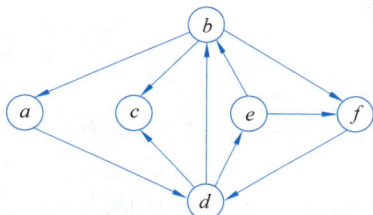

图 5-47　一个有向图

15. 设无向连通图 G 含有 n 个顶点,下列说法中正确的是(　　)。

    A. 只要图 G 中没有权值相同的边,其最小生成树一定唯一

    B. 只要图 G 中有权值相同的边,其最小生成树一定不唯一

    C. 从图 G 中选取 $n-1$ 条权值最小的边,即可构成最小生成树

    D. 含有 n 个顶点 $n-1$ 条边的子图一定是图 G 的生成树

16. 在如图 5-48 所示的无向连通网图中,从顶点 d 开始用 Prim 算法构造最小生成树,在构造过程中加入最小生成树的前 4 条边依次是(　　)。

    A. $(d,f)4,(f,e)2,(f,b)3,(b,a)5$

    B. $(f,e)2,(f,b)3,(a,c)3,(f,d)4$

    C. $(d,f)4,(f,e)2,(a,c)3,(b,a)5$

    D. $(d,f)4,(d,b)5,(f,e)2,(b,a)5$

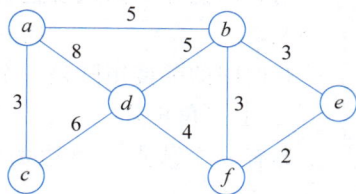

图 5-48　一个无向连通网

17. 设图采用邻接表存储,Prim 算法的时间复杂度为(　　)。

    A. $O(n)$　　　　　　B. $O(n+e)$　　　　　　C. $O(n^2)$　　　　　　D. $O(n^3)$

18. Kruskal 算法适合于求(　　)的最小生成树。

    A. 稀疏图　　　　　　B. 稠密图　　　　　　C. 连通图　　　　　　D. 有向图

19. 设图采用邻接矩阵存储，Dijkstra 算法的时间复杂度为（　　　）。

   A. $O(n^3)$　　　　　B. $O(n+e)$　　　　　C. $O(n^2)$　　　　　D. $O(n*e)$

20. 下列说法中正确的是（　　　）。

   A. 最短路径一定是简单路径

   B. Dijkstra 算法不适用于有回路的网图

   C. Dijkstra 算法不适用于求任意两顶点间的最短路径

   D. 在 Floyd 算法的求解过程中，$Path_{k-1}[i][j]$ 一定是 $Path_k[i][j]$ 的子集

21. 若有向图的全部顶点不能形成一个拓扑序列，则可断定该有向图（　　　）。

   A. 是个有根有向图　　　　　　　　B. 是个强连通图

   C. 含有多个入度为 0 的顶点　　　　D. 含有顶点数大于 1 的强连通分量

22. 对于如图 5-49 所示 AOE 网，事件 v_4 的最早开始时间是（　　　），最迟开始时间是
（　　　），该 AOE 网的关键路径有（　　　）条。

   A. 11　　　　　　　B. 12

   C. 13　　　　　　　D. 14

   E. 1　　　　　　　　F. 2

   G. 3　　　　　　　　H. 4

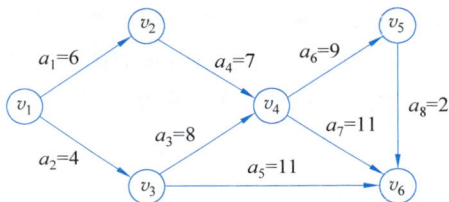

图 5-49　第 12 题图

23. 在有向图 G 的拓扑序列中，若顶点 v_i 出现在顶点 v_j 之前，则下列情形不可能出现的是
（　　　）。

   A. 图 G 中有弧 $<v_i,v_j>$　　　　　B. 图 G 中有一条从 v_i 到 v_j 的路径

   C. 图 G 中没有弧 $<v_i,v_j>$　　　　D. 图 G 中有一条从 v_j 到 v_i 的路径

24. 在 AOE 网中，关键路径是（　　　）。

   A. 从源点到终点的最长路径　　　　B. 从源点到终点的最短路径

   C. 从源点到终点的边数最多的路径　D. 从源点到终点的边数最少的路径

25. 关于工程计划的 AOE 网，下列说法中不正确的是（　　　）。

   A. 关键活动不按期完成就会影响整个工程的完成时间

   B. 任何一个关键活动提前完成，整个工程将会提前完成

   C. 所有的关键活动都提前完成，整个工程将会提前完成

   D. 某些关键活动若提前完成，整个工程将会提前完成

二、解答下列问题

1. 无向网图含有 n 个顶点 e 条边，每个顶点的信息（假设只存储编号）占用 2 字节，每条
边的权值信息占用 4 字节，每个指针占用 4 字节，计算采用邻接矩阵和邻接表分别占用多少
存储空间？

2. 无向图含有 n 个顶点 e 条边，判断任意两个顶点 i 和 j 是否有边相连，如果采用邻接
矩阵存储，该操作的时间复杂度是多少？ 如果采用邻接表存储，该操作的时间复杂度是多
少？ 请给出简要分析过程。

3. 有向图含有 n 个顶点 e 条边，删除与顶点 i 相关联的所有边，如果采用邻接矩阵存

储,该操作的时间复杂度是多少?如果采用邻接表存储,该操作的时间复杂度是多少?请给出简要分析过程。

4. 证明:生成树中最长路径的起点和终点的度均为 1。

5. 证明:适当地排列顶点的次序,可以使有向无环图的邻接矩阵中主对角线以下的元素全部为 0。

6. 已知有 6 个顶点(顶点编号为 0~5)的有向带权图 G,其邻接矩阵 A 为上三角矩阵,按行为主序(行优先)保存在如下的一维数组中。请写出图 G 的邻接矩阵 A,并画出有向带权图 G。

4	6	∞	∞	∞	5	∞	∞	∞	4	3	∞	∞	3	3

7. 对于如图 5-50 所示连通图,请给出图的邻接矩阵和邻接表存储示意图,从顶点 v_1 出发对该图进行遍历,分别给出一个深度优先遍历序列和广度优先遍历序列。

8. 已知无向图的邻接表如图 5-51 所示,分别写出从顶点 1 出发的深度优先遍历序列和广度优先遍历序列,并画出相应的生成树。

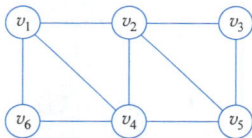

图 5-50　第 7 题图

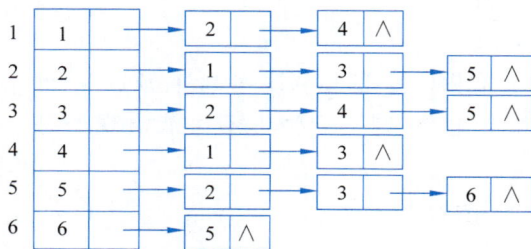

图 5-51　无向图的邻接表

9. 对于图 5-52 所示无向带权图,请分别给出采用 Prim 算法(从顶点 a 开始)和 Kruskal 算法求最小生成树的构造过程,并给出依次加入最小生成树的边。

10. 如图 5-53 所示有向网图,采用 Dijkstra 算法求从顶点 v_1 到其他各顶点的最短路径,并给出 Dijkstra 算法执行过程中数组 dist、path 和集合 S 的变化过程。

11. 假设某工程有 6 道工序,对该工程建立 AOV 网,如图 5-54 所示,请给出所有可行的工序序列。

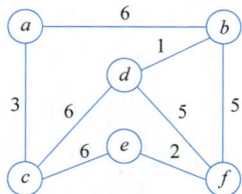

图 5-52　第 9 题图

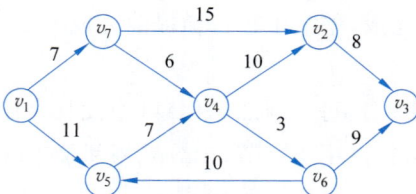

图 5-53　有向网图

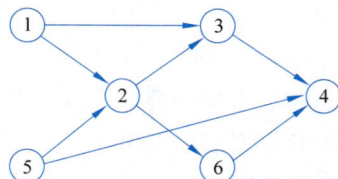

图 5-54　第 11 题图

12. 对于图 5-54 所示 AOE 网,请计算各活动的最早开始时间和最迟开始时间,并给出该 AOE 网的所有关键路径。

13. 一家输油公司要在储油罐之间建造若干条输油管道,每条输油管在向客户供油时都会产生利润,公司希望所产生的利润最大,当然公司希望建造尽可能少的输油管道。可以建造输油管的储油罐如图 5-55 所示,其中顶点表示储油罐,边表示可以建造输油管,边上的权值表示该输油管产生的利润。假设每条输油管的建造费用都相同,请为该公司设计最佳建造输油管的方案。

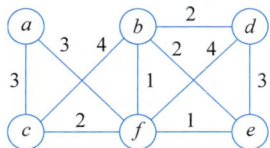

图 5-55　第 13 题图

14. 带权图(权值非负,表示边连接的两顶点间的距离)的最短路径问题是找出从初始顶点到目标顶点之间的一条最短路径。假设从初始顶点到目标顶点之间存在路径,现有一种解决该问题的方法:

① 设最短路径初始时仅包含初始顶点,令当前顶点 u 为初始顶点;

② 选择离 u 最近且尚未在最短路径中的一个顶点 v,将顶点 v 加入最短路径中,修改当前顶点 $u = v$;

③ 重复步骤①和②,直到 u 是目标顶点时为止。

请问上述方法能否求得最短路径?若该方法可行,请证明之;否则,请举例说明。

15. 某大队有 5 个村庄,村庄之间的道路情况如图 5-56 所示,现要在其中一个村庄建立医院,要求该医院距其他各村庄的最长往返路程最短。请给出算法的设计思想,并求出医院的位置。

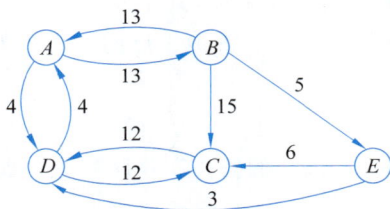

图 5-56　第 15 题图

三、算法设计题

1. 将无向图的邻接矩阵存储转换为邻接表。

2. 将有向图的邻接表存储转换成邻接矩阵。

3. 设有向图采用邻接表存储,求图中每个顶点的入度。

4. 设有向图采用邻接矩阵存储,计算图中出度为零的顶点个数。

5. 以邻接矩阵作为存储结构,判断有向图是否存在回路。

6. 以邻接表作为存储结构,判断有向图是否存在从顶点 v_i 到 v_j 的路径($i \neq j$)。

考研真题 5

一、单项选择题

(2019 年)1. 下图所示的 AOE 网表示一项包含 8 个活动的工程。活动 d 的最早开始时间和最迟开始时间分别是_____。

  A. 3 和 7   B. 12 和 12   C. 12 和 14   D. 15 和 15

(2020 年)2. 修改递归方式实现图的深度优先搜索(DFS)算法,将输出(访问)顶点信息

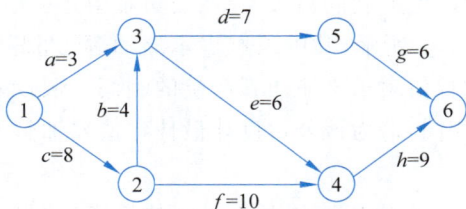

的语句移到退出递归前(即执行输出语句后立刻退出递归)。采用修改后的算法遍历有向无环图 G,若输出结果中包含 G 中的全部顶点,则输出的顶点序列是 G 的_____。

A. 拓扑有序序列 B.逆拓扑有序序列

C. 广度优先搜索序列 D.深度优先搜索序列

(2020 年)3.已知无向图 G 如下图所示,使用克鲁斯卡尔(Kruskal)算法求图 G 的最小生成树,加到最小生成树中的边依次是_____。

A. (b,f),(b,d),(a,e),(c,e),(b,e)

B. (b,f),(b,d),(b,e),(a,e),(c,e)

C. (a,e),(b,e),(c,e),(b,d),(b,f)

D. (a,e),(c,e),(b,e),(b,f),(b,d)

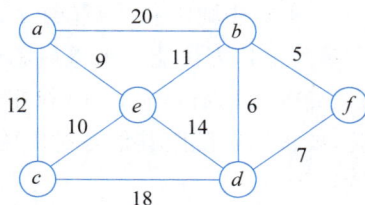

(2017 年)4.已知无向图 G 含有 16 条边,其中度为 4 的顶点个数为 3,度为 3 的顶点个数为 4,其他顶点的度均小于 3。图 G 所含的顶点个数至少是_____。

A. 10 B. 11 C. 13 D. 15

(2021 年)5.给定如下有向图,该图的拓扑有序序列的个数是_____。

A. 1 B. 2 C. 3 D. 4

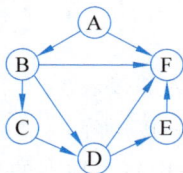

(2016 年)6.使用迪杰斯特拉(Dijkstra)算法求下图中从顶点 1 到其他各顶点的最短路径,依次得到的各最短路径的目标顶点是_____。

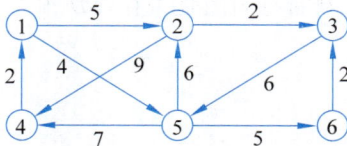

A.5,2,3,4,6 B.5,2,3,6,4 C.5,2,4,3,6 D.5,2,6,3,4

(2023 年)7.已知无向连通图 G 中各边的权值均为 1,下列算法中,一定能够求出图 G 中从某顶点到其余各顶点最短路径的是_____。

Ⅰ.普利姆(Prim)算法

Ⅱ.克鲁斯卡尔(Kruskal)算法

Ⅲ. 图的广度优先搜索算法

A. 仅 I   B. 仅 Ⅲ   C. I、Ⅱ   D. I、Ⅱ、Ⅲ

二、综合应用题

（2018 年）1. 拟建设一个光通信骨干网络连通 BJ、CS、XA、QD、JN、NJ、TL 和 WH 8 个城市，图中无向边上的权值表示两个城市间备选光纤的铺设费用。回答下列问题。

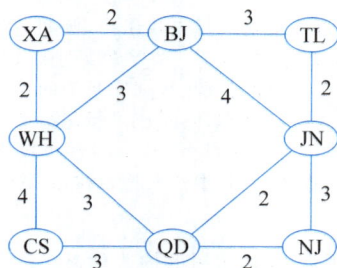

（1）仅从铺设费用角度出发，给出所有可能的最经济的光纤铺设方案（用带权图表示），并计算相应方案的总费用。

（2）本题图可采用图的哪种存储结构？给出求解问题（1）所使用的算法名称。

（3）假设每个城市采用一个路由器按（1）中得到的最经济方案组网，主机 H1 直接连接在 TL 的路由器上，主机 H2 直接连接在 BJ 的路由器上。若 H1 向 H2 发送一个 TTL ＝ 5 的 IP 分组，则 H2 是否可以收到该 IP 分组？

（2015 年）2. 已知含有 5 个顶点的图 G 如下图所示。

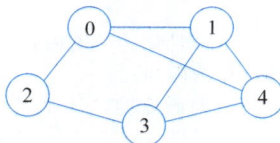

请回答下列问题：

（1）写出图 G 的邻接矩阵 A（行、列下标从 0 开始）。

（2）求 A^2，矩阵 A^2 中位于 0 行 3 列元素值的含义是什么？

（3）若已知具有 $n(n \geqslant 2)$ 个顶点的图的邻接矩阵为 **B**，则 $B^m(2 \leqslant m \leqslant n)$ 中非零元素的含义是什么？

第6章 查找技术

本章概述	在日常生活中,人们几乎每天都要进行查找工作,例如,在字典中查找某个字的读音和含义,在通讯录中查找某人的电话号码,等等。在数据处理领域,查找是使用最频繁的一种基本操作,如编译器对源程序中变量名的管理、数据库系统的信息维护等都涉及查找操作。查找以集合为数据模型,以查找为核心操作,同时也可能包括插入和删除等其他操作。 本章以静态查找和动态查找为主线,讨论基本的查找技术,包括线性表的查找技术、树表的查找技术以及散列表的查找技术,其中二叉搜索树本质上是二叉树的应用,散列技术本质上是数组和单链表的应用
教学重点	折半查找算法及性能分析;二叉搜索树的构造及查找;平衡二叉树的调整;散列表的构造和查找;B 树的定义
教学难点	二叉搜索树的删除操作;平衡二叉树的调整;B 树的插入和删除操作
教学目标	(1) 解释查找的定义,辨析静态查找和动态查找的区别及应用场景,说明查找算法时间性能的分析方法; (2) 描述设置哨兵的顺序查找算法,分析改进效率; (3) 说明折半查找的基本过程,设计算法并评价时间性能; (4) 解释二叉搜索树的定义,描述二叉搜索树的查找、插入、删除过程,设计查找、插入和构造算法,分析时间性能; (5) 解释平衡二叉树的定义,归纳平衡二叉树的调整思想,辨别并运用 LL 型、RR 型、LR 型和 RL 型 4 种调整类型; (6) 解释 B 树的定义,分析影响查找性能的关键因素,描述插入、删除操作的执行过程,辨明分裂—提升、合并—下移操作的内涵; (7) 解释散列的基本思想,说明散列函数的设计原则,构造闭散列表和开散列表,分析时间性能; (8) 描述 KMP 算法的基本思想,说明匹配失效数组 next 的物理意义,对于给定的主串和模式,给出 KMP 算法的匹配过程

6.1　概述

6.1.1　查找的基本概念

在查找问题中,通常将数据元素称为记录[①](record)。

1. 关键码

可以标识一个记录的某个数据项称为关键码(key),关键码的值称为键值(keyword)。若关键码可以唯一标识一个记录,则称此关键码为主关键码(primary key);反之,称此关键码为次关键码(second key)。为了突出查找技术这个主题,本章假定记录只有一个整型关键码。

2. 查找

广义地讲,查找(search)是在具有相同类型的记录构成的集合中找出满足给定条件的记录。给定的查找条件可能是多种多样的,为了便于讨论,把查找条件限制为"匹配",即查找关键码等于给定值的记录。若在查找集合中找到了与给定值相等的记录,则称查找成功;否则称查找不成功(或查找失败)。一般情况下,查找成功时,要返回一个成功标志,如返回该记录的位置;查找不成功时,要返回一个不成功标志,或将被查找的记录插入查找集合中。

3. 静态查找、动态查找

不涉及插入和删除操作的查找称为静态查找(static search),静态查找在查找不成功时,只返回一个不成功标志,查找的结果不改变查找集合;涉及插入和删除操作的查找称为动态查找(dynamic search),动态查找在查找不成功时,需要将被查找的记录插入查找集合中,查找的结果可能会改变查找集合。

静态查找适用下述场合:查找集合一经生成,便只对其进行查找,而不进行插入和删除操作,或经过一段时间的查找之后,集中地进行插入和删除等修改操作。动态查找适用下述场合:查找与插入和删除操作在同一个阶段进行,例如,在某些问题中,当查找成功时,要删除查找到的记录,当查找不成功时,要插入被查找的记录。

4. 查找结构

一般而言,各种数据结构都会涉及查找操作,如前面介绍的线性表、树与图等,这些数据结构中的查找操作并没有被作为主要操作考虑。在某些应用中,查找操作是最主要的操作,为了提高查找效率,需要专门为查找操作设计数据结构,这种面向查找操作的数据结构称为查找结构(search structure)。本章讨论的查找结构如下。

① 线性表:适用于静态查找,主要采用顺序查找技术、折半查找技术。

② 树表:适用于动态查找,主要采用二叉搜索树、平衡二叉树、B 树等查找技术。

③ 散列表:静态查找和动态查找均适用,主要采用散列查找技术。

6.1.2　查找算法的性能

查找算法的基本操作通常是将记录和给定值进行比较,因此,通常以记录的平均比较次

---

① 在计算机发展的早期,由于内存的限制,查找操作常常需要借助外存才能实现,因此数据元素沿用文件的叫法,称为记录。

数来度量查找算法的平均时间性能,称为平均查找长度(average search length)。对于查找成功的情况,其计算公式为

$$\text{ASL} = \sum_{i=1}^{n} p_i c_i \tag{6-1}$$

其中,n 为输入规模,查找集合中的记录个数;p_i 为查找第 i 个记录的概率;c_i 为查找第 i 个记录所需的比较次数。显然,c_i 与算法密切相关,决定于算法;p_i 与算法无关,决定于具体应用,如果 p_i 是已知的,则 ASL 只是输入规模 n 的函数。

对于查找不成功的情况,平均查找长度即为查找失败时的比较次数。查找算法的平均查找长度应该综合考虑查找成功与查找失败两种情况下的查找长度。但在实际应用中,查找成功的可能性比查找不成功的可能性大得多,特别是在查找集合的记录个数较多时,查找不成功的概率可以忽略不计。

6.2 线性表的查找技术

课件 6-2

在线性表中进行查找通常属于静态查找,这种查找算法简单,主要适用于小型查找集合。线性表一般有两种存储结构:顺序存储结构和链式存储结构,此时,可以采用顺序查找技术。对顺序存储结构,若记录有序,可采用更高效的查找技术——折半查找技术。

6.2.1 线性表查找结构的类定义

下面给出线性表查找结构的类定义以及构造函数,其中成员变量实现线性表的顺序存储。简单起见,不失一般性,假定待查找集合的记录为 int 型,成员函数实现线性表的查找技术。在接下来的章节中具体讨论线性表查找技术的实现。

```
const int MaxSize = 100;
class LineSearch
{
public:
    LineSearch(int a[ ], int n);                        //构造函数
    ~LineSearch() {}                                     //析构函数为空
    int SeqSearch(int k);                               //顺序查找
    int BinSearch(int k);                               //折半非递归查找
    int BinSearchRecursion(int low, int high, int k);   //折半递归查找
private:
    int data[MaxSize];                                  //查找集合为整型
    int length;                                         //查找集合的元素个数
};
LineSearch :: LineSearch(int a[ ], int n)
{
    for (int i = 0; i < n; i++)
      data[i] = a[i];
    length = n;
}
```

6.2.2 顺序查找

顺序查找(sequential search)又称线性查找,其基本思想为:从线性表的一端向另一端逐个将记录与给定值进行比较,若相等,则查找成功,给出该记录在表中的位置;若整个表检测完仍未找到与给定值相等的记录,则查找失败,给出失败信息。

在单链表中进行顺序查找的算法请参见 2.4.2 节,在顺序表中进行顺序查找的算法在 2.3.2 节中已讨论过,这里介绍一种改进的算法:设置哨兵[①]。哨兵就是待查值,存放在查找方向的尽头处,在查找过程中每次比较前,不用判断查找位置是否越界,从而提高查找速度,如图 6-1 所示。

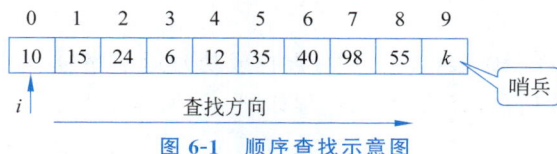

图 6-1 顺序查找示意图

将哨兵设在数组 r[n+1] 的高端(即 r[n]),待查找元素值为 k,其中,返回值有两种情况:(1)查找成功,返回待查记录的序号;(2)查找不成功,返回查找失败的标志 0。顺序查找的成员函数定义如下。

```
int LineSearch :: SeqSearch(int k)
{
    int i = 0;
    data[length] = k;                    /* 设置哨兵 */
    while (data[i] != k)                  /* 不用判断下标 i 是否越界 */
      i++;
    if (i < length) return i+1;
    else return 0;
}
```

查找成功时,设每个记录的查找概率相等,即 $p_i = 1/n (1 \leqslant i \leqslant n)$,查找第 i 个记录需进行 $n-i+1$ 次比较,顺序查找的平均查找长度为:

$$\text{ASL} = \frac{1}{n} \sum_{i=1}^{n} (n-i+1) = \frac{n+1}{2} = O(n)$$

查找不成功时,记录的比较次数是 $n+1$ 次,则查找失败的平均查找长度为 $O(n)$。

6.2.3 折半查找

1. 折半查找的执行过程

折半查找(binary search)[②]的基本思想是:假设有序表按关键码升序排列,取中间记录

作为比较对象,若给定值与中间记录相等,则查找成功;若给定值小于中间记录,则在有序表的左半区继续查找;若给定值大于中间记录,则在有序表的右半区继续查找。不断重复上述过程,直到查找成功,或查找区域无记录,查找失败,如图 6-2 所示。

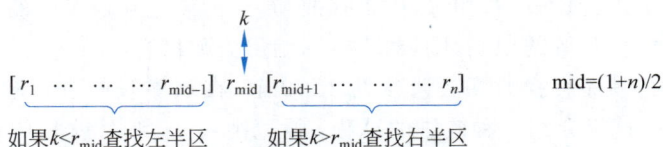

$$[r_1 \cdots \cdots \cdots r_{mid-1}] \ r_{mid} \ [r_{mid+1} \cdots \cdots \cdots r_n] \qquad mid=(1+n)/2$$

如果 $k<r_{mid}$ 查找左半区　　　如果 $k>r_{mid}$ 查找右半区

图 6-2　折半查找的基本思想

例 6-1　在有序表{ 7,14,18,21,23,29,31,35,38 }中查找 18 和 15,请给出查找过程。

解:设有序表存储在一维数组 r[n]中,查找成功时返回序号,查找失败时返回标志 0。查找 18 的过程如图 6-3 所示,查找 15 的过程如图 6-4 所示。

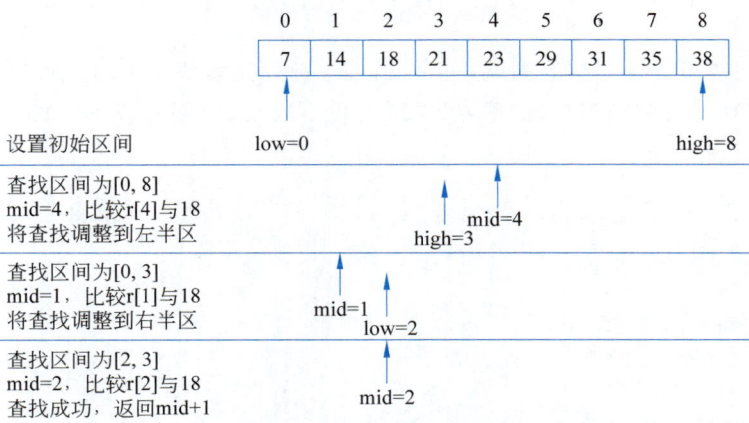

图 6-3　折半查找成功情况下的查找过程

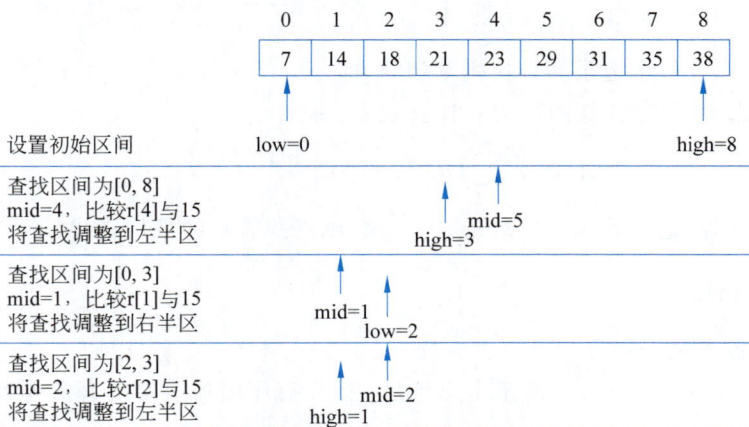

图 6-4　折半查找不成功情况下的查找过程

2．折半查找的非递归算法

设待查值为 k,折半查找非递归算法的成员函数定义如下:

```
int LineSearch::BinSearch(int k)
{
    int mid, low = 0, high = length-1;    //初始查找区间是[0, n-1]
    while (low <= high)                    //当区间存在时
    {
        mid = (low + high) / 2;
        if (k < data[mid]) high = mid -1;
        else if (k > data[mid]) low = mid + 1;
        else return mid+1;                 //查找成功,返回元素序号
    }
    return 0;                              //查找失败,返回 0
}
```

3. 折半查找的递归算法

设查找区间为[low,high],待查值为 k,折半查找递归算法的成员函数定义如下:

```
int LineSearch::BinSearchRecursion(int low, int high, int k)
{
    if (low > high) return 0;          //递归的边界条件
    else {
        int mid = (low + high) / 2;
        if (k < data[mid]) return BinSearchRecursion(low, mid-1, k);
        else if (k > data[mid]) return BinSearchRecursion(mid+1, high, k);
        else return mid+1;             //查找成功,返回序号
    }
}
```

4. 折半查找的性能分析

从折半查找的过程看,以有序表的中间记录作为比较对象,并以中间记录将有序表分割为两个有序子表,对子表继续这种操作。对表中每个记录的查找过程,可以用折半查找判定树(binary search decision tree,简称判定树)来描述。设查找区间是[low,high],判定树的构造方法如下。

① 当 low>high 时,判定树为空;

② 当 low≤high 时,判定树的根结点是序号为 mid=(low+high)/2 的记录,根结点的左子树是与有序表 $r_{low} \sim r_{mid-1}$ 相对应的判定树,根结点的右子树是与有序表 $r_{mid+1} \sim r_{high}$ 相对应的判定树。

图 6-5 给出了具有 11 个结点的判定树,将判定树中所有结点的空指针域指向一个方形结点,并且称这些方形结点为外部结点,与之相对,称那些圆形结点为内部结点。显然,内部结点对应查找成功的情况,外部结点对应查找不成功的情况。

可以看到,在有序表中查找任一记录的过程,即判定树中从根结点到该记录结点的路径,和给定值的比较次数等于该记录结点在树中的层数。已经证明判定树的深度为

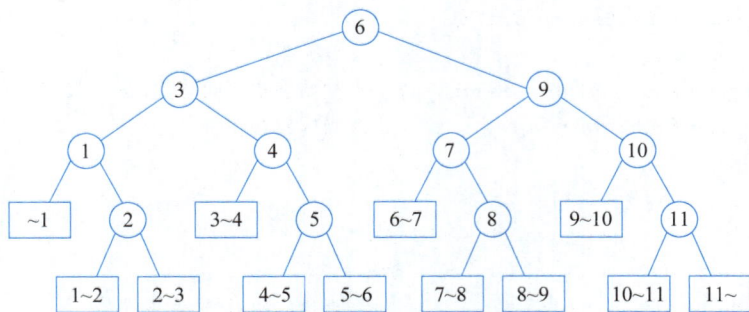

图 6-5　具有 11 个结点的判定树

$\lfloor \log_2 n \rfloor + 1$，因此，查找成功时，比较次数至多为 $\lfloor \log_2 n \rfloor + 1$。查找不成功的过程是从根结点到外部结点的路径，和给定值进行的比较次数等于该路径上内部结点的个数。因此，查找不成功时和给定值进行比较的次数最多也不超过树的深度。

接下来讨论折半查找的平均查找长度。为便于讨论，假设判定树是深度为 k 的满二叉树（$n = 2^k - 1$）。若有序表中每个记录的查找概率相等，即 $p_i = 1/n$（$1 \leqslant i \leqslant n$），而判定树的第 i 层上有 2^{i-1} 个结点，因此折半查找的平均查找长度为

$$\mathrm{ASL} = \sum_{i=1}^{n} p_i c_i = \frac{1}{n} \sum_{j=1}^{k} j \times 2^{j-1}$$

$$= \frac{1}{n}(1 \times 2^0 + 2 \times 2^1 + \cdots + k \times 2^{k-1})$$

$$\approx \log_2(n+1) - 1$$

所以，折半查找的平均时间复杂度为 $O(\log_2 n)$。

6.3　树表的查找技术

课件 6-3

在一个大型的查找集合上进行动态查找，如何存储才能使得记录的插入、删除和查找操作都能够很快地完成呢？假设用顺序存储，如果不要求记录存储的有序性，那么插入操作很简单，只需将其放在表的末端，但是在无序表中进行顺序查找的平均查找时间为 $O(n)$。提高查找效率的方法是把记录进行排序，在有序表中进行折半查找需要的时间为 $O(\log_2 n)$，但是插入则需要的时间为 $O(n)$，因为在有序表中找到新记录的存储位置后，需要移动记录以便将新记录插入。将查找集合组织成树结构（称为"树表"）能够很好地实现动态查找，二叉搜索树是常用的一种树表。

6.3.1　二叉搜索树

二叉搜索树（binary search tree）又称二叉查找树，或者是一棵空的二叉树，或者是具有下列性质的二叉树：

① 若左子树不空，则左子树上所有结点的值均小于根结点的值；
② 若右子树不空，则右子树上所有结点的值均大于根结点的值；
③ 左右子树也都是二叉搜索树。

图 6-6 给出了查找集合{63, 55, 90, 42, 58, 70, 10, 45, 67, 83}
对应的二叉搜索树。可以看出,二叉搜索树是记录之间满足一定次
序关系的二叉树,中序遍历二叉搜索树可以得到一个有序序列,因
此二叉搜索树也称为二叉排序树。

二叉搜索树通常采用二叉链表进行存储,其结点结构可复
用二叉链表的结点结构,请参见 5.5.2 节。假定查找集合的记录
为 int 型。下面给出二叉搜索树的类定义,并讨论基本操作的
算法。

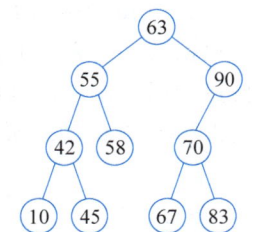

图 6-6　二叉搜索树示例

```
class BiSortTree
{
public:
    BiSortTree(int a[ ], int n);          //建立集合 a[n]的二叉搜索树
    ~BiSortTree(){Release(root);}          //同二叉链表的析构函数
    BiNode<int> * InsertBST(int x) {return InsertBST(root, x);} //插入记录 x
    void DeleteBST(BiNode<int> * p, BiNode<int> * f);          //删除 f 的左孩子 p
    BiNode<int> * SearchBST(int k) {return SearchBST(root, k);}     //查找值为 k 的结点
private:
    BiNode<int> * InsertBST(BiNode<int> * bt , int x);
    BiNode<int> * SearchBST(BiNode<int> * bt, int k);
    void Release(BiNode<int> * bt);          //析构函数调用,同二叉链表类
    BiNode<int> * root;          //二叉搜索树的根指针
};
```

1. 二叉搜索树的查找

由二叉搜索树的定义,在二叉搜索树中查找给定值 k 的过程是:若 root 是空树,则查
找失败;否则执行以下操作。

① 若 k 等于 root->data,则查找成功;

② 若 k 小于 root->data,则在 root 的左子树上查找;

③ 若 k 大于 root->data,则在 root 的右子树上查找。

在图 6-6 所示二叉搜索树上查找 58。首先将 58 与根结点比较,因为 58＜63,则在 63
的左子树上查找。63 的左子树不空,则将 58 与其根结点 55 比较,因为 58＞55,则在 55 的
右子树上查找。55 的右子树不空,且 58 与其根结点相等,则查找成功。在图 6-6 所示二叉
搜索树上查找 95,在 95 同 63、90 比较后,因为 90＜95,则在 90 的右子树上查找,但该子树
为空,故查找失败。下面给出私有成员函数 SearchBST 的函数定义。

```
BiNode<int> * BiSortTree :: SearchBST(BiNode<int> * bt, int k)
{
  if (bt == nullptr) return nullptr;
  if (bt->data == k) return bt;
  else if (bt->data > k) return SearchBST(bt->lchild, k);
  else return SearchBST(bt->rchild, k);
}
```

2. 二叉搜索树的插入

根据二叉搜索树的定义,向二叉搜索树中插入一个结点首先需要查找该结点的位置,然后再执行插入操作。例如,在图 6-7(a)所示二叉搜索树上插入值为 98 的结点,插入后的二叉搜索树如图 6-7(b)所示。

(a) 二叉搜索树 (b) 插入98后的二叉搜索树

图 6-7 二叉搜索树的插入示例

由上述插入过程可以看出,新结点作为叶子插入二叉搜索树中,无论是插在左子树还是右子树,都是按同样方法处理①,因此,插入过程是递归的。下面给出私有成员函数 InsertBST 的函数定义。

```cpp
BiNode<int> * BiSortTree::InsertBST(BiNode<int> * bt, int x)
{
    if (bt == nullptr) {                       //找到插入位置
        BiNode<int> * s = new BiNode<int>; s->data = x;
        s->lchild = s->rchild = nullptr;
        bt = s;
        return bt;
    }
    else if (bt->data > x) bt->lchild = InsertBST(bt->lchild, x);
    else bt->rchild = InsertBST(bt->rchild, x);
}
```

3. 构造函数——构造一棵二叉搜索树

构造二叉搜索树的过程是从空的二叉搜索树开始,依次插入每一个结点。图 6-8 给出了对于集合{63,90,70,55,67,42,98}构造二叉搜索树的过程。

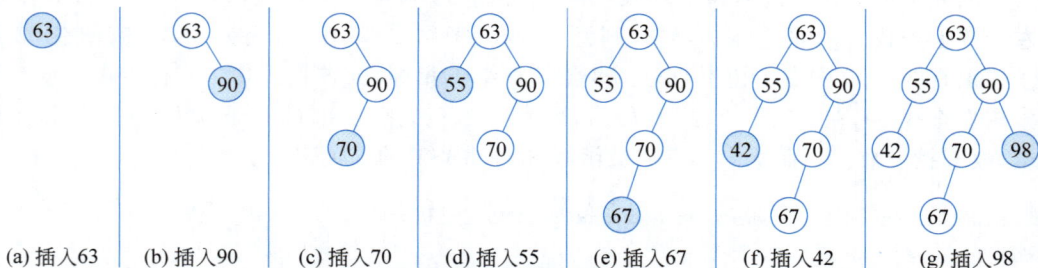

(a) 插入63　(b) 插入90　(c) 插入70　(d) 插入55　(e) 插入67　(f) 插入42　(g) 插入98

图 6-8 二叉搜索树的构造过程

---

① 这里假设二叉搜索树不存在值相同的结点。假如某个结点的值与被插入结点的值相同,可以有两种选择:如果该应用不允许结点有相同的值,则把这个插入作为错误处理;如果允许有相同的值,通常将其插入右子树中。

构造一棵二叉搜索树通过不断调用二叉搜索树的插入算法而进行。设查找集合存放在数组 a[n] 中。下面给出构造函数的函数定义。

```
BiSortTree::BiSortTree(int a[ ], int n)
{
    root = nullptr;
    for (int i = 0; i < n; i++)
        root = InsertBST(root, a[i]);
}
```

4. 二叉搜索树的删除

二叉搜索树的删除操作比插入操作要复杂一些。首先,从二叉搜索树中删除一个结点之后,仍然要保持二叉搜索树的特性;其次,由于被插入的结点都是作为叶子结点链接到二叉搜索树上,因而不会破坏结点之间的链接关系,而删除结点则不同,被删除的可能是叶子结点,也可能是分支结点,当删除分支结点时就破坏了二叉搜索树中原有结点之间的链接关系,需要重新修改指针,使得删除结点后仍为一棵二叉搜索树。

不失一般性,设待删除结点为 p,其双亲结点为 f,且 p 是 f 的左孩子,p_L 表示 p 的左子树,p_R 表示 p 的右子树,被删除结点有以下 3 种情况。

(1) 结点 p 为叶子,p 既没有左子树 p_L 也没有右子树 p_R。

由于删除叶子结点不影响二叉搜索树的特性,所以,只需将结点 p 的双亲结点 f 的相应指针域改为空指针,即 f->lchild＝NULL,如图 6-9 所示。

图 6-9　在二叉搜索树中删除叶子结点

(2) 结点 p 只有左子树 p_L 或只有右子树 p_R。

由于 p_L 和 p_R 的值均小于结点 f 的值,所以,只需将 p_L 或 p_R 替换为 f 的左子树,既 f->lchild＝p->lchild 或 f->lchild＝p->rchild,仍保持二叉搜索树的特性,如图 6-10 所示。

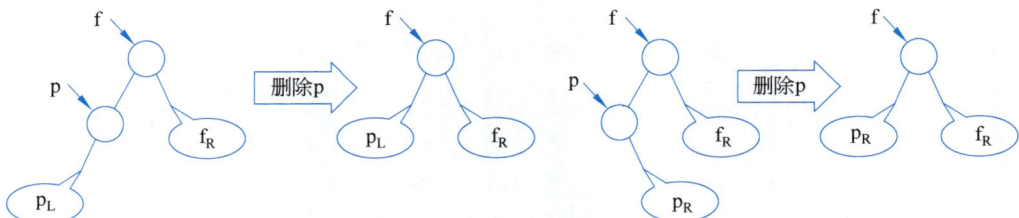

(a) 结点p只有左子树　　　　(b) 结点p只有右子树

图 6-10　在二叉搜索树中删除只有一个子树的结点

(3) 结点 p 既有左子树 p_L 又有右子树 p_R。

显然,不能简单地删除结点 p,可以从 p 的某个子树中找出一个结点 s,其值能够代替结点 p 的值,这样,就可以用结点 s 的值去替换结点 p 的值,再删除结点 s。那么,什么值能够代替那个被删除结点的值呢?

由于必须在使二叉搜索树的结构不发生较大变化的同时保持二叉搜索树的特性,因而不是任意一个值都可以替换结点 p 的值,这个值应该是大于结点 p 的最小者(或者小于结点 p 的最大者),即结点 p 的右子树中值最小的结点,具体过程是:①将 s 初始化为p->rchild;②将 s 沿左分支下移,直到最左下结点;③将 s 的父结点 par 指向 s 的指针改为指向 s 的右孩子(par->lchild=s->rchild);④删除结点 s(s 肯定没有左子树)。例如,从图 6-11(a)所示二叉搜索树中删除值 47 的结点,把结点 47 的右子树中值最小的结点 50 代替被删结点的值 47,然后把结点 50 删除。注意边界情况,如图 6-11(b)所示,结点 p 的右孩子即 p_R 中最小值结点,此时需要将 s 的父结点 par 指向 s 的指针改为指向 s 的右孩子(par->rchild=s->rchild),再删除结点 s。

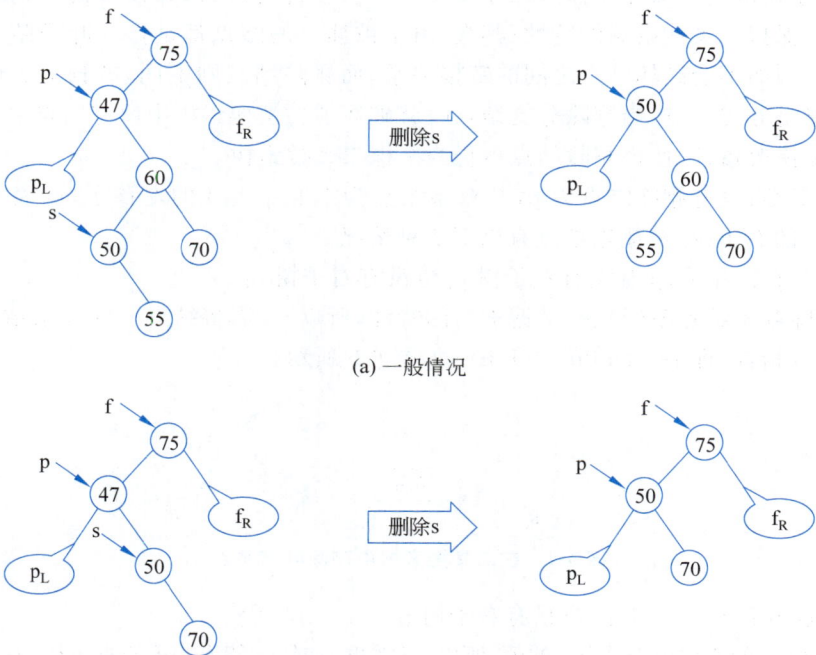

(a) 一般情况

(b) 特殊情况: p的右孩子即是p_R中最小值结点

图 6-11   在二叉搜索树中删除具有两个子树的分支结点

综上,下面给出在二叉搜索树中删除结点 p 的成员函数定义。

```cpp
void BiSortTree::DeleteBST(BiNode<int> * p, BiNode<int> * f)
{
  if((p->lchild == nullptr) && (p->rchild == nullptr)) {
    f->lchild = nullptr; delete p; return;          //p 为叶子
  }
  if (p->rchild == nullptr) {                       //p 只有左子树
    f->lchild = p->lchild; delete p; return;
  }
```

```
    if (p->lchild == nullptr) {                //p 只有右子树
      f->lchild = p->rchild; delete p; return;
    }
    BiNode * par = p, * s = p->rchild;         //p 的左右子树均不空
    while (s->lchild != nullptr)               //查找最左下结点
    {
      par = s;
      s = s->lchild;
    }
    p->data = s->data;
    if (par ==p) par->rchild = s->rchild;      //特殊情况
    else par->lchild =s->rchild;
    delete s;
}
```

5. 二叉搜索树的性能分析

在二叉搜索树中执行插入和删除操作,首先都要执行查找操作。对于插入操作,在找到插入位置后,只需修改相应指针;对于删除操作,在找到被删结点后,当被删结点既有左子树又有右子树时,在找到替代结点后,只需修改相应指针。因而二叉搜索树的插入、删除和查找操作具有相同的时间性能。

在二叉搜索树中执行删除操作,如果总是用右子树的最小数据替换待删除数据,容易使左子树的深度比右子树更深。随机选取右子树中最小数据或左子树中最大数据替换待删除数据,能够消除倾斜并使树保持平衡,但是没有人证明这一点。奇怪的是,实践中交替执行插入和删除操作 $O(N^2)$ 次后,二叉搜索树似乎可以趋于平衡。如果删除次数不多,可以使用懒惰删除(lazy deletion):在删除某个数据时,该结点仍然留在树中,只是将其标记为已删除。该策略广泛应用在有重复元素的情况,此时对保存重复次数的成员进行减运算即可。如果实际结点数和标记删除的结点数相差不大,树的深度仅增加很小的常数,因此二叉搜索树的基本操作仅增加与懒惰删除相关的非常小的时间开销。再有,如果标记已删除的元素被重新插入,可以避免分配新内存单元的开销。

在二叉搜索树上查找某个结点的过程,恰好是从根结点到该结点的路径,和给定值的比较次数等于给定值结点在二叉搜索树中的层数,比较次数最少为 1 次(即整个二叉搜索树的根结点就是待查结点),最多不超过树的深度。在二叉搜索树的构造过程中,插入结点的次序不同,二叉搜索树的形态就不同。因此,对应同一个查找集合,可以有不同形态的二叉搜索树,而不同形态的二叉搜索树可能具有不同的深度,这直接影响着二叉搜索树的操作效率。具有 n 个结点的二叉搜索树,其最大深度为 n,最小深度为 $\lfloor \log_2 n \rfloor + 1$,如图 6-12 所示。因此,二叉搜索树的查找性能在 $O(\log_2 n)$ 和 $O(n)$ 之间。

6.3.2 平衡二叉树

二叉搜索树的查找效率取决于二叉搜索树的形态,而二叉搜索树的形态与插入结点的次序有关,但是结点的插入次序是不确定的,这就要求找到一种动态平衡的方法,对于任意给定的记录序列都能构造一棵形态均匀的、平衡的二叉搜索树。首先给出几个基本概念。

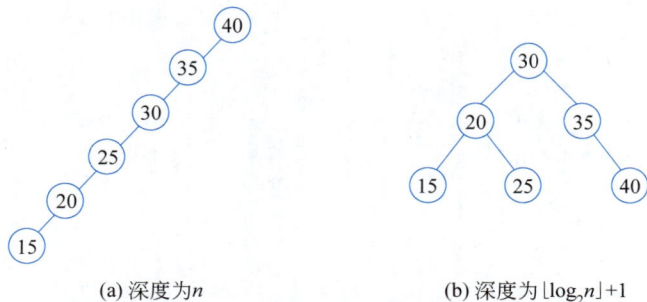

(a) 深度为 n (b) 深度为 $\lfloor \log_2 n \rfloor +1$

图 6-12   同一个查找集合不同插入次序对应不同形态的二叉搜索树

平衡二叉树(balanced binary tree)[①]或者是一棵空的二叉搜索树,或者是具有下列性质的二叉搜索树:

① 根结点的左子树和右子树的深度最多相差 1;

② 根结点的左子树和右子树都是平衡二叉树。

结点的**平衡因子**(balanced factor)是该结点的左子树的深度与右子树的深度之差。显然,在平衡二叉树中,结点的平衡因子只可能是 -1、0 和 1。图 6-13 给出了两棵平衡二叉树,每个结点里所注数字是该结点的平衡因子。

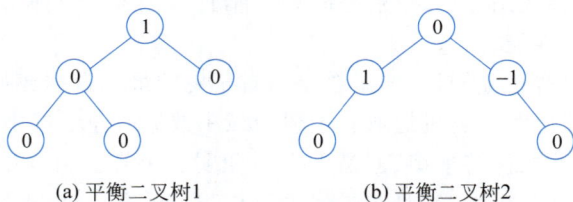

(a) 平衡二叉树1   (b) 平衡二叉树2

图 6-13   平衡二叉树示例

最小不平衡子树(minimal unbalanced subtree)是指在平衡二叉树的构造过程中,以距离插入结点最近的且平衡因子的绝对值大于 1 的结点为根的子树,这个根结点称为**最小不平衡点**(minimal unbalanced node),也称关键不平衡点。在插入某结点导致平衡二叉树失衡时,只需调整最小不平衡子树,并且最小不平衡子树的深度在调整前后保持不变。

构造平衡二叉树需要根据新插入结点和最小不平衡点之间的关系,对最小不平衡子树进行相应调整。设结点 A 为最小不平衡点,对该子树进行平衡调整有以下 4 种情况。

(1) LL 型调整。

图 6-14(a)为插入前的平衡二叉树,结点 x 插在结点 B 的左子树 B_L 上,导致结点 A 的平衡因子由 1 变为 2,以结点 A 为根的子树失去了平衡,如图 6-14(b)所示。

新插入的结点是插在结点 A 的左孩子的左子树上,属于 LL 型,需要调整一次。好比一条扁担出现了一头重一头轻的现象,将支撑点(即根结点)由 A 改为 B,则扁担又恢复了平衡,这可以形象地称为扁担原理,相应地,需要进行顺时针旋转。旋转后,结点 A 和 B_R 发生冲突,解决办法是"旋转优先",结点 A 成为结点 B 的右孩子,结点 B 的右子树 B_R 成为结点 A 的左子树,如图 6-14(c)所示。

---

①   平衡二叉树由俄罗斯数学家 Adelson-Velskii 和 Landis 在 1962 年提出,因此也称为 AVL 树。

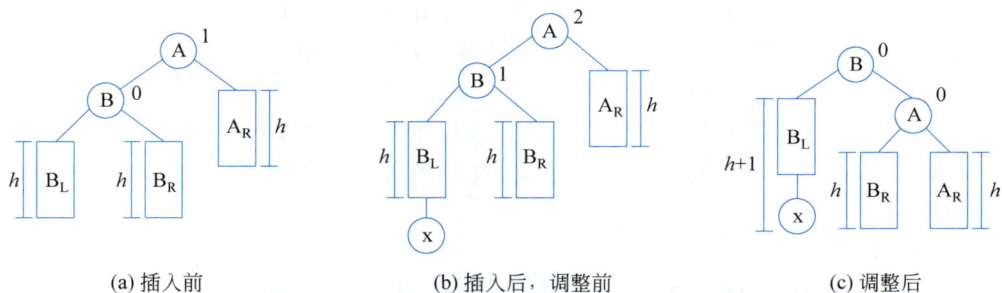

(a) 插入前　　　　　　　　(b) 插入后，调整前　　　　　　　(c) 调整后

图 6-14　LL 型调整（调整前后最小不平衡子树的深度不变）

（2）RR 型调整。

图 6-15(a) 为插入前的平衡二叉树，将结点 x 插入在结点 B 的右子树 B_R 上，导致结点 A 的平衡因子由 -1 变为 -2，以结点 A 为根的子树失去了平衡，如图 6-15(b) 所示。

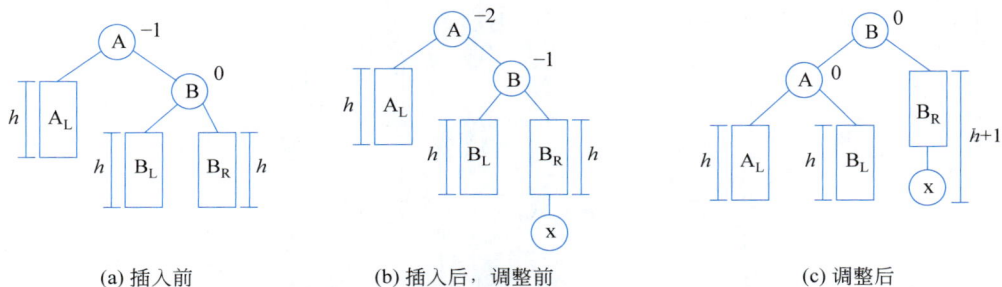

(a) 插入前　　　　　　　　(b) 插入后，调整前　　　　　　　(c) 调整后

图 6-15　RR 型调整（调整前后最小不平衡子树的深度不变）

新插入的结点是插在结点 A 的右孩子的右子树上，属于 RR 型，需要调整一次。根据扁担原理将支撑点由 A 改为 B，相应地，需要进行逆时针旋转。旋转后，结点 A 和结点 B 的左子树 B_L 发生冲突，根据旋转优先原则，结点 A 成为结点 B 的左孩子，结点 B 的左子树 B_L 成为结点 A 的右子树，如图 6-15(c) 所示。

（3）LR 型调整。

结点 x 插在根结点 A 的左孩子的右子树上，使结点 A 的平衡因子由 1 变为 2，以结点 A 为根的子树失去了平衡，如图 6-16(a) 所示。这属于 LR 型，需调整两次。

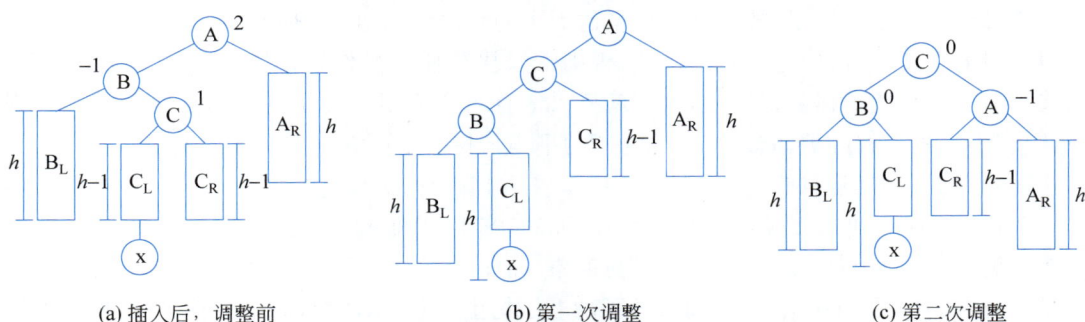

(a) 插入后，调整前　　　　　　　(b) 第一次调整　　　　　　　(c) 第二次调整

图 6-16　LR 型调整（调整前后最小不平衡子树的深度不变）

第一次调整：根结点 A 不动，先调整结点 A 的左子树。将支撑点由结点 B 调整到结点

C 处,相应地,需进行逆时针旋转。在旋转过程中,结点 B 和结点 C 的左子树 C_L 发生了冲突,按照旋转优先原则,结点 B 作为结点 C 的左孩子,C_L 作为结点 B 的右子树,其他结点之间的关系没有发生冲突,如图 6-16(b)所示。

第二次调整:调整最小不平衡子树。将支撑点由结点 A 调整到结点 C,相应地,需进行顺时针旋转。结点 A 作为结点 C 的右孩子,结点 C 的右子树 C_R 作为结点 A 的左子树,如图 6-16(c)所示。

(4) RL 型调整。

结点 x 插在根结点 A 的右孩子的左子树上,使结点 A 的平衡因子由 -1 变为 -2,以结点 A 为根的子树失去了平衡,如图 6-17(a)所示。这属于 RL 型,也需调整两次。

第一次调整:根结点 A 不动,先调整根结点 A 的右子树。将支撑点由结点 B 调整到结点 C 处,相应地,需进行顺时针旋转。在旋转过程中,结点 B 和结点 C 的右子树 C_R 发生了冲突,按照旋转优先的原则,结点 B 作为结点 C 的右孩子,C_R 作为结点 B 的左子树,其他结点之间的关系没有发生冲突,如图 6-17(b)所示。

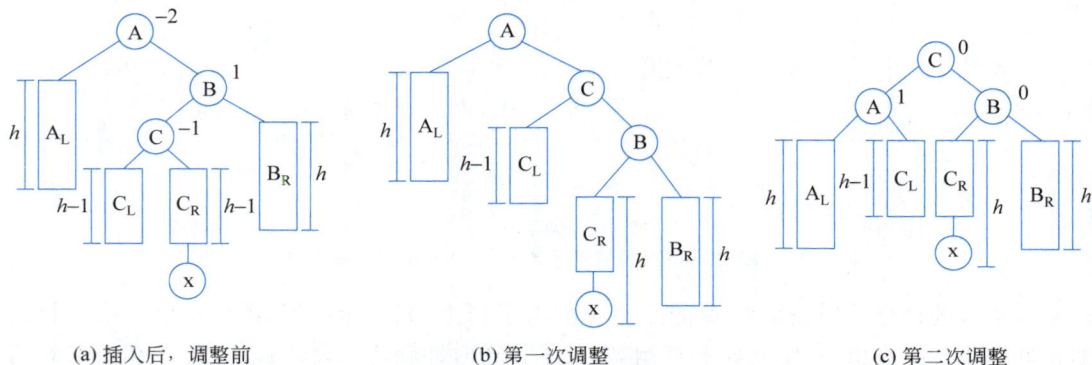

(a) 插入后,调整前   (b) 第一次调整   (c) 第二次调整

图 6-17   RL 型调整(调整前后最小不平衡子树的深度不变)

第二次调整:调整整个最小不平衡子树。将支撑点由结点 A 调整到结点 C,相应地,需进行逆时针旋转。结点 A 作为结点 C 的左孩子,结点 C 的左子树 C_L 作为结点 A 的右子树,如图 6-17(c)所示。

平衡二叉树的构造过程是:每插入一个结点,首先从插入结点开始沿通向根结点的路径计算各结点的平衡因子,如果某结点平衡因子的绝对值超过 1,则说明插入操作破坏了二叉搜索树的平衡性,需要进行平衡调整;否则继续执行插入操作。如果二叉搜索树不平衡,则找出最小不平衡子树的根结点,根据新插入结点与最小不平衡子树根结点之间的关系判断调整类型,进行相应的调整,使之成为新的平衡子树。下面看一个具体的例子。

【例 6-2】 为集合{20,35,40,15,30,25}构造一棵平衡二叉树。

解:在一棵空的二叉搜索树上插入 20 和 35,产生如图 6-18(a)所示的二叉搜索树,此时显然平衡。当把 40 插入时出现了不平衡现象,如图 6-18(b)所示。最小不平衡子树的根结点是 20,结点 40 是插在结点 20 的右孩子的右子树上,属于 RR 型,需要调整一次,根据扁担原理,将支撑点由 20 调整为 35,成为新的平衡二叉树,如图 6-18(c)所示。

再插入 15 和 30,二叉搜索树还是平衡的,如图 6-19(a)所示。当插入 25 时失去了平衡,如图 6-19(b)所示。最小不平衡子树的根结点是 35,结点 25 插在结点 35 的左孩子的右

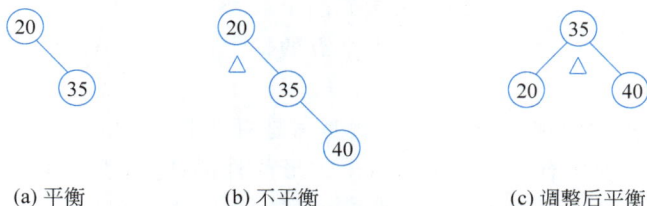

(a) 平衡　　　　　　(b) 不平衡　　　　　　(c) 调整后平衡

图 6-18　RR 型调整的例子

子树上,属于 LR 型,需要调整两次。第一次调整,先调整结点 35 的左子树(即扁担中较重的一头)。根据扁担原理,将支撑点由 20 调整为 30,显然应进行逆时针旋转。在这次调整中有一个冲突:25 是 30 的左孩子,旋转后 20 也应作 30 的左孩子,解决的办法是旋转优先,即 30 的左孩子应是旋转下来的 20,而 25 应作 20 的右孩子,如图 6-19(c)所示。第二次调整,调整最小不平衡子树,将支撑点由 35 调整为 30,显然应进行顺时针旋转,如图 6-19(d)所示。

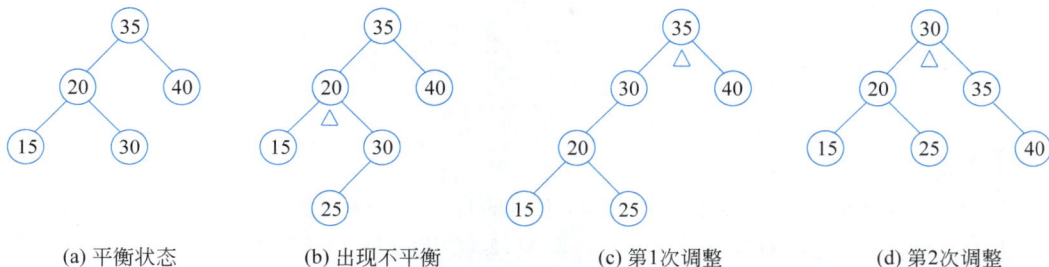

(a) 平衡状态　　　　(b) 出现不平衡　　　　(c) 第1次调整　　　　(d) 第2次调整

图 6-19　LR 型调整的例子

设 N_h 表示深度为 h 的平衡二叉树中的最少结点个数,则有如下递推关系成立:$N_0=0$,$N_1=1$,$N_h=N_{h-1}+N_{h-2}+1$[①]。在平衡二叉树上进行查找的比较次数最多不超过树的深度,具有 n 个结点的平衡二叉树的深度是 $1.44\log_2(n+2)-1.328$,在平衡二叉树上进行查找的时间复杂度为 $O(\log_2 n)$。

6.3.3　B 树

B 树(B-tree)[②]是一种平衡的多路查找树,通常用在文件系统中。

1. B 树的定义

一棵 m 阶的 B 树或者为空树,或者为满足下列特性的 m 叉树:

① 每个结点至多有 m 棵子树。

② 根结点至少有 2 棵子树。

③ 除根结点外,其他结点至少有 $\lceil m/2 \rceil$ 棵子树。

④ 所有结点包含以下数据:$(n, A_0, K_1, A_1, K_2, \cdots, K_n, A_n)$。

---

① 注意到,N_h 的递归定义与斐波那契数列 $F_0=0$,$F_1=1$,$F_n=F_{n-1}+F_{n-2}$ 类似。事实上,可以证明,对于 $h \geqslant 1$,有 $N_h=F_{h+2}-1$ 成立。

② B 树由 R. Bayer 和 E. M. McCreight 于 1970 年根据直接存储设备的读写操作以"页"为单位的特征而提出的,通常用作外存的存储结构。B 即 balanced,平衡的意思。

其中,n($\lceil m/2 \rceil - 1 \leqslant n \leqslant m-1$)为关键码的个数,$K_i$($1 \leqslant i \leqslant n$)为关键码,且 $K_i < K_{i+1}$($1 \leqslant i \leqslant n-1$),$A_i$($0 \leqslant i \leqslant n$)为指向子树根结点的指针,且指针 A_i 所指子树中所有结点的关键码均小于 K_{i+1} 大于 K_i。

⑤ 所有叶子结点都出现在同一层,因此 B 树是树高平衡的。

将 B 树叶子结点的所有空指针指向一个方形的外部结点,表示查找失败的结点[①]。通常这些方形的外部结点可以不画出来。图 6-20 所示为一棵 4 阶 B 树。

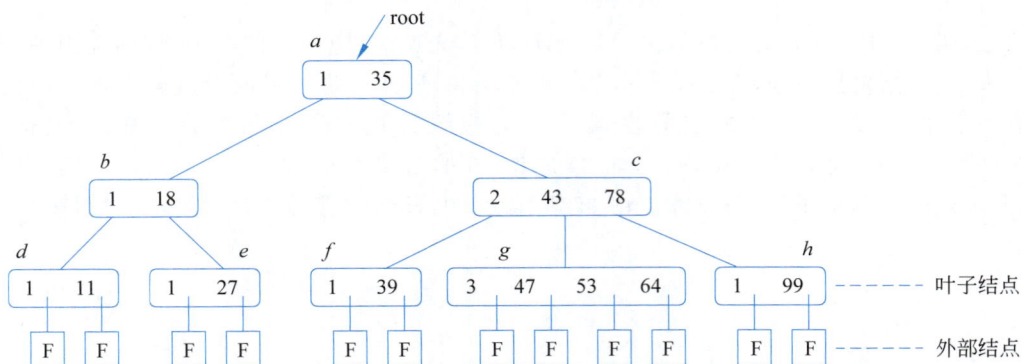

图 6-20　一棵 4 阶 B 树

2. 查找

B 树的查找类似于二叉搜索树的查找,不同的是 B 树的每个结点是多关键码的有序表,在到达某个结点时,先在有序表中查找,若找到,则查找成功;否则,按照指针到相应的子树中查找,到达空指针(即外部结点)时,查找失败。例如,在图 6-20 所示 B 树中查找 53,首先从 root 指向的根结点 a 开始,根结点 a 中只有一个关键码,且 53 大于 35,因此,按根结点 a 的指针域 A_1 到结点 c 去查找,结点 c 有两个关键码,而 53 大于 43 小于 78,应按结点 c 指针域 A_1 到结点 g 去查找,在结点 g 中找到 53,查找成功。

在 B 树上的查找过程是一个顺指针查找结点和在结点中查找关键码交叉进行的过程。由于 B 树通常存储在磁盘上,则前一个查找操作是在磁盘上进行,而后一个查找操作是在内存中进行,即在磁盘上找到某结点后,先将结点的信息读入内存,然后再查找等于 k 的关键码。显然,在磁盘上进行一次查找比在内存中进行一次查找耗费的时间多得多,因此,在磁盘上进行查找的次数,即待查关键码所在结点在 B 树的层数,是决定 B 树查找效率的首要因素。

设深度为 k 的 m 阶 B 树含有 n 个关键码,最坏情况下的深度是多少呢?由 B 树的定义,第一层至少有 1 个结点;第二层至少有 2 个结点;由于除根结点外的每个非终端结点至少有 $\lceil \frac{m}{2} \rceil$ 棵子树,则第三层至少有 $2\lceil \frac{m}{2} \rceil$ 个结点;以此类推,第 $k+1$ 层至少有 $2\left(\lceil \frac{m}{2} \rceil\right)^{k-1}$ 个结点,而 $k+1$ 层的结点为外部结点。若 m 阶 B 树有 n 个关键码,则外部结点即查找不成功的结点为 $n+1$,由此有:

---

① 很多教材将 B 树的外部结点称为叶子结点,将外部结点的双亲称为终端结点,这与树的基本术语发生矛盾。笔者查阅了相关资料和原始论文,纠正了这个错误。

$$n+1 \geqslant 2 \times \left(\left\lceil \frac{m}{2} \right\rceil \right)^{k-1}$$

即：

$$k \leqslant \log_{\lceil m/2 \rceil} \left(\frac{n+1}{2} \right) + 1$$

含有 n 个关键码的 m 阶 B 树的最大深度是 $\log_{\lceil m/2 \rceil} \left(\frac{n+1}{2} \right) + 1$，也就是说，在含有 n 个关键码的 B 树上进行查找，从根结点到关键码所在结点的路径上涉及的结点数不超过 $\log_{\lceil m/2 \rceil} \left(\frac{n+1}{2} \right) + 1$。

3. 插入

假定在 m 阶 B 树插入关键码 key，设 $n = m-1$，即 n 为结点中关键码个数的最大值，B 树的插入过程如下。

① 定位。确定关键码 key 应该插入哪个叶子结点。定位的结果是返回了 key 所在叶子结点的指针 p，若 p 中的关键码个数小于 n，则直接插入关键码 key；否则，结点 p 的关键码个数溢出，执行"分裂—提升"过程。

② 分裂—提升。将结点 p"分裂"成两个结点，分别是 p1 和 p2，把中间的关键码 k"提升"到父结点，并且 k 的左指针指向 p1，右指针指向 p2。如果父结点的关键码个数也溢出，则继续执行"分裂—提升"过程。显然，这种分裂可能一直上传，如果根结点也分裂了，则树的高度增加了一层。现在可以解释为什么 B 树的根结点最少有两棵子树，如果在 B 树中插入一个元素时导致根结点发生溢出，则 B 树产生一个新的根结点并且树高增加了一层，新根只有一个关键码和两棵子树。

【例 6-3】 对于图 6-21(a)所示 3 阶 B 树，写出插入关键码 62、65、30 和 86 的过程。

解：插入 62 后结点中的关键码个数没有溢出，可以直接插入，如图 6-21(b)所示。插入 65 后结点中的关键码个数超过两个，需要分裂，并将结点的中间关键码 65 提升到双亲结点，如图 6-21(c)和图 6-21(d)所示。插入 30 后结点中的关键码个数发生溢出，需要分裂，并将结点的中间关键码 28 提升到双亲结点，双亲结点再次发生溢出，将中间关键码 28 提升到根结点，如图 6-21(e)和图 6-21(f)所示。插入 86 后结点中的关键码个数发生溢出，将中间关键码 90 提升到双亲结点，再次发生溢出，将中间关键码 80 提升到根结点，导致根结点发生溢出，分裂根结点并使树高增加 1 层，如图 6-21(g)和图 6-21(h)所示。

4. 删除

假设在 m 阶 B 树中删除关键码 key。首先要找到 key 的位置，即"定位"，返回 key 所在结点的指针 q，假定 key 是结点 q 中第 i 个关键码 K_i，若结点 q 不是叶子结点，则用 A_i 所指子树的最小值 x 来"替换"K_i。由于 x 所在结点一定是叶子结点，这样，删除问题就归结为在叶子结点删除关键码。

如果叶子结点关键码的个数大于 $\left\lceil \frac{m}{2} \right\rceil - 1$，则可直接删除该关键码；否则不符合 m 阶 B 树的要求，具体分如下两种情况。

① 兄弟够借。查看相邻的兄弟结点，如果兄弟结点有足够多的关键码 $\left(\text{多于} \left\lceil \frac{m}{2} \right\rceil \right)$，就

(a) 一棵三阶B树

(b) 插入62,直接插入

(c) 插入65,溢出,分裂

(d) 65被提升到它的父结点

(e) 插入30,溢出,分裂

(f) 28被提升到根结点

(g) 插入86,溢出

(h) 分裂持续到根结点,树高增加1层

图 6-21　B 树的插入操作示例

从兄弟结点借来一个关键码,为了保持 B 树的特性,将借来的关键码"上移"到被删结点的双亲结点中,同时将双亲结点中相应关键码"下移"到被删结点中。

② 兄弟不够借。如果没有一个兄弟结点可以把记录借给被删结点,那么被删结点就必须把它的关键码让给一个兄弟结点,即执行"合并"操作,并且从树中把这个空结点删除。兄弟结点当然有空间,因为兄弟结点至多半满,合并后被删结点的双亲少了一个结点,所以要把双亲结点中的一个关键码"下移"到合并结点中。如果被删结点的双亲结点中的关键码的个数没有下溢,则合并过程结束;否则,双亲结点也要进行借关键码或合并结点。显然,合并过程可能会上传到根结点,如果根结点的两个孩子结点合并到一起,则 B 树就会减少一层。

【例 6-4】　对于如图 6-22(a)所示 3 阶 B 树,写出删除关键码 90、50、40 和 70 的过程。

解：删除 90 后结点中的关键码个数没有发生下溢,可以直接删除,如图 6-22(b)所示。删除 50 后结点中的关键码个数发生下溢,向左兄弟借关键码 28,并将 28 上移到双亲结点中,将 40 下移到被删结点中,如图 6-22(c)所示。删除 40 后结点中的关键码个数发生下溢,但是兄弟结点没有多余的关键码借给这个被删结点,将被删结点与左兄弟合并,并将 28 下移到被删结点中,如图 6-22(d)所示。删除 70 后结点中的关键码个数发生下溢,但是兄弟结点没有多余的关键码借给这个被删结点,将被删结点与右兄弟合并,并将 90 下移到被删结点中,导致再次发生下溢,合并过程上传到根结点并使树高减少 1 层,如图 6-22(e)和图 6-22(f)所示。

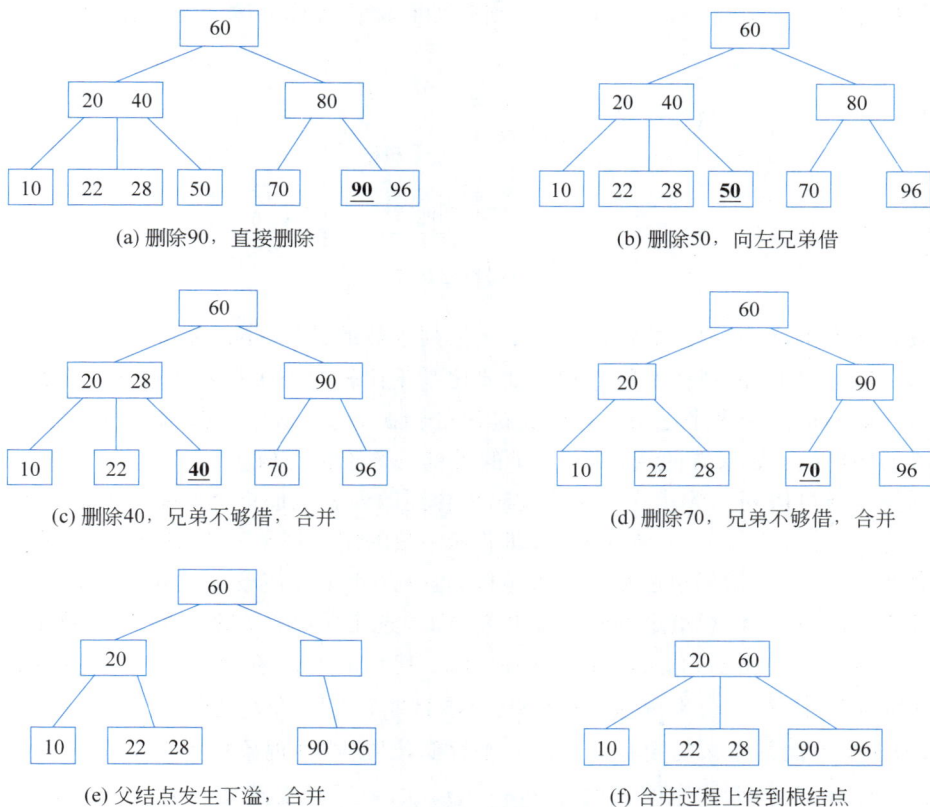

(a) 删除90,直接删除

(b) 删除50,向左兄弟借

(c) 删除40,兄弟不够借,合并

(d) 删除70,兄弟不够借,合并

(e) 父结点发生下溢,合并

(f) 合并过程上传到根结点

图 6-22　B 树的删除操作示例

6.4 散列表的查找技术

课件 6-4

6.4.1 散列查找的基本思想

所谓查找,实际上就是要确定待查记录在查找结构中的存储位置。前面讨论的所有查找技术,由于记录的存储位置和关键码之间不存在确定的对应关系,查找只能通过一系列给定值与关键码的比较。这类查找技术都是建立在比较的基础之上,查找的效率依赖于查找过程中进行的给定值与关键码的比较次数,这不仅和查找集合的存储结构有关,还与查找集合的大小以及待查记录在集合中的位置有关。

理想情况是不经过任何比较,直接便能得到待查记录的存储位置,那就必须在记录的存储位置和它的关键码之间建立一个确定的对应关系 H,使得每个关键码 key 和唯一的存储

位置 $H(key)$ 相对应[1]。存储记录时,根据这个对应关系找到关键码的映射地址,并按此地址存储该记录[2];查找记录时,根据这个对应关系找到待查关键码的映射地址,并按此地址访问该记录,这种查找技术称为散列技术[3]。采用散列技术将记录存储在一块连续的存储空间中,这块连续的存储空间称为散列表(hash table),将关键码映射为散列表中适当存储位置的函数称为散列函数(hash function),所得的存储位置称为散列地址(hash address)。

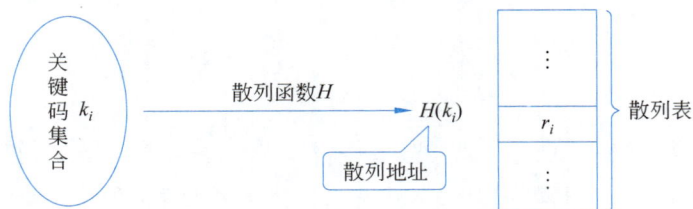

图 6-23　散列查找的基本思想

在散列技术中,由于记录的定位主要基于散列函数的计算,不需要进行关键码的多次比较,所以,一般情况下,散列技术的查找速度要比基于比较的查找技术的查找速度快。但是,散列技术一般不适用于多个记录有相同关键码的情况,也不适用于范围查找。散列技术最适合回答的问题是:如果有的话,哪个记录的关键码等于待查值。

散列技术通过散列函数建立了从关键码集合到散列表地址集合的一个映射。设查找集合有 n 个记录,散列表有 m 个地址单元,即散列函数的定义域是 n 记录的关键码,值域是 m 个地址单元,而且关键码可能来自很大范围,这就产生了如何设计散列函数的问题。

在理想情况下,对任意给定的查找集合 T,如果选定了某个理想的散列函数 H 及相应的散列表 L,则对 T 中记录 r_i 的关键码 k_i,$H(k_i)$ 就是记录 r_i 在散列表 L 中的存储位置[4]。但是在实际应用中,往往会出现这样的情况:对于两个不同的关键码 $k_i \neq k_j$,有 $H(k_i) = H(k_j)$,即两个不同的记录需要存放在同一个存储位置,这种现象称为冲突(collision),也称碰撞,k_i 和 k_j 相对于 H 称作同义词(synonym)。如果记录按散列函数计算的地址加入散列表时产生了冲突,就必须另外再找一个地方存放它,这就产生了如何处理冲突的问题。因此,采用散列技术需要考虑的两个主要问题如下。

① 散列函数的设计。如何设计一个简单、均匀、存储利用率高的散列函数。

② 冲突的处理。如何采取合适的处理冲突方法来解决冲突。

6.4.2　散列函数的设计

设计散列函数一般遵循以下基本原则:①计算简单,散列函数不应该有很大的计算量,否则会降低查找效率;②函数值(即散列地址)分布均匀[5],希望散列函数能够把记录以相同

---

① 从是否基于比较的角度,可以将查找分为两类:比较型查找和计算型查找。

② 散列不是一种完整的存储结构,因为它只是通过记录的关键码定位该记录,没有完整地表示记录之间的逻辑关系,所以,散列主要是面向查找的存储结构。

③ 散列的英文是 hash,有些教材也将散列称为 hash、哈希(音译)或杂凑,散列体现了其技术特征。

④ 理想情况下的散列称为完美散列。完美散列的查找效率是最好的,因为它总会在散列函数计算出的位置上找到待查记录,即只需一次访问。设计一个完美的散列函数是不容易的,但是在需要保证查找性能时也是值得的。

⑤ 散列函数有一个启发式规则:越是随机、越是没有规律,就越是好的散列函数。

的概率"散列"到散列表的所有地址空间中,这样才能保证存储空间的有效利用,并减少冲突。

以上两方面在实际应用中往往是矛盾的。为了保证散列地址的均匀性比较好,散列函数的计算就必然要复杂;反之,如果散列函数的计算比较简单,则均匀性就可能比较差。一般来说,散列函数依赖于关键码的分布情况,而在许多应用中,事先并不知道关键码的分布情况,或者关键码高度集中(即分布得很差)。因此,在设计散列函数时,要根据具体情况,选择一个比较合理的方案。下面介绍 3 种常见的散列函数。

1. 直接定址法

直接定址法的散列函数是关键码的线性函数,即

$$H(\text{key}) = a \times \text{key} + b \quad (a、b \text{ 为常数}) \tag{6-2}$$

例如,关键码集合为{10,30,50,70,80,90},选取的散列函数为 $H(\text{key}) = \text{key}/10$,则散列表如图 6-24 所示。

0	1	2	3	4	5	6	7	8	9
	10		30		50		70	80	90

图 6-24　用直接定址法构造的散列表

直接定址法的特点是不会产生冲突,但实际应用中能使用这种散列函数的情况很少。它适用于事先知道关键码的分布,关键码集合不是很大且连续性较好的情况。

2. 除留余数法

除留余数法的基本思想是选择某个适当的正整数 p,以关键码除以 p 的余数作为散列地址,即

$$H(\text{key}) = \text{key} \mod p \tag{6-3}$$

可以看出,这个方法的关键在于选取合适的 p,否则容易产生同义词。例如,若 p 含有质因子,例如 $p = m \times n$,则所有含有 m 或 n 因子的关键码的散列地址均为 m 或 n 的倍数,如图 6-25 所示。显然,这增加了冲突的机会。一般情况下,若散列表表长为 m,通常选 p 为小于或等于表长(最好接近 m)的最大素数或不包含小于 20 质因子的合数。

关键码	0	7	14	21	28	35	42	49	56
散列地址	0	7	14	0	7	14	0	7	14

图 6-25　$p = 21$ 的散列地址示例

除留余数法是一种最简单、最常用的构造散列函数的方法,并且这种方法不要求事先知道关键码的分布。

3. 平方取中法

平方取中法是对关键码平方后,按散列表大小,取中间的若干位作为散列地址(简称平方后截取),其原理是一个数平方后,中间的几位分布较均匀,从而冲突发生的概率较小。例如,对于关键码 1234,假设散列地址是 2 位,由于 $(1234)^2 = 1522756$,选取中间的 2 位作为散列地址,可以选 22 也可以选 27。

平方取中法通常用在事先不知道关键码的分布且关键码的位数不是很大的情况,例如,有些编译器对标识符的管理采用的就是这种方法。

6.4.3 处理冲突的方法

通常情况下,由于关键码的复杂性和随机性,很难找到理想的散列函数。如果某记录按散列函数计算出的散列地址加入散列表时产生了冲突,就必须另外再找一个地方来存放它,因此,需要有合适的处理冲突方法。采用不同的处理冲突方法可以得到不同的散列表。下面介绍两种常用的处理冲突方法。

1. 开放定址法

用**开放定址法**(open addressing)处理冲突得到的散列表叫作闭散列表。

开放定址法处理冲突的方法是,如果由关键码得到的散列地址产生了冲突,根据式(6-4)寻找下一个空的散列地址:

$$(H(\text{key}) + d_i) \% m \tag{6-4}$$

其中,若 $d_i = 1, 2, \cdots, m-1$,称为线性探测法;若 $d_i = 1^2, -1^2, 2^2, -2^2, \cdots, q^2, -q^2$ 且 $q \leqslant \sqrt{m}$,称为二次探测法。

只要散列表足够大,采用开放定址法就一定能够找到空的散列地址。下面给出闭散列表的类定义,其中成员变量实现闭散列表的存储,成员函数实现插入、删除、查找等动态查找的基本操作。

```
const int MaxSize = 100;
class ClosedHashTable
{
public:
  ClosedHashTable();              //构造函数,初始化空散列表
  ~ClosedHashTable() { }          //析构函数为空
  int Insert(int k);              //插入
  int Delete(int k);              //删除
  int Search(int k);              //查找
private:
  int H(int k);                   //散列函数
  int ht[MaxSize];                //闭散列表
};
ClosedHashTable :: ClosedHashTable()
{
  for (int i = 0; i < MaxSize; i++)
    ht[i] = 0;                    //假设 0 表示该散列单元为空
}
```

【**例 6-5**】 设关键码集合{47,7,29,11,16,92,22,8,3},散列表表长为 11,散列函数为 $H(\text{key}) = \text{key mod } 11$,用线性探测法处理冲突,得到的闭散列表如图 6-26 所示,具体过程如下:

$H(47) = 3, H(7) = 7$,没有冲突,直接存入;

$H(29) = 7$,散列地址发生冲突,需寻找下一个空的散列地址,$(H(29) + 1) \text{ mod } 11 = 8$,散列地址 8 为空,将 29 存入;

$H(11)=0$，$H(16)=5$，$H(92)=4$，没有冲突，直接存入；

$H(22)=0$，散列地址发生冲突，$(H(22)+1) \bmod 11=1$，将 22 存入；

$H(8)=8$，散列地址发生冲突，$(H(8)+1) \bmod 11=9$，将 8 存入；

$H(3)=3$，散列地址发生冲突，$(H(3)+1) \bmod 11=4$，仍然冲突；$(H(3)+2) \bmod 11=5$，仍然冲突；$(H(3)+3) \bmod 11=6$，将 3 存入。

查找成功的平均查找长度是：$(5\times1+3\times2+1\times4)/9=15/9$。

散列地址	0	1	2	3	4	5	6	7	8	9	10
散列表	11	22		47	92	16	3	7	29	8	
比较次数	1	2		1	1	1	4	1	2	2	

图 6-26 线性探测法构造的闭散列表

用线性探测法处理冲突的方法很简单，但同时也引出新的问题。例如，当插入记录 3 时，3 和 92、3 和 16 本来都不是同义词，但 3 和 92 的同义词、3 和 16 的同义词都将争夺同一个后继地址，这种在处理冲突的过程中出现的非同义词之间对同一个散列地址争夺的现象称为堆积(mass)。显然，堆积降低了查找效率。采用二次探测法处理冲突可以减少堆积的发生。

例 6-6 假设关键码集合为 $\{47,7,29,11,16,92,22,8,3\}$，散列表表长为 11，散列函数为 $H(\text{key})=\text{key} \bmod 11$，用二次探测法处理冲突，请构造散列表。

解：用二次探测法处理冲突，为关键码寻找空的散列地址只有关键码 3 与线性探测法不同，$H(3)=3$，散列地址发生冲突，$(H(3)+1^2) \bmod 11=4$，仍然冲突；$(H(3)-1^2) \bmod 11=2$，找到空的散列地址，将 3 存入。构造的闭散列表如图 6-27 所示。

散列地址	0	1	2	3	4	5	6	7	8	9	10
散列表	11	22	3	47	92	16		7	29	8	
比较次数	1	2	3	1	1	1		1	2	2	

图 6-27 二次探测法构造的闭散列表

在线性探测法构造的闭散列表进行查找，假设闭散列表不会发生上溢，查找算法用伪代码描述如下：

```
算法：Search
输入：闭散列表 ht[ ]，待查值 k
输出：如果查找成功，则返回记录的存储位置，否则返回查找失败的标志-1
    1.计算散列地址 j；
    2.探测下标 i 初始化：i=j；
    3.执行下述操作，直到 ht[i]为空：
      3.1 若 ht[i]等于 k，则查找成功，返回记录在散列表中的下标；
      3.2 否则，i 指向下一单元；
    4.查找失败，返回失败标志-1；
```

下面给出闭散列表查找算法的成员函数定义。

```
int ClosedHashTable::Search(int k)
{
    int i, j = H(k);                    //计算散列地址
    i = j;                              //设置比较的起始位置
    while (ht[i] != 0)
    {
        if (ht[i] == k) return i;       //查找成功
        else i=(i+1) % MaxSize;         //向后探测一个位置
    }
    return -1;                          //查找失败
}
```

在闭散列表插入一个记录,首先执行查找操作,如果查找成功,由于散列表不存在相同关键码的记录,这个插入被当作一个错误;如果查找失败,则同时确定了该记录在散列表中的存储位置,将该记录存入即可。请读者自行设计闭散列表的插入操作的成员函数。

从闭散列表删除一个记录,有两点需要考虑:①删除一个记录一定不能影响以后的查找;②删除记录后的存储单元应该能够为将来的插入使用。例如,在图 6-26 所示线性探测法处理冲突得到的闭散列表中,关键码 11 和 22 的散列地址相同,当删除 11 并把被删除单元清空时,同时也截断了与关键码 11 冲突的探测序列,再查找 22 就找不到了,所以删除不能简单地把被删除单元清空。解决方法是采用懒惰删除(lazy deletion),在被删除记录的位置上放一个特殊标记,标志一个记录曾经占用这个单元,但是现在已经不再占用了。如果沿着一个搜索序列查找时遇到一个标记,则查找过程应该继续进行下去。当在插入时遇到一个标记,那个单元就可以用于存储新记录。然而,为了避免插入相同的关键码,查找过程仍然要沿着探测序列查找下去。

2. 拉链法(链地址法)

用拉链法(chaining)处理冲突构造的散列表叫作开散列表。

拉链法的基本思想是:将所有散列地址相同的记录,即所有关键码为同义词的记录存储在一个单链表中——称为同义词子表(synonym table),在散列表中存储的是所有同义词子表的头指针。设 n 个记录存储在长度为 m 的开散列表中,则同义词子表的平均长度为 n/m。

同义词子表的结点结构可以复用单链表的结点结构,请参见 2.4.1 节。下面给出开散列表的类定义、构造函数和析构函数定义,其中成员变量实现开散列表的存储结构,成员函数实现插入、删除、查找等动态查找的基本操作。

```
const int MaxSize = 100;
class OpenHashTable
{
public:
    OpenHashTable();                    //构造函数,初始化开散列表
    ~OpenHashTable();                   //析构函数,释放同义词子表结点
    int Insert(int k);                  //插入
    int Delete(int k);                  //删除
    Node<int> * Search(int k);          //查找
```

```
private:
    int H(int k);                                    //散列函数
    Node<int> * ht[MaxSize];                         //开散列表
};
OpenHashTable :: OpenHashTable()
{
    for (int i = 0; i < MaxSize; i++)
    {
        ht[i] = nullptr;
    }
}
OpenHashTable :: ~OpenHashTable()
{
    Node<int> * p = nullptr, * q = nullptr;
    for (int i = 0; i < MaxSize; i++)
    {
        p = q = ht[i];
        while (p != nullptr)
        {
            p = p->next;
            delete q;
            q = p;
        }
    }
}
```

【例 6-7】　设关键码集合 $\{47，7，29，11，16，92，22，8，3\}$，散列表表长为 11，散列函数为 $H(\mathrm{key})=\mathrm{key}\ \mathrm{mod}\ 11$，用拉链法处理冲突，构造的开散列表如图 6-28 所示。

查找关键码 22、3、92、16、29 和 8 均只需比较 1 次，查找关键码 11、47 和 7 需要比较 2 次，则平均查找长度 $ASL=(6\times1+3\times2)/9=12/9$。

在用拉链法构造的开散列表中进行查找，需要在同义词子表中进行顺序查找，如果查找成功，返回记录的存储地址，否则返回空指针。下面给出在开散列表进行查找的成员函数定义。

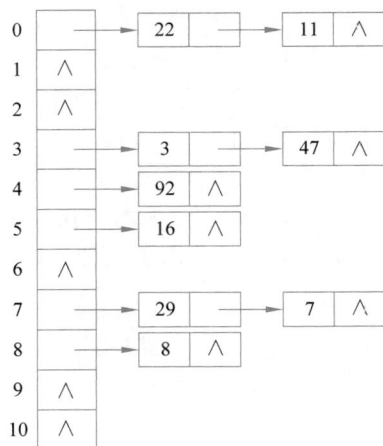

图 6-28　拉链法处理冲突构造的开散列表

```
Node<int> * OpenHashTable::Search(int k)
{
    int j = H(k);                          //计算散列地址
    Node<int> * p = ht[j];                 //工作指针 p 初始化
```

```
    while(p != nullptr)
    {
        if (p->data == k) return p;
        else p = p->next;
    }
    return nullptr;                          //查找失败
}
```

在开散列表插入一个记录,需要先执行查找操作。如果查找成功,由于散列表不能存储具有相同关键码的记录,这个值被当作错误;如果查找失败,用头插法在相应同义词子表中插入记录。在开散列表中删除一个记录,只需在相应单链表中查找并删除这个结点。请读者仿照开散列表的查找算法自行设计插入和删除操作的成员函数定义。

6.4.4　散列查找的性能分析

在散列技术中,处理冲突的方法不同,得到的散列表不同,散列表的查找性能也不同。有些关键码可以在散列函数计算出的散列地址上直接找到,有些关键码在散列函数计算出的散列地址上产生了冲突,需要按处理冲突的方法进行查找。产生冲突后的查找仍然是给定值与关键码进行比较的过程,因此,对散列表查找效率的量度依然采用平均查找长度。

在查找过程中,关键码的比较次数取决于产生冲突的概率。产生的冲突越多,查找效率就越低。影响冲突产生的概率有以下 3 个因素。

① 散列函数是否均匀。散列函数是否均匀直接影响冲突产生的概率。一般情况下,所选的散列函数应该是尽量均匀的,因此,可以不考虑散列函数对平均查找长度的影响。

② 处理冲突的方法。就线性探测法(例 6-5)和拉链法(例 6-7)处理冲突来看,相同的关键码集合、相同的散列函数,但处理冲突的方法不同,则它们的平均查找长度不同。容易看出,由于线性探测法处理冲突可能会产生堆积,从而增加了平均查找长度;而拉链法处理冲突不会产生堆积,因为不同散列地址的记录存储在不同的同义词子表中。

③ 散列表的装填因子(load factor)。设填入散列表中的记录个数为 n,散列表的长度为 m,则装填因子 $\alpha = n/m$。装填因子 α 标志着散列表装满的程度。由于表长是定值,α 与填入表中的记录个数成正比,所以,填入表中的记录越多,α 就越大,产生冲突的可能性就越大。实际上,散列表的平均查找长度是装填因子 α 的函数[①],只是不同处理冲突的方法有不同的函数。表 6-1 给出了几种不同处理冲突方法的平均查找长度。

表 6-1　几种不同处理冲突方法的平均查找长度

处理冲突的方法	查找成功时的平均查找长度	查找不成功时的平均查找长度
线性探测法	$\dfrac{1}{2}\left(1+\dfrac{1}{1-\alpha}\right)$	$\dfrac{1}{2}\left(1+\dfrac{1}{(1-\alpha)^2}\right)$
二次探测法	$-\dfrac{1}{\alpha}\ln(1+\alpha)$	$\dfrac{1}{1-\alpha}$
拉链法	$1+\dfrac{\alpha}{2}$	$\alpha+e^{-\alpha}$

① 为获得空间效率,建议保持 $\alpha > 0.5$,即散列表至少是半满的,一般上限设为 0.9。

从以上分析可见,散列表的平均查找长度是装填因子 α 的函数,而不是查找集合中记录个数 n 的函数。不管 n 有多大,总可以选择一个合适的装填因子以便将平均查找长度限定在一个范围内,因此,散列查找的时间复杂度为 $O(1)$。

6.4.5　开散列表与闭散列表的比较

散列技术的原始动机是无须经过关键码与待查值的比较而完成查找,但实际应用中关键码集合常常存在同义词,因此,这个动机并未完全实现。开散列表是用链接方法存储同义词,不产生堆积现象,且使得动态查找的查找、插入和删除等基本操作易于实现,其平均查找长度较短,但由于附加指针域而增加了存储开销。闭散列表无须附加指针,因而存储效率较高。但由此带来的问题是容易产生堆积现象使得查找效率降低,而且由于空闲位置是查找不成功的条件,实现删除操作时不能简单地将待删记录所在单元置空,否则将截断该记录后继散列地址序列的查找路径。因此,算法较复杂一些。

由于开散列表中各同义词子表的表长是动态变化的,无须事先确定表的容量(开散列表由此得名);而闭散列表必须事先估计容量并分配固定大小的存储空间。因此,开散列表更适合于事先难以估计容量的场合。

6.5　模式匹配

课件 6-5

给定两个字符串 $S=\text{"}s_1s_2\cdots s_n\text{"}$ 和 $T=\text{"}t_1t_2\cdots t_m\text{"}$,在主串 S 中寻找子串 T 的过程称为**模式匹配**(pattern matching),T 称为**模式**(pattern)。如果匹配成功,返回 T 在 S 中的位置;如果匹配失败,返回 0。在文本处理、邮件过滤、杀毒软件、操作系统、编译系统、数据库系统以及搜索引擎中,模式匹配是使用最频繁的操作。

模式匹配具有下面两个明显的特征:①问题规模很大,常常需要在大量信息中进行匹配,因此,算法的一次执行时间不容忽视;②匹配操作经常被调用,执行频率高,因此,算法改进取得的效益因积累往往比表面上看起来要大得多。

6.5.1　BF 算法

BF 算法的基本思想是蛮力匹配,即从主串 S 的第一个字符开始和模式 T 的第一个字符进行比较。若相等,则继续比较两者的后续字符;否则,从主串 S 的第二个字符开始和模式 T 的第一个字符进行比较。重复上述过程,直至 S 或 T 中所有字符比较完毕。若 T 中的字符全部比较完毕,则匹配成功,返回本趟匹配的开始位置;否则匹配失败,返回 0。BF 算法用伪代码描述如下:

```
算法: BF(S, T)
输入: 主串 S, 模式 T
输出: T 在 S 中的位置
    1. 在串 S 和串 T 中设置比较的起始下标 i=0, j=0;
    2. 重复下述操作, 直到 S 或 T 的所有字符均比较完毕:
     2.1 如果 S[i] 等于 T[j], 则继续比较 S 和 T 的下一对字符;
```

2.2 否则,下标 i 和 j 分别回溯,开始下一趟匹配;

3. 如果 T 中所有字符均比较完,则匹配成功,返回本趟匹配的起始位置;

否则匹配失败,返回 0;

例 6-8　设主串 $S=$ "abcabcacb",模式 $T=$ "abcac",BF 算法的匹配过程如图 6-29 所示。

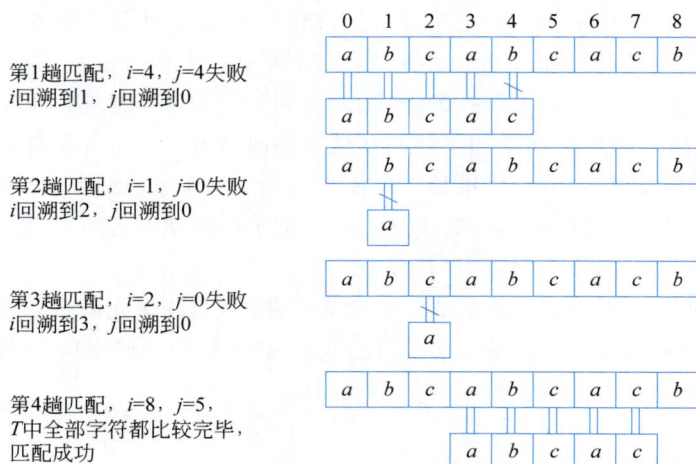

图 6-29　BF 算法的执行过程

为了便于回溯,设变量 start 记载主串 S 中每一趟比较的起始位置,BF 算法的函数定义如下:

```
int BF(char S[ ], char T[ ])
{
    int start = 0;                              //主串从下标 0 开始第一趟匹配
    int i = 0, j = 0;                           //设置比较的起始下标
    while ((S[i] != '\0') && (T[j] != '\0'))
    {
      if (S[i] == T[j]) {i++; j++;}
      else { start++; i = start; j = 0; }       //i 和 j 分别回溯
    }
    if (T[j] == '\0') return start+1;           //返回本趟匹配的起始位置
    else return 0;
}
```

设主串 S 长度为 n,模式 T 长度为 m,在匹配成功的情况下,考虑如下两种极端情况。

(1) 在最好情况下,每趟不成功的匹配都发生在模式 T 的第一个字符。

例如,$S=$ "aaaaaaaaaabc",$T=$ "bc",设匹配成功发生在 s_i 处,则在 $i-1$ 趟不成功的匹配中共比较了 $i-1$ 次,第 i 趟成功的匹配共比较了 m 次,因此总共比较了 $i-1+m$ 次,所有匹配成功的位置共有 $n-m+1$ 处。设从 s_i 开始与模式 T 匹配成功的概率为 p_i,在等概率情况下,平均的比较次数是

$$\sum_{i=1}^{n-m+1} p_i \times (i-1+m) = \sum_{i=1}^{n-m+1} \frac{1}{n-m+1} \times (i-1+m)$$
$$= \frac{(n+m)}{2}$$
$$= O(n+m)$$

（2）在最坏情况下，每趟不成功的匹配都发生在模式 T 的最后一个字符。

例如，$S=$ "$aaaaaaaaaaab$"，$T=$ "$aaab$"，设匹配成功发生在 s_i 处，则在 $i-1$ 趟不成功的匹配中共比较了 $(i-1) \times m$ 次，第 i 趟成功的匹配共比较了 m 次，因此总共比较了 $i \times m$ 次。在等概率情况下，平均的比较次数是

$$\sum_{i=1}^{n-m+1} p_i \times (i \times m) = \sum_{i=1}^{n-m+1} \frac{1}{n-m+1} \times (i \times m) = \frac{m(n-m+2)}{2}$$

一般情况下，$m \ll n$，因此最坏情况下的时间复杂度是 $O(n \times m)$。

6.5.2 KMP 算法

BF 算法简单但效率较低，一种对 BF 算法做了很大改进的模式匹配算法是 KMP 算法[1]，改进的出发点是主串不进行回溯。分析 BF 算法的执行过程，造成 BF 算法效率低的原因是回溯，即在某趟匹配失败后，对于主串 S 要回溯到本趟匹配开始字符的下一个字符，模式 T 要回溯到第一个字符，而这些回溯往往是不必要的。如图 6-30 所示的匹配过程，在第 1 趟匹配过程中，S[0]～S[3] 和 T[0]～T[3] 是匹配成功的，S[4]≠T[4] 匹配失败。因为在第 1 趟中有 S[1]＝T[1]，而 T[0]≠T[1]，因此有 T[0]≠S[1]，所以第 2 趟是不必要的，同理第 3 趟也是不必要的，可以直接到第 4 趟。进一步分析第 4 趟中的第一对字符 S[3] 和 T[0] 的比较是多余的，因为第 1 趟中已经比较了 S[3] 和 T[3]，并且 S[3]＝T[3]，而 T[0]＝T[3]，因此必有 S[3]＝T[0]，因此第 4 趟比较可以从第二对字符 S[4] 和 T[1] 开始进行，这就是说，第 1 趟匹配失败后，下标 i 不回溯，而是将下标 j 回溯至第 2 个字符，用 T[1]"对准" S[4] 继续进行比较。

综上所述，希望某趟在 S[i] 和 T[j] 匹配失败后，下标 i 不回溯，下标 j 回溯至某个位置 k，使得 T[k] 对准 S[i] 继续进行比较。显然，关键问题是如何确定位置 k。

观察部分匹配成功时的特征，某趟在 S[i] 和 T[j] 匹配失败后，下一趟比较从 S[i] 和 T[k] 开始，则有 T[0]～T[k-1]＝S[i-k]～S[i-1] 成立，如图 6-30(a) 所示；在部分匹配成功时，有 T[j-k]～T[j-1]＝S[i-k]～S[i-1] 成立，如图 6-30(b) 所示。

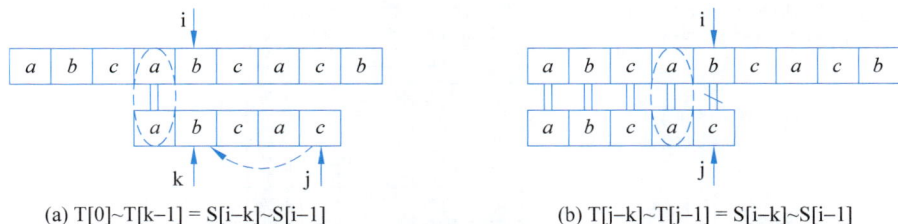

(a) T[0]~T[k-1] = S[i-k]~S[i-1]　　　　　(b) T[j-k]~T[j-1] = S[i-k]~S[i-1]

图 6-30　部分匹配成功时的特征

---

[1] KMP 算法是克努恩（Knuth）、莫里斯（Morris）和普拉特（Pratt）同时设计的。

由 T[0]～T[k-1]=S[i-k]～S[i-1]和 T[j-k]～T[j-1]=S[i-k]～S[i-1],可得:

$$T[0]～T[k-1]=T[j-k]～T[j-1] \tag{6-5}$$

式(6-1)说明,模式中的每一个字符 T[j]都对应一个 k 值,这个 k 值仅依赖于模式本身,与主串无关。用 next[j]表示 T[j]对应的 k 值($0 \leqslant j < m$),其定义如下:

$$next[j]=\begin{cases} -1 & j=0 \\ max\{k|1 \leqslant k < j \text{ 且 } T[0]\cdots T[k-1]=T[j-k]\cdots T[j-1]\} & \text{集合非空} \\ 0 & \text{其他情况} \end{cases}$$

例 6-9 设模式 $T=\text{"ababc"}$,求该模式的 next 值。

解:利用 next[j]的定义,计算过程如下:

$j=0$ 时,next[0]=-1;

$j=1$ 时,next[1]=0;

$j=2$ 时,T[0]≠T[1],则 next[2]=0;

$j=3$ 时,T[0]T[1]≠T[1]T[2],T[0]=T[2],则 next[3]=1;

$j=4$ 时,T[0]T[1]T[2]≠T[1]T[2]T[3],T[0]T[1]=T[2]T[3],则 next[4]=2。

在求得了模式 T 的 next 值后,KMP 算法用伪代码描述如下:

```
算法: KMP(S, T, next)
输入: 主串 S,模式 T,模式 T 的 next 值
输出: T 在 S 中的位置
  1. 在串 S 和串 T 中分别设置比较的起始下标 i=0, j=0;
  2. 重复下述操作,直到 S 或 T 的所有字符均比较完毕:
  2.1 如果 S[i]等于 T[j],继续比较 S 和 T 的下一对字符;
  2.2 否则,将下标 j 回溯到 next[j]位置,即 j=next[j];
  2.3 如果 j 等于-1,则将下标 i 和 j 分别加 1,准备下一趟比较;
  3. 如果 T 中所有字符均比较完毕,则返回本趟匹配的开始位置;否则返回 0;
```

例 6-10 设主串 $S=\text{"ababaababcb"}$,模式 $T=\text{"ababc"}$,模式 T 的 next 值为{-1,0,0,1,2},KMP 算法的匹配过程如图 6-31 所示。

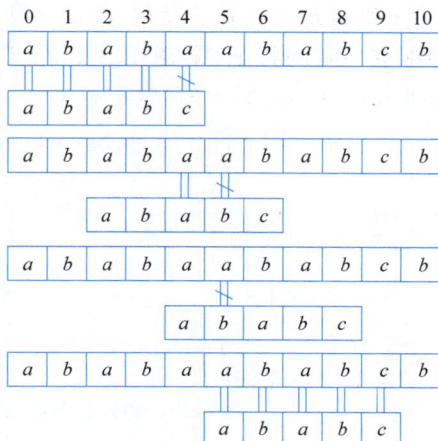

第1趟匹配, i=4,j=4失败
i不动, j回溯到next[4], 即j=2

第2趟匹配, i=5,j=3失败
i不动, j回溯到next[3], 即j=1

第3趟匹配, i=5,j=1失败
i不动, j回溯到next[1], 即j=0

第4趟匹配, i=10,j=5,
T中全部字符都比较完毕,
匹配成功

图 6-31 KMP 算法的执行过程

动画视频

6.6 扩展与提高

6.6.1 顺序查找的改进——分块查找

分块查找(blocking search)又称索引顺序查找,其查找性能介于折半查找和顺序查找之间。分块查找的使用前提是将线性表进行分块,并使其分块有序。所谓**分块有序**(block order)是指将线性表划分为若干块,每一块内不要求有序(即块内无序),但要求第二块中所有记录的关键码均大于第一块中所有记录的关键码,第三块中所有记录的关键码均大于第二块中所有记录的关键码,以此类推(即块间有序)。分块查找还需要建立一个索引表,每块对应一个索引项,各索引项按关键码有序排序,索引项一般包括每块的最大关键码以及指向块首的指针,如图6-32所示。

块内最大关键码	块长	块首指针

图6-32 索引项的结构

分块查找需要分两步进行:第一步在索引表中确定待查关键码所在的块;第二步在相应块中查找待查关键码。由于索引表是按关键码有序排列,可使用顺序查找,也可使用折半查找;在块内进行查找时,由于块内是无序的,只能使用顺序查找。图6-33为分块查找示例。

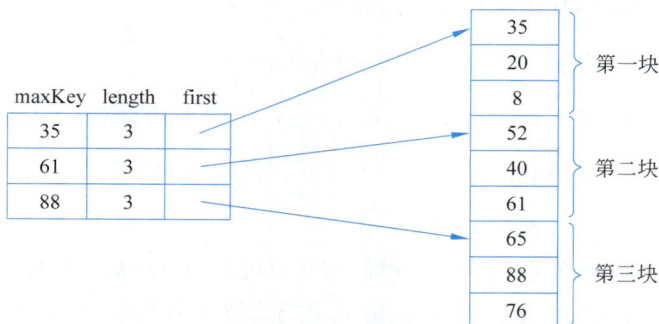

图6-33 分块查找示例

设将 n 个记录的线性表分为 m 个块,且每个块均有 t 个记录,则 $n=m\times t$。设 L_b 为查找索引表确定关键码所在块的平均查找长度,L_w 为在块内查找关键码的平均查找长度,则分块查找的平均查找长度为

$$\text{ASL}=L_b+L_w \tag{6-6}$$

若采用顺序查找对索引表进行查找,则分块查找的平均查找长度为

$$\text{ASL}=L_b+L_w=\frac{(m+1)}{2}+\frac{(t+1)}{2}=\frac{1}{2}\left(\frac{n}{t}+t\right)+1 \tag{6-7}$$

可见,分块查找的平均查找长度不仅和线性表中记录的个数 n 有关,而且和每一块中的记录个数 t 有关,对于式(6-6),当 t 取 $\sqrt{n}$ 时,ASL取最小值 $\sqrt{n}+1$。

6.6.2 折半查找的改进——插值查找

在日常生活中常常遇到这种情况:如果要在字典中查找"王"字,很自然地会翻到字典的后面开始查找,很少有人从字典的中间开始查找。为了在开始查找时就根据给定的待查值直接逼近要查找的位置,可以采用插值查找。**插值查找**(interpolation search)在待查找区间[low，high]中，设待查值为 k 通过式(6-7)求分割点：

$$\text{mid} = \text{low} + \frac{k - r[\text{low}]}{r[\text{high}] - r[\text{low}]}(\text{high} - \text{low}) \tag{6-8}$$

其中，low 和 high 分别为查找区间两个端点的下标。将待查值 k 与分割点记录的关键码 r[mid]进行比较，有以下 3 种情况：

① $k <$ r[mid]，则 high＝mid－1，在左半区继续查找；

② $k >$ r[mid]，则 low＝mid＋1，在右半区继续查找；

③ $k =$ r[mid]，则查找成功。

当查找区间不存在或 mid 的值不再变化时，查找失败。

【例 6-11】 设待查找序列{10，12，15，20，22，25，28，30，34，36，38，40}存储在数组 r[n]中，采用插值查找 $k = 20$、$k = 36$ 和 $k = 32$，具体查找过程如下：

(1) 查找 $k = 20$，利用插值公式计算分割点 $\text{mid} = 0 + \frac{20 - 10}{40 - 10}(11 - 0) = 3.7$，取 $\text{mid} = \lfloor 3.7 \rfloor = 3$，由于 r[3]＝20，则比较一次查找成功。

(2) 查找 $k = 36$，利用插值公式计算分割点 $\text{mid} = 0 + \frac{36 - 10}{40 - 10}(11 - 0) = 9.5$，取 $\text{mid} = \lfloor 9.5 \rfloor = 9$，由于 r[9]＝36，则比较一次查找成功。

(3) 查找 $k = 32$，利用插值公式计算分割点 $\text{mid} = 0 + \frac{32 - 10}{40 - 10}(11 - 0) = 8.1$，取 $\text{mid} = \lfloor 8.1 \rfloor = 8$，由于 r[8]＝34＞32，令 high＝mid－1＝7，再利用插值公式计算分割点 $\text{mid} = 0 + \frac{32 - 10}{30 - 10}(7 - 0) = 7.7$，取 $\text{mid} = \lfloor 7.7 \rfloor = 7$，由于 r[7]＝30＜32，令 low＝mid＋1＝8，由于 low＞high，则经过两次比较查找失败。

插值查找的时间性能在关键码分布比较均匀(如线性均匀增长)的情况下，优于折半查找。一般地，设待查序列有 n 个记录，插值查找的关键码比较次数要小于 $\log_2 \log_2 n + 1$ 次，这个函数的增长速度很慢，对于所有可能的实际输入，关键码比较的次数很小，但最坏情况下，插值查找将达到 $O(n)$。对于较小的查找表，折半查找比较好，对于很大的查找表，插值查找会更好些。

6.6.3 平衡二叉树的改进——红黑树

在平衡二叉树中进行查找的时间复杂度为 $O(\log_2 n)$，但是每个结点要附加平衡因子，而且插入和删除操作需要频繁进行平衡调整。红黑树进一步放宽了二叉树的平衡要求，允许任意结点左子树和右子树的高度相差不超过两倍，插入和删除操作有时只需修改颜色，减少了冲突调整的旋转次数。

红黑树可以在 $O(\log_2 n)$ 时间完成查找、插入和删除操作，在计算机系统中的应用十分广泛。例如，Linux 内核对进程控制块和事件块的管理，Nginx 服务器的定时器，C++ STL 中 map 和 set 的底层实现，Java 中 TreeMap 和 TreeSet 的底层实现，HashMap 当一个桶的链表长度超过 8 时的实现，等等。

1. 红黑树的定义

红黑树(red black tree)或者是一棵空的二叉搜索树，或者是具有下列性质的二叉搜索树：

  （1）每个结点或是黑色或是红色；

  （2）根结点是黑色；

  （3）结点的空指针对应一个虚结点，每个虚结点都是黑色；

  （4）如果某结点是红色，则该结点的孩子结点都是黑色；

  （5）从根结点到任一虚结点的路径包含相同数目的黑色结点。

  根据红黑树的定义可知，红色结点均为内部结点（非根结点、非叶结点），并且红色结点的双亲和孩子均为黑色。换言之，从根结点到任一虚结点的路径上不存在两个相邻的红色结点。将从某结点到虚结点的路径上包含黑色结点的个数（不包括虚结点）称为该结点的黑高度（black height），特别地，将从根结点到虚结点（不包括虚结点）的黑高度称作树的黑高度。图 6-34 是一棵黑高度为 2 的红黑树，涂黑结点为黑结点，浅色阴影为红结点，"♯"表示虚结点，引入虚结点的目的在于插入和删除操作时只考虑红色和黑色两种情况，通常可以不画出来。

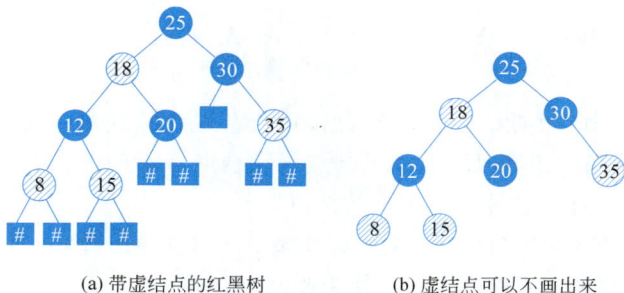

(a) 带虚结点的红黑树　　　　(b) 虚结点可以不画出来

图 6-34　一棵红黑树

  可以证明，具有 n 个结点的红黑树，其高度 h 满足 $\log_2(n+1) \leqslant h \leqslant 2\log_2(n+1)$。因此，从渐进的角度看，红黑树的高度仍是 $O(\log_2 n)$。

2. 红黑树的插入操作

  设待插入结点为 x，首先要查找结点 x 的位置，然后将结点 x 作为叶子结点插入红黑树中，这个过程和二叉搜索树的插入操作相同。如果结点为 x 黑色，则该结点所在路径的黑高度会发生变化，因此，将结点 x 作为红色。设结点 x 的双亲为 p，如果结点 p 是黑色，满足红黑树的性质，直接插入即可；如果结点 p 是红色，则发生"红-红"颜色冲突，此时需要进行颜色修正。设结点 x 的叔父结点（即结点 p 的兄弟结点）为 u，结点 x 的祖父结点（即结点 p 的双亲结点）为 g，则结点 g 一定是黑色。在旋转过程中，如果结点发生冲突，与平衡二叉树同样遵守旋转优先原则。为便于叙述，将结点的符号表示在该结点中，"红-红"颜色冲突有以下 3 种情况：

  （1）结点 u 是红色。将结点 g 修改为红色、将结点 p 和结点 u 修改为黑色，如图 6-35 所示。由于将结点 g 修改为红色，可能造成结点 g 的颜色发生冲突，将结点 g 设为结点 x，继续对结点 x 进行颜色判断。如果结点 g 是根结点，强制将结点 g 修改为黑色，红黑树的黑高度增加 1 层。

  （2）结点 u 是黑色。并且结点 x、结点 p 和结点 g 在同一侧。如果结点 p 是结点 g 的左孩子、结点 x 是结点 p 的左孩子，称作 LL 型；如果结点 p 是结点 g 的右孩子、结点 x 是

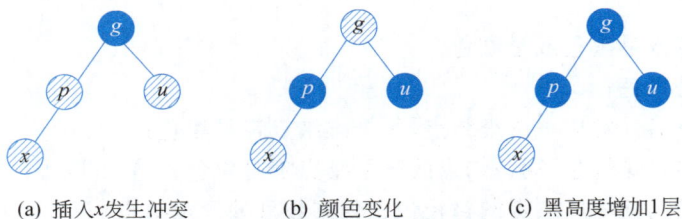

(a) 插入x发生冲突　　　　(b) 颜色变化　　　　(c) 黑高度增加1层

图 6-35　红黑树的插入操作——情况(1)

结点 p 的右孩子,称作 RR 型。LL 型和 RR 型的处理方法类似,下面以 LL 型为例进行说明。将结点 p 和结点 g 的颜色互换,再将结点 g 下旋,如图 6-36 所示。

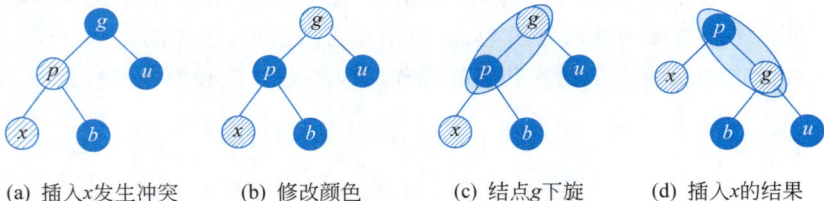

(a) 插入x发生冲突　　(b) 修改颜色　　(c) 结点g下旋　　(d) 插入x的结果

图 6-36　红黑树的插入操作——情况(2)

在 LL 型调整中,如果结点 x 是叶子结点,则结点 b 和结点 u 一定是虚结点,否则就违反了任意虚结点的黑高度相等;反之,如果结点 b 和结点 u 不是虚结点,则结点 x 一定有子树,此时结点 x 是在处理颜色冲突时上升的结点。

(3) 结点 u 是黑色,并且结点 x、结点 p 和结点 g 不在同一侧。如果结点 p 是结点 g 的左孩子、结点 x 是结点 p 的右孩子,称作 LR 型;如果结点 p 是结点 g 的右孩子、结点 x 是结点 p 的左孩子,称作 RL 型。LR 型和 RL 型的处理方法类似,下面以 LR 型为例进行说明。将结点 p 进行下旋,就变成了 LL 型,然后将结点 x 和结点 g 的颜色互换,再将结点 g 下旋,如图 6-37 所示。

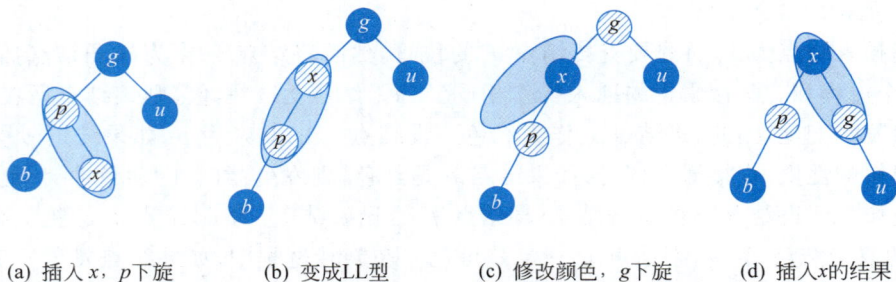

(a) 插入x, p下旋　　(b) 变成LL型　　(c) 修改颜色, g下旋　　(d) 插入x的结果

图 6-37　红黑树的插入操作——情况(3)

例 6-12　将记录(40, 38, 30, 15, 20, 8)依次插入一棵初始为空的红黑树中,请给出插入操作的执行过程和最终结果。

解:插入 40 作为红黑树的根结点;插入 38 不发生冲突;插入 30 发生冲突,如图 6-38(a)所示,由于 30 的叔父结点是虚结点(黑色),将结点 38 和结点 40 的颜色互换,再将结点 40 进行下旋,如图 6-38(b)所示;插入 15 发生冲突,由于结点 15 的叔父结点是红色,则将结点 30 和 40 修改为黑色,由于 38 是根结点,仍是黑色,黑高度增加 1 层,如图 6-38(d)所示;插入 20 发生冲突,由于 20 的叔父结点是虚结点(黑色),先将结点 15 进行下旋,然后将结点 20 和结点 30 的颜色互换,再将结点 30 进行下旋,如图 6-38(f)所示;插入 8 发生冲突,由于结点 8 的叔父结点是红色,将结点 15 和结点 30 修改为黑色,将结点 20 改为红色,如图 6-38(h)所示;最终结果如图 6-38(g)所示。

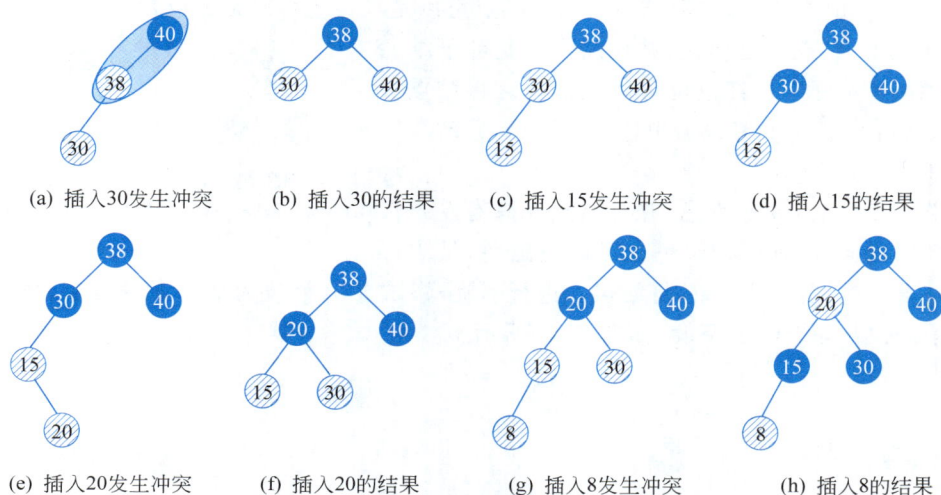

(a) 插入30发生冲突　　(b) 插入30的结果　　(c) 插入15发生冲突　　(d) 插入15的结果

(e) 插入20发生冲突　　(f) 插入20的结果　　(g) 插入8发生冲突　　(h) 插入8的结果

图 6-38　红黑树的构建过程

3. 红黑树的删除操作

设待删除结点为 d,结点 d 或是红色或是黑色,假设结点 d 的双亲结点为 p,结点 d 的兄弟结点为 b,结点 d 的左孩子为 d_L、右孩子为 d_R,结点 b 的左孩子为 b_L、右孩子为 b_R。为便于叙述,将结点的符号表示在该结点中,红黑树的删除操作有以下几种情况。

(1) 结点 d 是红色,并且结点 d 是叶子结点。因为删除结点 d 不改变该结点所在路径的黑高度,同时也没有破坏红黑树的结构,因此,直接删除结点 d 即可。

(2) 结点 d 是红色,并且结点 d 只有一个孩子。结点 d 只有左孩子和只有右孩子的处理方法类似,下面以结点 d 只有左孩子为例进行说明。因为结点 d 是红色,所以结点 d 的左孩子 d_L 一定是黑色。将结点 d 修改为黑色,用结点 d_L 的值替换结点 d 的值,再删除结点 d_L,如图 6-39 所示。

(3) 结点 d 是黑色,并且结点 d 只有一个孩子。结点 d 只有左孩子和只有右孩子的处理方法类似,下面以结点 d 只有左孩子为例进行说明。因为结点 d 是黑色,所以结点 d 的左孩子 d_L 一定是红色。用结点 d_L 的值替换结点 d 的值,然后删除结点 d_L,如图 6-40 所示。

(a) 删除结点d　　(b) 删除d的结果　　　　(a) 删除结点d　　(b) 删除结点d的结果

图 6-39　红黑树的删除操作——情况(2)　　　图 6-40　红黑树的删除操作——情况(3)

(4) 结点 d 是黑色或者红色,结点 d 既有左子树又有右子树。查找结点 d 的左子树中

最右下结点 s(也可以查找结点 d 的右子树中最左下结点 s),用结点 s 的值替换结点 d 的值,再删除结点 s,这个过程和二叉搜索树的删除相同。如果结点 s 是红色,可以归结为情况(2);如果结点 s 是黑色,可以归结为情况(3)。

(5)结点 d 是黑色,并且结点 d 是叶子结点。这是最复杂的情况,不失一般性,假设结点 d 是结点 p 的左孩子,空心结点表示该结点可以是红色也可以是黑色,有以下 5 种情况。

情况 5.1:结点 b 是黑色,并且结点 b 是叶子结点,此时结点 p 可以是红色也可以是黑色。将结点 d 删除,然后将结点 p 修改为黑色、将结点 b 修改为红色,如图 6-41 所示。

(a) 删除结点 d (b) 修改颜色

图 6-41　红黑树的删除操作——情况 5.1

情况 5.2:结点 b 是黑色,并且结点 b 只有左孩子 b_L,此时结点 p 可以是红色也可以是黑色,结点 b_L 一定是红色。删除结点 d,将结点 b 进行下旋,将结点 b_L 修改为结点 p 的颜色,将结点 p 修改为黑色,再将结点 p 下旋,如图 6-42 所示。

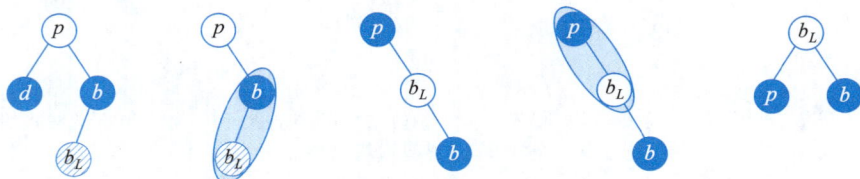

(a) 删除结点 d (b) 结点 b 下旋   (c) 修改颜色   (d) 结点 p 下旋   (e) 删除结点 d 的结果

图 6-42　红黑树的删除操作——情况 5.2

情况 5.3:结点 b 是黑色,并且结点 b 只有右孩子 b_R,此时结点 p 可以是红色也可以是黑色,结点 b_R 一定是红色。删除结点 d,将结点 b 修改为结点 p 的颜色,将结点 p 和结点 b_R 修改为黑色,再将结点 p 下旋,如图 6-43 所示。

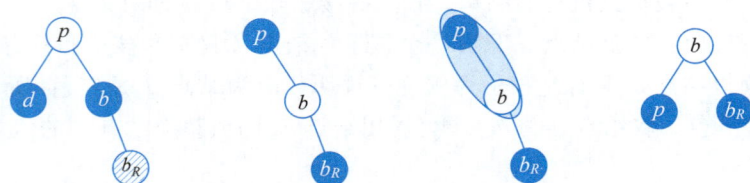

(a) 删除结点 d (b) 修改颜色   (c) 结点 p 下旋   (d) 删除结点 d 的结果

图 6-43　红黑树的删除操作——情况 5.3

情况 5.4:结点 b 是黑色,并且结点 b 有左孩子 b_L 和右孩子 b_R,此时结点 p 可以是红色也可以是黑色,结点 b_L 和 b_R 一定是红色。删除结点 d,将结点 p 进行下旋,然后将结点 b 修改为结点 p 的颜色,将结点 p 修改为黑色,如图 6-44 所示。

情况 5.5:结点 b 是红色,此时结点 b 一定有左孩子 b_L 和右孩子 b_R,并且结点 b_L 和结点 b_R 都是黑色,结点 p 是黑色。删除结点 d,将结点 p 进行下旋,再将结点 b 和结点 b_L 的颜色互换,如图 6-45 所示。

例 6-13　在图 6-46(a)所示红黑树中,分别给出删除记录 30、40、50 的执行过程。

解:结点 30 的兄弟结点 15 只有左孩子,删除结点 30,将结点 15 修改为结点 20 的颜

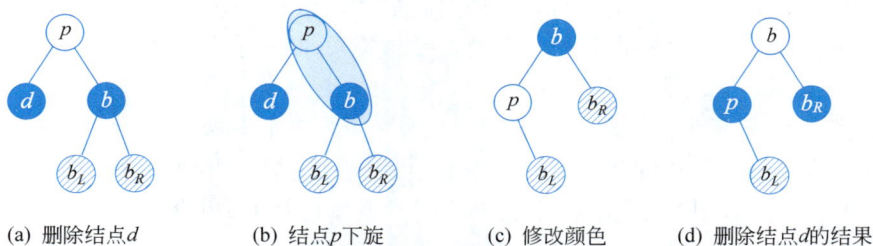

| (a) 删除结点d | (b) 结点p下旋 | (c) 修改颜色 | (d) 删除结点d的结果 |

图 6-44　红黑树的删除操作——情况 5.4

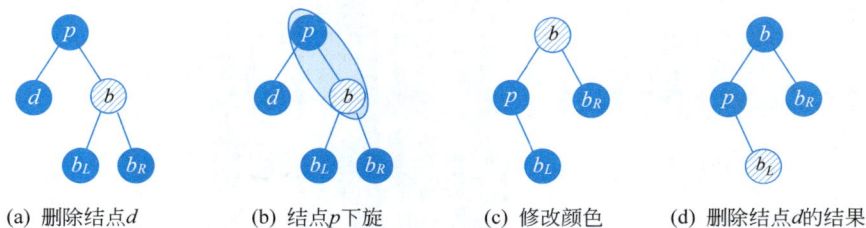

| (a) 删除结点d | (b) 结点p下旋 | (c) 修改颜色 | (d) 删除结点d的结果 |

图 6-45　红黑树的删除操作——情况 5.5

色,将结点 20 和结点 10 修改为黑色,再将结点 20 进行下旋,如图 6-46(b)所示;结点 40 是红色且只有右孩子,将结点 40 修改为黑色,将结点 40 的值改为 50,删除原结点 50,如图 6-46(c)所示;结点 50 的兄弟结点 15 是红色,删除结点 50,将结点 38 进行下旋,再将结点 15 和结点 20 的颜色互换,如图 6-46(d)所示。

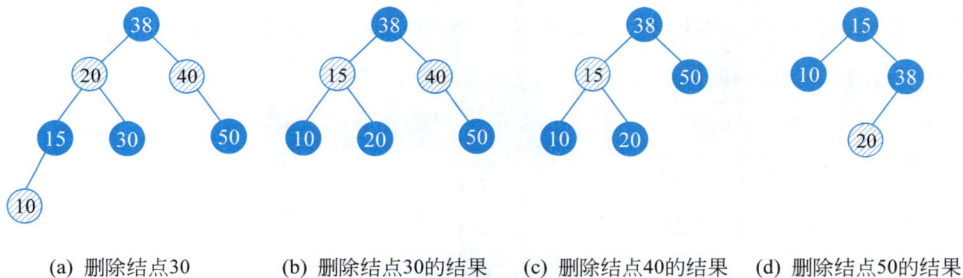

| (a) 删除结点30 | (b) 删除结点30的结果 | (c) 删除结点40的结果 | (d) 删除结点50的结果 |

图 6-46　红黑树的删除过程

6.6.4　B 树的改进——B⁺树

在基于磁盘的大型系统中,广泛使用的是 B 树的一个变体,称为 **B⁺树**(B⁺ tree)。

一棵 m 阶的 B⁺树在结构上与 m 阶的 B 树相同,结点内的关键码仍然有序排列,并且对同一结点内的任意两个关键码 K_i 和 K_j,若 $K_i < K_j$,则 K_i 小于 K_j 对应子树中的所有关键码,但在关键码的内部安排上有所不同。具体如下:

① 具有 m 棵子树的结点含有 m 个关键码,即每一个关键码对应一棵子树;

② 关键码 K_i 是它所对应子树的根结点中的最大(或最小)关键码;

③ 所有叶子结点包含了全部关键码信息,以及指向对应记录的指针;

④ 所有叶子结点按关键码的大小顺次链在一起,形成单链表,并设置头指针。

B⁺树只在叶子结点存储记录,分支结点存储关键码,但是这些关键码只是用于引导查找的，这意味着分支结点在结构上与叶子结点有显著的区别。分支结点存储关键码用于引导查找，每个关键码与一个指向孩子结点的指针相关联；叶子结点存储关键码和指向对应记录的指针。

例如，图 6-47 所示为一棵 3 阶的 B$^+$树，通常在 B$^+$树上有两个头指针，一个指向根结点，另一个指向关键码最小的叶子结点。因此，可以对 B$^+$树进行两种查找操作：一种是从最小关键码开始进行顺序查找，另一种是从根结点开始进行 B$^+$树查找。

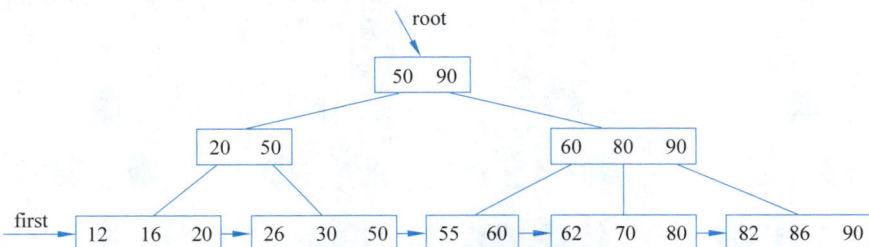

图 6-47 一棵 3 阶 B$^+$树

由于 B$^+$树的分支结点只是用来引导索引的，并不提供对实际记录的访问，所以在 B$^+$树中从根结点出发进行查找，即使在一个分支结点找到了待查关键码，也必须到达包含该关键码的叶子结点。

B$^+$树的插入仅在叶子结点上进行，当结点中的关键码个数大于 m 时要分裂成两个结点，并且它们的双亲结点中应同时包含这两个结点中的最大关键码。B$^+$树的删除也仅在叶子结点上进行，若因删除而使结点中关键码的个数少于 $\left\lceil \dfrac{m}{2} \right\rceil$，向兄弟结点借关键码以及与兄弟结点的合并过程和 B 树类似。

B$^+$树特别适合范围查找。一旦找到了范围中的第一个记录，通过顺序处理结点中的其余记录，就可以找到范围中的全部记录。

6.6.5 各种查找方法的比较

顺序查找和其他查找技术相比，缺点是平均查找长度较大，特别是当查找集合很大时，查找效率较低。然而，顺序查找的优点也很突出：算法简单而且使用面广，它对表中记录的存储没有任何要求，顺序存储和链式存储均可应用；对表中记录的有序性也没有要求，无论记录是否有序均可应用。

相对于顺序查找来说，折半查找的查找性能较好，但是它要求线性表的记录必须有序，并且必须采用顺序存储。顺序查找和折半查找一般只能应用于静态查找。

折半查找中关键码与给定值的比较次数不超过折半查找判定树的深度，长度为 n 的判定树是唯一的，且深度为 $\lfloor \log_2 n \rfloor + 1$。在二叉搜索树中进行查找，关键码与给定值的比较次数也不超过树的深度，但是二叉搜索树不唯一，其形态取决于各个记录被插入二叉搜索树的先后顺序。如果二叉搜索树是平衡的，其查找效率为 $O(\log_2 n)$，近似于折半查找。如果二叉搜索树完全不平衡（最坏情况下为一棵斜树），则其深度可达到 n，查找效率为 $O(n)$，退化为顺序查找。

与上述查找技术不同，散列查找是一种基于计算的查找方法，虽然实际应用中关键码集合常常存在同义词,但在选定合适的散列函数后,仅需进行少量的关键码比较,因此,散列技术的查找性能较高。在很多情况下,散列表的空间都比查找集合大,此时虽然浪费了一定的空间,但换来的是查找效率。

6.7　上机实验

6.7.1　折半查找算法的上机实现

【实验内容】　对于有序查找集合{7,14,18,21,23,29,31,35,38},完成以下操作:(1)给定 $k=18$、$k=15$,折半查找与给定值 k 相等的元素并返回元素序号;(2)在调整查找区间时,将语句"low = mid +1;"修改为"low = mid;",将语句"high = mid −1;"修改为"high = mid;",观察错误现象并说明原因。

【实验提示】　可以修改 LineSearch 类完成本实验。由于程序规模较小,此处使用单文件结构。新建一个源程序文件"BinSearch.cpp",在主函数中调用折半查找算法完成相应的操作。修改折半查找算法,将语句"low = mid +1;"修改为"low = mid;",然后调用修改的折半查找算法查找每个元素,观察错误现象。再将语句"high = mid −1;"修改为"high = mid;",然后调用修改的折半查找算法查找每个元素,观察错误现象。

【实验程序】　下面给出修改调整区间后检测错误的主函数,依次查找每个元素,观察是否有元素未找到并寻找规律。实验其他部分比较简单,请自行完成。

```
int main()
{
    int data[9] = {7, 14, 18, 21, 23, 29, 31, 35, 38};
    for (int i = 0; i < 9; i++)
      if (0 == BinSearch(data, 9, data[i]))
          cout<<"未找到第"<<i <<"个元素"<<endl;
    return 0;
}
```

6.7.2　散列查找算法的上机实现

【实验内容】　给定关键码集合为{47,7,29,11,16,92,22,8,3},散列表表长为12,散列函数为 $H(\text{key})=\text{key mod }11$,完成以下操作:(1)采用线性探测法处理冲突构造闭散列表;(2)给定 $k=22$、$k=3$、$k=19$,在闭散列表中查找与给定值 k 相等的元素并返回元素所在下标,如果查找失败,请将该元素添加到闭散列表中。

【实验提示】　由于实验内容(2)是动态查找,因此需要修改类 ClosedHashTable 的 Search 成员函数,返回值表示查找是否成功,增加一个形参 index 表示待查元素在散列表中下标。注意根据实际需要修改散列表空间大小 MaxSize。

【实验程序】　假设散列表的装填因子小于1,下面给出修改后的 Search 成员函数,其他成员函数请参见教材,请编写主函数验证散列表的基本操作。

```
int ClosedHashTable :: Search(int k, int &index)
{
    int i, j = k % 11;
    i = j;                                          //设置比较的起始位置
    while (ht[i] != 0)
    {
        if (ht[i] == k) {index = i; return 1;}      //查找成功
        else i = (i + 1) % MaxSize;                 //向后探测一个位置
    }
    ht[i] = k; index = i; return 0;                 //查找失败
}
```

6.7.3 团队合照

【问题描述】 实验室有 $n+1$ 名学生,按身高从低到高的顺序从左到右站成一排准备拍摄团队合照。现在已有 n 名学生到场,但是有一名学生睡过头了,正在急忙赶往摄影场地。作为摄影师的你为了快速进行摄影,请根据身高为前往场地的那名学生进行编号。

【测试样例】 输入有 $n+2$ 个整数,第一个整数 $n(n \leqslant 10\,000)$ 是已在场学生的人数,接下来 n 个整数是在场学生的身高,最后一个整数是迟到学生的身高,输出为迟到学生的编号。测试样例如下:

测 试 样 例	输　　入	输　　出
测试 1	3 11 18 22 17	2
测试 2	6 11 24 44 56 78 88 99	7

【实验提示】 设数组 data[n] 存储 n 名已在场学生的身高,由于数组 data[n] 是升序排列,可以采用折半查找算法确定迟到学生的身高在数组 data[n] 中的位置。设变量 h 表示迟到学生的身高,在寻找插入点时,为了保证算法的稳定性,如果 h 等于 data[mid],将查找区间调整到右半区,则迟到同学的插入位置是 high+1。注意,数组下标从 0 开始,则迟到学生的编号是 high,算法如下:

```
算法:团队合照 TeamPhoto
输入:数组 data[n],整数 h
输出:h 在数组 data 中的编号
    1.初始化:low =0;high =n-1;
    2.当查找区间存在时,重复执行下述操作:
        2.1 mid =(low+high)/2;
        2.2 如果 h <data[mid],则 high =mid-1;
        2.3 否则 low =mid +1;
    4.输出 high;
```

【实验程序】 下面给出算法 TeamPhoto 的函数定义,请编写主函数使用测试样例调用该函数,收集实验数据,分析算法效率。

```
int TeamPhoto(int data[ ], int n, int h)
{
    int low = 0, high = n -1;                              //设置查找区间
    while (low <=high)
    {
      int mid = (low +high) / 2;
      if (h <data[mid]) high = mid -1;
      else low = mid +1;
    }
    return high;
}
```

【扩展实验】　假设已经到场的 n 名学生站成一排,并且最高的学生站在中间,以中间学生为分界,两侧按身高从高到低的顺序进行站队,如何根据身高为前往场地的那名学生进行编号? 请修改算法。

6.7.4　独一无二的雪花

【问题描述】　也许你曾经听说过世界上没有两片完全相同的雪花,这是真的吗? 假设每片雪花都有六条边,六条边都相同的雪花记为相同。请根据雪花的相关信息,判断是否存在两片完全相同的雪花。

【测试样例】　输入有两行,第一行为雪花的片数 n(0<n≤10 000),第二行为 n 片雪花的六个边长(边长为整数且不超过 10 000 000)。如果所有雪花都不同,则输出 No two snowflakes are alike,否则输出 Twin snowflakes found。测试样例如下:

测 试 样 例	输　　入	输　　出
测试 1	2 1 2 3 4 5 6 , 4 3 2 1 6 5	Twin snowflakes found

【实验提示】　由于雪花边长的数据范围比较大,可以采用散列法。将雪花的六个边长和对一个大素数 PRIME 取余,将相同余数的雪花放到同一个链表(容器)中,再判断同一个链表中的雪花是否完全相同。设数组 snow[n][6]存储 n 片雪花的边长,数组 buckets[n]作为雪花的容器,设标志 flag 记载是否存在相同的雪花,算法如下:

```
算法: 两片完全相同的雪花 SnowSnow
输入: snow[n][6],雪花片数 n
输出: 判断结果
    1. 初始化: cnt[n] ={nullptr};
    2. 循环变量 i 从 0~n-1 重复执行下述操作:
        2.1 sum =累加第 i 片雪花的边长;
        2.2 adr =sum % PRIME;
```

> 2.3 如果第 i 片雪花在容器 buckets[adr]中有相同的雪花，
>
>   则 flag = 1,返回 true;否则将第 i 片雪花添加到 buckets[adr]中；
>
>   2.4 i++;
>
> 3. 返回 flase;

【实验程序】 IsSameSnow 函数比较同一容器中的两片雪花 snow1 和 snow2 是否相同，首先找到一个相同的雪花长度，再依次比较两个方向的雪花长度。下面给出 SnowSnow 和 IsSameSnow 的函数定义,请编写主函数,收集实验数据,分析算法效率。

```cpp
bool SnowSnow(int snow[ ][6], int n)
{
    Node * buckets[n] ={nullptr};
    for (int i = 0; i < n; i++)
    {
      int sum = 0;
      for (int j = 0; j < 6; j++)
          sum += snow[i][j];
      int adr = sum % PRIME;
      Node * p = buckets[adr];
      while (p != NULL)
      {
          if (IsSameSnow(snow[i], snow[p->data]) == true)
              return true;
          else p = p->next;
      }
      Node * s = (Node *)malloc(sizeof(Node));
      s->data = i;
      s->next =buckets[adr]; buckets[adr] =s;
    }
    return false;
}

bool IsSameSnow(int snow1[ ], int snow2[ ])
{
    for (int i = 0; i < 6; i++)
    {
      if (snow1[0] != snow2[i]) continue;
      int j =1;
      for (j =1; j < 6; j++)                        //顺时针判断
      {
          int idx =(i +j) % 6;
          if (snow1[j] != snow2[idx]) break;
      }
```

```
        if (j ==6) return true;                          //相同
    for (j =1; j < 6; j++)                               //逆时针判断
    {
        int ccw_idx = (i - j +6) %6;
        if (snow1[j] != snow2[ccw_idx]) break;
    }
    if (j ==6) return true;                              //相同
    }
    return false;
}
```

【扩展实验】　如果存在相同的雪花,需要给出所有相同雪花的编号,请修改算法。

思想火花——把注意力集中于主要因素

假定在城市 A 和城市 B 之间修一条路,但两城市之间被一条河隔开,如图 6-48 所示,希望这两个城市之间的道路总长度最小,当然,桥必须与两河岸垂直。把桥修在哪儿可以使道路的总长度最小呢?

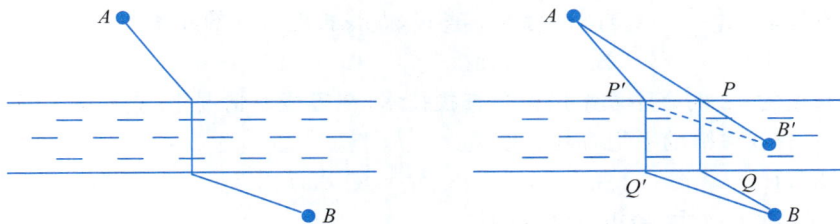

(a) 一条河、两城市A和B以及城市间的一条道路　　(b) A和B之间的最短路径AP—PQ—QB

图 6-48　问题描述及解答示意图

有很多求解这个问题的方法都涉及大量计算,如果将注意力集中在数据模型的重要部分而忽略一些噪声(干扰达到目标的因素),事情就变得简单多了。假设根本就没有河,河被简化为一条直线,将城市 B 垂直上移原来河宽的距离,现在问题变得极易求解:A 和 B' 间的直线段就给出了问题的答案! 这个解实际上隐含着原始问题的解。

假设 A 和 B' 之间的连线与河岸的交点为 P,这是桥的起始端,桥的另一端为 Q,则总距离 $AP+PQ+QB$ 为满足条件的最短路径。因为:

$$AP'+P'Q'+Q'B=AP'+P'Q'+P'B'>AB'+P'Q'=AP+PQ+PB'=AP+PQ+QB$$

面临问题时,首先要问的是:目标是什么? 如果目标不明确,那么达到目标的希望就非常渺茫,即使达到了目标,甚至可能还不知道已经完成。因此,无论何时求解问题,都要盯住目标,否则,很容易在求解过程中将注意力分散或转移到其他相对次要的方面。

习题 6

一、单项选择题

1. 静态查找与动态查找的根本区别在于(　　　)。
　　A. 逻辑结构不同　　　　　　　　　　B. 基本操作不同
　　C. 数据元素类型不同　　　　　　　　D. 存储实现不同

2. 适合动态查找的查找技术是(　　　)。
　　A. 顺序查找　　　　B. 折半查找　　　　C. 散列查找　　　　D. 随机查找

3. 在以下数据结构中,(　　　)查找效率最低。
　　A. 有序表　　　　B. 二叉查找树　　　　C. 堆　　　　D. 散列表

4. 假定查找成功与不成功的可能性相同,在查找成功的情况下每个记录的查找概率相同,则顺序查找的平均查找长度为(　　　)。
　　A. $0.5(n+1)$　　　B. $0.25(n+1)$　　　C. $0.5(n-1)$　　　D. $0.75n+0.25$

5. 对含有 100 个元素的有序表进行折半查找,在查找成功的情况下,比较次数最多是(　　　)次。
　　A. 25　　　　B. 50　　　　C. 10　　　　D. 7

6. 对有序表 A[1]~A[17]进行折半查找,查找长度为 5 的元素下标是(　　　)。
　　A. 8,17　　　B. 5,10,12　　　C. 9,16　　　D. 9,17

7. 对长度为 12 的有序表采用折半查找技术,在等概率情况下,查找成功的平均查找长度是(　　　),查找失败的平均查找长度是(　　　)。
　　A. 37/12　　　B. 62/13　　　C. 39/12　　　D. 49/13

8. 在二叉搜索树中,最小值结点的(　　　)。
　　A. 左指针一定为空　　　　　　　　B. 右指针一定为空
　　C. 左、右指针均为空　　　　　　　D. 左、右指针均不为空

9. 在二叉搜索树上查找关键码为 28 的结点(假设存在),依次比较的关键码可能是(　　　)。
　　A. 30,36,28　　　　　　　　　B. 38,48,28
　　C. 48,18,38,28　　　　　　　　D. 60,30,50,40,38,36

10. 关于二叉搜索树,下列说法中正确的是(　　　)。
　　A. 二叉搜索树是动态树表,插入新结点会引起树的重新分裂或组合
　　B. 对二叉搜索树进行层序遍历可得到有序序列
　　C. 在构造二叉搜索树时,若插入的关键码有序,则二叉搜索树的深度最大
　　D. 在二叉搜索树中进行查找,关键码的比较次数不超过结点数的一半

11. 在平衡二叉树中插入一个结点后造成了不平衡,设最低的不平衡结点为 A,并已知 A 的左孩子的平衡因子为 0,右孩子的平衡因子为 1,则应作(　　　)型调整以使其平衡。
　　A. LL　　　　B. LR　　　　C. RL　　　　D. RR

12. 按{12,24,36,90,52,30}的顺序构建平衡二叉树,根结点是(　　　)。
　　A. 24　　　　B. 36　　　　C. 52　　　　D. 30

13. 关于 m 阶 B 树,下列说法中正确的是(　　)。

① 每个结点至少有两棵非空子树

② 每个结点至多有 $m-1$ 个关键码

③ 所有叶子在同一层上

④ 当插入一个记录引起结点分裂后,B 树长高一层

  A. ①②③   B. ②③   C. ②③④   D. ③

14. 在含有 n 个结点的 m 阶 B 树中,至少包含(　　)个关键码。

  A. $n\times(m+1)$ B. n

  C. $n\times(\lceil m/2\rceil-1)$ D. $(n-1)\times(\lceil m/2\rceil-1)+1$

15. 在含有 n 个关键码的 m 阶 B 树中,对应查找失败的外结点有(　　)个。

  A. $n+1$ B. $n-1$ C. $m\times n$ D. $n\times m/2$

16. 已知一棵 5 阶 B 树有 53 个关键码,则该树的最大深度是(　　)。

  A. 3   B. 4   C. 5   D. 6

17. 在 m 阶 B 树中执行插入操作,若一个结点的关键码个数等于(　　),则必须分裂为两个结点。

  A. m B. $m-1$ C. $m+1$ D. $m/2$

18. 在 m 阶 B 树中删除一个关键码时引起结点合并,则该结点原有(　　)个关键码。

  A. 1   B. $\dfrac{m}{2}$ C. $\left\lceil\dfrac{m}{2}\right\rceil-1$ D. $\left\lceil\dfrac{m}{2}\right\rceil+1$

19. 关于散列查找,下列说法中正确的是(　　)。

  A. 再散列法处理冲突不会产生聚集

  B. 散列表的装填因子越大说明空间利用率越高,因此应使装填因子尽可能大

  C. 散列函数选择的好可以减少冲突现象

  D. 对任何关键码集合都无法找到不产生冲突的散列函数

20. 为一组关键码{87,73,25,55,90,28,17,22,3,62}构造散列表,设散列函数为 H(key)=key mod 11,用拉链法处理冲突,位于同一链表中的是(　　)。

  A. 87,90   B. 22,62   C. 73,17   D. 73,62

21. 在散列技术中,冲突指的是(　　)。

  A. 两个元素具有相同的序号   B. 两个元素的键值不同,其他属性相同

  C. 数据元素过多   D. 不同键值的元素对应相同的存储地址

22. 设散列表表长 $m=12$,散列函数 $H(k)=k$ mod 11。表中已有 15、38、61、84 四个元素,如果用线性探测法处理冲突,则元素 49 的存储地址是(　　)。

  A. 8   B. 3   C. 5   D. 9

23. 在采用线性探测法处理冲突构成的闭散列表上进行查找,可能要探测多个位置,在查找成功的情况下,这些位置的键值(　　)。

  A. 一定都是同义词   B. 一定都不是同义词

  C. 不一定都是同义词   D. 都相同

24. 设模式 $T = "abcabc"$,该模式的 next 值为(　　)。

  A. $\{-1,0,0,1,2,3\}$ B. $\{-1,0,0,0,1,2\}$

C. $\{-1,0,0,1,1,2\}$ D. $\{-1,0,0,0,2,3\}$

25.设主串 S$=$"$abccdcdccbaa$",模式串 T$=$"$cdcc$",采用 KMP 算法进行模式匹配,则在第(   )趟匹配成功。

A. 3   B. 4   C. 5   D. 6

二、解答下列问题

1. 设有序序列(10,15,20,25,30)的查找概率为($p1=0.2$,$p2=0.15$,$p3=0.1$,$p4=0.03$,$p5=0.02$),查找元素之间不成功的概率为($q0=0.2$,$q1=0.15$,$q2=0.1$,$q3=0.03$,$q4=0.01$,$q5=0.01$)。对有序序列从前向后进行顺序查找,对于待查值 x,当被比较元素大于 x 即可判定查找失败,要求:

(1)画出对有序序列进行顺序查找的判定树;

(2)计算顺序查找在成功和不成功情况下的平均查找长度。

2. 设有序序列(10,15,20,25,30)的查找概率为($p1=0.2$,$p2=0.15$,$p3=0.1$,$p4=0.03$,$p5=0.02$),查找元素之间不成功的概率为($q0=0.2$,$q1=0.15$,$q2=0.1$,$q3=0.03$,$q4=0.01$,$q5=0.01$)。对有序序列进行折半查找,要求:

(1)画出有序序列对应的折半查找判定树;

(2)计算折半查找在成功和不成功情况下的平均查找长度。

3. 对长度为 2^k-1 的有序表进行折半查找,查找成功的情况下最多需要比较多少次?查找失败的情况下需要比较多少次?请给出分析过程。

4. 对于查找集合$\{20,15,38,27,76,90,30,25\}$,请画出构建的二叉搜索树,并求等概率情况下查找成功的平均查找长度。

5. 对于查找集合$\{10,15,20\}$,请画出所有可能的二叉搜索树和平衡二叉树。

6. 一棵二叉搜索树的形状如图 6-49 所示,结点的值为 1~8,请标出各结点的值。

7. 对图 6-50 所示二叉搜索树,画出删除元素 25 后的二叉搜索树。

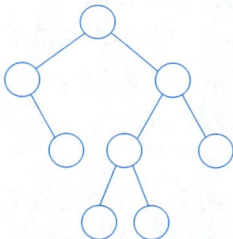

图 6-49 第 6 题图

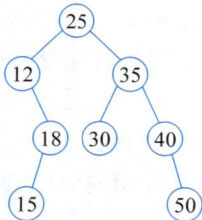

图 6-50 第 7 题图

8. 在任意一棵非空平衡二叉树 T_1 中,删除某结点 v 之后形成平衡二叉树 T_2,再将 v 插入 T_2 形成平衡二叉树 T_3。下列关于 T_1 与 T_3 的叙述中,哪一个是正确的?请给出分析过程。

(1)若 v 是 T_1 的叶结点,则 T_1 与 T_3 可能不相同;

(2)若 v 不是 T_1 的叶结点,则 T_1 与 T_3 一定不相同;

(3)若 v 不是 T_1 的叶结点,则 T_1 与 T_3 一定相同。

9. 请推导含有 12 个结点的平衡二叉树的最大深度,并画出一棵这样的树。

10. 对具有 n 个关键码的散列表进行查找,请分析决定平均查找长度的因素。

11. 已知散列函数 $H(k)=k \bmod 12$,关键码集合{25,37,52,43,84,99,12,15,26,11,70,82},采用拉链法处理冲突,请构造散列表,并计算查找成功的平均查找长度。

12. 对于查找集合{53,17,12,61,89,70,87,25,64,46},设散列表长为15,散列函数 $H(\text{key})=\text{key} \bmod 13$,采用二次探测法处理冲突,画出构造的闭散列表,求查找成功的平均查找长度。

13. 给定关键码集合{26,25,20,34,28,24,45,64,42},设定装填因子为0.6,请给出除留余数法的散列函数,画出采用线性探测法处理冲突构造的散列表。

14. 对于图 6-51 所示 3 阶 B 树,分别给出依次插入关键码12、16、17 和 18 之后的 B 树。

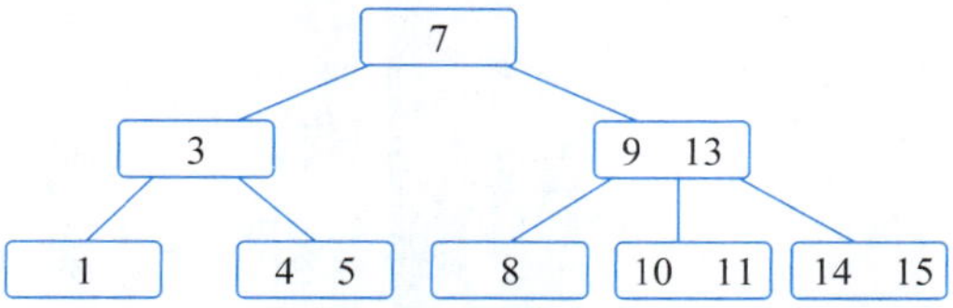

图 6-51　3 阶 B 树

15. 对于图 6-51 所示 3 阶 B 树,分别给出依次删除关键码 4、8、9 和 5 之后的 B 树。

16. 设模式为"aabaabc",请给出模式串的失效数组 next。

17. 设主串为"aababaabaabccbc",模式为"aabaabc",模式的 next 值为{−1,0,1,0,1,2,3},请给出 KMP 算法的匹配过程。

18. 散列冲突的常用处理方法有开放定址法和拉链法。与开放定址法相比,拉链法有哪些优点?

三、算法设计题

1. 设计顺序查找算法,将哨兵设在数组下标的低端。
2. 设整型数组 r[n]升序排列,请查找值在 x 和 y 之间的所有元素(假设 $x<y$)。
3. 求给定结点 p 在二叉搜索树中所在的层数。
4. 在二叉搜索树中,找出任意两个不同结点 p 和 q 的最近公共祖先。
5. 判断一棵二叉树是否为二叉搜索树。
6. 设二叉树的结点结构为(lchild, data, rchild, bf),其中 bf 是该结点的平衡因子,设计算法确定二叉树中各结点的平衡因子。
7. 在用线性探测解决冲突构造的闭散列表中,实现懒惰删除操作。
8. 在用拉链法解决冲突构造的开散列表中,删除值为 x 的记录。
9. 对于 KMP 算法,设计算法求模式 $T="t_0 t_1 \cdots t_{m-1}"$ 的匹配失效位置 next[m]。

考研真题 6

一、单项选择题

(2015 年)1. 下列选项中,不能构成折半查找中关键字比较序列的是_____。

A. 500,200,450,180　　　　　B. 500,450,200,180

C. 180,500,200,450　　　　　D. 180,200,500,450

(2020 年)2. 下列给定的关键字输入序列中,不能生成如下二叉搜索树的是_____。

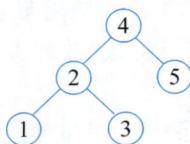

A. 4，5，2，1，3　　B. 4，5，1，2，3　　C. 4，2，5，3，1　　D. 4，2，1，3，5

(2018 年)3. 已知二叉搜索树如下图所示,元素之间应满足的大小关系是_____。

A. $x_1 < x_2 < x_5$　　B. $x_1 < x_4 < x_5$　　C. $x_3 < x_5 < x_4$　　D. $x_4 < x_3 < x_5$

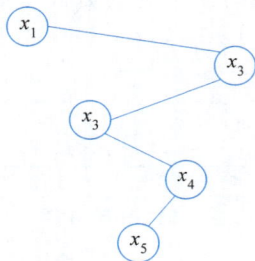

(2019 年)4. 在任意一棵非空平衡二叉树(AVL 树)T_1 中,删除某结点 v 之后形成平衡二叉树 T_2,再将 v 插入 T_2 形成平衡二叉树 T_3。下列关于 T_1 与 T_3 的叙述中,正确的是_____。

I. 若 v 是 T_1 的叶结点,则 T_1 与 T_3 可能不相同

II. 若 v 不是 T_1 的叶结点,则 T_1 与 T_3 一定不相同

III. 若 v 不是 T_1 的叶结点,则 T_1 与 T_3 一定相同

A. 仅 I　　　　　　B. 仅 II　　　　　　C. 仅 I,II　　　　　　D. 仅 I,III

(2020 年)5. 依次将关键字 5，6，9，13，8，2，12，15 插入初始为空的 4 阶 B 树后,根结点中包含的关键字是_____。

A. 8　　　　　　B. 6，9　　　　　　C. 8，13　　　　　　D. 9，12

(2019 年)6. 现有长度为 11 且初始为空的散列表 HT,散列函数是 $H(\text{key})=\text{key} \% 7$,采用线性探查(线性探测再散列)法解决冲突。将关键字序列 87，40，30，6，11，22，98，20 依次插入 HT 后,HT 查找失败的平均查找长度是_____。

A. 4　　　　　　B. 5.25　　　　　　C. 6　　　　　　D. 6.29

(2021 年)7. 在一棵高度为 3 的 3 阶 B 树中,根为第 1 层,若第 2 层中有 4 个关键字,则该树的结点个数最多是_____。

A. 11　　　　B. 10　　　　C. 9　　　　D. 8

(2019 年)8. 设主串 $T=\text{"abaabaabcabaabc"}$,模式串 $S=\text{"abaabc"}$,采用 KMP 算法进行模式匹配,到匹配成功时为止,在匹配过程中进行的单个字符间的比较次数是_____。

A. 9　　　　B. 10　　　　C. 12　　　　D. 15

(2023 年)9. 对含 600 个元素的有序顺序表进行折半查找,关键字间的比较次数最多是_____。

A. 9　　　　　　B. 10　　　　　　C. 30　　　　　　D. 300

二、综合应用题

(2013 年)设包含 4 个数据元素的集合 $S=\{\text{"do"}, \text{"for"}, \text{"repeat"}, \text{"while"}\}$,各元素

的查找概率依次为 $p_1=0.35$，$p_2=0.15$，$p_3=0.15$，$p_4=0.35$。将 S 保存在一个长度为 4 的顺序表中，采用折半查找法，查找成功时的平均查找长度为 2.2。请回答：

（1）若采用顺序存储结构保存 S，且要求平均查找长度更短，则元素应如何排列？应使用何种查找方法？查找成功时的平均查找长度是多少？

（2）若采用链式存储结构保存 S，且要求平均查找长度更短，则元素应如何排列？应使用何种查找方法？查找成功时的平均查找长度是多少？

第7章 排序技术

本章概述	排序是数据处理领域经常使用的一种操作,其主要目的是便于查找。在日常生活中,通过排序提高查找性能的例子屡见不鲜,如电话号码簿、书的目录、字典等。排序性能与数据集合的各种特性相关,如随机排列、基本有序、数据规模特别大等,为此人们研究了各种排序技术。从算法设计角度看,排序算法体现了算法设计的某些重要方法和技巧;从算法分析角度看,对排序算法时间性能的分析应用了某些重要的算法分析技术;有关程序设计的岗位招聘也大量出现有关排序的内容,因此,认真学习和掌握排序算法是非常重要的。 本章介绍插入排序、交换排序、选择排序、归并排序4类基于比较的内排序技术,每类排序技术分别介绍一个最简单的排序算法和一个改进的排序算法,请读者仔细体会并掌握排序算法的设计过程以及改进算法的基本方法
教学重点	各种排序算法的基本思想;各种排序算法的执行过程;各种排序算法及时间复杂度分析;各种排序算法之间的比较
教学难点	快速排序、堆排序、归并排序等算法及时间复杂度分析
教学目标	(1) 解释排序的定义,评价排序算法的稳定性; (2) 对于给定问题实例,给出直接插入排序、起泡排序、简单选择排序的排序过程,描述算法实现,分析时空性能及稳定性; (3) 辨析希尔排序改进的着眼点,对于给定问题实例给出排序过程,解释希尔排序算法,分析时空性能及稳定性; (4) 辨析快速排序改进的着眼点,解释快速排序的基本思想,评价选择轴值的方法,分析轴值对快速排序时间性能的影响; (5) 建立一次划分的过程,描述一次划分算法,建立快速排序的递归执行过程,描述快速排序算法,分析时空性能及稳定性; (6) 说明堆排序的基本思想,对于给定问题实例,给出堆调整、初始建堆和重建堆的过程,描述算法,分析时空性能及稳定性; (7) 对于给定问题实例,给出归并排序的递归执行过程,描述一次合并算法,实现归并排序的递归和非递归算法,分析时空性能和稳定性; (8) 说明外部排序的基本思想,分析归并趟数与外存访问次数之间的关系,对于给定问题实例,给出置换-选择排序和败者树的执行过程; (9) 归纳排序算法的综合考虑因素,比较排序算法的时间复杂度、空间复杂度、稳定性、简单性,分析关键码的分布对排序性能的影响

7.1 概述

7.1.1 排序的基本概念

在排序问题中,通常将数据元素称为记录[①](record)。

1. 排序

给定一个记录序列 $(r_1,r_2,\cdots,r_n)$,相应的关键码分别为 $(k_1,k_2,\cdots,k_n)$,排序 (sort)是将这些记录排列成顺序为 $(r_{s1},r_{s2},\cdots,r_{sn})$ 的序列,使得相应的关键码满足 $k_{s1}\leqslant k_{s2}\leqslant\cdots\leqslant k_{sn}$(升序或非降序)或 $k_{s1}\geqslant k_{s2}\geqslant\cdots\geqslant k_{sn}$(降序或非升序)。简言之,排序是将一个记录的任意序列重新排列成一个按关键码[②](#)有序的序列。

课件 7-1

2. 排序算法的分类

根据在排序过程中待排序的所有记录是否全部被放置在内存中,可以将排序方法分为内排序和外排序。内排序是指在排序的整个过程中,待排序的所有记录全部被放置在内存中;外排序是指由于待排序的记录个数太多,不能同时放置在内存,需要将一部分记录放置在内存,另一部分记录放置在外存,整个排序过程需要在内外存之间多次交换数据才能得到排序的结果。

根据排序方法是否建立在关键码比较的基础上,可以将排序方法分为基于比较的排序和不基于比较的排序。基于比较的排序方法主要通过关键码之间的比较和记录的移动这两种基本操作来实现,大致可分为插入排序、交换排序、选择排序、归并排序 4 类;不基于比较的排序方法是根据待排序数据的特点采取其他方法,通常没有大量的关键码之间的比较和记录的移动操作。

3. 排序算法的稳定性

假定在待排序的记录序列中,存在多个具有相同关键码的记录,若经过排序,这些记录的相对次序保持不变,即在原序列中,$k_i=k_j$ 且 r_i 在 r_j 之前,在排序后的序列中,r_i 仍在 r_j 之前,则称这种排序算法稳定(stable);否则称为不稳定(unstable)。

稳定性描述了具有相同关键码记录的排序效果。对于不稳定的排序算法,举出一个实例即可说明其不稳定性;对于稳定的排序算法,必须对算法进行分析从而得到稳定的特性。需要强调的是,排序算法的稳定性由具体算法决定,稳定的算法在某种条件下可能变为不稳定的算法。

4. 正序、逆序

若待排序记录序列已排好序,称此记录序列为正序(exact order);若待排序记录的排列顺序与排好序的顺序正好相反,称此记录序列为逆序(inverse order)或反序(anti-order)。

5. 趟

在排序过程中,将待排序的记录序列扫描一遍称为一趟(pass)。在排序操作中,深刻理

---

① 在计算机发展的早期,由于内存的限制,排序操作常常需要借助外存才能实现,因此,数据元素沿用文件的叫法,称为记录。

② 此处关键码是排序的依据,也称排序码。排序码不一定是关键码,选取哪一个数据项为排序码应根据具体情况而定。如果排序码不是关键码,就可能有多个记录具有相同的排序码,因此,排序结果可能不唯一。简单起见,很多教材将关键码作为排序码。

解"趟"的含义能够更好地掌握排序方法的思想和过程。

7.1.2　排序算法的性能

排序是数据处理领域经常执行的一种操作,往往属于系统的核心部分,因此排序算法的时间开销是衡量其好坏的重要标准。对于基于比较的内排序,算法的执行时间主要消耗在以下两种基本操作:①比较,关键码之间的比较;②移动,记录从一个位置移动到另一个位置。因此,高效的排序算法应该具有尽可能少的关键码比较次数和尽可能少的记录移动次数。由于排序算法的时间性能常常与数据集合的初始排列密切相关,如随机排列、基本有序、正序逆序等,因此需要分析最好情况、最坏情况和平均情况的时间复杂度。

评价排序算法的另一个主要标准是执行算法所需的辅助存储空间。辅助存储空间是指除了存放待排序记录占用的存储空间之外,算法在执行过程中所需的其他存储空间。另外,算法本身的复杂程度也是一个要考虑的因素。

7.1.3　排序类的定义

从操作角度看,排序是对线性结构的一种操作,待排序记录可以用顺序存储结构或链式存储结构存储。不失一般性,为突出排序方法的主题,本章讨论的排序算法均采用顺序存储结构,并假定关键码为整型,且记录只有关键码一个数据项,即采用一维整型数组实现[①]。另外,假定排序是将待排序的记录序列排列为升序序列。

本章介绍基于比较的内排序技术,包括直接插入排序、希尔排序、起泡排序、快速排序、简单选择排序、堆排序、二路归并排序等,下面给出排序类的定义以及构造函数、析构函数和输出序列的函数定义,在接下来的章节中具体讨论每种排序技术的实现。

```
class Sort
{
public:
    Sort(int r[ ], int n);                          //构造函数,生成待排序序列
    ~Sort();                                        //析构函数
    void InsertSort();                              //直接插入排序
    void ShellSort();                               //希尔排序
    void BubbleSort();                              //起泡排序
    void QuickSort(int first, int last);            //快速排序
    void SelectSort();                              //简单选择排序
    void HeapSort();                                //堆排序
    void MergeSortRecursion(int first, int last);   //二路归并递归排序
    void MergeSort();                               //二路归并非递归排序
    void Print();                                   //输出序列
private:
    int Partition(int first, int last);             //快速排序,一次划分
```

①　在 C++ 的 STL 类库中,排序使用函数模板 sort,参数是容器的起始位置和结束位置以及一个可选的比较器,函数签名是 void sort(Iterator begin, Iterator end, Comparator cmp)。

```
    void Sift(int k, int last);                      //堆排序,堆调整
    void Merge(int first1, int last1, int last2);    //归并排序,合并相邻有序序列
    void MergePass(int h);                           //归并排序,一趟归并
    int * data;                                      //待排序序列
    int length;
};
Sort :: Sort(int r[ ], int n)
{
    data = new int[n];
    for (int i = 0; i < n; i++)
        data[i] = r[i];
    length = n;
}
Sort :: ~Sort()
{
    delete[ ] data;
}
void Sort :: Print()
{
    for (int i = 0; i < length; i++)
        cout <<data[i] <<"\t";
    cout <<endl;
}
```

7.2　插入排序

插入排序的主要思想是：每趟排序将一个待排序的记录按其关键码的大小插入已经排好序的有序序列中,直到全部记录排好序。

7.2.1　直接插入排序

直接插入排序(straight insertion sort)是插入排序中最简单的排序方法,类似于玩纸牌时整理手中纸牌的过程,其基本思想是：依次将待排序序列中的每一个记录插入已排好序的序列中,直到全部记录都排好序,如图 7-1 所示。

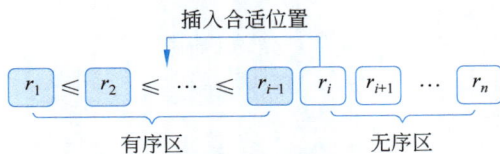

图 7-1　直接插入排序的基本思想

由直接插入排序的基本思想,提出直接插入排序需解决的关键问题：

① 如何构造初始的有序序列?

② 如何查找待插入记录的插入位置?

【例 7-1】 对于记录序列{12,30,25,9,18},直接插入排序的执行过程如图 7-2 所示,具体的排序过程如下:

① 将整个待排序的记录序列划分成有序区和无序区,初始时有序区为待排序记录序列的第一个记录,无序区包括所有剩余待排序的记录;

② 将无序区的第一个记录插入有序区的合适位置中,从而使无序区减少一个记录,有序区增加一个记录;

③ 重复执行步骤②,直到无序区没有记录为止。

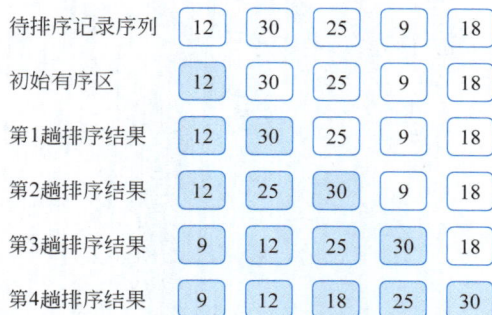

待排序记录序列	12	30	25	9	18
初始有序区	12	30	25	9	18
第1趟排序结果	12	30	25	9	18
第2趟排序结果	12	25	30	9	18
第3趟排序结果	9	12	25	30	18
第4趟排序结果	9	12	18	25	30

图 7-2 直接插入排序过程示例(阴影表示有序区)

从以上排序过程,可得到解决上述关键问题的方法。

问题①的解决:将第一个记录 data[0]看成初始有序区,然后从第二个记录起依次插入有序区中,直至将最后一个记录插入完毕。

问题②的解决:一般情况下,在有序区 data[0]～data[i-1]中插入记录 data[i]时,首先要查找 data[i]的正确插入位置。最简单地,可以采用顺序查找。设下标 j 从 i-1 起往前查找插入位置,同时后移记录,为了向后移动记录时避免覆盖待插入记录 data[i],将 data[i]用变量 temp 暂存,则循环条件应该是 temp<data[j]。退出循环,说明找到了插入位置,因为 data[j]刚刚比较完毕,所以,j+1 为正确的插入位置,将变量 temp 暂存的记录存储到 data[j+1]中。

下面给出直接插入排序的成员函数定义。

```
void Sort :: InsertSort()
{
  int i, j, temp;
  for (i = 1; i < length; i++)          //排序进行 length-1 趟
  {
    temp = data[i];                     //暂存待插记录
    for (j = i - 1; j >= 0 && temp < data[j]; j--)   //寻找插入位置
    data[j+1] = data[j];
    data[j+1] = temp;
  }
}
```

直接插入排序算法由两层嵌套的循环组成,外层循环执行 $n-1$ 次,内层循环的执行次

数取决于在第 i 个记录前有多少个记录大于第 i 个记录。最好情况下,待排序序列为正序,每趟只需与有序序列的最后一个记录比较一次,移动两次记录,则比较次数为 $n-1$,记录的移动次数为 $2(n-1)$,因此,时间复杂度为 $O(n)$;最坏情况下,待排序序列为逆序,第 i 个记录必须与前面 $i-1$ 个记录进行比较,并且每比较一次就要执行一次记录的移动,则比较次数为 $\sum_{i=2}^{n}(i-1)=\dfrac{n(n-1)}{2}$,记录的移动次数为 $\sum_{i=2}^{n}(i+1)=\dfrac{(n+4)(n-1)}{2}$,因此,时间复杂度为 $O(n^2)$;平均情况下,待排序序列中各种可能排列的概率相同,在插入第 i 个记录时平均需要比较有序区中全部记录的一半,所以比较次数为 $\sum_{i=2}^{n}\dfrac{i-1}{2}=\dfrac{n(n-1)}{4}$,移动次数为 $\sum_{i=2}^{n}\dfrac{i+1}{2}=\dfrac{(n+4)(n-1)}{4}$,时间复杂度为 $O(n^2)$。

直接插入排序只需要一个记录的辅助空间,用来作为待插入记录的暂存单元。直接插入排序是一种稳定的排序方法。

7.2.2　希尔排序

希尔排序[1](Shell sort)是对直接插入排序的一种改进,改进的着眼点是:①若待排序记录基本有序[2],直接插入排序的效率很高;②由于直接插入排序算法简单,则在待排序记录个数较少时效率也很高。

希尔排序的基本思想是:先将整个待排序记录序列分割成若干个子序列,在子序列内分别进行直接插入排序,待整个序列基本有序时,再对全体记录进行一次直接插入排序。在希尔排序中,需解决的关键问题如下。

① 如何分割待排序记录,才能保证整个序列逐步向基本有序发展?
② 子序列内如何进行直接插入排序?

【例 7-2】　对于记录序列{59,20,17,36,98,14,23,83,13,28},希尔排序的执行过程如图 7-3 所示,具体的排序过程是:假设待排序的记录为 n 个,先取整数 $d<n$,例如,取 $d=n/2$,将所有相距为 d 的记录构成一组,从而将整个待排序记录序列分割成 d 个子序列,对每个子序列分别进行直接插入排序;然后再缩小间隔 d,例如,取 $d=d/2$,重复上述分割;再对每个子序列分别进行直接插入排序,直到 $d=1$,即将所有记录放在一组进行直接插入排序。

从以上排序过程,可得到解决上述关键问题的方法。

问题①的解决:子序列的构成不能是简单地"逐段分割",而是将相距某个增量的记录组成一个子序列,才能有效地保证在子序列内分别进行直接插入排序后得到的结果是基本有序而不是局部有序。接下来的问题是增量应如何取?到目前为止尚未有人求得一个最好的增量序列。希尔最早提出的方法是 $d_1=n/2,d_{i+1}=d_i/2$,且增量序列互质,显然最后一个增量必须等于 1。开始时增量的取值较大,每个子序列中的记录个数较少,这提供了记录

① 希尔(Donald Shell,1924 年出生)美国计算机科学家,1959 年获辛辛那提大学数学博士学位,同年发明了希尔排序,是平均时间性能好于 $O(n^2)$ 的第一批算法之一。
② 基本有序和局部有序(即部分有序)不同。基本有序是指已接近正序,如{1,2,8,4,5,6,7,3,9};局部有序只是某些部分有序,如{6,7,8,9,1,2,3,4,5},局部有序不能提高直接插入排序算法的时间性能。

待排序记录序列	59	20	17	36	98	14	23	83	13	28
d=5分割子序列	59	20	17	36	98	14	23	83	13	28
第1趟排序结果	14	20	17	13	28	59	23	83	36	98
d=2分割子序列	14	20	17	13	28	59	23	83	36	98
第2趟排序结果	14	13	17	20	23	59	28	83	36	98
第3趟排序结果(d=1)	13	14	17	20	23	28	36	59	83	98

图 7-3　希尔排序过程示例

跳跃移动的可能,排序效率较高;后来增量逐步缩小,每个子序列中的记录个数增加,但已基本有序,效率也较高。

问题②的解决:在每个子序列中,待插入记录和同一子序列中的前一个记录比较,在插入记录 data[i]时,自 data[i-d]起以幅度 d 往前跳跃式查找待插入位置,在查找过程中,记录后移也是跳跃 d 个位置,为了后移动记录时避免覆盖待插入记录 data[i],将 data[i]用变量 temp 暂存,当搜索位置 j<0 或者 temp≥data[j],表示插入位置已找到,退出循环。因为 data[j]刚刚比较完毕,所以,j+d 为正确的插入位置,将待插入记录插入。

在整个序列中,记录 data[0]~data[d-1]分别是 d 个子序列的第一个记录,所以从记录 data[d]开始进行插入。下面给出希尔排序的成员函数定义。

```cpp
void Sort :: ShellSort()
{
    int d, i, j, temp;
    for (d = length/2; d >= 1; d = d/2)    //增量为 d 进行直接插入排序
    {
        for (i = d; i < length; i++)       //进行一趟希尔排序
        {
            temp = data[i];                //暂存待插入记录
            for (j = i-d; j >= 0 && temp < data[j]; j = j-d)
                data[j+d] = data[j];       //记录后移 d 个位置
            data[j+d] = temp;
        }
    }
}
```

希尔排序的时间性能在 $O(n\log_2 n)$ 和 $O(n^2)$ 之间,如果选定合适的增量序列,希尔排序的时间性能可以达到 $O(n^{1.3})$。希尔排序只需要一个记录的辅助空间,用于暂存当前待插入的记录。由于在希尔排序过程中记录是跳跃移动的,因此,希尔排序是不稳定的。

7.3　交换排序

交换排序的主要思想是：在待排序序列中选取两个记录，如果这两个记录反序，则交换它们的位置。对于记录 r_i 和 r_j，若满足 $i<j$ 且 $r_i>r_j$，则称 $(r_i，r_j)$ 是反序对。交换可以消除反序对，当所有反序对都被消除后，排序也就完成了。

7.3.1　起泡排序

起泡排序（bubble sort）是交换排序中最简单的排序方法，其基本思想是：两两比较相邻记录，如果反序则交换，直到没有反序的记录为止，如图 7-4 所示。

【例 7-3】　对于记录序列 $\{50，13，55，97，27，38，49，65\}$，起泡排序的执行过程如图 7-5 所示，具体的排序过程如下：

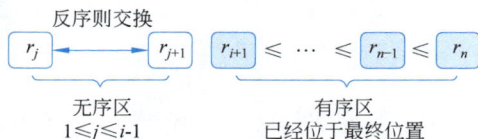

① 将整个待排序的记录序列划分成有序区和无序区，初始时有序区为空，无序区包括所有待排序的记录。

② 对无序区从前向后依次将相邻记录进行比较，若反序则交换，从而使得值较小的记录向前移，值较大的记录向后移（像水中的气泡，体积大的先浮上来，起泡排序因此得名）。

③ 重复执行步骤②，直到无序区没有反序的记录。

图 7-4　起泡排序的基本思想

图 7-5　起泡排序过程示例（阴影表示有序区）

由以上排序过程，提出并解决如下关键问题。

① 在一趟起泡排序中，若有多个记录位于最终位置，应如何记载？

如果在某趟起泡排序后有多个记录位于最终位置（例如在图 7-5 中第 2 趟排序结果），那么在下一趟起泡排序中这些记录应该避免重复比较，为此，设变量 exchange 记载每次记录交换的位置，则一趟排序后，exchange 记载的一定是这趟排序最后一次交换记录的位置，从此位置之后的所有记录均已经有序。

② 如何确定一趟起泡排序的范围，使得已经位于最终位置的记录不参与下一趟排序？

设 bound 位置的记录是无序区的最后一个记录，则每趟起泡排序的范围是 [0～bound]。在一趟排序后，exchange 位置之后的记录一定是有序的，因此下一趟起泡排序中无序区的最后一个记录的位置是 exchange，即 bound＝exchange。

③ 如何判别起泡排序的结束？

判别起泡排序的结束条件应是在一趟排序过程中没有进行交换记录的操作。为此，在每趟起泡排序开始之前,设 exchange 的初值为 0,在一趟比较完毕,若 exchange 的值为 0,或者该趟没有交换记录,或者只是交换了 data[0]和 data[1],因此,可以通过 exchange 的值是否为 0 来判别整个起泡排序是否结束。

④ 在进入循环之前,exchange 的初值应如何设置呢?

第一趟起泡排序的范围是[0～length−1],因此,exchange 的初值应该为 length−1。

下面给出起泡排序的成员函数定义。

```
void Sort :: BubbleSort()
{
    int j, exchange, bound, temp;
    exchange = length-1;   //第一趟起泡排序的区间是[0~length-1]
    while (exchange != 0)
    {
        bound = exchange; exchange = 0;
        for (j = 0; j < bound; j++)      //一趟起泡排序的区间是[0~bound]
        if (data[j] > data[j+1]) {
            temp = data[j]; data[j] = data[j+1]; data[j+1] = temp;
            exchange = j;                     //记载每一次记录交换的位置
        }
    }
}
```

起泡排序的执行时间取决于排序的趟数。最好情况下,待排序记录序列为正序,算法只执行一趟,进行了 $n-1$ 次比较,不需要移动记录,时间复杂度为 $O(n)$;最坏情况下,待排序记录序列为反序,每趟排序在无序序列中只有一个最大的记录被交换到最终位置,算法执行 $n-1$ 趟,第 $i(1\leqslant i<n)$ 趟排序执行了 $n-i$ 次比较和 $n-i$ 次交换,则记录的比较次数为 $\sum_{i=1}^{n-1}(n-i)=\frac{n(n-1)}{2}$,记录的移动次数为 $3\sum_{i=1}^{n-1}(n-i)=\frac{3n(n-1)}{2}$,因此,时间复杂度为 $O(n^2)$;平均情况下,起泡排序的时间复杂度与最坏情况同数量级。起泡排序只需要一个记录的辅助空间,用来作为记录交换的暂存单元。起泡排序是一种稳定的排序方法。

7.3.2 快速排序

快速排序[①](quick sort)是对起泡排序的一种改进,改进的着眼点是:在起泡排序中,记录的比较和移动是在相邻位置进行的,记录每次交换只能后移一个位置,因而总的比较次数和移动次数较多。在快速排序中,记录的比较和移动从两端向中间进行,值较大的记录一次就能从前面移动到后面,值较小的记录一次就能从后面移动到前面,记录移动的距离较远,从而减少了总的比较次数和移动次数。

快速排序的基本思想是:首先选定一个**轴值**(pivot,即比较的基准),将待排序记录划分成两部分,左侧记录均小于或等于轴值,右侧记录均大于或等于轴值,然后分别对这两部分重复

---

① 快速排序的发明者是 1980 年图灵奖的获得者、牛津大学计算机科学家查尔斯·霍尔(Charles Hoare)。霍尔在程序设计语言的定义和设计、数据结构和算法、操作系统等许多方面都有一系列发明创造。

上述过程,直到整个序列有序,如图 7-6 所示。显然,快速排序是一个递归的过程。

在快速排序中,需解决的关键问题如下。

① 如何选择轴值?

② 在待排序序列中如何进行划分(通常称为一次划分)?

③ 如何处理划分得到的两个待排序子序列?

④ 如何判别快速排序的结束?

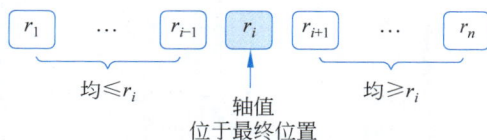

图 7-6　快速排序的基本思想

问题①的解决:选择轴值有多种方法,最简单的方法是选取第一个记录,但是,如果待排序记录是正序或者逆序,就会将除轴值以外的所有记录分到轴值的一边,这是快速排序的最坏情况。还可以在每次划分之前比较待排序序列的第一个记录、最后一个记录和中间记录,选取值居中的记录作为轴值并调换到第一个记录的位置。在下面的讨论中,选取第一个记录作为轴值。

问题②的解决:设待划分记录存储在 data[first]~data[last]中,一次划分算法用伪代码描述如下:

```
算法:Partition(first, last)
输入:待划分的记录序列 data[first]~data[last]
输出:轴值的位置
    1.设置划分区间:i=first; j=last;
    2.重复下述过程,直到 i 等于 j
     2.1 右侧扫描,直到 data[j]小于 data[i];将 data[j]与 data[i]交换,i++;
     2.2 左侧扫描,直到 data[i]大于 data[j];将 data[i]与 data[j]交换,j--;
    3.返回 i 的值;
```

【例 7-4】　对于记录序列{23,13,35,6,19,50,28},一次划分的过程如图 7-7 所示。

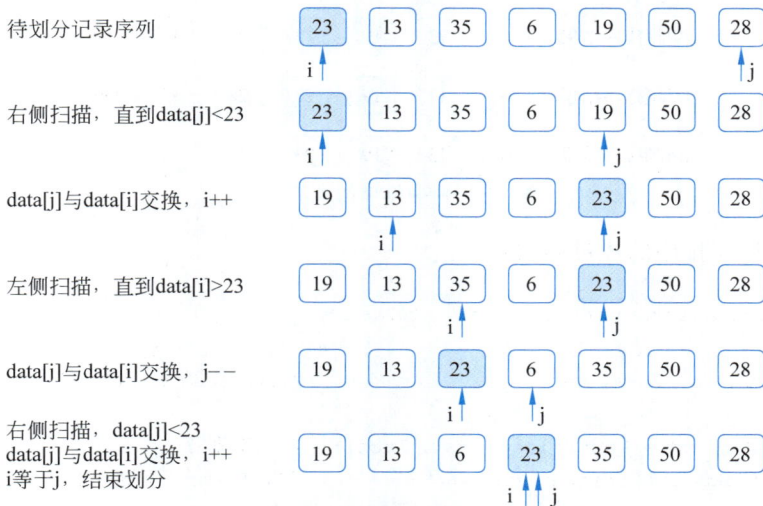

图 7-7　一次划分的过程示例(阴影表示轴值)

一次划分算法的成员函数定义如下：

```
int Sort :: Partition(int first, int last)
{
    int i = first, j = last, temp;        //初始化一次划分的区间
    while (i < j)
    {
        while (i < j && data[i] <= data[j]) j--;        //右侧扫描
        if (i < j) {
            temp = data[i]; data[i] = data[j]; data[j] = temp;
            i++;
        }
        while (i < j && data[i] <= data[j]) i++;        //左侧扫描
      if (i < j) {
          temp = data[i]; data[i] = data[j]; data[j] = temp;
          j--;
      }
    }
    return i;                                //i 为轴值记录的最终位置
}
```

问题③和④的解决：对待排序序列进行一次划分之后，再分别对左右两个子序列进行快速排序，直到每个分区都只有一个记录为止。下面看一个快速排序的例子。

【例 7-5】 对于记录序列{23，13，35，6，19，50，28}，快速排序的执行过程如图 7-8 所示。整个快速排序的过程可递归进行。若待排序序列中只有一个记录，则结束递归，否则进行一次划分后，再分别对划分得到的两个子序列进行快速排序（即递归处理）。

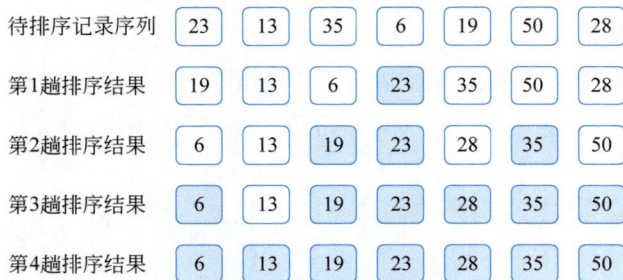

待排序记录序列	23	13	35	6	19	50	28
第1趟排序结果	19	13	6	23	35	50	28
第2趟排序结果	6	13	19	23	28	35	50
第3趟排序结果	6	13	19	23	28	35	50
第4趟排序结果	6	13	19	23	28	35	50

图 7-8 快速排序的执行过程

下面给出快速排序的成员函数定义。

```
void Sort :: QuickSort(int first, int last)
{
    if (first >= last) return;                //区间长度为 1,递归结束
    else {
        int pivot = Partition(first, last);    //一次划分
        QuickSort(first, pivot-1);             //对左侧子序列进行快速排序
```

```
        QuickSort(pivot+1,last);                    //对右侧子序列进行快速排序
    }
}
```

从快速排序的执行过程可以看出,快速排序的执行时间取决于递归的深度。最好情况下,每次划分对一个记录定位后,该记录的左侧子序列与右侧子序列的长度相同。在具有 n 个记录的序列中,将一个记录定位要对整个待划分序列扫描一遍,所需时间为 $O(n)$。设 $T(n)$ 是对 n 记录的序列进行排序的时间,每次划分后,正好把待划分区间划分为长度相等的两个子序列,则有

$$
\begin{aligned}
T(n) &= 2T(n/2)+n \\
&= 2(2T(n/4)+n/2)+n = 4T(n/4)+2n \\
&= 4(2T(n/8)+n/4)+2n = 8T(n/8)+3n \\
&\quad\vdots \\
&= nT(1)+n\log_2 n = O(n\log_2 n)
\end{aligned}
$$

最坏情况下,待排序记录序列正序或逆序,每次划分只得到一个比上一次划分少一个记录的子序列,另一个子序列为空。此时,必须经过 $n-1$ 次递归调用才能将所有记录定位,而且第 i 趟划分需要经过 $n-i$ 次比较才能找到第 i 个记录的轴值位置,因此,总的比较次数为 $\sum_{i=1}^{n-1}(n-i)=\frac{1}{2}n(n-1)=O(n^2)$,记录的移动次数小于或等于比较次数。因此,时间复杂度为 $O(n^2)$。

平均情况下,设轴值记录的关键码是待排序序列的第 k 小($1\leqslant k\leqslant n$)记录,则有

$$
T(n)=\frac{1}{n}\sum_{k=1}^{n}(T(n-k)+T(k-1))+n=\frac{2}{n}\sum_{k=1}^{n}T(k)+n
$$

这是快速排序的平均时间性能。可以用归纳法证明,其数量级为 $O(n\log_2 n)$。

由于快速排序是递归进行的,需要一个工作栈来存放每一层递归调用的执行环境,其最大容量与递归调用的深度一致。最好情况下为 $O(\log_2 n)$;最坏情况下要进行 $n-1$ 次递归调用,因此,栈的深度为 $O(n)$;平均情况下,栈的深度为 $O(\log_2 n)$。快速排序是一种不稳定的排序方法。

快速排序的平均时间性能是迄今为止所有内排序算法中最好的,因此得到广泛应用,如 UNIX 系统的 qsort 函数就采用了快速排序。

7.4　选择排序

选择排序的主要思想是:每趟排序在当前待排序序列中选出最小的记录,添加到有序序列中。选择排序的特点是记录移动的次数较少。

7.4.1　简单选择排序

简单选择排序(simple selection sort)是选择排序中最简单的排序方法,其基本思想是:第 i 趟排序在待排序序列 $r_i \sim r_n$($1\leqslant i\leqslant n-1$)中选取最小的记录,并和第 i 个记录交换作为有序序列的第 i 个记录,如图 7-9 所示。

交换

$$r_1 \leqslant \boxed{r_2} \leqslant \cdots \leqslant \boxed{r_{i-1}} \quad \boxed{r_i} \quad \boxed{r_{i+1}} \cdots \boxed{r_{min}} \cdots \boxed{r_n}$$

有序区　　　　　　　　　　　无序区
已经位于最终位置　　　　　　r_{min}为无序区的最小记录

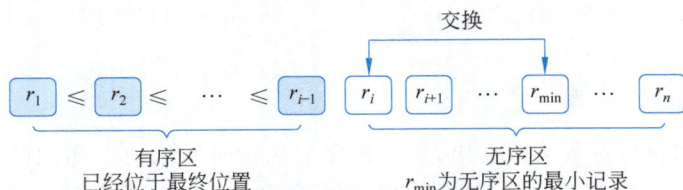

图 7-9　简单选择排序的基本思想

在简单选择排序中,需解决的关键问题如下。

① 如何在待排序序列中选出最小的记录?

② 如何确定待排序序列中最小的记录在有序序列中的位置?

【例 7-6】　对于记录序列{38,27,50,13,45},简单选择排序的过程如图 7-10 所示,具体排序过程如下:

① 将整个记录序列划分为有序区和无序区,初始时有序区为空,无序区含有待排序的所有记录。

② 在无序区中选取最小的记录,将它与无序区中的第一个记录交换,使得有序区增加一个记录,同时无序区减少一个记录。

③ 不断重复步骤②,直到无序区只剩下一个记录。

待排序记录序列	38	27	50	13	45
第1趟排序结果	13	27	50	38	45
第2趟排序结果	13	27	50	38	45
第3趟排序结果	13	27	38	50	45
第4趟排序结果	13	27	38	45	50

图 7-10　简单选择排序的过程示例(阴影表示有序区)

从以上排序过程,可以得到上述关键问题的解决方法:

问题①的解决:设置一个整型变量 index,用于记载一趟比较过程中最小记录的位置。将 index 初始化为当前无序区的第一个位置,然后用 data[index]与无序区中其他记录进行比较,如果有比 data[index]小的记录,就将 index 修改为这个新的最小记录的位置,一趟比较结束后,index 中保留的就是本趟排序最小记录的位置。

问题②的解决:第 i 趟简单选择排序的待排序区间是 data[i]~data[length−1],则 data[i]是无序区第一个记录,因此,将记录 data[index]与 data[i]进行交换。

下面给出简单选择排序的成员函数定义。

```
void Sort :: SelectSort()
{
    int i, j, index, temp;
    for(i = 0; i < length-1; i++)          //进行 length-1 趟简单选择排序
    {
```

```
        index = i;
        for(j = i+1; j < length; j++)                //在无序区中选取最小记录
            if(data[j] < data[index]) index = j;
        if(index != i) {
            temp = data[i]; data[i] = data[index]; data[index] = temp;
        }
    }
}
```

容易看出,在简单选择排序中记录的移动次数较少。待排序序列为正序时,记录的移动次数最少,为 0 次;待排序序列为逆序时,记录的移动次数最多,为 $3(n-1)$ 次。无论记录的初始排列如何,记录的比较次数相同,第 i 趟排序需进行 $n-i$ 次比较,简单选择排序需进行 $n-1$ 趟排序,则总的比较次数为

$$\sum_{i=1}^{n-1}(n-i)=\frac{1}{2}n(n-1)=O(n^2)$$

因此,简单选择排序最好、最坏和平均的时间性能均为 $O(n^2)$。在简单选择排序过程中,只需要一个用作记录交换的暂存单元。由于记录交换不是在相邻单元中进行,简单选择排序是一种不稳定的排序方法[①]。

7.4.2　堆排序

堆排序(heap sort)[②]是简单选择排序的一种改进,改进的着眼点是如何减少记录的比较次数。简单选择排序在一趟排序中仅选出最小记录,没有把一趟的比较结果保存下来,因而记录的比较次数较多。堆排序在选出最小记录的同时,也找出较小记录,减少了选择的比较次数,从而提高整个排序的效率。

1. 堆的定义

堆(heap)是具有下列性质的完全二叉树[③]:每个结点的值都小于或等于其左右孩子结点的值(称为小根堆);或者每个结点的值都大于或等于其左右孩子结点的值(称为大根堆)。如果将堆按层序从 1 开始编号,则结点之间满足如下关系:

$$\begin{cases}k_i \leqslant k_{2i} \\ k_i \leqslant k_{2i+1}\end{cases} \text{或} \begin{cases}k_i \geqslant k_{2i} \\ k_i \geqslant k_{2i+1}\end{cases} \quad 1 \leqslant i \leqslant \lfloor n/2 \rfloor$$

从堆的定义可以看出,一个完全二叉树如果是堆,则根结点(称为堆顶)一定是当前所有结点的最大者(大根堆)或最小者(小根堆)。以结点的编号作为下标,将堆用顺序存储结构存储,则堆对应于一组序列,如图 7-11 所示。

下面讨论堆调整的问题:在一棵完全二叉树中,根结点的左右子树均是堆,如何调整根结点,使整个完全二叉树成为一个堆?以下讨论以大根堆为例。

【例 7-7】　图 7-12(a)所示为完全二叉树,根结点 28 的左右子树均是堆,调整根结点的

---

① 例如,有待排序序列{2, 2*, 1},排序结果是{1, 2*, 2},两个 2 的相对位置发生了改变。

② 堆排序是由罗伯特·弗洛伊德和威廉姆斯在 1964 年共同发明的。

③ 有些参考书将堆直接定义为序列,但是,从逻辑结构上讲,还是将堆定义为完全二叉树更好。虽然堆的典型实现方法是使用数组,但是从逻辑的角度来看,堆实际上是一种树结构。

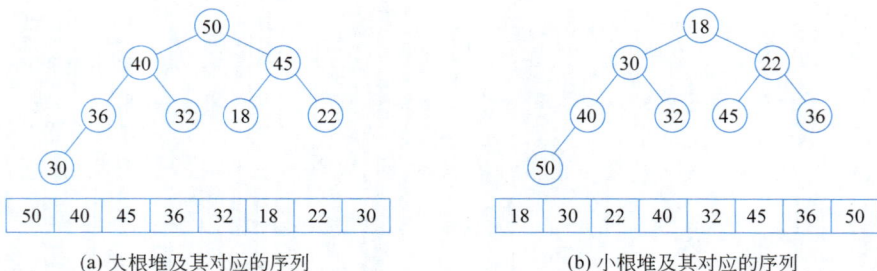

(a) 大根堆及其对应的序列　　　　　　　　(b) 小根堆及其对应的序列

图 7-11　堆的示例

过程如图 7-12 所示。首先将根结点 28 与其左右孩子比较,根据堆的定义,应将 28 与 35 交换。经过这一次交换,破坏了原来左子树的堆结构,需要对左子树再进行调整,调整后的堆如图 7-12(c)所示。

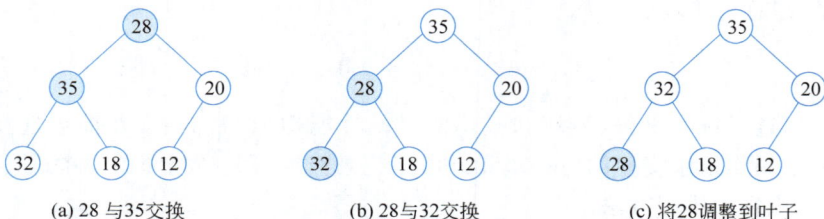

(a) 28 与 35 交换　　　　　　(b) 28 与 32 交换　　　　　(c) 将 28 调整到叶子

图 7-12　堆调整的过程示例

由这个例子可以看出,在堆调整的过程中,总是将根结点(即被调整结点)与左右孩子进行比较,若不满足堆的条件,则将根结点与左右孩子的较大者进行交换。这个调整过程一直进行到所有子树均为堆或将被调整结点交换到叶子为止。堆调整算法用伪代码描述如下:

```
算法: Sift(k, last)
输入: 待调整的记录 data[k]~data[last],且 data[k+1]~data[last]满足堆的条件
输出: 无
    1. 设变量 i 和 j 分别指向当前要调整的结点和要调整结点的左孩子;
    2. 若结点 i 已是叶子,则算法结束;否则,执行下述操作:
     2.1 将 j 指向结点 i 的左右孩子中的较大者;
     2.2 如果 data[i]大于 data[j],则调整完毕,算法结束;
     2.3 如果 data[i]小于 data[j],则将 data[i]与 data[j]交换;
         令 i=j,j=i 的左孩子,转步骤 2 继续调整;
```

将完全二叉树存储到 data[0] ~ data[length－1]中,则结点 data[i]的左孩子是 data[2 * i+1],右孩子是 data[2 * i+2],堆调整算法的成员函数定义如下:

```cpp
void Sort :: Sift(int k, int last)
{
    int i, j, temp;
    i = k; j = 2 * i + 1;                    //i是被调整结点,j是 i 的左孩子
    while (j <= last)                        //还没有进行到叶子
    {
        if (j < last && data[j] < data[j+1]) j++;    //j指向左右孩子的较大者
```

```
        if (data[i] > data[j]) break;                    //已经是堆
        else {
            temp = data[i]; data[i] = data[j]; data[j] = temp;
            i = j; j = 2 * i + 1;                    //被调整结点位于结点 j 的位置
        }
    }
}
```

2. 堆排序

堆排序是基于堆(假设用大根堆)的特性进行排序的方法,其基本思想是:首先将待排序序列调整成一个堆,此时,选出了堆中所有记录的最大者即堆顶记录,然后将堆顶记录移走,并将剩余记录再调整成堆,这样又找出了次大记录,以此类推,直到堆中只有一个记录,如图 7-13 所示。

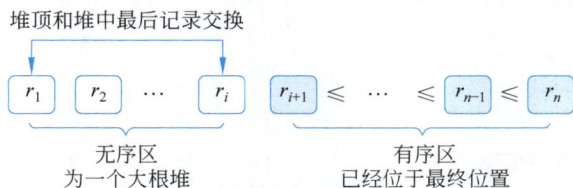

图 7-13 堆排序的基本思想

在堆排序中,需解决的关键问题如下。

① 如何将待排序序列调整成一个堆(即初始建堆)?

② 如何处理堆顶记录?

③ 如何调整剩余记录,成为一个新的堆(即重建堆)?

【例 7-8】 将记录序列{36,30,18,40,32,45,22,50}调整为一个大根堆,是从编号最大的分支结点开始进行调整,直至根结点,具体过程如图 7-14 所示。

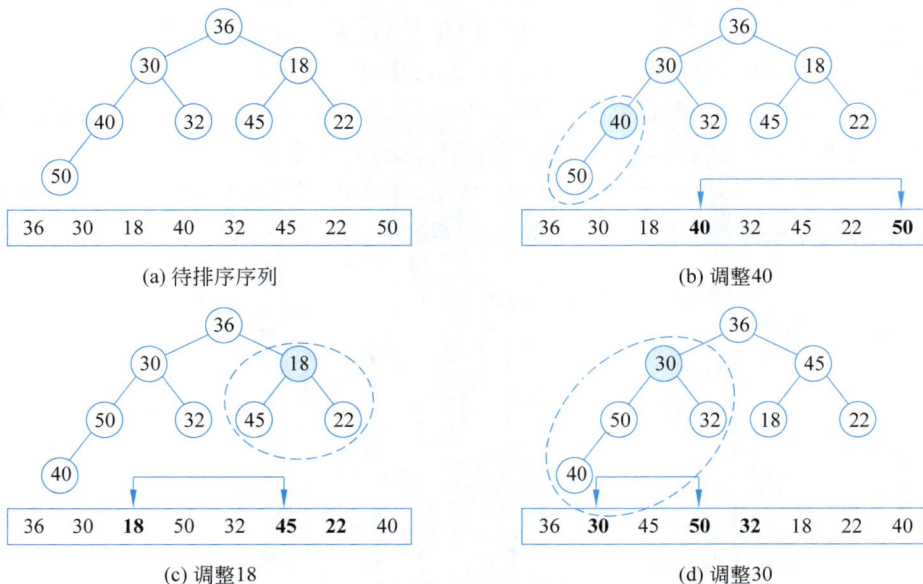

图 7-14 初始建堆的过程示例

263

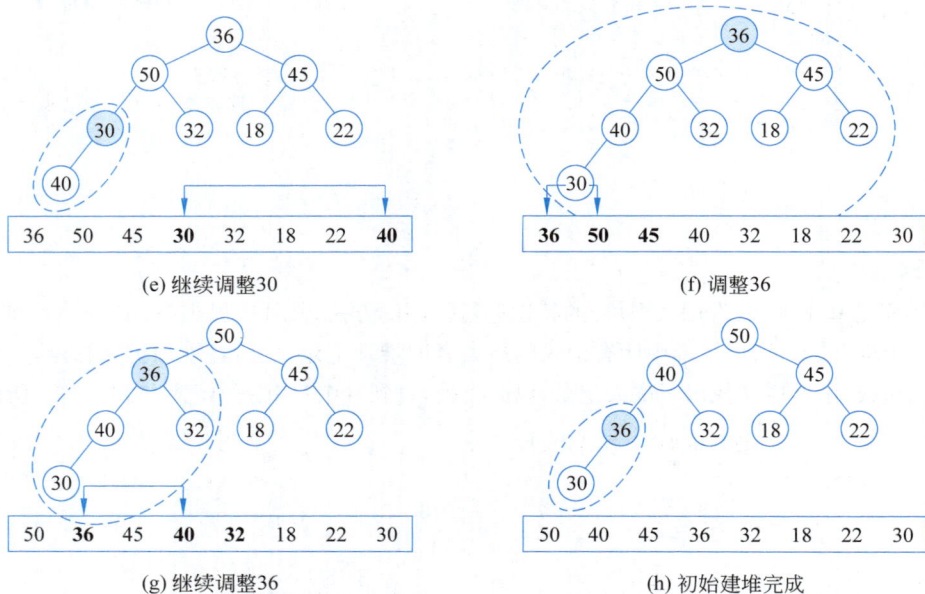

(e) 继续调整30

(f) 调整36

(g) 继续调整36

(h) 初始建堆完成

图 7-14 （续）

由如上初始建堆的过程,可以得到关键问题的解决方法。

问题①的解决:初始建堆的过程就是反复调用堆调整的过程。因为序列对应完全二叉树的顺序存储,所有叶子结点都已经是堆,只需从最后一个分支结点到根结点,执行堆调整。

问题②的解决:初始建堆后,将待排序序列分成无序区和有序区两部分,其中,无序区对应一个大根堆,且包括全部待排序记录,有序区为空。将堆顶与堆中最后一个记录交换,则堆中减少了一个记录,有序区增加了一个记录。一般情况下,第 i 趟($1 \leqslant i \leqslant$ length-1)堆排序对应的堆中最后一个记录是 data$[$length$-i]$,将 data$[0]$ 与 data$[$length$-i]$ 相交换。

问题③的解决:第 i 趟($1 \leqslant i \leqslant$ length-1)排序后,无序区有 length$-i$ 个记录,在无序区对应的完全二叉树中,只需调整根结点即可重新建堆。

【例 7-9】 对于记录序列{36,30,18,40,32,45,22,50}进行堆排序,首先将记录序列调整为大根堆,然后将堆顶与堆中最后一个记录交换,再重新建堆,这个过程一直进行到堆中只有一个记录为止,具体过程如图 7-15 所示,序列中阴影部分表示有序区。图中只给出了前两趟堆排序的结果,其余部分请读者自行给出。

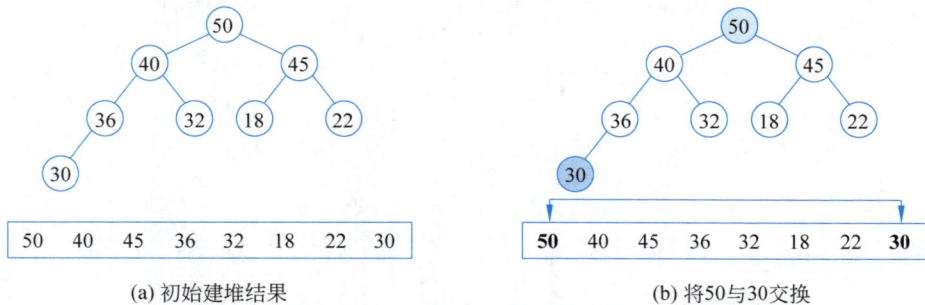

(a) 初始建堆结果

(b) 将50与30交换

图 7-15 堆排序的过程示例

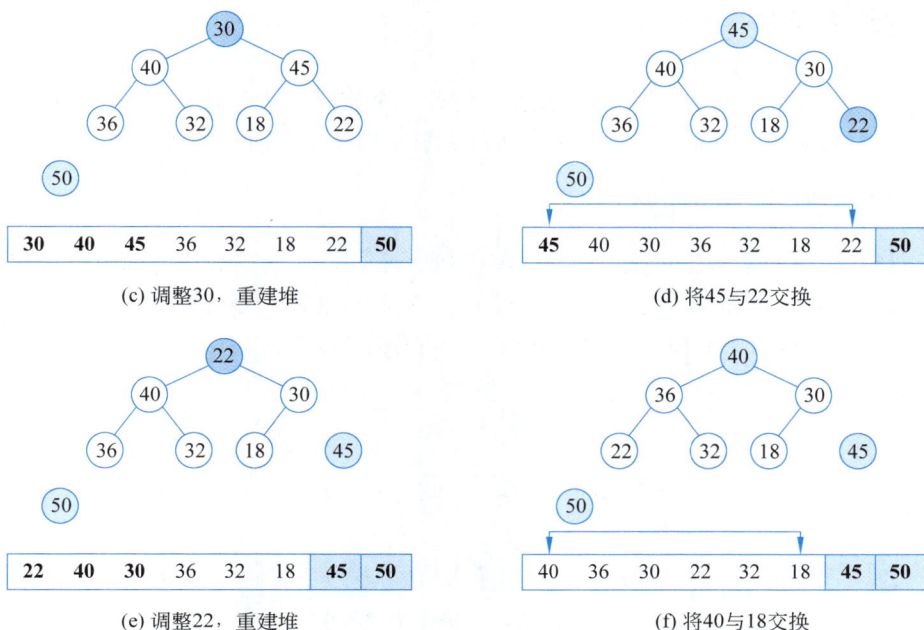

(c) 调整30，重建堆

(d) 将45与22交换

(e) 调整22，重建堆

(f) 将40与18交换

图 7-15 （续）

将完全二叉树存储到 data[0]～data[length－1]中，则最后一个分支结点的下标是 ceil(length/2)－1[①]。下面给出堆排序的成员函数定义。

```
void Sort :: HeapSort()
{
  int i, temp;
  for (i = ceil(length/2)-1; i >= 0; i--)      //从最后一个分支结点至根结点调整
    Sift(i,length-1);
  for (i = 1; i < length; i++)
  {
    temp = data[0]; data[0] = data[length-i]; data[length-i] = temp;
    Sift(0, length-i-1);                        //重建堆
  }
}
```

堆排序的运行时间主要消耗在初始建堆和重建堆时进行的堆调整上。初始建堆需要 $O(n\log_2 n)$ 时间，第 i 次取堆顶记录重建堆需要用 $O(\log_2 i)$ 时间，并且需要取 $n-1$ 次堆顶记录，因此总的时间复杂度为 $O(n\log_2 n)$，这是堆排序最好、最坏和平均的时间代价。堆排序对待排序序列的初始状态并不敏感，相对于快速排序，这是堆排序最大的优点。在堆排序算法中，只需要一个用来交换的暂存单元。堆排序是一种不稳定的排序方法。

---

① 函数调用 ceil(x)实现对实数 x 的向上取整操作，即返回大于或等于 x 的最小整数。

7.5 归并排序

归并排序[①](merge sort)的主要思想是:将若干个有序序列逐步归并,最终归并为一个有序序列。二路归并排序(2-way merge sort)是归并排序中最简单的排序方法。

7.5.1 二路归并排序的递归实现

二路归并排序的基本思想是:将待排序序列$\{r_1, r_2, \cdots, r_n\}$划分为两个长度相等的子序列$\{r_1, r_2, \cdots, r_{n/2}\}$和$\{r_{n/2+1}, r_{n/2+2}, \cdots, r_n\}$,分别对这两个子序列进行排序,得到两个有序子序列,再将这两个有序子序列合并成一个有序序列,如图 7-16 所示。

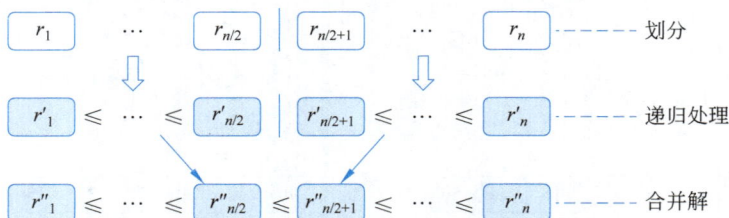

图 7-16 归并排序的基本思想

两个有序子序列的合并过程可能会破坏原来的有序序列,因此,合并不能就地进行。设两个相邻的有序子序列为 data[first1]～data[last1]和 data[last1+1]～data[last2],合并成一个有序序列 temp[first1]～temp[last2]。为此,设 3 个变量 i、j 和 k 分别指向两个待合并的有序子序列和最终有序序列的当前记录,初始时 i、j 分别指向两个有序子序列的第一个记录,即 i=first1,j=last1+1,k 指向存放合并结果的位置,即 k=first1。然后,比较 i 和 j 所指记录,取出较小者作为归并结果存入 k 所指位置,直至两个有序子序列之一的所有记录都取完,再将另一个有序子序列的剩余记录顺序送到合并后的有序序列中。合并两个相邻有序子序列的成员函数定义如下:

```
void Sort :: Merge(int first1, int last1, int last2)
{
    int * temp = new int[length];    //数组 temp 作为合并的辅助空间
    int i = first1, j = last1+1, k = first1;
    while (i <= last1 && j <= last2)
    {
        if (data[i] <= data[j]) temp[k++] = data[i++];
        else temp[k++] = data[j++];
    }
    while (i <= last1)                //对第一个子序列进行收尾处理
        temp[k++] = data[i++];
    while (j <= last2)                //对第二个子序列进行收尾处理
```

---

① 归并排序由冯·诺依曼于 1945 年在 EDVAC 方案(该方案确立了计算机的体系结构)中首次提出,是第一个可以在最坏情况下依然保持 $O(n\log_2 n)$ 运行时间的确定性算法。

```
        temp[k++] = data[j++];
    for (i = first1; i <= last2; i++)                  //将合并结果传回数组 r
        data[i] = temp[i];
    delete[ ] temp;
}
```

设二路归并排序的记录区间是[first～last]，当待排序区间只有一个记录时递归结束，二路归并排序的递归算法如下：

```
void Sort :: MergeSortRecursion(int first, int last)
{
    if (first == last) return;                   //只有一个记录,递归结束
    else {
        int mid = (first+last)/2;
        MergeSortRecursion(first, mid);          //归并排序前半个子序列
        MergeSortRecursion(mid+1, last);         //归并排序后半个子序列
        Merge(first, mid, last);                 //将两个已排序的子序列合并
    }
}
```

二路归并排序需要进行$\lceil \log_2 n \rceil$趟，合并两个子序列的时间性能为$O(n)$，因此，二路归并排序的时间复杂度是$O(n\log_2 n)$，这是归并排序算法最好、最坏、平均的时间性能。二路归并排序在归并过程中需要与待排序序列同样数量的存储空间，空间复杂度为$O(n)$。二路归并排序是一种稳定的排序方法。

7.5.2　二路归并排序的非递归实现

归并排序的递归实现是一种自顶向下的方法，形式简洁但效率相对较差。归并排序的非递归实现是一种自底向上的方法，算法效率较高，但算法较复杂。分析二路归并排序的递归执行过程，如图 7-17 所示，可以将具有 n 个记录的待排序序列看成 n 个长度为 1 的有序子序列，然后进行两两合并，得到$\lceil n/2 \rceil$个长度为 2（最后一个有序序列的长度可能是 1）的有序子序列，再进行两两归并，得到$\lceil n/4 \rceil$个长度为 4 的有序序列（最后一个有序序列的长度可能小于 4），以此类推，直至得到一个长度为 n 的有序序列。

二路归并排序的非递归实现需解决的关键问题如下。

① 如何构造初始的有序子序列？

② 如何实现有序子序列的两两合并从而完成一趟归并？

③ 如何控制二路归并的结束？

问题①的解决：设待排序序列含有 length 个记录，则可将整个序列看成 length 个长度为 1 的有序子序列。

问题②的解决：在一趟归并中，除最后一个有序序列外，其他有序序列中记录的个数（称为序列长度）相同，用 h 表示。现在的任务是把若干个相邻的长度为 h 的有序序列和最后一个长度有可能小于 h 的有序序列进行两两合并，将结果存放到 temp[length]中。为

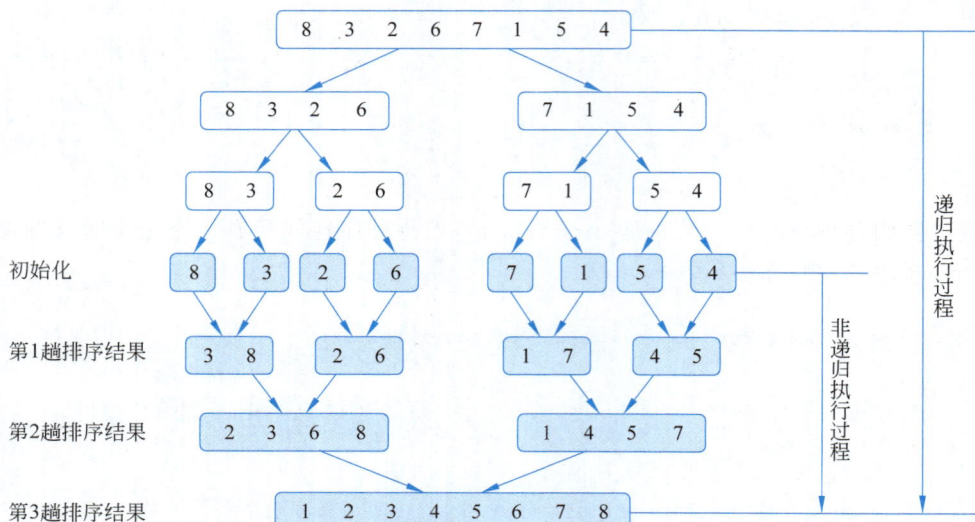

图 7-17　归并排序的递归和非递归执行过程

此，设变量 i 指向待归并序列的第一个记录，初始时 i＝0，显然合并的步长应是 2h。在归并过程中，有以下 3 种情况：

- 若 $i+2h \leqslant n$，表示待合并的两个相邻有序子序列的长度均为 h，如图 7-18 所示，执行一次合并，完成后 i 加 2h，准备进行下一次合并。

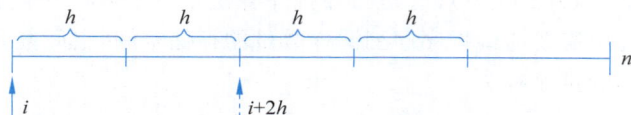

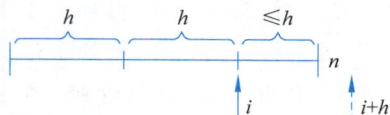

图 7-18　$i＋2h \leqslant n$ 情况示意图

- 若 $i+h<n$，则表示仍有两个相邻有序子序列，一个长度为 h，另一个长度小于 h，如图 7-19 所示，则执行这两个有序序列的合并，完成后退出一趟归并。
- 若 $i+h \geqslant n$，则表明只剩下一个有序子序列，如图 7-20 所示，不用合并。

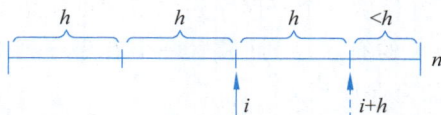

图 7-19　$i＋h<n$ 情况示意图　　　　图 7-20　$i＋h \geqslant n$ 情况示意图

综上，一趟归并排序的成员函数定义如下：

```
void Sort :: MergePass(int h)
{
    int i = 0;
    while (i+2*h <= length)      //有两个长度为 h 的子序列
    {
        Merge(i, i+h-1, i+2*h-1);
```

```
        i = i + 2 * h;
    }
    if (i+h <length)                          //两个子序列一个长度小于 h
        Merge(i, i+h-1, length-1);
}
```

问题③的解决：开始时,有序子序列的长度为 1,结束时,有序子序列的长度为 length,因此,可以用有序子序列的长度来控制排序过程的结束。二路归并排序非递归算法的成员函数定义如下：

```
void Sort :: MergeSort()
{
    int h = 1;                    //初始时子序列长度为 1
    while (h < length)
    {
        MergePass(h);             //一趟归并排序
        h = 2 * h;
    }
}
```

7.6　外部排序

课件 7-6

在实际应用中,有时会对大文件进行排序,由于待排序的记录不能同时放在内存中,整个排序过程需要在内外存之间多次交换数据才能得到排序的结果。

7.6.1　外部排序的基本思想

外部排序（external sorting）是指待排序的记录以文件的形式存储在外存上,并且待排序记录的个数非常多,在排序过程中需要在内存和外存之间进行多次数据交换,最终实现对整个文件的记录进行排序。外部排序通常采用多路归并排序,分为预处理和归并排序两个阶段,在预处理阶段,根据可用内存的大小,将原文件分解成多个能够一次性装入内存的子文件,分别对每一个子文件在内存中完成排序,得到若干个有序的子文件（称为归并段）；在归并排序阶段,对归并段进行若干趟多路归并排序,直至将整个文件的记录排好序。

为什么外部排序在归并排序阶段采用多路归并呢？由于对磁盘读/写的时间远远超过内存运算的时间,因此外部排序的时间代价主要消耗在访问磁盘的次数,即对外存读/写操作的次数。由于内存容量的限制,归并排序不可能将归并段及归并结果同时存放在内存中,因此需要多次对外存进行读/写操作。可以证明,外部排序对外存读/写操作的次数和归并排序的趟数成正比。显然,多路归并可以减少归并排序的趟数。例如,对有 800 个记录的文件进行排序,假定内存缓冲区仅能容纳 100 个记录,在预处理阶段,每次读入 100 个记录进行排序得到 8 个初始归并段。在归并排序阶段,假设进行 2-路归并,排序过程如图 7-21 所示,需要进行 3 趟归并排序;假设采用 4-路归并,排序过程如图 7-22 所示,则进行 2 趟归并排序。

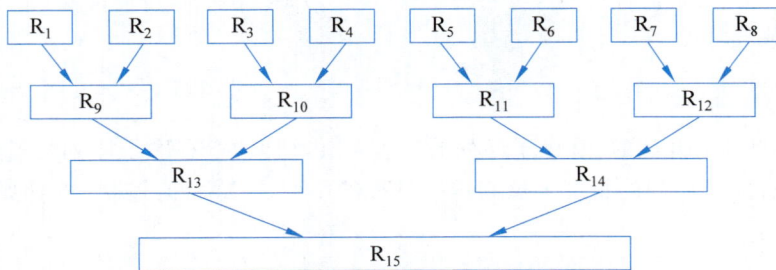

图 7-21　归并排序阶段采用 2-路归并的排序过程

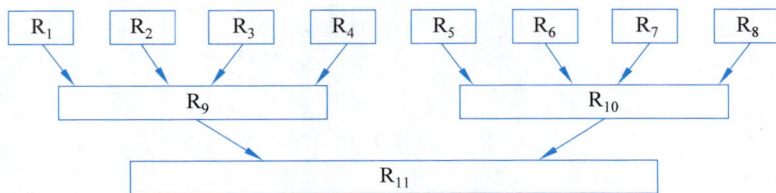

图 7-22　归并排序阶段采用 4-路归并的排序过程

7.6.2　置换-选择排序

在外部排序中,预处理阶段的主要工作是构成初始归并段。假设待排序文件有 n 个记录,内存缓冲区的容量是 k,如果每次将 k 个记录读入内存进行排序,则得到 n/k 个归并段。如果能够增大归并段的长度从而减少归并段的个数,就能减少归并排序阶段的归并趟数。通常使用**置换-选择排序**(replacement-selection sorting)减少归并段的个数,假设内存缓冲区 buf 可容纳 w 个记录,简单起见,假设每个物理块只能容纳 1 个记录,置换-选择排序的操作步骤如下:

算法:置换-选择排序

输入:待排序文件 FI

输出:归并段文件 FO

  1.从文件 FI 中读取 w 个记录到内存缓冲区 buf;

  2.从 buf 中选取值最小的记录,记为 r_{min};

  3.将 r_{min} 输出到 FO;

  4.若 FI 不空,则从 FI 中读取 1 个记录到 buf 中,转步骤 5;否则,重复执行步骤 2 和步骤 3,直至缓冲区 buf 为空,算法结束;

  5.从 buf 中所有比记录 r_{min} 值大的记录中,选取值最小的记录,重新记为 r_{min},转步骤 3;

  6.如果 buf 中没有比记录 r_{min} 值大的记录,则得到 1 个初始归并段,转步骤 2 构造下一个归并段;

例如,假设内存缓冲区 buf 可容纳 4 个记录,文件 FI 包含的记录为{10,20,12,18,6,25,5,22,15,30,28,10},置换-选择排序的执行过程如表 7-1 所示,具体过程如下:

表 7-1 置换-选择排序建立归并段的求解过程

步 数		1	2	3	4	5	6	7	8	9	10	11	12
内存 缓冲区	1	10	6	6	6	6	6	6	6	6			
	2	20	20	20	20	22	15	15	15	15	15	15	
	3	12	12	25	25	25	25	30	28	28	28	28	28
	4	18	18	18	5	5	5	5	5	10	10		
输 出		10	12	18	20	22	25	30	5	6	10	15	28
		第 1 个初始归并段							第 2 个初始归并段				

第 1 步,将前 4 个记录存入内存缓冲区 buf。

第 2 步,将 buf 中值最小的记录 10 输出,然后将第 5 个记录存入第 1 个位置,由于 6<10,进行标记。

第 3 步,将 buf 中除了标记之外的最小记录 12 输出,然后将第 6 个记录存入第 3 个位置。

继续执行,在第 8 步,buf 中所有记录均进行了标记,得到第 1 个初始归并段;解除所有标记,将 buf 中值最小的记录 5 输出,然后将第 12 个记录存入第 4 个位置。

至此,已读取文件 FI 的全部记录,依次将 buf 中的最小记录输出,得到第 2 个初始归并段。

置换-选择排序生成了长度不等的初始归并段,在进行多路归并排序时,不同的归并方案对排序性能有什么影响呢? 例如,置换-选择排序生成了 9 个初始归并段,长度分别为 $\{9,30,12,18,3,17,2,6,24\}$,假设采用 3-路归并排序,对应的归并树(表示归并过程的树结构)如图 7-23(a)所示,对外存的读写次数等于树的带权路径长度。以归并段的长度作为权值,可以构造不同的归并树,它们具有不同的带权路径长度,将带权路径长度最小的归并树称为最佳归并树。图 7-23(b)所示是一棵 3-路最佳归并树,显然,最佳归并树满足哈夫曼树的特征。

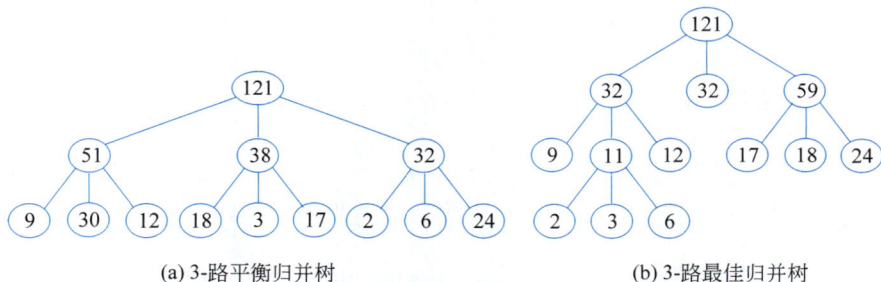

(a) 3-路平衡归并树　　　　　　　　(b) 3-路最佳归并树

图 7-23 不同的归并顺序对应不同的带权路径长度

在 3-路最佳归并树中只有度为 3 和度为 0 的结点,如果叶子结点的个数不足以构成三叉树,则需添加长度为 0 的虚段。对于具有 n 个初始归并段的 k-路最佳归并树,需要合并 $\left\lceil \dfrac{n-1}{k-1} \right\rceil$ 次,则需添加 $(k-1)-(n-1) \bmod (k-1)$ 个长度为 0 的虚段。

7.6.3 败者树

在置换-选择排序和多路归并排序中,都需要在多个记录中选取值最小的记录,如果采用顺序查找法,在 k 个记录中查找最小值需要进行 $k-1$ 次比较。可以采用败者树将查找最小值的时间代价减至 $O(\log_2 k)$。

败者树和小根堆具有类似的结构,事实上,可以将小根堆看成胜者树,如图 7-24(a)所示,小根堆的每个分支结点表示其左、右孩子结点中的胜者。败者树(tree of loser)的分支结点表示左、右孩子结点中的败者,让胜者去参加更高一层的比较。图 7-24(b)所示为一棵败者树,可以发现,根结点的双亲是所有叶子结点的最小值。

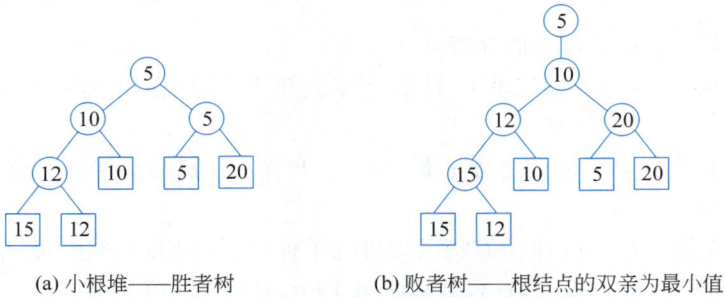

(a) 小根堆——胜者树　　　　(b) 败者树——根结点的双亲为最小值

图 7-24　胜者树与败者树

在胜者树中,每次取出最小值之后,需要进行重建堆;在新记录上升时,由于路径上是原来的胜者,而原来的最终胜者已经被输出了,因此,可能需要更新胜者。在败者树中,取出最小值不破坏树的结构,因此无须重建堆;在新记录上升时,只需与双亲结点进行比较,由于路径上是原来的败者,通常不需要更新,从而减少了对外存的访问次数。

图 7-25 给出了一个 5-路归并排序的示例。首先将每个归并段的第一个记录构成败者树,如图 7-25(a)所示,选出值为 5 的最小记录;将 5 输出,然后将归并段 R_2 的下一个记录 18 进行上升操作,选出值为 10 的最小记录,如图 7-25(b)所示;依次进行。在实际处理中,败者树的分支结点通常存储败者记录所在归并段的下标,如图 7-25(c)所示。

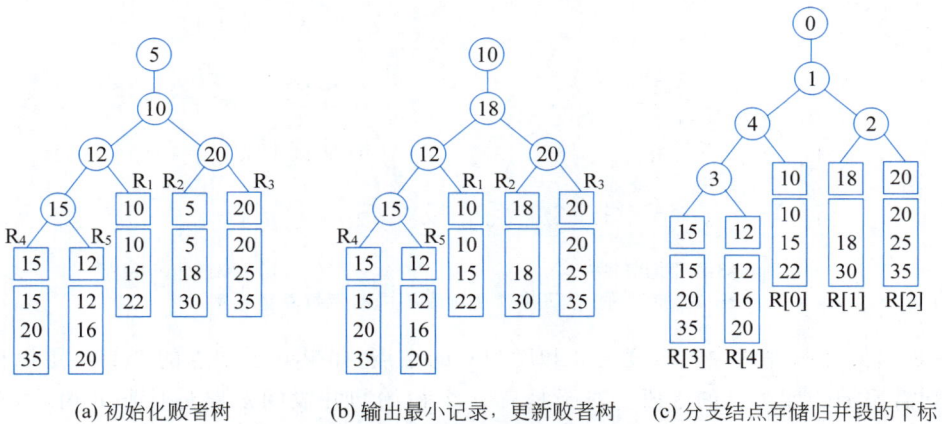

(a) 初始化败者树　　　(b) 输出最小记录,更新败者树　　　(c) 分支结点存储归并段的下标

图 7-25　5-路归并排序操作示意图

7.7　各种排序算法的比较

7.7.1　各种排序算法的使用范例

在定义了排序类 Sort 并实现了各种排序技术后，程序中就可以使用 Sort 类定义对象，可以调用实现各种排序技术的函数完成相应的排序功能。范例程序如下：

```cpp
#include <iostream>
#include <cmath>
using namespace std;
//将排序类定义和各个排序算法的成员函数定义放到这里

int main()
{
    int select, r[10] = {2, 5, 1, 7, 9, 4, 3, 6, 5, 8};
    Sort L{r, 10};
    cout <<"1.直接插入排序      2.希尔排序" <<endl;
    cout <<"3.起泡排序          4.快速排序" <<endl;
    cout <<"5.简单选择排序      6.堆排序" <<endl;
    cout <<"7.二路归并递归排序  8.二路归并非递归排序" <<endl;
    cout <<"请输入使用的排序技术编号: ";
    cin>>select;
    switch (select)
    {
        case 1: L.InsertSort(); break;      case 2: L.ShellSort(); break;
        case 3:L.BubbleSort(); break;       case 4: L.QuickSort(0, 9); break;
        case 5:L.SelectSort(); break;       case 6: L.HeapSort(); break;
        case 7:L.MergeSortRecursion(0, 9); break;
        case 8: L.MergeSort(); break;
        default: cout <<"输入排序编号错误" <<endl; break;
    }
    L.Print();
    return 0;
}
```

7.7.2　各种排序算法的综合比较

迄今为止，已有的排序方法远远不止上面讨论的几种。人们之所以热衷于研究排序方法，一方面是由于排序在数据处理中所处的重要地位；另一方面，由于这些方法各有优缺点，排序方法的选用应该根据具体情况而定。

1. 时间复杂度

本章介绍的各种排序方法的时间性能和空间性能如表 7-2 所示。

表 7-2　各种排序方法的时空性能

排序方法	时 间 性 能			空 间 性 能
	平均情况	最好情况	最坏情况	辅助空间
直接插入排序	$O(n^2)$	$O(n)$	$O(n^2)$	$O(1)$
希尔排序	$O(n\log_2 n) \sim O(n^2)$	$O(n^{1.3})$	$O(n^2)$	$O(1)$
起泡排序	$O(n^2)$	$O(n)$	$O(n^2)$	$O(1)$
快速排序	$O(n\log_2 n)$	$O(n\log_2 n)$	$O(n^2)$	$O(\log_2 n) \sim O(n)$
简单选择排序	$O(n^2)$	$O(n^2)$	$O(n^2)$	$O(1)$
堆排序	$O(n\log_2 n)$	$O(n\log_2 n)$	$O(n\log_2 n)$	$O(1)$
归并排序	$O(n\log_2 n)$	$O(n\log_2 n)$	$O(n\log_2 n)$	$O(n)$

从平均情况看,有如下 3 类排序方法。

① 直接插入排序、简单选择排序和起泡排序属于一类,时间复杂度为 $O(n^2)$,其中以直接插入排序方法最常用,特别是对于基本有序的记录序列。

② 堆排序、快速排序和归并排序属于一类,时间复杂度为 $O(n\log_2 n)$,其中快速排序目前被认为是最快的一种排序方法,在待排序记录个数较多的情况下,归并排序较堆排序更快。

③ 希尔排序的时间复杂度介于 $O(n^2)$ 和 $O(n\log_2 n)$ 之间。

从最好情况看,直接插入排序和起泡排序最好,时间复杂度为 $O(n)$,其他排序算法的最好情况与平均情况相同;从最坏情况看,快速排序的时间复杂度为 $O(n^2)$,直接插入排序和起泡排序虽然与平均情况相同,但系数大约增加一倍,因此,运行速度将降低一半,最坏情况对简单选择排序、堆排序和归并排序影响不大。

由此可知,在最好情况下,直接插入排序和起泡排序最快;在平均情况下,快速排序最快;在最坏情况下,堆排序和归并排序最快。

2. 空间复杂度

从空间性能看,所有排序方法分为 3 类:归并排序属于一类,空间复杂度为 $O(n)$;快速排序属于一类,空间复杂度为 $O(\log_2 n) \sim O(n)$;其他排序方法归为一类,空间复杂度为 $O(1)$。

3. 稳定性

所有排序方法可分为两类,一类是稳定的,包括直接插入排序、起泡排序和归并排序;另一类是不稳定的,包括希尔排序、快速排序、简单选择排序和堆排序。

4. 算法简单性

从算法简单性看,一类是简单算法,包括直接插入排序、简单选择排序和起泡排序,另一类是改进算法,包括希尔排序、堆排序、快速排序和归并排序,这些算法都很复杂。

5. 待排序的记录个数

从待排序的记录个数 n 的大小看,n 越小,采用简单排序方法越合适,n 越大,采用改进的排序方法越合适。因为 n 越小,$O(n^2)$ 同 $O(n\log_2 n)$ 的差距越小,并且输入和调试简单算法比输入和调试改进算法要少用很多时间。

6. 记录本身信息量的大小

从记录本身信息量的大小看,记录本身信息量越大,表明占用的存储空间就越多,移动记录花费的时间就越多,所以对记录的移动次数较多的算法不利。表 7-3 给出了三种简单排序算法中记录的移动次数的比较。当记录本身的信息量较大时,对简单选择排序算法有利,而对其他两种排序算法不利。记录本身信息量的大小对改进算法的影响不大。

表 7-3　三种简单排序算法记录的移动次数

排 序 方 法	最 好 情 况	最 坏 情 况	平 均 情 况
直接插入排序	$O(n)$	$O(n^2)$	$O(n^2)$
起泡排序	0	$O(n^2)$	$O(n^2)$
简单选择排序	0	$O(n)$	$O(n)$

7. 初始记录的分布情况

当待排序序列为正序时,直接插入排序和起泡排序能达到 $O(n)$ 的时间复杂度;而对于快速排序而言,这是最坏的情况,此时的时间性能蜕化为 $O(n^2)$;简单选择排序、堆排序和归并排序的时间性能不随序列中的记录分布而改变。

8. 更深入的比较

对于一般的内部排序应用,插入排序、希尔排序、归并排序和快速排序是经常选用的方法,究竟使用哪个方法依赖于输入规模和底层环境。

对于少量的输入,通常采用插入排序。对于适量的输入,希尔排序是上佳选择,如果能够设计适当的增量序列,希尔排序表现出极好的性能。

对于少量的输入(如 $N \leqslant 20$),快速排序不如插入排序好。不仅如此,因为快速排序是递归执行的,所以这种情况会经常发生。通常的解决方法是对于小数组不使用递归快速排序,而使用插入排序等对小数组高效的排序算法,相对于自始至终使用快速排序可以节省大约 15% 的运行时间。

在 Java 中执行泛型排序,由于不容易使用内联,动态调度的开销会减慢执行速度,因此比较元素非常费时。但是移动元素相对省时,可以采用引用赋值,而不是庞大的对象拷贝。归并排序的比较次数是所有常用排序算法中最少的,因此是 Java 通用排序算法的最佳选择。事实上,归并排序是 Java 标准库中使用的排序算法。

在 C++ 中执行泛型排序,如果记录本身信息量庞大,拷贝对象非常费时。由于编译器具有主动执行内联优化的能力,比较对象相对省时。快速排序的移动次数较少,而比较操作更多一些,因此是 C++ 通用排序算法的最佳选择。事实上,快速排序是 C++ 标准库中使用的排序算法。

在现代计算机出现之前,基数排序的思想一直用于老式穿孔卡片的分类。基数排序的一个应用是字符串排序,如果字符串中的字符取自较小字母表,并且字符串或者相对较短或者非常相似,对字符串进行基数排序的效率会特别好。如果字符串的平均长度变大,基数排序的优点会急剧缩减甚至完全消失。

7.8　扩展与提高

7.8.1　排序问题的时间下界

算法是问题的解决方法,针对一个问题可以设计出不同的算法,不同算法的时间复杂度可能不同。能否确定某个算法是求解该问题的最优算法?是否还存在更有效的算法?如果能够知道一个问题的计算时间下界,也就是求解该问题的任何算法(包括尚未发现的算法)所需的时间下界,就可以较准确地评价解决该问题的各种算法的效率,进而确定已有算法还有多少改进的余地。

基于比较的排序算法是通过对输入元素两两比较进行的,可以用判定树来研究排序算法的时间性能。判定树(decision tree)是满足如下条件的二叉树:

① 每一个内部结点对应一个形如 $x \leqslant y$ 的比较,如果关系成立,则控制转移到该结点的左子树,否则,控制转移到该结点的右子树;

② 每一个叶子结点表示问题的一个结果。

在用判定树模型建立问题的时间下界时,通常忽略求解问题的所有算术运算,只考虑执行分支的转移次数。例如,对 3 个元素进行排序的判定树如图 7-26 所示,判定树中每一个内部结点代表一次比较,每一个叶子结点表示算法的一个输出。显然,最坏情况下的时间复杂度不超过判定树的高度。

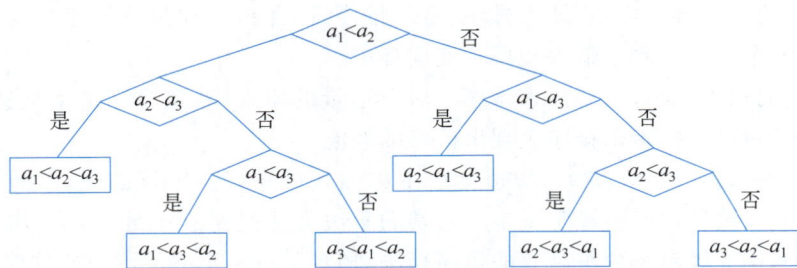

图 7-26　对 3 个数进行排序的判定树

由判定树模型不难看出,可以把排序算法的输出解释为待排序序列下标的一个全排列,使得序列中的元素按照升序排列。例如,待排序序列 $\{a_1, a_2, a_3\}$ 下标的一个全排列 321 满足 $a_3 < a_2 < a_1$,且对应判定树中一个叶子结点。因此,将一个具有 n 个记录的序列排序后,可能的输出有 $n!$ 个。注意到,由于相同的输出可以通过不同的比较路径得到,因此,判定树中叶子结点的个数可能大于问题的输出个数。

对于一个问题规模为 n 的输入实例,排序算法可以沿着判定树中一条从根结点到叶子结点的路径来完成,比较次数等于该叶子结点在判定树的层数。那么,至少具有 $n!$ 个叶子结点的判定树的高度是多少呢?

定理 7-1　若二叉树 T 至少具有 $n!$ 个叶子结点,则 T 的高度至少是 $n\log_2 n - 1.5n$。

证明:设 m 是二叉树 T 中的叶子结点的个数,h 为二叉树 T 的高度,由于高度为 h 的满二叉树具有 2^{h-1} 个叶子,则有下式成立:

$$n! \leqslant m \leqslant 2^h \tag{7-1}$$

因此

$$h \geqslant \log_2 n! = \sum_{j=1}^{n} \log_2 j \geqslant n\log_2 n - n\log_2 e + \log_2 e \geqslant n\log_2 n - 1.5n$$

定理 7-1 说明,任何基于比较的对 n 个元素进行排序的算法,判定树的高度都不会小于 $n\log_2 n$。因此,$O(n\log_2 n)$ 是这些算法的时间下界。

7.8.2　基数排序

基数排序（radix sort）是借助对多关键码进行分配和收集的思想对单关键码进行排序，首先给出多关键码排序的定义。

给定记录序列 $\{r_1, r_2, \cdots, r_n\}$，每个记录 r_i 含有 d 个关键码 $k_i^0, k_i^1, \cdots, k_i^{d-1}$，多关键码排序是将这些记录排列成顺序为 $\{r_{s1}, r_{s2}, \cdots, r_{sn}\}$ 的一个序列，使得对于序列中的任意两个记录 r_i 和 r_j 都满足 $k_i^0 k_i^1 \cdots k_i^{d-1} \leqslant k_j^0 k_j^1 \cdots k_j^{d-1}$，其中 k^0 称为最主位关键码，k^{d-1} 称为最次位关键码。

例如，对 52 张扑克牌进行排序，每张牌有两个关键码：花色和点数，假设有如下次序关系。

花色：红桃＜梅花＜黑桃＜方块；

点数：2＜3＜4＜5＜6＜7＜8＜9＜10＜J＜Q＜K＜A。

在对扑克牌进行排序时，可以先按花色将扑克牌分成 4 堆，每堆具有相同的花色且按点数排序，然后按花色将 4 堆整理到一起。也可以采用另一种方法：先按点数将扑克牌分成 13 堆，每堆具有相同的点数且按花色排序，然后按点数将 13 堆整理到一起。因此，对多关键码进行排序可以有如下两种基本的方法。

1. 最主位优先（Most Significant Digit First，MSD）

先按最主位关键码 k^0 进行排序，将序列分割成若干子序列，每个子序列中的记录具有相同的 k^0 值；再分别对每个子序列按关键码 k^1 进行排序，将子序列分割成若干个更小的子序列，每个更小的子序列中的记录具有相同的 k^1 值；以此类推，直至按最次位关键码 k^{d-1} 排序，最后将所有子序列收集在一起得到一个有序序列。

2. 最次位优先（Least Significant Digit First，LSD）

从最次位关键码 k^{d-1} 起进行排序，然后再按关键码 k^{d-2} 排序，依次重复，直至对最主位关键码 k^0 进行排序，得到一个有序序列。LSD 方法无须分割序列但要求按关键码 $k^{d-1} \sim k^1$ 进行排序时采用稳定的排序方法。

基数排序将待排序记录看成由若干个子关键码复合而成，采用 LSD 方法进行排序，其主要过程是：从最次位关键码到最主位关键码进行 d 趟排序，第 $i(1 \leqslant i \leqslant d)$ 趟排序按子关键码 k^{d-i} 将具有相同值的记录分配到一个队列中，然后再依次收集起来，得到一个按子关键码 k^{d-i} 有序的序列。

【**例 7-12**】　对于记录序列 $\{61, 98, 12, 15, 20, 24, 31, 23, 35\}$ 进行基数排序，由于记录都是两位十进制数，所以基数排序共执行两趟。首先按个位将记录分配到相应队列中，将队列首尾相接收集起来，再按十位将记录分配到相应队列中，将队列首尾相接收集起来，得到排序结果，具体过程如图 7-27 所示。

基数排序将待排序序列按某个子关键码的值分配到相应队列中，每个队列的长度不确定，收集时要将所有队列依次首尾相接，因此，待排序序列和队列均采用链式存储。设待排序记录均为十进制整数，存储在不带头结点的单链表 first 中，数组 front[10] 和 rear[10] 分别存储十个链队列的队头指针和队尾指针，链队列不带头结点，单链表的结点结构请参见2.4.1 节，基数排序算法用 C++ 语言描述如下：

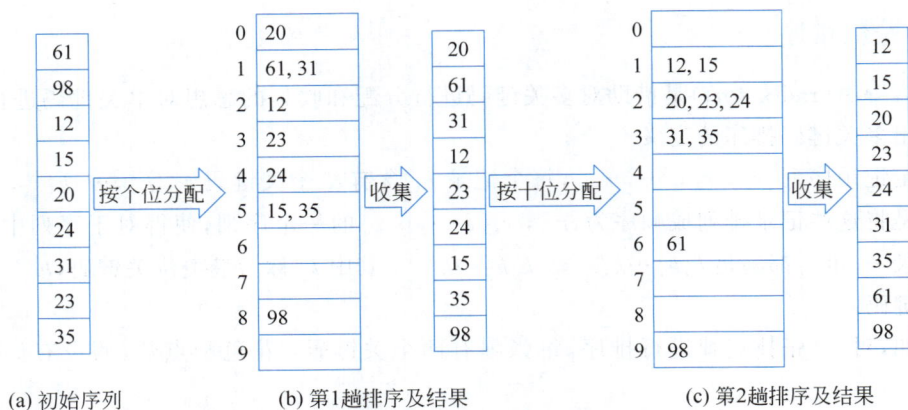

(a) 初始序列   (b) 第1趟排序及结果   (c) 第2趟排序及结果

图 7-27　基数排序的过程示例

```
void RadixSort(Node<int> * first, int d)         //d 是记录的最大位数
{
    Node<int> * front[10], * rear[10], * tail;   //tail 用于首尾相接时指向队尾
    int i, j, k, base = 1;                        //base 是被除数
    for (i = 1; i <= d; i++)                      //进行 d 趟基数排序
    {
        for (j = 0; j < 10; j++)
        front[j] = rear[j] = nullptr;            //清空每一个队列
        while (first != nullptr)                 //分配,将记录分配到队列中
        {
            k = (first->data / base) %10;
            if (front[k] == nullptr) front[k] = rear[k] = first;
            else rear[k] = rear[k]->next = first;
            first = first->next;
        }
        for (j = 0; j < 10; j++)                  //收集,将队列首尾相接
        {
            if (front[j] == nullptr) continue;
            if(first ==nullptr) first = front[j];
            else tail->next = front[j];
            tail = rear[j];
        }
        tail->next = nullptr;                     //收集后单链表加尾标志
        base = base * 10;
    }
}
```

假设将待排序记录看成由 d 个子关键码复合而成,每个子关键码的取值范围为 m 个,则基数排序的时间复杂度为 $O(d(n+m))$,其中每一趟分配的时间复杂度是 $O(n)$,每一趟收集的时间复杂度为 $O(m)$,整个排序需要执行 d 趟。基数排序共需要 m 个队列,需要存储 m 个队列的队头指针和队尾指针,因此空间复杂度为 $O(m)$。由于采用队列作为存储结

构，因此基数排序是稳定的。

7.9　上机实验

7.9.1　插入排序的上机实现

【实验内容】　对于待排序序列{59，20，17，36，98，14，23，83，13，28}，完成以下操作：(1)分别采用直接插入排序和希尔排序，输出排序结果；(2)随机生成 $n=100$、$n=1000$、$n=10\ 000$、$n=100\ 000$ 个整数作为待排序序列，分别采用直接插入排序和希尔排序，采用计数法考查比较次数和移动次数。

【实验提示】　由于程序规模较小，可以使用单文件结构。设计函数 Create 用于生成 n 个随机整数作为待排序序列，计数法是在算法的适当位置插入计数器，用来度量算法中某些关键语句的执行次数。

【实验程序】　首先初始化累加器 cntCmp 和 cntMove，在比较语句前将累加器 cntCmp 加 1，在移动语句前将累加器 cntMove 加 1。下面给出插入计数器的直接插入排序，请在希尔排序中插入计数器，收集实验数据，对比在相同数据集上执行直接插入排序和希尔排序的比较次数和移动次数。

```
void InsertSort(int data[ ], int n)
{
    int i, j, temp, cntCmp = 0, cntMove = 0;
    for (i = 1; i < n; i++)
    {
      cntMove++; temp = data[i];
      for (j = i -1; j >= 0 && ++cntCmp && temp <data[j]; j--)
      {
          cntMove++; data[j +1] = data[j];
      }
      cntMove++; data[j +1] = temp;
    }
    cout<<"比较语句的执行次数是:"<<cntCmp<<endl;
    cout<<"移动语句的执行次数是:"<<cntMove<<endl;
}
```

7.9.2　交换排序的上机实现

【实验内容】　对于待排序序列{59，20，17，36，98，14，23，83，13，28}，完成以下操作：(1)分别采用起泡排序算法和快速排序算法，输出排序结果；(2)随机生成 $n=100$、$n=1000$、$n=10\ 000$、$n=100\ 000$ 个整数作为待排序序列，分别采用起泡排序算法和快速排序算法，采用计时法对两种排序算法进行比较；(3)随机生成 $n=100$ 个非递减整数作为待排序序列，分别采用起泡排序算法和快速排序算法，采用计数法考查比较次数和移动次数。

【实验提示】　由于程序规模较小，可以使用单文件结构。设计函数 Create 用于生成 n

个随机整数作为待排序序列,函数 CreateIncre 用于生成 n 个随机递增整数作为待排序序列。计时法是在调用排序算法的开始处和结束处查询系统时间,然后计算这两个时间的差。计数法是在算法的适当位置插入计数器,用来度量算法中某些关键语句的执行次数。

【实验程序】 使用库函数 clock 分别在调用排序算法之前和之后获取系统时钟,二者的差除以 CLOCKS_PER_SEC(机器时钟每秒的 tick 数)就是排序执行的时间(毫秒)。需要包含头文件 ctime。

```
int main( )
{
    int data[10] = {59, 20, 17, 36, 98, 14, 23, 83, 13, 28};
    clock_t Begin, End;
    Begin = clock( );
    BubbleSort(data, 10);
    End = clock( );
    cout<<double(End - Begin) / CLK_TCK;
    return 0;
}
```

7.9.3 车厢重排

【问题描述】 在火车站的旁边有一座桥,桥的长度最多能容纳两节车厢,桥面可以绕河中心的桥墩水平旋转,如果将桥旋转 180°,则可以交换相邻两节车厢的位置,用这种方法可以重新排列车厢的顺序。输入初始的车厢顺序,计算最少旋转多少次能按车厢号将车厢从小到大排列。

【测试样例】 输入是 $N+1$ 个整数,第一个整数 $N(N\leqslant1000)$ 是车厢的总数,接下来 N 个整数表示初始的车厢顺序,输出是一个整数,为最少的旋转次数。测试样例如下:

测 试 样 例	输　　　入	输　　　出
测试 1	4 4 3 2 1	9
测试 2	6 5 4 1 2 3 6	12

【实验提示】 桥面旋转 180°交换相邻两节车厢的位置,相当于起泡排序的交换过程,每个车厢的交换次数取决于该车厢前面有多少节车厢的编号大于它。设数组 data[n] 表示初始的车厢编号,变量 cnt 表示交换的次数,算法如下:

```
算法: 车厢重排 SortCarriage
输入: 数组 data[n],车厢个数 n
输出: 交换的次数
    1. 初始化: cnt = 0;
    2. 循环变量 i 从 0~n-1 依次遍历每一节车厢:
        2.1 循环变量 j 从 0~i-1 计算旋转次数:
            2.1.1 如果 data[j] >data[i],则 cnt++;
```

```
      2.1.2 j++;
   2.2 i++;
3. 输出 cnt;
```

【实验程序】 下面给出算法 SortCarriage 的函数定义,请编写主函数使用测试样例调用该函数,收集实验数据,分析算法性能。

```
int SortCarriage(int data[ ], int n)
{
    int i, j, cnt = 0;
    for (i = 0; i < n; i++)
      for(j = 0; j < i; j++)
          if (data[j] > data[i]) cnt++;
    return cnt;
}
```

【扩展实验】 (1)桥的旋转次数即给定序列的逆序对个数,还有其他方法求序列的逆序对个数吗?(2)类似于改进的起泡排序,如果一趟排序已有多个车厢位于最终位置,如何避免无意义的旋转计算?请修改程序并上机实现。

7.9.4 topK 问题

【问题描述】 从大批量数据序列中寻找最大的前 k 个数据,如从 10 万个数据中,寻找最大的前 1000 个数。请给出最大前 k 个数据的和。

【测试样例】 输入是 $N+2$ 个整数,第一个整数 $N(N \leqslant 10000)$ 是序列的元素个数,第二个整数是查找的序号 $k(1 \leqslant k \leqslant N)$,接下来 N 个整数表示序列的元素值,输出为最大前 k 个数据的和。测试样例如下:

测 试 样 例	输 入	输 出
测试 1	6 2 3 2 1 5 6 4	11
测试 2	9 4 3 2 3 1 2 4 5 5 6	20

【实验提示】 使用优先队列可以很好地解决这个问题。优先队列是按照某种优先级进行排列的队列,通常采用堆来实现。首先用前 k 个数据构建极小优先队列,则队头元素(即堆顶)是 k 个数据中值最小的元素。然后依次取每一个数据 $a_i(k < i \leqslant n)$ 与队头元素进行比较,若大于队头元素,则将 a_i 替换队头元素(相当于将队头元素删除),再调整优先队列;若小于队头元素,则将 a_i 丢弃掉。如此操作,直至所有数据都取完,最后极小优先队列中的 k 个元素就是最大的前 k 个数。设数组存储 data[n]存储 n 个整数,算法如下:

```
算法:寻找最大的前 k 个数 MaxTopK
输入:数据 data[n],整数 k
输出:最大前 k 个数据的和
```

1. 用 data[0]~data[k-1]构建极小优先队列 data[k];
2. 循环变量 i 从 k~n-1 重复执行下述操作:
   2.1 如果 data[i]<data[0],将 data[i]丢弃,转步骤 2.3 准备取下一个数;
   2.2 否则,将 data[i]替换 data[0];筛选法调整元素 data[0];
   2.3 i++;
3. 输出数组 data[k]的元素之和;

【实验程序】 下面给出算法 MaxTopK 的函数定义,注意到用前 k 个数据构建极小优先队列时,$(k-2)/2$ 是最后一个分支结点。函数 Sift 请参见 7.4.2 节,请编写主函数,使用测试样例调用该函数,并收集实验数据,完成算法分析。

```
int MaxTopK(int data[ ], int n, int k)
{
    for (int i =(k-2)/2; i >= 0; i--)
      Sift(data, i, k);
    for (i = k; i < n; i++)
    {
      if (data[0] >= data[i]) continue;
      data[0] = data[i];                    //替换堆顶
      Sift(data, 0, k);                     //重建小根堆
    }
    int sum =0;
    for (i =0; i < k; i++)
      sum += data[i];
    return sum;
}
```

【扩展实验】 可以采用一次划分思想求第 k 大元素,然后将 data[k]~data[n-1]的元素值加起来,请实现这个算法,并与采用优先队列的算法进行比较。

思想火花——学会"盒子以外的思考"

一个球静静地躺在一个方形的盒子里。球被撞击了一下,然后无限地在盒子里运动起来。问题是:什么条件下小球会作循环运动?

人们通常会采用这样的方法:将思维限制在盒子里并试图在这个方形盒子"内"进行推理。然而,当球反射的次数很多并且球的运动轨迹包含许多段时,就很难看到球运动的任何模式。

可以扩展问题的推理空间,不去想球在盒子里来来去去的反射,而是想球在直线上运动考虑盒子的折射! 图 7-28 展示了这一思想。

每一次当球撞到盒子边,我们就沿这条边作出盒子的一次折射。注意,现在球只能撞击上面和右面的盒子边,如果它回到初始位置,就完成了一次循环。

假设球确实作循环运动,这意味着球经过了一定数目的"上面的"盒子(设为 p)和一定

图 7-28　将球在盒子里的反射想象成盒子的相应折射

数目的"右面"的盒子(设为 q)回到了起点,如图 7-29 所示。当且仅当 $\alpha=\pi/2$ 或者 α 的正切(即 $\tan(\alpha)=p/q$)是个有理数时,球会在盒子里作循环运动。

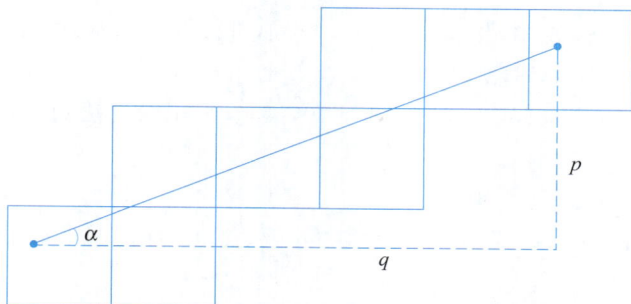

图 7-29　得到一个循环,球经过盒子的一系列的折射回到了起点

习题 7

一、单项选择题

1. 将待排序的 n 个记录分为 n/k 组,每组包含 k 个记录,任一组内的所有记录分别大于前一组内的所有记录且小于后一组内的所有记录,若采用基于比较的排序方法,其时间下界为(　　)。

　　A. $O(k\log_2 k)$　　　　B. $O(k\log_2 n)$　　　　C. $O(n\log_2 k)$　　　　D. $O(n\log_2 n)$

2. 数据序列$\{8,9,10,4,5,6,20,1,2\}$只能是(　　)的两趟排序后的结果。

　　A. 选择排序　　　　B. 起泡排序　　　　C. 插入排序　　　　D. 堆排序

3. 下列排序方法中,时间性能与待排序记录的初始状态无关的是(　　)。

　　A. 插入排序和快速排序　　　　　　　　B. 归并排序和快速排序

　　C. 选择排序和归并排序　　　　　　　　D. 插入排序和归并排序

4. 下列排序算法中,(　　)可能会出现下面情况:在最后一趟排序开始之前,所有记录都不在最终位置。

　　A. 起泡排序　　　　B. 直接插入排序　　C. 快速排序　　　　D. 堆排序

5. 下列排序算法中,(　　)不能保证每趟至少将一个记录放到最终位置。

　　A. 快速排序　　　　B. 希尔排序　　　　C. 起泡排序　　　　D. 堆排序

6. 下列序列中,(　　)是执行第一趟快速排序的结果。

　　A. $[da,ax,eb,de,bb]$ ff $[ha,gc]$　　　　B. $[cd,eb,ax,da]$ ff $[ha,gc,bb]$

　　C. $[gc,ax,eb,cd,bb]$ ff $[da,ha]$　　　　D. $[ax,bb,cd,da]$ ff $[eb,gc,ha]$

7. 对下面的数据序列采用快速排序进行排序,速度最快的是( )。

    A. {21,25,5,17,9,23,30}   B. {25,23,30,17,21,5,9}

    C. {21,9,17,30,25,23,5}   D. {5,9,17,21,23,25,30}

8. 快速排序在( )情况下最不利于发挥其长处。

    A. 待排序的数据量太大   B. 待排序的数据含有多个相同值

    C. 待排序的数据基本有序   D. 待排序的数据数量为奇数

9. 堆的形状是一棵( )。

    A. 二叉搜索树   B. 满二叉树   C. 完全二叉树   D. 判定树

10. 下面的记录序列中,( )是堆。

    A. {1,2,8,4,3,9,10,5}   B. {1,5,10,6,7,8,9,2}

    C. {9,8,7,6,4,8,2,1}   D. {9,8,7,6,5,4,3,7}

11. 对于序列{35,25,55,15,30,20,10,40},采用筛选法初始构建小根堆,元素之间的比较次数是( )。

    A. 7   B. 8   C. 9   D. 10

12. 对于小根堆{8,17,23,52,25,72,68,71,60},输出两个最小关键码后的剩余堆是( )。

    A. {23,72,60,25,68,71,52}   B. {23,25,52,60,71,72,68}

    C. {71,25,23,52,60,72,68}   D. {23,25,68,52,60,72,71}

13. 设有 5000 个元素,希望用最快的速度找出前 10 个最大的元素,采用( )方法最好。

    A. 快速排序   B. 堆排序   C. 希尔排序   D. 归并排序

14. 若需在 $O(n\log_2 n)$ 的时间内完成对数组的排序,且要求排序是稳定的,则可选择的排序方法是( )。

    A. 快速排序   B. 堆排序   C. 归并排序   D. 希尔排序

15. 下列排序方法中,若将顺序存储更换为链式存储,则算法的时间效率会降低的是( )。

    I. 插入排序 II. 选择排序 III. 起泡排序 IV. 希尔排序 V. 堆排序

    A. 仅 I、II   B. 仅 II、III   C. 仅 III、IV   D. 仅 IV、V

16. 已知关键码序列{78,19,63,30,89,84,55,69,28,83}采用基数排序,第一趟排序后的关键码序列为( )。

    A. {19,28,30,55,63,69,78,83,84,89}

    B. {28,78,19,69,89,63,83,30,84,55}

    C. {30,63,83,84,55,78,28,19,89,69}

    D. {30,63,83,84,55,28,78,19,69,89}

17. 某文件经过内排序后得到 100 个初始归并段,若使用多路归并排序算法,并要求三趟归并完成排序,则归并路数最少是( )。

    A. 3   B. 4   C. 5   D. 6

18. 当内存工作区可容纳的记录个数 $w=2$ 时,记录序列(5,4,3,2,1)采用置换-选择排序将产生( )个初始归并段。

A. 2　　　　　　B. 3　　　　　　C. 4　　　　　　D. 5

19. 外部归并排序是把外存文件调入内存,再利用内部排序的方法进行排序,因此外部归并排序所花费时间取决于(　　　)。

A. 内部排序　　B. 归并的趟数　　C. 初始序列　　D. 无法确定

20. 假设 k 路归并排序采用败者树,则败者树的结点个数是(　　　)。

A. k　　　　　　B. $2k$　　　　　　C. $2k+1$　　　　　　D. $2k-1$

二、解答下列问题

1. 对数据序列为(4,1,3,5,2,7,6)进行递增排序,请写出直接插入排序、简单选择排序、起泡排序、快速排序、堆排序以及二路归并排序每趟的结果。

2. 假设对待排序序列按关键码 k_1 和 k_2 进行排序,要求按 k_1 的值升序排列,在 k_1 值相同的情况下,再按 k_2 的值升序排列。可以采用的排序方法是直接插入排序和堆排序,请给出排序方案。

3. 假设待排序序列有 8 个记录,请分别给出快速排序一个最好情况和最坏情况的初始排列实例,并说明比较次数可能达到的最大值和最小值分别是多少?

4. 对记录序列(54,38,96,23,15,72,60,45,83)进行快速排序,请根据快速排序的递归执行过程给出递归调用树。

5. 请说明堆和二叉搜索树的区别。

6. 将 1000 个英文单词进行排序,采用哪种排序方法时间性能最好,请说明原因。

7. 在含有 $n(n\geqslant10\,000)$ 个记录的无序序列中,希望快速得到前 k 个最小元素,请给出求解方案,并分析时间复杂度。

8. 将待排序记录序列(Q, H, C, Y, P, A, M, S, R, D, F, X)进行升序排列,请写出:(1)起泡排序第一趟扫描的结果;(2)增量为 4 的希尔排序一趟扫描的结果;(3)二路归并排序第一趟扫描的结果;(4)以第一个元素为轴值,快速排序一次划分的结果;(5)堆排序初始建堆的结果。

9. 假设内存缓冲区可容纳 4 个记录,对于记录序列为(10,20,15,25,12,13,21,30,8,16,10),假设段内递增有序,请建立初始归并段,并给出求解过程。

10. 若采用置换-选择排序得到 8 个初始归并段,记录个数分别是 40、90、32、28、6、10、55 和 9,请给出 4 路最佳归并树,并计算总的读记录次数。

三、算法设计题

1. 设待排序的记录序列以单链表作为存储结构,请写出直接插入排序算法。

2. 在直接插入排序算法中,由于寻找插入位置的操作是在有序区进行,因此可以通过折半查找来实现,称为折半插入排序。请设计算法完成折半插入排序。

3. 在无序数组 A[n]中查找从小到大排在第 $k(1<k<n)$ 个位置上的元素,请应用快速排序的划分思想实现上述查找。

4. 请写出快速排序的非递归算法。

5. 判断序列 r[1]～r[n]是否构成一个大根堆。

6. 在大根堆$(k_1, k_2, \cdots, k_n)$中插入一个元素 x,并保证插入后仍然是大根堆。

7. 在大根堆中删除最大值结点,要求算法的时间复杂度为 $O(\log_2 n)$。

8. 将两个有序序列 A[n]和 B[m]归并为一个有序序列并存放在 C[m+n]中。

9. 假设待排序记录均为整数且取自区间 $[0,k]$，计数排序的基本思想是对每一个记录 x，确定小于 x 的记录个数，然后直接将 x 放在应该的位置。例如，小于 x 的记录个数是 10，则 x 就位于第 11 个位置。请设计算法实现上述计数排序。

10. 最小最大堆是一种特殊的堆，满足堆的特性，同时最小层和最大层交替出现，并且根结点总是位于最小层。图 7-30 所示是一个最小最大堆的示例。请设计算法在最小最大堆中插入一个元素。

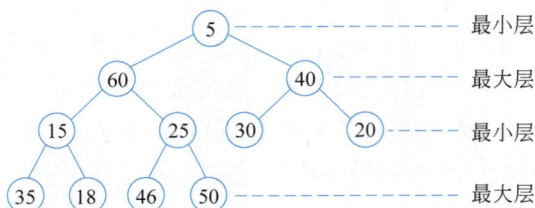

图 7-30　最小最大堆示例

考研真题 7

一、单项选择题

（2020 年）1. 下列关于大根堆（至少含 2 个元素）的叙述中，正确的是 _____。

I. 可以将堆看成一棵完全二叉树　　II. 可以采用顺序存储方式保存堆

III. 可以将堆看成一棵二叉搜索树　　IV. 堆中的次大值一定在根的下一层

A. 仅 I，II　　　B. 仅 II，III　　　C. 仅 I，II 和 IV　　D. I，III 和 IV

（2020 年）2. 对大部分元素已有序的数组进行排序时，直接插入排序比简单选择排序效率更高，其原因是 _____。

I. 直接插入排序过程中元素之间的比较次数更少

II. 直接插入排序过程中所需要的辅助空间更少

III. 直接插入排序过程中元素的移动次数更少

A. 仅 I　　　　　B. 仅 III　　　　　C. 仅 I，II　　　　D. I，II 和 III

（2019 年）3. 排序过程中，对尚未确定最终位置的所有元素进行一遍处理称为一"趟"。下列序列中，不可能是快速排序第二趟结果的是 _____。

A. 5，2，16，12，28，60，32，72　　　B. 2，16，5，28，12，60，32，72

C. 2，12，16，5，28，32，72，60　　　D. 5，2，12，28，16，32，72，60

（2018 年）4. 对初始数据序列 (8，3，9，11，2，1，4，7，5，10，6) 进行希尔排序。若第一趟排序结果为 (1，3，7，5，2，6，4，9，11，10，8)，第二趟排序结果为 (1，2，6，4，3，7，5，8，11，10，9)，则两趟排序采用的增量（间隔）依次是 _____。

A. 3，1　　　　　B. 3，2　　　　　C. 5，2　　　　　D. 5，3

（2017 年）5. 在内部排序时，若选择了归并排序而没有选择插入排序，则可能的理由是 _____。

I. 归并排序的程序代码更短　　　　　II. 归并排序的占用空间更少

III.. 归并排序的运行效率更高

A. 仅 II 　　　　　 B. 仅 III 　　　　　 C. 仅 I、II 　　　　　 D. 仅 I、III

（2017 年）6. 下列排序方法中，若将顺序存储更换为链式存储，则算法的时间效率会降低的是_____。

I. 插入排序　II. 选择排序　III. 起泡排序　IV. 希尔排序　V. 堆排序

A. 仅 I、II 　　　 B. 仅 II、III 　　　 C. 仅 III、IV 　　　 D. 仅 IV、V

（2021 年）7. 将关键字 6，9，1，5，8，4，7 依次插入初始为空的大根堆 H 中，得到的 H 是_____。

A. 9，8，7，6，5，4，1 　　　　　　 B. 9，8，7，5，6，1，4

C. 9，8，7，5，6，4，1 　　　　　　 D. 9，6，7，5，8，4，1

（2017 年）8. 对 10TB 的数据文件进行排序，应使用的方法是_____。

A. 希尔排序 　　　 B. 堆排序 　　　 C. 快速排序 　　　 D. 归并排序

（2023 年）9. 下列排序算法中，不稳定的是_____。

I. 希尔排序　　II. 归并排序　　III. 快速排序　　IV.堆排序　　V. 基数排序

A. I、II 　　　　 B. II、V 　　　　 C. I、III、IV 　　　　 D. III、IV、V

（2023 年）10. 使用快速排序算法对数据进行升序排序，若经过一次划分后得到的数据序列是 68，11，70，23，80，77，48，81，93，88，则该次划分的轴枢是_____。

A. 11 　　　　　 B. 70 　　　　　 C. 80 　　　　　 D. 81

（2023 年）二、对含有 $n(n>0)$ 个记录的文件进行外部排序，采用置换-选择排序生成初始归并段时需要使用一个工作区，工作区中能保存 m 个记录，请回答下列问题。

（1）若文件中含有 19 个记录，其关键字依次是 51，94，37，92，14，63，15，99，48，56，23，60，31，17，43，8，90，166，100，则当 $m=4$ 时，生成几个初始归并段？各是什么？

（2）对任意的 $m(n\gg m>0)$，生成的第一个初始归并段的长度最大值和最小值分别是多少？

附录 A 考研真题参考答案

考研真题参考答案 1

一、单项选择题

1~3 A B C   4~6 B B B

考研真题参考答案 2

一、单项选择题

1~3 D D D   4~6 D D C

二、算法设计题

1.(1)不失一般性,假设 $a \leqslant b \leqslant c$,由 $D = |a-b| + |b-c| + |c-a|$ 可知,决定 D 大小的关键是 $|c-a|$ 的值,对于一个确定的 c 值,问题的关键是找到最接近 c 的 a 值。操作步骤如下:

```
step1. 初始化 min =MAX; i =0; j =0; k =0;
step2. 当(i≤|S1|且 j≤|S2|且 k≤|S3|)时重复执行下述操作:
    2.1 dist =|S1[i] -S2[j]|+|S2[j] -S3[k]|+|S3[k] -S1[i]|;
    2.2 如果 dist =0,返回最小距离 0,算法结束;
    2.3 如果 dist <min,则 min =dist;
    2.4 修改下标,有以下三种情况:
        (1)如果 S1[i]是 S1[i]、S2[j]、S3[k]的最小值,则 i++;
        (2)如果 S2[j]是 S1[i]、S2[j]、S3[k]的最小值,则 j++;
        (3)如果 S3[k]是 S1[i]、S2[j]、S3[k]的最小值,则 k++;
step3. 输出 min;
```

(2)采用 C 语言描述,代码如下:

```
#define INT_MAX 0x7fffffff                    //定义最大整数
int TriMin(int a, int b, int c)               //判断 a 是否是三个数中的最小值
{
    if (a <=b && a <=c) return 1;
    return 0;
}
int findMinofTrip(int A[ ], int n, int B[ ], int m, int C[ ], int p)
{
    int i =0, j =0, k =0, min =INT_MAX, dist;
    while (i < n && j < m && k < p && min > 0)
    {
        dist = abs(A[i]-B[j]) + abs(B[j]-C[k]) + abs(C[k]-A[i]);
        if (dist <min) min =dist;
        if (TriMin(A[i], B[j], C[k])) i++;
```

```
        else if (TriMin(B[i], C[j], A[k])) j++;
      else k++;
    }
    return min;
}
```

（3）算法将数组 A、B 和 C 遍历一遍，设 $n = |S1| + |S2| + |S3|$，时间复杂度为 $O(n)$，空间复杂度为 $O(1)$。

2.（1）题目要求空间复杂度为 $O(1)$，所有操作只能就地进行。操作步骤如下：

step1. 将指针 p 移至单链表的中间结点；

step2. 将指针 p 以后的单链表逆置；

step3. 依次取指针 p 以后的结点，间隔插入单链表 L 中；

（2）算法用 C 语言描述如下：

```
void ChangeList(NODE * first)
{
    NODE * p = first, * q = first, * r = NULL, * s = NULL;
    while(q->next != NULL)                  //查找中间结点
    {                                       //p 后移一个结点，q 后移两个结点
      p = p->next; q = q->next;
      if (q->next != NULL) q = q->next;
    }
    q = p->next;                            //p 为中间结点，q 为后半段第一个结点
    while (q != NULL)                       //后半段结点就地逆置
    {
      r = q->next;
      q->next = p->next; p->next = q;
      q = r;
    }
    s = first->next;                        //s 指向前半段第一个结点
    q = p->next;                            //q 指向后半段第一个结点
    p->next = NULL;                         //中间结点是最终尾结点
    while (q != NULL)                       //后半段结点依次间隔插入前半段链表
    {
      r = q->next;
      q->next = s->next; s->next = q;
      s = q->next; q = r;
    }
}
```

（3）第 1 个循环扫描单链表，时间复杂度为 $O(n)$；第 2 个循环就地置逆半个单链表，时间复杂度为 $O(n)$；第 3 个循环向单链表 first 插入 $n/2$ 个结点，时间复杂度为 $O(n)$。因此，算法时间复杂度为 $O(n)$。

考研真题参考答案 3

一、单项选择题

1~4 C D B C　　5~9 C D C B A

二、综合应用题

（1）顺序存储结构属于静态存储分配，无法在运行时增加占用空间，因此根据要求②，应选择链式存储结构。

（2）根据要求③整个队列占用的空间只增不减，并结合问题（1）解答，应采用循环链表存储队列。设 front 指向队头元素的前一个结点，rear 指向队尾结点，则 rear->next 指向空闲链的第一个结点。初始时，循环链表只有一个空闲结点，front 和 rear 均指向空闲结点，如图 A-1(a)所示，队空的判定条件是 front＝rear；入队时如果循环链表中有多于一个空闲结点，则无须申请新结点，如图 A-1(b)所示，因此队满条件是 front＝rear->next。

（3）插入第一个元素须申请新结点，插入后的队列状态如图 A-1(c)所示。

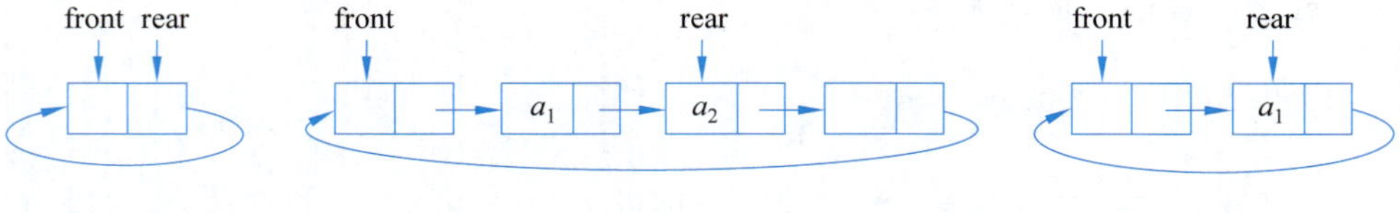

(a)队列初始状态　　　　　(b)队不满　　　　　(c)第一个元素入队

图 A-1　第二题第（2）问的解答

（4）入队操作和出队操作基本过程如下：

入队操作：
step1.如果队满,则执行下述操作:
　　1.1 申请结点 s;
　　1.2 将插入元素存储在结点 s 中;
　　1.3 将结点 s 插入在队尾;
step2. 否则,执行下述操作:
　　2.1 将 rear 后移;
　　2.2 将结点元素存储在结点 rear 中;

出队操作：
step1. 如果队空,则出队失败,算法结束;
step2.否则执行下述操作:
　　2.1 e=队头元素;
　　2.2 删除队头结点;
　　2.3 返回元素 e;

考研真题参考答案 4

一、单项选择题

1~5 A C B C A　　6~10 A C B B A

二、算法设计题

（1）表达式树的中序序列添加必要括号即中缀表达式；在中序遍历表达式树的过程中，如果当前访问的是叶子结点无须加括号，直接输出；如果当前访问结点的深度大于 1，对左子树递归调用之前加上左括号，对右子树递归调用之后加上右括号。操作步骤如下：

step1.若指针 T 为空,则空操作返回;
step2.如果 T 为叶子结点,则直接输出;
step3.否则执行下述操作:

3.1 若结点 T 深度>1 时,则输出左括号;

3.2 深度+1,递归转换左子树;

3.3 输出根结点;

3.4 深度+1,递归转换右子树;

3.5 若结点 T 的深度>1,则输出右括号;

(2) C 语言描述如下:

```
void PutInExp(BTree * T, int deep)
{
    if (T == NULL) return;
    if (!T->left && !T->right)              //若为叶子结点,直接输出操作数
      printf("%c", T->data);
    else {
      if (deep > 1) printf("(");            //非叶子结点,添加左括号
      PutInExp(T->left, deep+1);
      printf("%c", T->data);
      PutInExp(T->right, deep+1);
      if (deep > 1) printf(")");            //非叶子结点,添加右括号
    }
}
```

考研真题参考答案 5

一、单项选择题

1～3 C B A   4～7 B A B B

二、综合应用题

1.(1)最经济的光纤铺设方案即无向带权图的最小生成树,题目所给无向带权图,有两个最小生成树,如图 A-2 所示,分别对应两种铺设方案,最小生成树的代价即方案的总费用为 $2 \times 5 + 3 \times 2 = 16$。

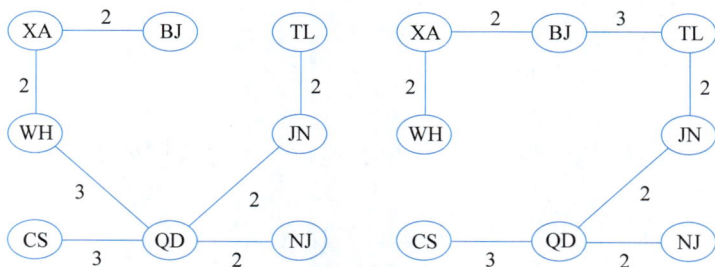

图 A-2   第 1 题的解答

(2)可以用邻接矩阵存储图,采用 Prim 算法求解最小生成树;也可以用边集数组存储图,采用 Kruskal 算法求解最小生成树。

(3)TTL=5,说明 IP 分组的生存时间为 5,即最大的传输距离为 5,方案 1 中 TL 到 BJ 的路径长度 2+2+3+2+2=11,IP 分组从 H1 不足以传到 H2;方案 2 中 TL 到 BJ 路径长度为 3,H2 可以收到 IP 分组。

2．（1）图 G 的邻接矩阵 A 如下：

$$A=\begin{bmatrix} 0 & 1 & 1 & 0 & 1 \\ 1 & 0 & 0 & 1 & 1 \\ 1 & 0 & 0 & 1 & 0 \\ 0 & 1 & 1 & 0 & 1 \\ 1 & 1 & 0 & 1 & 0 \end{bmatrix} \qquad A^2=\begin{bmatrix} 3 & 1 & 0 & 3 & 1 \\ 1 & 3 & 2 & 1 & 2 \\ 0 & 2 & 2 & 0 & 2 \\ 3 & 1 & 0 & 3 & 1 \\ 1 & 2 & 2 & 1 & 3 \end{bmatrix}$$

（2）矩阵 A^2 位于 0 行 3 列元素值的含义是，顶点 0 到顶点 3 长度为 2 的路径有 3 条。

（3）B^m（$2\leqslant m\leqslant n$）位于 i 行 j 列（$0\leqslant i$，$j\leqslant n-1$）的非零元素的含义是：图中从顶点 i 到顶点 j 长度为 m 的路径数量。

考研真题参考答案 6

一、单项选择题

1～4 A B C A　5～9 B C A B B

二、综合应用题

（1）采用顺序存储结构，使用顺序查找方法，将 S 中的数据元素按查找概率降序排列，则查找成功时的平均查找长度＝$0.35\times1+0.35\times2+0.15\times3+0.15\times4=2.1$。

（2）方式 1：采用链式存储结构，单链表的元素按照查找概率降序排列，使用顺序查找方法，查找成功时的平均查找长度＝$0.35\times1+0.35\times2+0.15\times3+0.15\times4=2.1$。

方式 2：构造二叉搜索树，使用二叉搜索树的查找方法，其结构有两种，如图 A-3 所示，查找成功时的平均查找长度＝$0.15\times1+0.35\times2+0.35\times2+0.15\times3=2.0$。

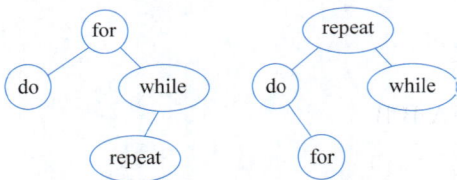

(a) for 为根结点　　(b) repeat 为根结点

图 A-3　对应的二叉搜索树

考研真题参考答案 7

一、单项选择题

1～5 C A D D B　6～10 D B D C D

二、综合应用题

（1）若文件中含有 19 个记录，当 $m=4$ 时，生成 3 个初始归并段，生成过程如下：

初始归并段 1：37，51，63，92，94，99；

初始归并段 2：14，15，23，31，48，56，60，90，166；

初始归并段 3：8，17，43，100。

（2）生成的第一个初始归并段的长度最小值为 m，最大值为 n。

最小值的情况：所有关键字逆序排列。

最大值的情况：所有关键字正序排列。

附录 B　实验报告的一般格式

数据结构实验报告　　　　　　　　　　　　　　　　年　　月　　日

班级		学号		姓名		成绩	

一、实验题目

说明实验题目，给出问题描述。

二、实验内容

描述实验的具体内容或基本要求。

三、数据结构设计

主要包括从问题抽象的数据模型、数据模型的存储结构、算法运行过程中用到的辅助数据结构等，说明选择或设计数据结构的理由，给出存储结构定义（类或结构体类型、全局变量、符号常量等）。如果有用户界面，还要说明如何设计用户界面。

四、算法设计

说明主函数的调用流程，用伪代码描述每个主要功能的算法，并分析时间复杂度和空间复杂度。

五、运行结果

设计测试数据，考虑输入数据的类型、值的范围以及输入形式，输出数据的类型、值的范围以及输出形式，哪些属于非法输入，等等。每个不同情况至少给出一组测试数据，对于每组测试数据给出程序运行结果的截图。

六、总结与体会

实验完成后的总结与思考，实验过程中遇到的问题及解决办法，得到的收获等。例如，在设计算法过程中，有哪些关键问题是逐渐理顺思路的？在调试程序的过程中遇到了什么问题，是如何解决的？学到了哪些可以运用的抽象模型、算法思路及程序设计技巧？

七、程序源码

打印或手写带有完整注释和良好风格的程序源码，注意排版。

参 考 文 献

[1] Knuth D E. The Art of Computer Programming[M]. Boston：Addison-Wesley，1981.

[2] Weiss M A. Data Structure and Algorithm Analysis in C++[M]. 4nd ed. Boston：Addison-Wesley，2016.

[3] Cormen T H，Leiserson C E，Rivest R L，et al. 算法导论[M].殷建平，徐云，王刚，等译.3 版. 北京：机械工业出版社,2012.

[4] Childs J S. C++ 类和数据结构[M]. 张杰良，译. 北京：清华大学出版社,2009.

[5] 严蔚敏,吴伟民.数据结构(C 语言版)[M].北京：清华大学出版社,1997.

[6] 邓俊辉. 数据结构(C++ 语言版)[M]. 3 版. 北京：清华大学出版社,2013.

[7] 王红梅. 数据结构——从概念到 C 实现[M]. 2 版. 北京：清华大学出版社,2023.

[8] 王红梅. 算法设计与分析[M].3 版. 北京：清华大学出版社,2022.

[9] 王红梅.数据结构学习辅导与实验指导——从概念到实现[M].北京：清华大学出版社,2024.

[10] 涂子沛.数据之巅：大数据革命、历史、现实与未来[M].北京：中信出版社,2014.

图 书 资 源 支 持

感谢您一直以来对清华版图书的支持和爱护。为了配合本书的使用，本书提供配套的资源，有需求的读者请扫描下方的"书圈"微信公众号二维码，在图书专区下载，也可以拨打电话或发送电子邮件咨询。

如果您在使用本书的过程中遇到了什么问题，或者有相关图书出版计划，也请您发邮件告诉我们，以便我们更好地为您服务。

我们的联系方式：

清华大学出版社计算机与信息分社网站：https://www.shuimushuhui.com/

地　　址：北京市海淀区双清路学研大厦 A 座 714

邮　　编：100084

电　　话：010-83470236　010-83470237

客服邮箱：2301891038@qq.com

QQ：2301891038（请写明您的单位和姓名）

资源下载：关注公众号"书圈"下载配套资源。

资源下载、样书申请

图书案例

书圈

清华计算机学堂

观看课程直播